大话机器学习

原理 | 算法 | 建模 | 代码30讲

叶新江◎编著

清华大学出版社
北京

内容简介

本书是作者多年在数据智能领域中利用机器学习实战经验的理解、归纳和总结。出于"回归事物本质,规律性、系统性地思考问题""理论为实践服务并且反过来充实理论,为更多人服务"的想法和初心,本书系统地阐述了机器学习理论和工程方法论,并结合实际商业场景落地。

全书分为3部分。第1部分是机器学习的数学理论理解,这部分不是对于机器学习数学理论的严谨推导和证明,更多是对于理论背后的"到底是什么,为什么要这样做"的通俗理解。尽可能通过对应到日常生活中的现象来进行讲述。第2部分是机器学习模型、方法及本质,这一部分针对机器学习的方法论及具体的处理过程进行阐述。涉及数据准备、异常值的检测和处理、特征的处理、典型模型的介绍、代价函数、激活函数及模型性能评价等,是本书的核心内容。我们学习知识的主要目的是解决问题,特别是对于企业的从业人员,对在商业实战环境中出现的问题,希望通过机器学习的方式来更好地解决。第3部分是机器学习实例展示。

本书内容系统、选材全面、知识讲述详细、易学易用,兼具实战性和理论性,适合机器学习的初学者与进阶者学习使用。

图书在版编目(CIP)数据

大话机器学习:原理、算法、建模、代码30讲/叶新江编著.—北京:清华大学出版社,2023.5
ISBN 978-7-302-62862-0

Ⅰ.①大…　Ⅱ.①叶…　Ⅲ.①机器学习　Ⅳ.①TP181

中国国家版本馆CIP数据核字(2023)第034973号

责任编辑:袁金敏
封面设计:杨玉兰
责任校对:申晓焕
责任印制:刘海龙

出版发行:清华大学出版社
网　　址:http://www.tup.com.cn,http://www.wqbook.com
地　　址:北京清华大学学研大厦A座　**邮　　编**:100084
社 总 机:010-83470000　**邮　　购**:010-62786544
投稿与读者服务:010-62776969,c-service@tup.tsinghua.edu.cn
质量反馈:010-62772015,zhiliang@tup.tsinghua.edu.cn
课件下载:http://www.tup.com.cn,010-83470236
印 装 者:天津鑫丰华印务有限公司
经　　销:全国新华书店
开　　本:185mm×260mm　**印　　张**:19.75　**字　　数**:481千字
版　　次:2023年6月第1版　**印　　次**:2023年6月第1次印刷
定　　价:119.00元

产品编号:097629-01

前　言

机器学习(Machine Learning)作为人工智能的核心技术之一，在很多领域得到广泛应用。与机器学习相关的书籍非常多。由于其涉及的学科众多，特别是对数学基础有非常高的要求，给大家的学习提出了比较大的挑战。出于书籍的严谨性，很多书籍特别是教材，在相关理论的论述、公式符号的表示上，都会使人望而却步。带着这样的情绪和一知半解的状况，便很难在解决实际问题时用好机器学习，更不要说去进行创新和发展了。

笔者作为一名计算机系软件专业的毕业生，二十多年来一直从事信息工程方面的工作，现在所在公司是数据智能领域的领先企业，所以这几年里通过系统性地自学和使用机器学习方面的知识，重新对在学校中学习过的数学理论课程进行了理解，老实说在此之前很多知识基本上忘记了。再重新来学习这些东西，恍惚间感觉又回到学校里开始学习。然而在几十年的人生经历和成长中，笔者领悟到，其实这个世界上基础的规律或者说是“道”层面的东西是非常简洁明了的，正所谓“道生一，一生二，二生三，三生万物”，真正的大师是进入学生的世界，用学生能够明了和理解的方式去教导学生，让他们不仅知其然，更要让他们知其所以然。因此面对繁杂的知识点，面对生涩的名词和概念，不同于青涩的学生时代，一直有一个声音萦绕在耳边，这个声音就是：“这些知识背后的理论对应的现实落脚点是什么？数学家、科学家们做的是创造性的工作，因此会创造很多新的概念和名词，这些名词对应的现实问题的实质含义是什么?”如果我们能够知道这些知识对应的本质就是在我们身边的点点滴滴，抛去神秘的外衣，让我们摆脱畏惧，应该可以做到对机器学习这种技术的更亲密接触，从而轻舞飞扬。另外，要成功地使用机器学习技术，仅仅知道存在哪些算法和解释它们为何有效的原理是不够的。一个优秀的机器学习实践者还需要知道如何针对具体应用挑选一个合适的算法及如何进行监控。

本书从某种程度上来说，是笔者自己进行机器学习对知识点进行归类、关联、理解后的总结，尽量围绕着机器学习的角度去挑选内容。而且大家可以从本书中看到，很多东西的本质都是相通和趋同的。

本书的目标人群不是以机器学习算法研究作为对象的人群，而是对机器学习有实际工作需要的技术工作者，也可以作为机器学习方面课程的在校学生的辅助读物，从另外一个角度来促进对理论知识探索的兴趣。也不想把它写成一本大部头的书，页数稍微少一点对于大家来说，看起来也轻松点，不至于看来看去由于时间的碎片化，最后还是看的前面几章。

之前和几位同行合作出版过几本书，本书是作者独立编著完成的。还有一个设想是，如果大家觉得这本书还不错，我想结合更多的力量，围绕数据智能领域，针对行业趋势、工程实施、行业人员素质能力、团队管理等方面再陆续做一些总结，出版可以给数据智能领域的技术管理者作为参考的系列图书。

叶新江

2023 年 1 月于杭州

目　录

第1部分　机器学习的数学理论理解

第1部分
机器学习的数学理论理解

有人说，对于计算机专业背景的用户来说，机器学习是披着数学和统计学外衣的算法。对于数学背景的用户来说，机器学习则是披着计算机算法外衣的数学和统计学。机器学习中常用的数学理论是理解算法必需的基础，这部分内容笔者用一种通俗的方式进行介绍，以期消除大多数读者对公式的畏惧感。

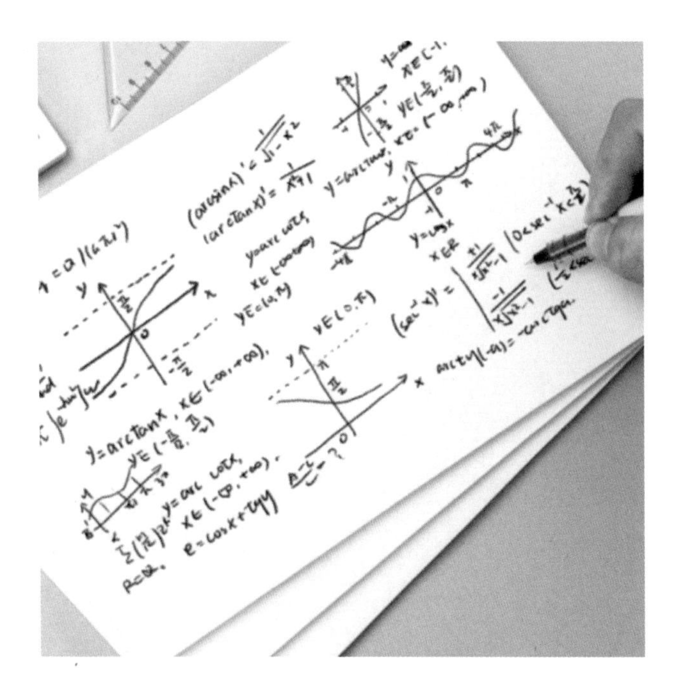

第 1 讲

这个不确定的世界如何描述

我们所处的这个世界时刻在变化着，也就随时有不确定的事件发生，“永远不变的是变化”。但是人类对这个世界的认识需要有一个基本的“锚”或者说“锚定的方法”，否则我们就会充满不安全感。概率是其中一个非常重要的手段。通俗来说，概率就是对不能完全确定的事物的一个相对确定描述，这也是机器学习中重要的理论基石。本章围绕和机器学习相关的内容展开：概率、几率、期望、概率函数、概率密度函数、条件概率、贝叶斯公式等，如图 1-1 所示。包括定义、概念、现实意义和含义理解。

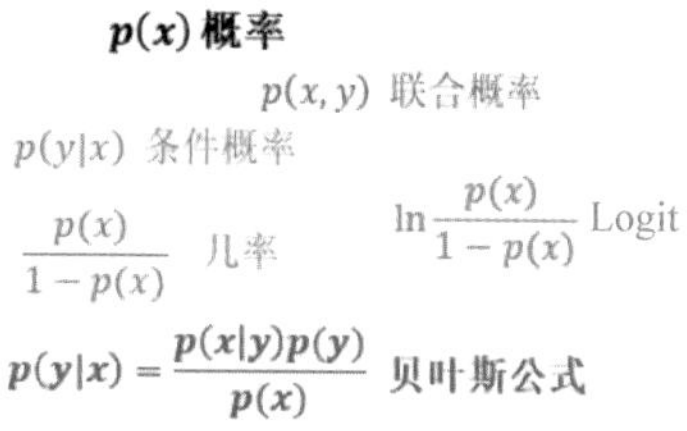

$p(x)$ 概率

$p(x,y)$ 联合概率

$p(y|x)$ 条件概率

$\frac{p(x)}{1-p(x)}$ 几率

$\ln\frac{p(x)}{1-p(x)}$ Logit

$p(y|x)=\frac{p(x|y)p(y)}{p(x)}$ 贝叶斯公式

图 1-1

1.1 概率、几率及期望

在统计学里，概率(Probability)和几率(Odds)是两个很基础的概念，用来描述某件事情发生的可能性，但是两者又有实质性区别。期望就更为重要了，本章我们先弄清基础理论中的基础概念。

1.1.1 概念及定义

概率描述的是某事件 A 发生的次数与所有事件发生的次数之比。公式为

$$P(A)=\frac{\text{事件 }A\text{ 发生的次数}}{\text{所有事件发生的总次数}}$$

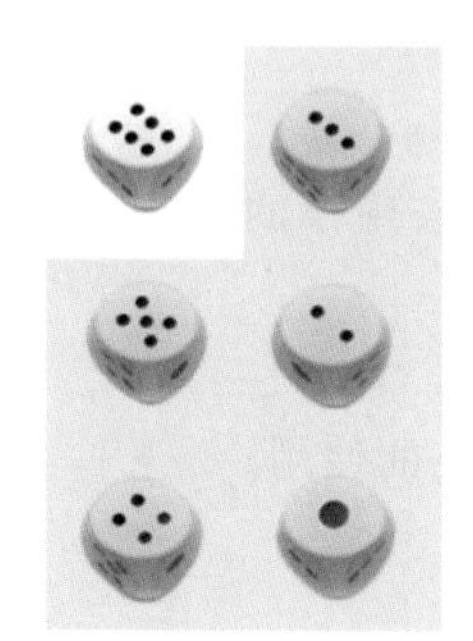

图 1-2

概率 P 是一个 0～1 的实数，$P=0$ 表示一定不会发生，$P=1$ 表示一定会发生。

几率(Odds)指的是事件发生的概率与事件不发生的概率之比。公式为

$$\text{Odds}(A)=\frac{P(A)}{1-P(A)}$$

以掷骰子为例，如图 1-2 所示。掷出点数是 6 的概率为 $P=\frac{1}{6}$，出现其他点数的概率为 $1-P=\frac{5}{6}$，根据几率的计算公式，可以得到掷

出点数为6这一事件的几率为

$$\text{Odds}=\frac{(1/6)}{(5/6)}=\frac{1}{5}$$

更通俗的解释：平均来看，掷出6点的成功概率和失败概率之比为1∶5。和概率论中的其他概念一样，几率也是在赌博中产生的一个概念。假设甲乙二人掷骰子对赌，若甲出1块钱赌掷6点，乙需要投注5块钱才能保证公平。

为什么这里要把这两个概念单独讲下呢，一是为了进行一个清晰的区分；二是因为几率涉及两个概率的比较，在类似逻辑回归等分类模型中扮演着重要的角色。

1.1.2 概率和几率的关系

为了直观地比较两者之间的关系，表1-1展示了概率0.01～0.99与几率及Logit的数据对应关系。

表 1-1

概率(P)	$1-P$	几率(Odds)	Logit
0.01	0.99	0.01	−4.60
0.1	0.9	0.11	−2.20
0.2	0.8	0.25	−1.39
0.3	0.7	0.43	−0.85
0.4	0.6	0.67	−0.41
0.5	**0.5**	**1**	**0**
0.6	0.4	1.5	0.41
0.7	0.3	2.33	0.85
0.8	0.2	4	1.39
0.9	0.1	9	2.20
0.95	0.05	19	2.94
0.99	0.01	99	4.60

注意

(1) 当概率$P=0.5$时，几率等于1(等分)。

(2) 概率P的变化范围是$[0,1]$，而几率的变化范围是$[0,+\infty)$。

(3) 为了让几率的值也能够以0为中心点，可以对几率取自然对数，也就是将概率P从范围$[0,1]$映射到$(-\infty,+\infty)$。几率的对数称为Logit(即逻辑回归模型中的Logit，逻辑回归模型将在第2部分详细讲解)。

把表1-1的内容在笛卡儿坐标系中进行展示。可以直观地看到一条规律的曲线，而且以坐标(0.5,0)沿纵轴反对称，如图1-3和图1-4所示。

Logit的一个很重要的特性就是没有上限和下限——这为建模带来了极大的方便。同时可以看到在$P=0.5$时，$\text{Logit}=0$。我们将会在逻辑回归中学习Logit的使用。

1.1.3 期望值

喜欢玩德州扑克的朋友，在看一些教学视频时，经常听到一句话："如果想在德州扑克中

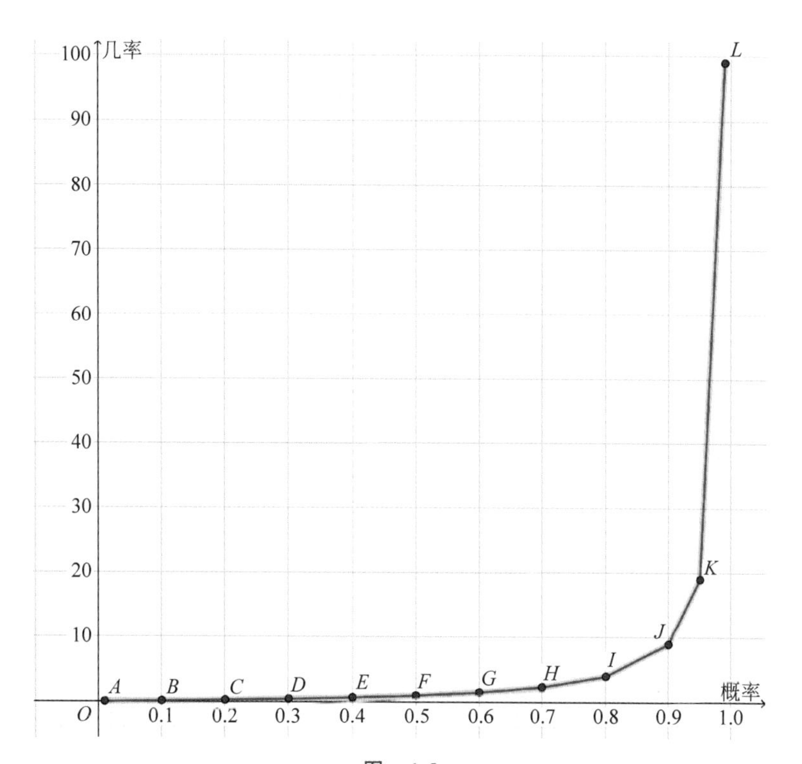
几率
概率
O
A
B
C
D
E
F
G
H
I
J
K
L
100
90
80
70
60
50
40
30
20
10
0.1
0.2
0.3
0.4
0.5
0.6
0.7
0.8
0.9
1.0

图 1-3

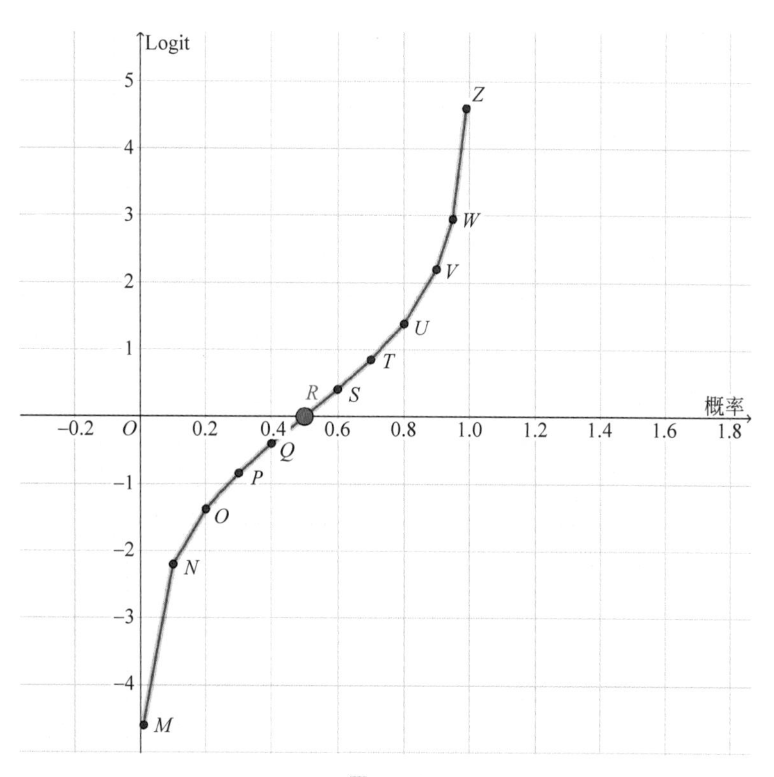
Logit
概率
O
M
N
O
P
Q
R
S
T
U
V
W
Z
5
4
3
2
1
−1
−2
−3
−4
−0.2
0.2
0.4
0.6
0.8
1.0
1.2
1.4
1.6
1.8

图 1-4

长期盈利，那么一定要选择+EV的决策”，这里的EV就是Expected Value，也就是期望值。

对于期望值可以简单理解为：在长期游戏过程中，某个行为平均每次带来的收益。

+EV也就是期望值大于0，说明这个行为在长期游戏中能获得收益。

−EV也就是期望值小于0，说明这个行为在长期游戏中损失筹码。

一个简单的EV计算公式如图1-5所示，即

$$EV = Win\% \times Win\$ - Lost\% \times Lost\$$$

其中，Win%为获胜概率；Win$为获胜时的收益(钱)；Lost%为失败概率；Lost$为失败时的损失(钱)。

EV的计算公式：
EV=(你获胜的概率)×(你将赢得的钱)
−(你失败的概率)×(你将会损失的钱)

图 1-5

为简单起见，下面用抛硬币的例子进行说明。如果抛到人像面，将赢3元。如果抛到数字面，将损失1元。

利用上面的公式：EV=50%×3−50%×1=1，也就是说，长期情况下玩家在这个游戏中平均每次赢1元。需要注意的是，这个EV值必须要用“长期”这个限定条件，不能单次计算。也就是说，期望值永远关注的是长期结果，而不是短期。

上面是用一个简单事件的两种可能性作为例子，那么如果这种事件有很多种可能性时，平均如何来表示呢？表示的方法就是每一种事件的概率乘以对应事件的结果，然后进行累加(加权平均)。

$$E(x) = \sum P(x) \times x$$

比如拿掷骰子来说，如果掷出几点就可以赢几块钱的话，因为每个点被掷出的概率是1/6，所以最终的数学期望是：$E=\frac{1}{6}+\frac{1}{6}\times 2+\frac{1}{6}\times 3+\frac{1}{6}\times 4+\frac{1}{6}\times 5+\frac{1}{6}\times 6=3.5$，在掷了无数次后，每一次投掷收到的钱平均是3.5元，最终总的钱数是3.5×次数。

如果x是连续变量，那么把$\sum$变成积分符号$\int$即可。

总结一下：期望值是对随机变量(随机变量的定义见1.2节内容)中心位置的一种度量。是试验中每次可能的结果乘以其结果的概率的总和。期望值亦是随机变量概率的平均值。特别需要记住的是“长期”这个条件。

期望值会用在很多地方，比如信息论里面的信息熵(见第3讲)等。

1.2 概率函数、概率分布函数和概率密度函数

在很多文章或者专业书籍中，经常可以看到几个术语：随机变量、概率函数、概率分布、概率分布函数、概率密度函数，它们又有自己不同的符号，非常容易混淆。下面就讲解几个概念的区别。

1.2.1 随机变量和普通变量的区别

一般用X代表一个变量，那么普通变量就是当X确定是某一性质或者事件时，其对应

的结果/变化就是确定的，而随机变量就是这个对应的结果是不确定的，也就是存在一定的不确定性。

例如，100 个人从 1 开始编号，一直到 100，每个人分配一个编号，这个编号就是 X，然后进行分组，分为 10 组，分组的规则可以是：

(1) 按照编号的尾数进行分组。

(2) 按照抽签的方式进行分组。

可以看到，第一个规则（函数）在 X 确定后，对应的结果（组别）也是确定的，例如，33 号就必定分配到第 3 组。这个情况下，X 是一个普通变量。第二个规则在 X 确定后，对应的分组结果是不确定的，第 1 组到第 10 组都有可能，而且概率都是 1/10，也就是说这时 X 是一个随机变量。

> 如果微积分是研究变量的数学，那么概率论与数理统计是研究随机变量的数学[①]。

1.2.2　离散型随机变量和连续型随机变量

> 如果随机变量的值可以逐个列举出来，则为离散型随机变量。如果随机变量 X 的取值无法逐个列举，则为连续型变量[②]。

比如说一个骰子有几个面，这个面是可以列举出来的，如 1～6。如果要问人类的身高有多少，只能说出一个范围，而无法逐个列举出来（不能限定为整数，整数只是为了方便，不是完全精确的身高）。所以骰子的面值是一个离散型随机变量，而人类的身高是一个连续型随机变量。

1.2.3　离散型随机变量概率函数

> 研究一个随机变量，不只是要看它能取哪些值，更重要的是它取各种值的概率如何[③]。

比如针对一个骰子，不仅需要看每一次骰子掷出来的点数，还要看在无数次投掷骰子之后，这些点数在所有掷出来的点数中的占比，也就是概率。如果能够用一个函数表示，那么这个函数就是概率函数：

$$p_i = P(X = i) \quad i = 1,2,3,4,5,6$$

上式中的 X 表示随机变量，也称为自变量，p_i 表示因变量，整个函数就是骰子的概率函数。确切地说，这个是离散型随机变量的概率函数。因为连续型随机变量是无法穷尽取值的，所以需要用另外的表示方法，也就是后面要讲的概率密度函数（PDF）。

---

① 参考贾俊平编写的《统计学（第 8 版）》

② 参考贾俊平编写的《统计学（第 8 版）》。

③ 参考陈希孺编写的《概率论与数理统计》。

1.2.4 离散型随机变量概率分布

分布这个词一般出现在"××民族大约有多少人,分布在×××区域,其中百分之多少的人在×××地方,其余百分之多少分布在×××地方",图 1-6 为浙江省杭州市每 100 人的人口分布图。分布包含一个空间的概念,那么对应到概率分布,表示的是以下两种很重要的信息。

图 1-6

(1) 可以得到哪些值。

(2) 得到这些值的概率分别是多少(对离散型随机变量而言),对连续型随机变量则是得到给定区间值的概率。

比如,对于掷骰子来说,其概率分布如表 1-2 所示。

表 1-2

X(点数)	1	2	3	4	5	6
p_i	1/6	1/6	1/6	1/6	1/6	1/6

表 1-2 中的 X 代表点数随机变量的取值,p_i 是每个 X 相应取值下的概率取值。

知道了概率分布,如何用函数表示出来呢?这就要用到概率分布函数。

1.2.5 离散型随机变量概率分布函数

下面是离散型随机变量概率分布函数的定义。

设离散型随机变量 X 的分布为

$$P\{X=X_k\}=p_k \quad (k=1,2,\cdots)$$

则有:

$$F(x)=P(X\leqslant x)=\sum_{x_k\leqslant x} p_k$$

由于 $F(x)$是取小于等于 x 的诸多 x_k 值的概率之和，故又称 $F(x)$为累积概率函数。

大家看到上面出现一个 $F(x)$函数，而且是"累积概率函数"，它是 $X \leqslant x$ 的一个概率之和，对于骰子的概率分布来说，$F(x)=\frac{1}{6}\times x$。所以概率分布函数就是累积概率函数。

1.2.6　连续型随机变量的概率函数和分布函数

因为连续型随机变量无法把 X 的值全部列举出来，有点类似一个物理实体一样，是连在一起的一团东西。表示一个物体的量有质量、体积和密度，通过比较密度就可以知道物体的差异，所以对于连续型随机变量的概率函数，又称为概率密度函数。那么知道了概率密度函数，在一定取值范围内对其进行累加，是不是就是概率分布函数呢？确实是这样，类似于知道了密度，对其进行一定的积分就可以求出质量；知道了质量，对其进行一定的微分就可以知道密度。相应地，知道了概率密度函数(概率函数)，针对某个 X 的范围求积，就可以得到这个范围的概率分布函数，知道了概率分布函数，针对某个 X 值求导，就可以知道这个值对应的概率密度函数。

理解了上面的这段话，再来看专业的解释，就会好懂了。

《概率论与数理统计》中的定义："密度函数"这个名字的由来可解释如下，取定一个点 x，按照分布函数的定义，事件$\{x<X\leqslant x+h\}$的概率(h 是大于 0 的常数)应为 $F(x+h)-F(x)$，所以，比值$[F(x+h)-F(x)]/h$ 可以解释为在 x 点附近 h 这么长的区间$(x,x+h)$内，单位长所占有的概率。令 $h\to 0$，则这个比值的极限，即 $F'(x)=f(x)$，也就是 x 点处(无穷小区段内)单位长的概率。或者说，它反映了概率在 x 点处的"密集程度"[①]。你可以设想一条极细的无穷长的金属杆，总质量为 1，概率密度相当于杆上各点的质量密度。

结合图 1-7 我们可能更容易理解，上面的 $f(x)$就是概率密度函数，而 $F(x)$就是概率分布函数，两者之间的关系是：

$$P(a\leqslant X\leqslant b)=F(b)-F(a)=\int_a^b (x)\mathrm{d}x$$

图 1-7(a)是 $F(x)$连续型随机变量的概率分布函数，图 1-7(b)是 $f(x)$连续型随机变量的概率密度函数，它们之间的关系是，概率密度函数是分布函数的导函数。

图 1-7 的两张图放在一起对比，就会发现，如果用图 1-7(b)中的面积来表示概率，通过图形就能很清楚地看出，哪些取值的概率更大，是不是看起来特别直观！所以**在表示连续型随机变量的概率时，用 $f(x)$这个概率密度函数来表示，是非常有道理的，因为它可以更容易看到哪些值的概率更大或者更小**。而图 1-7(a)的概率分布函数 $F(x)$却无法直观地看到这个特征。

机器学习中有很多基于概率的应用，使用比较多的是概率函数以及概率密度函数，所以理清上面的几个概念，对于理解算法是相当有益处的。

① 参考陈希孺编写的《概率论与数理统计》。

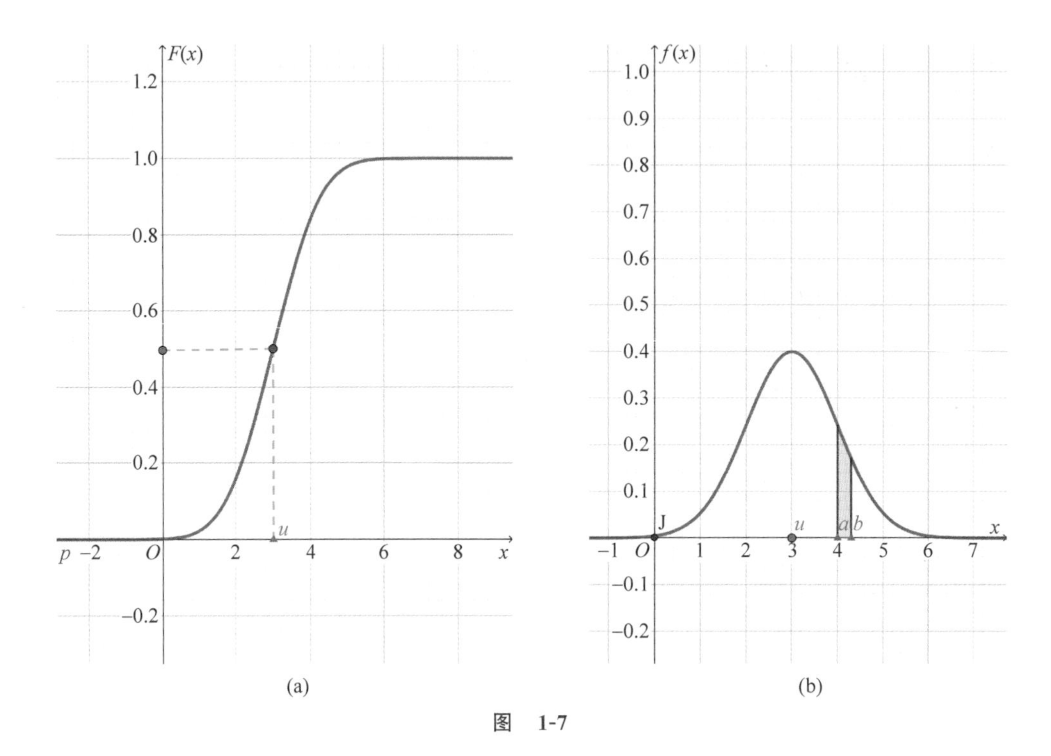

(a) (b)

图 1-7

1.3 条件概率、联合概率以及贝叶斯公式

如果我们能够得到世界上所有事物(事件和物体)的联合概率或者条件概率,那么决策就容易多了。贝叶斯公式体现的就是这两者的关系。下面的内容主要解释这个关系是如何建立的。

1.3.1 计算条件概率和联合概率

很多人会觉得条件概率和联合概率非常初级,地球人都应该知道。但是在实际计算中,却经常算不对或者搞混掉。所以在这里通过具体的例子来说明一下,大家也可以根据例子先自己进行计算,然后看看是否和我们的理解一致。

如图 1-8 所示,有 4 个苹果,两种口感。我们不纠结苹果的颜色的深浅,简单分成红和

图 1-8

青两种颜色，口感也简单分成好吃和不好吃两种。把 x 设置为颜色，y 设置为口感，那么现在就有了如下样本：

$$(1,0)、(1,0)、(1,1)、(2,1)$$

请计算 $P(x,y)$ 和 $P(y|x)$ 的值。

由于样本数据比较少，所以我们通过手工来计算这两个概率值。

先计算联合概率，也就是 $P(x,y)$，其结果如表 1-3 所示。

表 1-3

	Y=0	**Y=1**
$X=1$	2/4=0.5	1/4=0.25
$X=2$	0/4=0	1/4=0.25

这个估计大家都不会计算错，$P(x,y)$ 是计算指定 x，y 同时出现的次数在总数据中的比例。比如取 $x=1$，$y=0$ 来计算，会发现(1,0)在 4 个苹果中出现了 2 次，所以其结果是 2/4。其他取值也如此计算即可。

下面计算条件概率 $P(y|x)$，也就是在某个 x 值下，出现不同 y 的次数在 x 值相同的总次数中的比例。具体的计算结果如表 1-4 所示。

表 1-4

	Y=0	**Y=1**
$X=1$	2/3	1/3
$X=2$	0/1=0	1/2=0.5

你计算对了吗？

因为对于 $P(y|x)$ 来说，譬如我们取 $y=0$，$x=1$，即计算 $P(y=0|x=1)$，在 $x=1$ 时，在所有样本中出现了 3 次，在这 3 个样本中，$y=0$ 是两个，所以 $P(y=0|x=1)=2/3$。

现在我们来看一看 $P(x,y)$ 和 $P(y|x)$ 有什么关系？

根据概率论知识，我们知道 $P(x,y)=P(y|x)P(x)$，也就是说 (x,y) 的联合概率是在 x 单独出现的概率基础上，再乘以在 x 出现的情况下出现 y 的概率。可以用表 1-3 和表 1-4 的值进行验证。

同样地，$P(x,y)=P(x|y)P(y)$，也就是说：

$$P(x,y)=P(y \mid x)P(x)=P(x \mid y)P(y)$$

变换一下格式：

$$P(y \mid x)=\frac{P(x \mid y)P(y)}{P(x)}$$

上面的这个公式，就叫作贝叶斯公式。其推导过程非常简单，公式推导不是主要目的，而是要明白这个公式的现实含义是什么。

联合概率虽然可以体现数据相对最真实的情况，但是在变量比较多时，其数量就会大幅上升，譬如 m 个变量，每个变量有 $n_1,n_2,\cdots,n_m$ 种不同的值，其组合会达到 $n_1 \times n_2 \times \cdots \times n_m$ 种，导致计算量大幅上升，而如果用条件变量来计算的

话,计算量相对就会少很多,因此有时候可以通过计算条件概率来简洁地获得联合概率的效果。

1.3.2 贝叶斯公式的历史和现实含义

18 世纪英国业余数学家托马斯·贝叶斯(Thomas Bayes,1702—1761)提出过一种看上去似乎显而易见的观点:"用客观的新信息更新我们最初关于某个事物的信念后,我们就会得到一个新的、改进了的信念。"它的数学原理很容易理解,简单说就是:如果你看到一个人总是做一些好事,则会推断那个人多半会是一个好人。当你不能准确地知悉一个事物的本质时,可以依靠与事物特定本质相关的事件出现的多少去判断其本质属性的概率。用数学语言表达就是:支持某项属性的事件发生得越多,则该属性成立的可能性就越大。与其他统计学方法不同,贝叶斯方法建立在主观判断的基础上,你可以先估计一个值,然后根据客观事实不断修正。

1774 年,法国数学家皮埃尔-西蒙·拉普拉斯(Pierre-Simon Laplace,1749—1827)独立地再次发现了贝叶斯公式。拉普拉斯给出了我们现在所用的贝叶斯公式的表达,如图 1-9 所示。

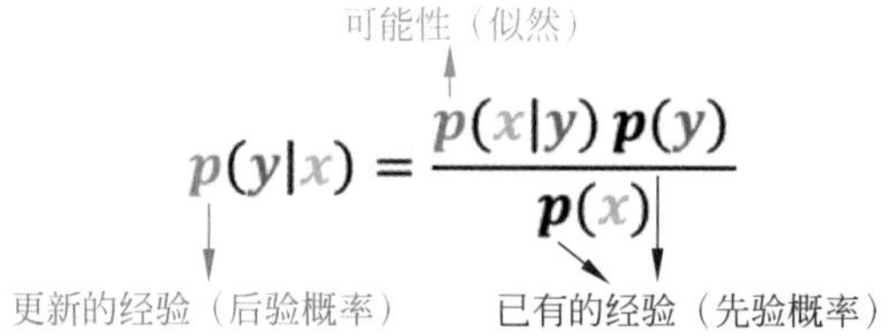

可能性(似然)

$$p(y|x)=\frac{p(x|y)\,p(y)}{p(x)}$$

更新的经验(后验概率)　　已有的经验(先验概率)

图 1-9

该公式表示在 x 事件发生的条件下 y 事件发生的条件概率,等于 y 事件发生条件下 x 事件发生的条件概率乘以 y 事件的概率,再除以 x 事件发生的概率。公式中,$p(x)p(y)$ 也叫作已有的经验(先验概率),$p(x|y)$ 称为可能性(似然),$p(y|x)$ 叫作更新的经验(后验概率)。严格地讲,贝叶斯公式至少应被称为"贝叶斯-拉普拉斯公式"。

把图 1-9 所示的公式换两个参数后的表示形式如下:

$$p(\theta \mid m)=\frac{p(m \mid \theta)p(\theta)}{p(m)}$$

其中 m 表示数据,θ 表示某个分布的参数,意思就是,我们在未获取数据之前先假设数据的概率为某一分布,之后随着数据的不断累积,先验概率的影响越来越小,数据比重则越来越大。给定先验概率的目的在于,数据比较少的情况下,统计可能会出现偏差,而先验概率可以纠正这种偏差。

长期以来,贝叶斯方法虽然没有得到主流学术界的认可,但其实经常会不自觉地应用它来进行决策,而且还非常有效。比如炮兵在射击时会使用贝叶斯方法进行瞄准。炮弹与子弹不同,它的飞行轨迹是抛物线,瞄准的难度更大,因此炮兵会先根据计算和经验把发射角调整到一个可能命中的瞄准角度(先验概率),然后再根据炮弹的实际落点进行调整(后验概率),经过 2、3 次射击和调整后炮弹就能够命中目标了,如图 1-10 所示。

在日常生活中,我们也常使用贝叶斯方法进行决策。比如在一个陌生的地方找餐馆吃

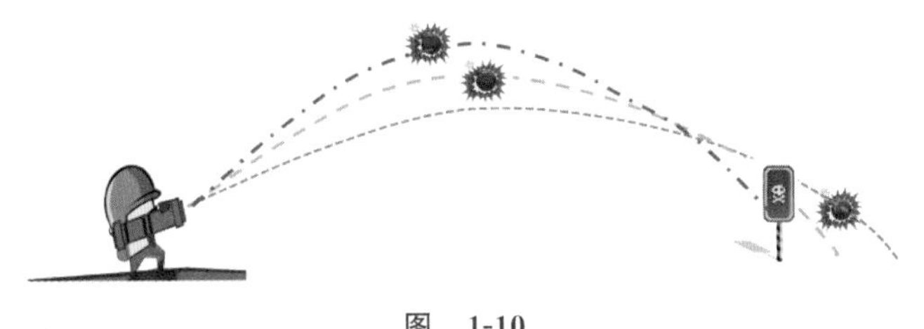

图 1-10

饭，因为之前不了解哪家餐馆好，似乎只能随机选择，但实际上并非如此，我们会根据贝叶斯方法，利用以往积累的经验来提供判断的线索。经验告诉我们，通常那些坐满了客人的餐馆的食物要更美味些，而客人寥寥的餐馆，食物可能不怎么样还可能会被宰。这样，就常常通过观察餐厅的上座率来选择餐馆就餐。这就是根据先验知识进行的主观判断。在吃过以后对这个餐馆有了更多实际的了解，以后再选择时就更加容易了。

所以说，在认识事物不全面的情况下或者说认知缺陷很大的情况下，贝叶斯方法是一种很好的利用经验帮助人们做出更合理判断的方法。"大胆假设，小心求证""不断试错，快速迭代"，这些都可以看成是贝叶斯公式的不同表述。贝叶斯公式更多的是体现一种思想，至于公式中是乘号还是加号，其实并不那么重要了。

在机器学习中，我们经常用贝叶斯公式来解决分类问题，具体例子见第 3 部分"垃圾邮件判断"案例。

贝叶斯公式不仅在自然科学领域掀起革命，其应用范围也延伸到了关于人类行为和人类大脑活动的研究领域。

1.4　本讲小结

这一讲中对概率、几率、期望、概率分布函数、概率密度函数，以及条件概率、联合概率特别是贝叶斯公式进行了了解，理解基础概念是迈入机器学习的必要条件。

第 2 讲

数据的形态描述

第 1 讲介绍了概率、概率分布函数、概率密度函数等，机器学习的本质是通过数据来寻找规律，所以分布就是描述数据形态的数学语言。通过分布我们找到数据的规律，发现其具有的特性，然后便可以加以利用。目前已知的分布有几十种，本章主要介绍几种和机器学习相关的分布，如图 2-1 所示。虽然下面的分布公式看起来比较复杂，结合具体的例子以及几个分布之间的关系，希望能让大家跳出公式来看实质。

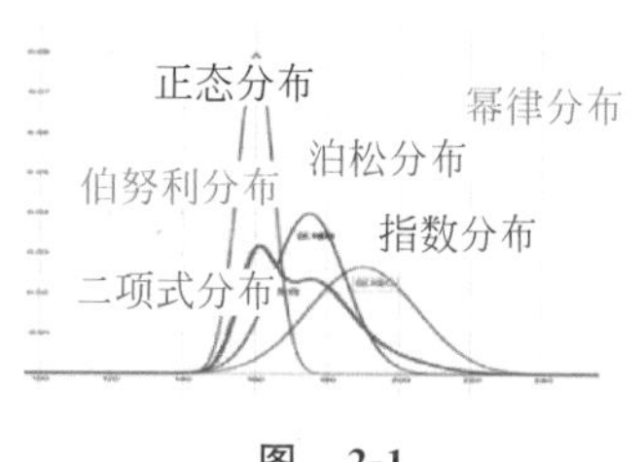

图 2-1

2.1 正态分布

正态分布(Normal Distribution)又称为高斯分布、钟形分布，是连续型随机变量中最重要的分布。世界上绝大多数的分布都属于正态分布，人的身高体重、考试成绩、降水量等都近似服从正态分布。

正态分布的形状如图 2-2 所示，中间高，两边低，左右对称，如同寺庙里的大钟一样，所以也称为钟形曲线。身高体重、考试成绩也都呈现这一类分布态势：大部分数据集中在某处，小部分往两端倾斜。

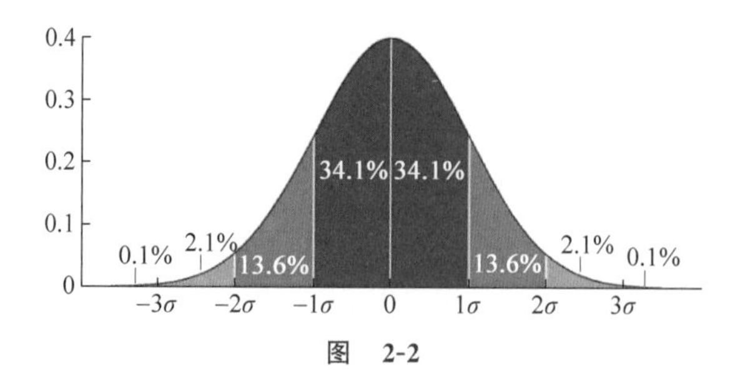

图 2-2

正态概率密度函数为：

$$f(x)=\frac{1}{\sigma\sqrt{2\pi}}\mathrm{e}^{-(x-\mu)^2/2\sigma^2}$$

μ 代表均值，σ 代表标准差，两者不同的取值将会造成不同形状的正态分布。均值表示正态分布的左右偏移，标准差决定曲线的宽度和平坦，标准差越大，曲线越平坦。$f(x)$曲线下的面积(积分)是 1。为什么正态分布的概率密度是这样子呢？在这里我们不进行阐述，有兴趣的同学可以去看看参考书。

一个正态分布的经验法则：正态随机变量有 69.3%的值在均值加减一个标准差的范围内，95.4%的值在两个标准差内，99.7%的值在三个标准差内。

因为正态分布是如此的“正常状态”，并且其特别的概率密度函数形态，所以在机器学习中扮演着很重要的角色。

这里举一个简单的例子，我们从上面正态分布的经验法则中看到：99.7%的值在三个标准差内($\pm 3\sigma$)。那么我们可以来判断给定的一个值，如果不在三个标准差内，那么这个数据大概率是异常于该分布的，也就是说可以用来判断异常值。

另外一个例子是，当知道数据是服从正态分布时，首先利用最大似然方法计算出人群最可能的身高参数 θ：(u,σ)，然后就可以推测某个身高值的概率。最大似然的方法会在第 8 讲中进行详细讲解。

如果数据存在多个正态分布的叠加，那么这就是接下来要讨论的高斯混合分布。

2.2　混合高斯分布

继续拿人群的身高作为例子。假设不同的三个区域 A、B、C 的人群身高都服从三个不同的正态分布，区域 A 的人群的(μ,σ)为(160,5)，区域 B 的人群的(μ,σ)为(175,10)，区域 C 的人群的(μ,σ)为(190,15)。

这时如果出现一个人的身高为 180cm，我们推测他来自哪个区域？一种方法是根据分布范围把此人推论为可能的区域，譬如区域 B。不过更严谨、更合理的是应推算出该身高属于不同分布的概率，180cm 的身高可能属于三个区域的比例分别为：属于区域 A 的概率是 20%，属于区域 B 的概率是 50%，属于区域 C 的概率是 30%。

像上面这种情况，就需要用混合高斯分布(Gaussian Mixture Distribution)来进行数学描述。

混合高斯分布的数学公式如下：

$$p(x;\theta)=\sum_{i=1}^{K}\pi_i N\quad(x;\mu_i,\sum_i)$$

x 是观察到的样本数据，μ_i 和 $\sum_i$ 是不同混合高斯分布对应的平均值和协方差(对于一维的数据序列而言，就是方差，对于多维的数据来说，就是协方差，协方差的含义我们将在第 4 讲中进行介绍)。π_i 是对应的系数，所有系数的和为 1。

对应的混合高斯分布的概率密度曲线如图 2-3 所示。

图 2-3 显示了拥有三个高斯分量的一个维度的混合高斯分布是如何由其高斯分量叠加而成。

那么，为什么混合高斯分布的各个高斯分量的系数之和必须为 1 呢？这是因为混合高斯分布的定义本质上也是一个概率密度函数。而概率密度函数在其作用域内的积分之和必

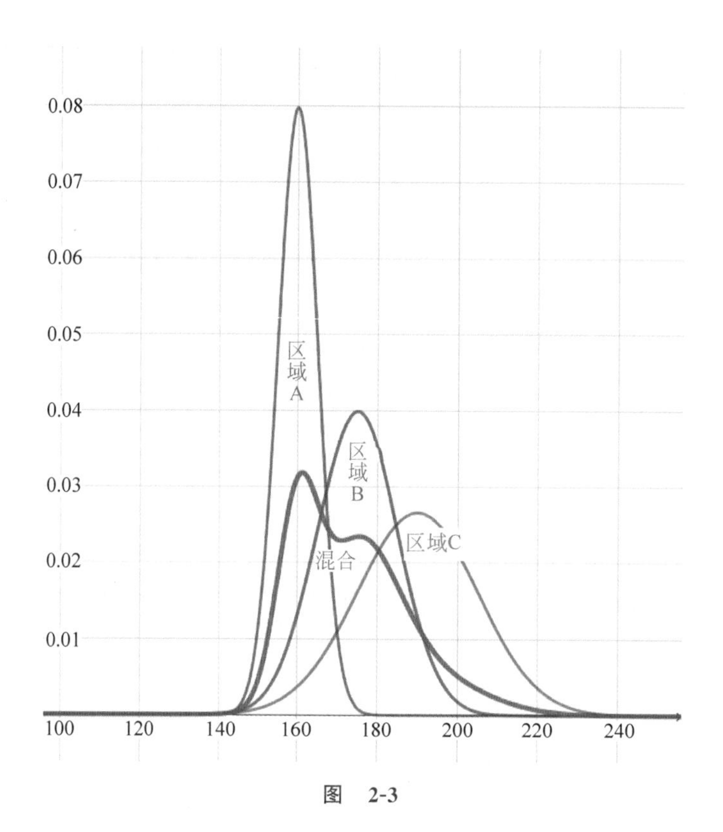

图 2-3

然为 1。其整体的概率密度函数是由若干个高斯分量的概率密度函数线性叠加而成的，而每一个高斯分量的概率密度函数的积分必然也是 1。所以，要想使混合高斯分布整体的概率密度积分为 1，就必须对每一个高斯分量赋予一个值不大于 1 的权重，并且权重之和为 1。

混合高斯分布或者对应的模型需要确定参数就比较多了，包括 π、u、$\sum$。如果像高斯分布那样只有一个 θ：(u,σ)，我们可以用最大似然算法来拟合。现在有多个参数要求的话，就无法套用最大似然算法，这时就需要用到最大期望（Expectation Maximization，EM）算法，关于 EM 算法将在第 9 讲进行详细介绍。

相比普通的高斯分布，在混合高斯分布中，我们看到有多个高斯分布的组合，在实际应用中，我们就可以把一个高斯分布对应到一个分类中，所以混合高斯分布就可以对应到多个分类中，也就是说混合高斯分布可以在多分类的任务中应用。

2.3 伯努利分布及二项分布

伯努利分布（Bernoulli Distribution）和二项分布（Binomial Distribution）的研究对于解决二分类问题是很有意义的。

伯努利分布是以其发明者瑞典数学家 Jacques Bernoulli 的名字命名的。其内容就是假如有一个 1 元硬币，经过独立的重复实验，也就是每一次投掷硬币，看它的结果是国徽面还是数字面（假设是人民币），并且后面一次的投掷和前一次投掷没有任何关系，也就是不能投了国徽面后下一次就需要根据这个面作为一个附件的条件来投下一次。这样投掷无数次后，可得到总体上投国徽面和数字面的概率。如果国徽面的概率是 p 的话，那么数字面就是 $1-p$ 如图 2-4 所示。这个方法可以推广到所有只有两个结果的场景下，只要 0、1 结果的概率加起来是 1，那么用一个数学公式来表示的两个事件的概率函数就是伯努利分布函数。

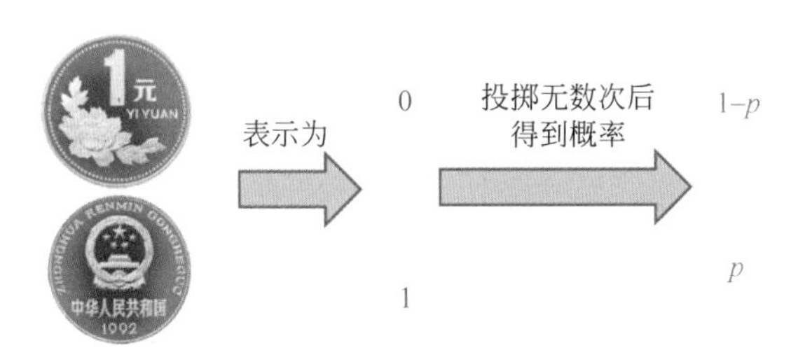

图　2-4

下面正式定义一下伯努利分布的数学表达：如果随机试验仅有两个可能的结果，这两个结果可以用 0 和 1 表示，此时随机变量 X 将是一个 0 或 1 的变量，其分布是单个二值随机变量的分布，称为伯努利分布。

设 p 是随机变量 X 等于 1 的概率，可以表示为 $P(X=1)=p$，$P(X=0)=1-p$。用一个公式来表示就是：

$$P(X=i)=p^i\times(1-p)^{1-i},\quad i=0,1$$

可以看到，如果 $i=0$，那么 $P(X=0)=p^0\times(1-p)^{1-0}=1-p$；

如果 $i=1$，那么 $P(X=1)=p^1\times(1-p)^{1-1}=p$。

知道了二元结果的概率分布，现在接下来还是以投掷硬币作为例子，如图 2-5 所示。如果想知道在投了 n 次后，出现国徽面的次数等于 x 的概率会是多少呢？这个就是二项分布。二项分布建立在伯努利分布的基础上，伯努利分布是某个二值事件结果的概率，二项分布是某个二值事件中的一个出现多少次的分布。

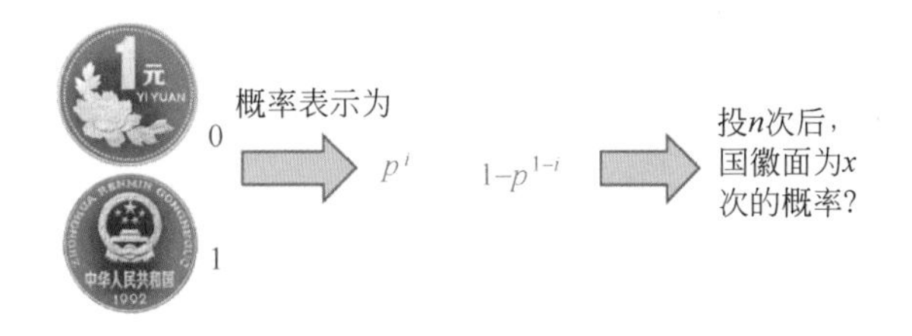

图　2-5

正式定义：二项分布是指在只有两个结果的 n 次独立的伯努利试验中，所期望的结果出现次数的概率。

以例子说明：假设投掷一枚硬币，出现国徽面（正面）和数字面（反面）的概率各为 0.5，那么投掷 1 次，出现正面的概率肯定是 0.5。投掷 2 次、3 次呢？投掷 2 次出现的结果有 4 个：正正、正反、反正、反反。因为 $p=0.5$，所以每个结果出现的概率是 $0.5\times0.5=1/4=0.25$，而出现正面 2 次的只有都是“正正”这种情况，占总比的 $1/4=0.25$，出现正面 1 次的概率是“正反、反正”，占比是 $2/4=0.5$，出现正面是 0 次只有“反反”这种情况，因此占比是 $1/4=0.25$。

投掷 3 次出现的结果有 8 个，正正正、正正反、正反正、正反反、反正正、反正反、反反正、反反反。统计正面出现 3 次、2 次、1 次、0 次的概率分别是 1/8＝0.125、3/8＝0.375、3/8＝0.375、1/8＝0.125。

用一个公式来表示概率分布：

$$b(x,n,p)=\mathrm{C}_n^x p^x q^{n-x}$$

其中，b 表示二项分布的概率；n 表示试验次数；x 表示出现某个结果的次数，$P(X=1)=p$，$P(X=0)=q$，$p+q=1$。大家可以发现，二项分布函数和伯努利分布函数形式还是挺相似的。实际上如果只考虑前面 x 次出现正面的结果，那么其概率就是前面 x 次每次是正面概率乘以后面 $n-x$ 次都失败概率的乘积，从而是 $p^x q^{n-x}$，而把所有出现 x 次正面的情况考虑进去，就需要乘以一个排列组合函数，也就是 C_n^x，表示在 n 次试验中出现 x 次结果的可能的次数(不考虑顺序)。如 10 次试验，出现 0 次正面的次数有 1 次，出现 1 次正面的次数有 10 次……出现 5 次正面的次数有 252 次，等等。其计算也有一个通式：

$$\mathrm{C}_n^x=\frac{n\times(n-1)\times\cdots\times(n-x+1)}{x\times(x-1)\times\cdots\times 1}$$

简化一下：

$$\mathrm{C}_n^x=\frac{n!}{(n-x)!\ x!}$$

从二项分布的概率分布函数可知，概率分布只与试验次数 n 和成功概率 p 有关，p 越接近 0.5，二项分布将越对称。保持二项分布试验的次数 n 不变，随着成功概率 p 逐渐接近 0.5，二项分布逐渐对称，且近似于均值为 $n\times p$、方差为 $n\times p\times(1-p)$ 的正态分布，所以为了简化计算，在 $n\times p>5$ 时，一般就用正态分布去近似计算二项分布。不同的 p 和 n 情况下的二项式分布曲线如图 2-6 所示。

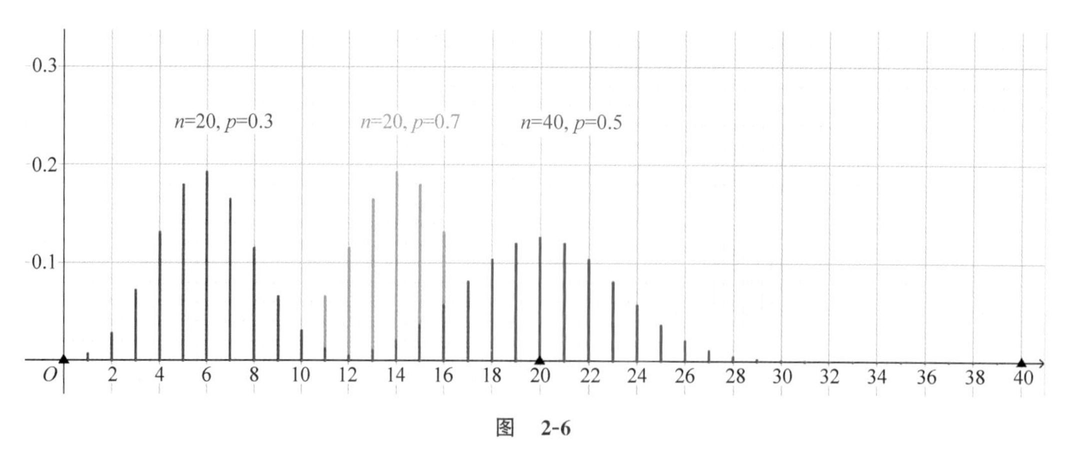

图 2-6

最左边是 $p=0.3$，$n=20$ 的概率密度函数曲线图形，期望值是 $n\times p=6$，中间的曲线是 $p=0.7$，$n=20$，也就是期望值是 14，右边的曲线是 $p=0.5$，$n=40$，其期望值是 20。可以发现几条曲线和正态分布挺相似。

二项分布是针对二分类事件次数的概率分布，如果把二分类扩展到多分类，那么就从二项分布扩展到了多项分布。多分类在机器学习里面是一个常见问题。

2.4　泊松分布

泊松分布(Poisson Distribution)是法国数学家西莫恩・德尼・泊松(Simeon-Denis Poisson)建立的。

在现实生活中,经常需要去解决类似以下的问题:

- 预测或者估计一段时间内发生交通事故的次数;
- 一批产品中出现瑕疵产品的数量;
- 商店中某件不太被频繁购买物品的备货数量。

以上这些问题一般具有以下几个特征或者前提条件:

(1) X 是在一个区间(时间、空间、长度、面积、部件、整机等)内发生特定事件的次数,其取值为 $0,1,2,\cdots,n$。

(2) 一个事件的发生不影响其他事件的发生,没有相互间的依赖,即事件独立发生。

(3) 事件的发生概率是相同的,不能有些区间内发生的概率高一些而另一些区间的概率却低一些。

(4) 两个事件不能在同一个时刻发生。

(5) 一个区间内一个事件发生的概率与区间的大小成比例。

满足以上条件,则 X 就是泊松随机变量,其分布就是泊松分布。泊松分布就是描述某段时间内,事件的发生概率。

泊松分布的概率为:

$$P(X=x)=\frac{\lambda^x}{x!}\mathrm{e}^{-\lambda}$$

其中,$\lambda>0$ 是常数,是指定区间事件发生的频率(不是概率),x 是事件数量。

假设某公司有一个不稳定的 Web 系统,如图 2-7 所示,每周平均的故障次数是 2 次,那么在下周不发生故障的概率是多少?

图　2-7

每周平均的故障次数是 2 次,我们可以把"一周"看作单位时间,系统的故障率是 $\lambda=2$,单位时间内发生故障的次数 X 符合泊松分布 $X\sim\text{Poisson}(\lambda)$。在下周不发生故障的概率相当于发生了 0 次故障的概率为:

$$P(X=0)=\mathrm{e}^{-2}\,\frac{2^0}{0!}=\mathrm{e}^{-2}\approx 0.135$$

现在如果要判断接下去的两周不发生故障的概率是多少呢? 这时有以下两种计算方法。

第一种方法是把一周没有故障的概率相乘:

$$P(X=0)\times P(X=0)=\mathrm{e}^{-2}\times\mathrm{e}^{-2}=\mathrm{e}^{-4}$$

另外一种方法是根据泊松分布的概率公式进行计算，此时因为事件变成了两周，所以$\lambda=2\times2=4$：

$$P(X=0,\lambda=4)=\mathrm{e}^{-4}\times\frac{2^0}{0!}=\mathrm{e}^{-4}$$

以上两种计算方法的结果是一致的。

根据上面的例子可以看到，泊松分布是一种描述和分析稀有事件的概率分布。要观察到这类事件，样本含量 n 一般必须很大。泊松分布还有一个很好的性质，那就是区间的线性倍数对应的事件发生的概率也是倍数。

也正因为其概率和区间的线性关系，而且一般事件发生的频率不高，所以把时间减小到一定区间后，就变成了这样一个对等的问题：发生交通事故的频度是 λ，而且这个值比较小（如万分之一），请问事故会不会发生？发生几次？也就是将该问题变成是一个二项分布问题。

我们用一个简单的数学推导来看一看这个近似等价的关系（只是看着有点复杂，其实还是很简单的推导）。这里假设 $\lambda=n\times p$，当 n 趋向无穷大，p 就趋向于 0，那么代入二项分布函数：

$$\begin{aligned}\lim_{n\to\infty,p\to0}\mathrm{C}_n^k p^k(1-p)^{n-k}&=\lim_{n\to\infty,p\to0}\frac{n^k}{k!}p^k(1-p)^{\left(\frac{\lambda}{p}-k\right)}\\&=\lim_{n\to\infty,p\to0}\frac{(np)^k}{k!}p^k(1-p)^{\frac{\lambda}{p}}\ \frac{1}{(1-p)^k}\\&=\lim_{n\to\infty,p\to0}\frac{\lambda^k}{k!}p^k(1-p)^{\frac{\lambda}{p}}\\&=\lim_{n\to\infty,p\to0}\frac{\lambda^k}{k!}[(1-p)^{-\frac{1}{p}}]^{-\lambda}\end{aligned}$$

e 是自然常数，其定义是：

$$\mathrm{e}=\lim_{n\to\infty}\left(1+\frac{1}{n}\right)^n$$

代入上面的公式：

$$\lim_{n\to\infty,p\to0}\mathrm{C}_n^k p^k(1-p)^{(n-k)}=\lim_{n\to\infty,p\to0}\frac{\lambda^k}{k!}\mathrm{e}^{-\lambda}$$

通过 e 和二项分布，再做一些假设条件之后，两者是近乎等价的！

e 实际的含义在这里再强调一下。譬如存 1 元钱到银行时，银行需要付利息，假设总体利率是 100%，但是这个 100% 不是到期后算一次，而是要求每天算一次，并且要求能利滚利。假设现在这笔钱约定存 n 天，那么每天的利息就是 $1/n$，每天的本息加起来就是 $\left(1+\frac{1}{n}\right)$，经过 n 天后的最终本息就是 $\left(1+\frac{1}{n}\right)^n$。再假设 n 是无穷大，那么最终的极限值算出来就是自然常数 e。为什么称为自然常数呢，因为类似这样的情况在自然界里面是一个经常发生的现象，故把 e 称为自然常数，而我们经常使用的 2、8、10、12、16 等数字更多的是为了解决问题以及计算方便而设计出来的，不是“自然”产生的。

2.5 指数分布

上面的泊松分布是一种描述和分析稀有事件的概率分布。在现实问题解决中，还有一类问题是需要去找到发生某种事件之间的间隔时间。比如系统出现缺陷的时间间隔、婴儿出生的时间间隔、旅客进入机场的时间间隔、打进客服中心电话的时间间隔等。指数分布(Exponential Distribution)就是用来表示独立随机事件发生时间间隔的概率分布。把指数分布和泊松分布放在一起，说明两者是有比较密切关系的，如图 2-8 所示。

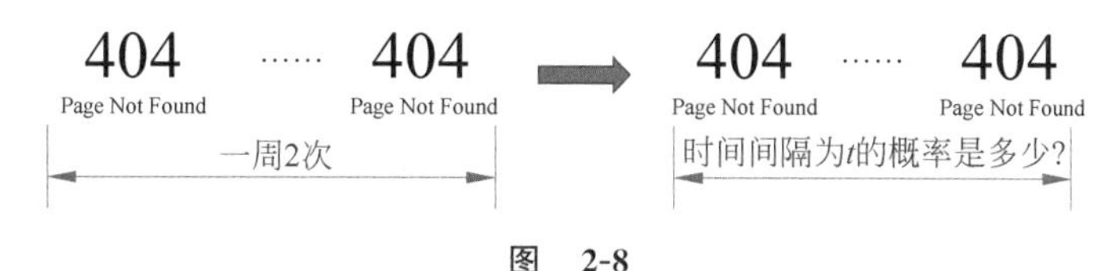

图 2-8

上一节里面的预测故障的例子中，按照时间把故障频度进行调整后代入泊松分布公式就可以知道任意时间区间内发生事件的概率。即设定时间为 t，那么发生频度为 λt，因为在时间 t 内发生故障的概率和时间 t 内不发生概率加起来是 1，因此可以表示为下面的公式：

$$P(X=0;\lambda t)=\mathrm{e}^{-\lambda t}\frac{(\lambda t)^0}{0!}=\mathrm{e}^{-\lambda t}$$

$$P(T\leqslant t,\lambda t)=1-P(X=0;\lambda t)=1-\mathrm{e}^{-\lambda t}$$

现在把 T 换成 X，t 替换成 x：

$$F(x;\lambda)=P(X\leqslant x,\lambda x)=1-\mathrm{e}^{-\lambda x}$$

这里的 $F(x;\lambda)$ 就是指数分布的分布函数，λ 表示平均每单位时间内事件发生的次数，随机变量 X 表示时间间隔。

指数分布的一个重要特征是无记忆性(Memory-less Property)，又称遗失记忆性。如果一个随机变量呈指数分布 $X\sim F(\lambda)$，当 $s,t\geqslant 0$ 时：

$$P\{X>s+t\mid X>s\}=P\{X>t\}\quad\left(因为\frac{\mathrm{e}^{-\lambda(s+t)}}{\mathrm{e}^{-\lambda s}}=\mathrm{e}^{-\lambda t}\right)$$

也就是：

$$P\{X>s+t\mid X>s\}=\frac{P\{X>s+t\}}{P\{X>s\}}=P\{X>t\}=\frac{P\{X>t\}}{1}\rightarrow$$

$$\frac{P\{X>s+t\}}{P\{X>s\}}=\frac{P\{X>t\}}{1}$$

这个结论告诉我们，在指数分布下，$P\{X>s+t\}$ 和 $P\{X>s\}$ 对应的面积的比值等于 $P\{X>t\}$ 对应的面积和总体面积的比值(A 表示区域)(见图 2-9)：

$$\frac{A_{p\{X>s+t\}}}{A_{p\{X>s\}}}=\frac{A_{p\{X>s\}}}{A_{\text{whole}}},$$

$$A_{\text{whole}}=1$$

从图 2-9 可以看到，无论 s 取什么值，$s+t$ 时的概率和 s 时刻的概率比值都是一样的。

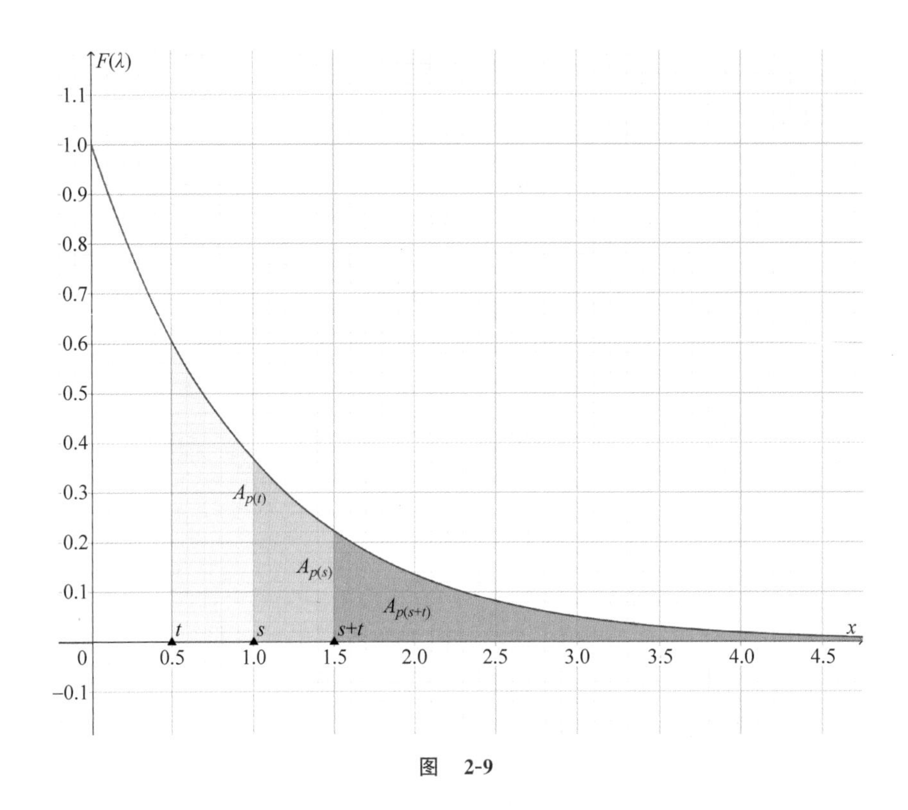

图 2-9

拿一个具体的例子来说，假设在牌桌上只能押大或押小，在连续押小输掉10次的条件下，下一次出现“大”和第1次就出现“大”的概率相同。对于玩家来说，每一局都是全新的，下一次赢钱的概率和之前的输赢没有任何关系，这就是所谓的无记忆性。

指数分布在机器学习中，可以用来预测某个事件或者状态（如故障发生）的时间间隔，这样可以让我们提前做出安排以减少损失。

2.6 幂律分布

幂律分布（Power Law Distribution）也称为长尾分布，著名的Zipf定律和Pareto定律（二八定律）也是幂律分布的简单形式。详细解释大家可以参见百科。

在互联网中，大量现象服从幂律分布。例如一个网上书店图书的销售数量服从幂律分布，电商网站上产品的销售数量也服从幂律分布。在现实中，收入和人口数量之间的分布也是幂律分布，国家GDP收入按照区域数量来分也是幂律分布。

其对应的概率密度函数为：

$f(x)=cx^{-r}$，c 和 r 均为大于零的常数，幂律分布图形如图2-10所示。

大家可能会发现，幂律分布图形和指数函数挺像的。那么如何区分呢？我们针对幂律函数两边取对数，转换为下面的形式：

$$\ln f(x)=\ln c-r\ln x$$

令 $y'=\ln f(x)$，$x'=\ln x$，将其转换为：$y'=c-x'$，其对应的图形是一条直线。有时根

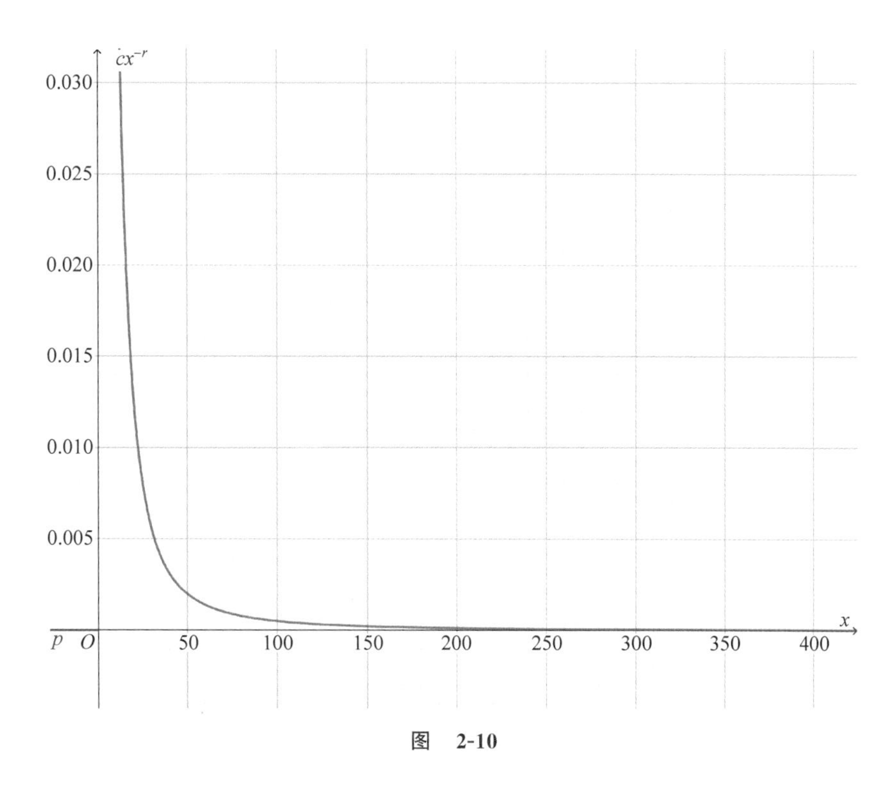

图　2-10

据数据画出图形后无法确定是幂律分布还是指数分布时，可以对数据两边进行 log-log 运算，再转换为图形。如果图形基本是一条直线(线性函数)，那么就可以基本确定为幂律分布而非指数分布。

2.7　以上分布的总结和联系

讲到这里，我们就可以把正态分布、二项分布、泊松分布、指数分布联系在一起了。

(1) 作为“正常形态”的分布，正态分布是最常见、最基础的分布。

(2) 伯努利分布用来表示结果的两种可能(0/1，正/反，对/错等)发生的概率。

(3) 二项分布是结果是两种可能事件发生 n 次后，其中某种结果出现 x 次的概率分布。

(4) 泊松分布是用来计算在某一种事件发生频率确定的情况下，一段区间内发生次数的概率，一般这里要求事件本身发生的概率不是很大。

(5) 在当事件发生次数 n 很大而事件发生概率 p 很小时，在没有计算机时，二项分布的计算非常麻烦，而用泊松分布来近似计算则可以降低大量的计算量。可以用 $\lambda=n\times p$ 来获得 λ，然后通过泊松分布来计算。

(6) 当二项分布中的 p 接近 0.5 时，它和正态分布就很近似，而 n 越大，就越接近。

(7) 当 $\lambda\geqslant 20$ 时，泊松分布可以用正态分布来近似；当 $\lambda\geqslant 50$，泊松分布基本上就等于正态分布了。

(8) 指数分布是通过泊松分布推导而得到的，泊松分布是用来计算某个区间内发生事件次数的概率，指数分布是用来计算某种事件发生的间隔时间。

(9) 幂律分布和指数分布在图形上很接近,但是经过 log-log 运算处理后,幂律分布便是一条直线。社会上很多现象都可以对应到幂律分布上。

2.8 本讲小结

本讲几种典型的分布对于解决实际问题具有非常重要的意义。当对不同分布的含义理解了之后,那么解决实际问题的方向也就正确了。还有一个主要的分布是贝塔分布,将在本书后面的强化学习章节中再针对性地进行介绍。

第 3 讲

信息的数学表达

信息要能被数学使用,需要用数学方式来表示,否则就无法通过数学的方式进行研究。这一讲主要对机器学习相关的信息数学表达进行介绍,包括自信息、信息熵、信息增益、相对熵、交叉熵、基尼指数等,如图 3-1 所示。实际上,这里的很多内容来自于香农(Shannon)教授的信息论。

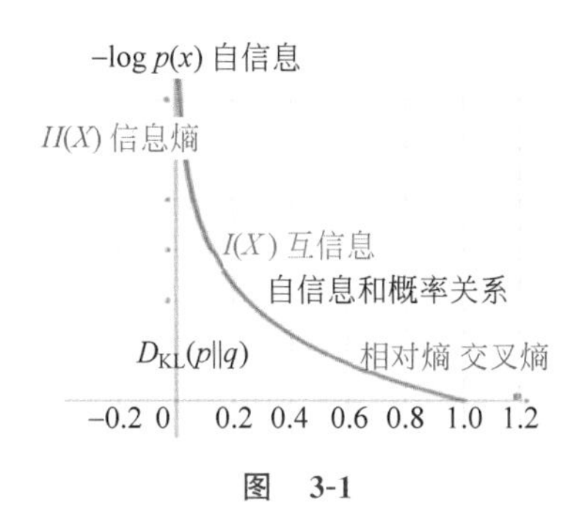

图 3-1

3.1 自信息

首先来介绍一下信息量的概念。信息量是对信息的度量,单位一般用 bit(位)表示。

信息论之父克劳德·艾尔伍德·香农(Claude Elwood Shannon)对信息量的定义如下:

$$l(x_i) = -\log_x p(x_i)$$

其中,$p(x_i)$指的是 x_i 这个事件发生的概率。

在解释这个公式之前,先看看下面的例子:比如一个黑箱里有两种球:网球和高尔夫球,数量分别是 2 个网球、8 个高尔夫球。我们把从黑箱里取两种球看成是一个随机过程,$X=\{$网球,高尔夫球$\}$。当看到拿出来的是什么时,我们就接收到了信息。这个信息的信息量的大小与这个东西出现的概率有关,这里可以知道的是拿到网球的概率是 0.2,拿到高尔夫球的概率是 0.8。从公式上看,因为概率在[0,1]范围,那么概率越大信息量反而越小,也就是说拿出来网球的确定性更高,越没有悬念,是大多数人都能猜到的事情。**概率越小信息量越大**,因为出现的概率小,一旦出现就会带给我们很多不确定的东西。那么为什么这样定义呢?

在解释这个问题之前，来看一下如图 3-2 所示的摩尔斯电码(Morse Code)[①]的规则。

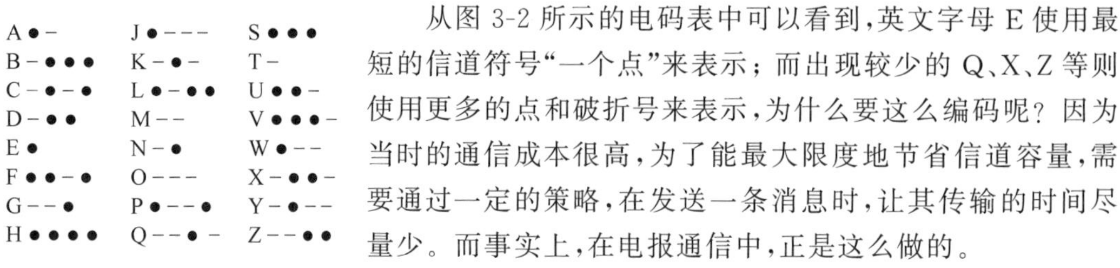

图 3-2

从图 3-2 所示的电码表中可以看到，英文字母 E 使用最短的信道符号“一个点”来表示；而出现较少的 Q、X、Z 等则使用更多的点和破折号来表示，为什么要这么编码呢？因为当时的通信成本很高，为了能最大限度地节省信道容量，需要通过一定的策略，在发送一条消息时，让其传输的时间尽量少。而事实上，在电报通信中，正是这么做的。

这里的字母 E 由于出现概率最大，因为 E 是元音字母，几乎大多数单词中都有它，所以用了一个点来表示，其信息表示相对最小。而相对很少出现的辅音字母 Q、X、Z 出现的概率比较小，就需要用相对长的点横来表示，以进行区别和分辨。

请大家翻译一下如图 3-3 所示的摩尔斯电码。

图 3-3

如果要寻找一个函数来定义信息，则该函数需要满足以下条件。

- 要符合随着概率的增大而减小的形式。
- 函数的值不能为负数，因为信息量最小为 0。

把自信息(Self Information)公式绘制成图 3-4，可以看到，带负号的对数函数显然符合以上要求。

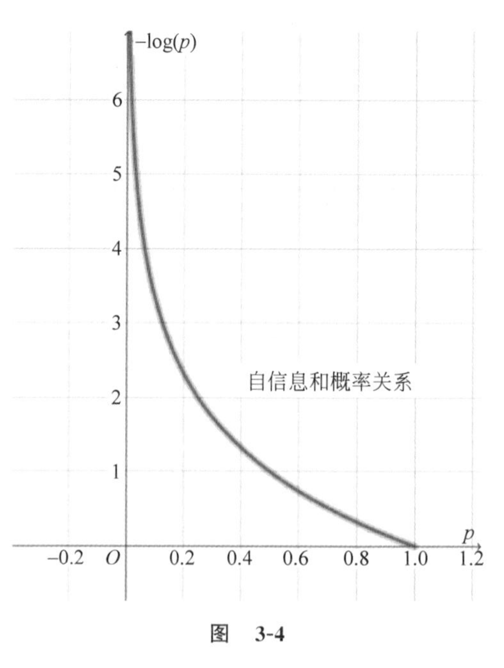

图 3-4

当然，肯定有其他的函数也会符合上面的要求，那么为什么用上面的这种表示呢？

对此，香农在 *A Mathematical Theory of Communication* 这篇论文中说明了选择对数函数的原因。

(1) 在实践中更有用：对数函数可以让一些工程上非常重要的参数比如时间、带宽、继电器数量等与可能性的数量的对数呈线性关系，例如，增加一个继电器会使继电器的可能状态数加倍，而如果对这一可能状态数求以 2 为底的对数，结果只是加 1。加倍时间，可能的消息数会近似变成原来的平方(1，2，4，8，…)，而其对数则是加倍($\log_2 1$，$\log_2 2$，$\log_2 4$，$\log_2 8$，…)=(0，1，2，3，…)，从而形成线性关系。

(2) 更贴近于人类对度量的直觉：线性比

① 摩尔斯电码也被称作摩斯密码，是一种时通时断的信号代码，通过不同的排列顺序来表达不同的英文字母、数字和标点符号。

较就是人类的度量直觉。比如,人们认为,两张打孔卡存储信息的容量应当是一张打孔卡的两倍,两个相同信道的信息传输能力应当是一个信道的两倍。

(3) 更适用数学运算:许多极限运算很容易用对数表示。对数的加减对应于非对数的乘除,范围也更小。如果采用可能性的数目表示,可能会需要进行冗繁笨拙的重新表述,计算也将更难。

为什么选择以 2 为底的对数呢?论文中讲到,选择什么为底与用什么单位来度量信息是对应的。采用以 2 为底就是用二进制位,英文:binary digit(香农采纳了 J. W. Tukey 的建议,将 binary digit 简称为 bit,bit 这个词从此问世)。采用以 10 为底就是用十进制位,而在遇到一些积分和微分的分析中,用 e 为底有时也会很有用,这时的信息单位称为自然单位。

为了加深对自信息的了解,再拿一个日常生活中的例子来进行说明。

假如一个冬天,海南突然下了一场大雪。大家的意识中,海南怎么可能下雪,也就是说,“不下雪”是一个大概率的事件,对于我们来说,提供的这个信息已经没太大的“含金量”。由于海南以前从来不下大雪,因此人们对于下大雪是没有准备的——环卫局没有铲雪车,也没有除雪的经验。这样一来,交通必然会瘫痪,对整个城市的运作产生了很大的影响。

因此,自信息也可以说是描述某一种现象下未准备的程度。当这个现象(事件)概率低的事件发生时,会带来更大的损失(或是更多的利益),也就包含了更加“丰富而新鲜的”信息。香农试图通过数学的方法来描述这一事实,也就是其提出的自信息公式。同时要时刻记住,这里的信息量与信息的语意无关,仅仅只与信息出现的概率有关。这也解释了为什么香农更倾向于用术语“通信论(Communication Theory)”而不是“信息论(Information Theory)”。

3.2　信息熵

我们了解了自信息,那么如果有很多个自信息放在一起(如要发送一个电报),怎么来表示整体的信息量呢?或者说如果要比较不同长度和规模的信息包含的信息量要如何做呢?比较合理的方法是用同一个尺度来比较,比如用平均数。从第 1 讲中我们知道数学期望就可以用来计算平均量。所以信息熵就(Information Entropy)用下面的公式表示:

$$H(X) = -\sum p(x)\log p(x) = -\sum_{i=1}^{n} p(x_i)\log p(x_i)$$

其实,本质上信息熵就是自信息的数学期望。那么信息熵有什么含义呢?我们可以用它做什么呢?

如果没有特别说明,信息熵的 log 的底默认为 2,而且特别定义 $\log 0=0$。

举例说明。如图 3-5 所示,先假设 x 代表中国乒乓球队参加比赛,获得世界大赛冠军的事件,$x=1$ 表示获得冠军,即 $p(x=1)=1$;$x=0$ 表示没有获得冠军,$p(x=0)=0$,那么这个事件代表的信息熵就是:

$$H(x) = -p(x=1)\times\log p(x=1) - p(x=0)\times\log p(x=0) = 0$$

再假设 x 代表中国男子足球队参加世界杯获得冠军的概率。$x=1$ 表示获得冠军,即

$p(x=1)=1$；$x=0$ 表示没有获得冠军，$p(x=0)=0$，那么这个事件代表的信息熵就是：

$$H(x)=-p(x=1)\times \log p(x=1)-p(x=0)\times \log p(x=0)=0$$

再假设 x 代表中国女子排球队参加世界杯获得冠军的概率。$x=1$ 表示获得冠军，即 $p(x=1)=0.5$，$x=0$ 表示没有获得冠军，$p(x=0)=0.5$，那么这个事件代表的信息熵就是：

$$\begin{aligned}H(x)&=-p(x=1)\times \log p(x=1)-p(x=0)\times \log p(x=0)\\&=-1/2\times \log 1/2-1/2\times \log 1/2=1\end{aligned}$$

通过比较可以看到，不确定性越大，信息熵就会越大。对于前面的两个例子来说，信息熵为 0，也就是因为不存在什么不确定性，所以其实不需要进行信息的传递。而最后一个例子说明我们需要 1 个 bit 来进行这个信息的传递，1 代表中国女排获得奥运冠军，0 代表没有获得奥运冠军。对于取值为二值的事件来说，概率和信息熵的关系可通过图 3-6 来表示。

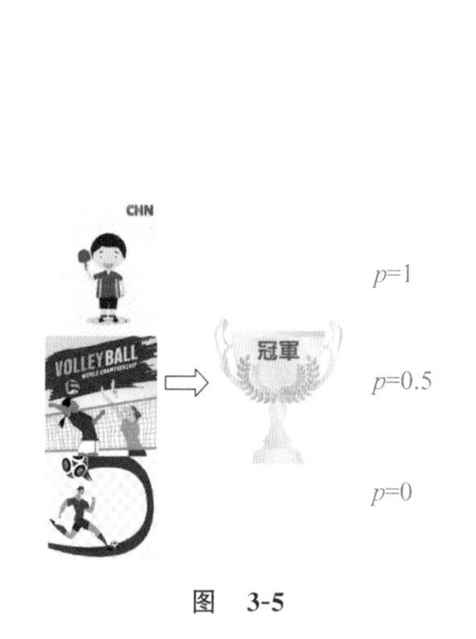

图 3-5

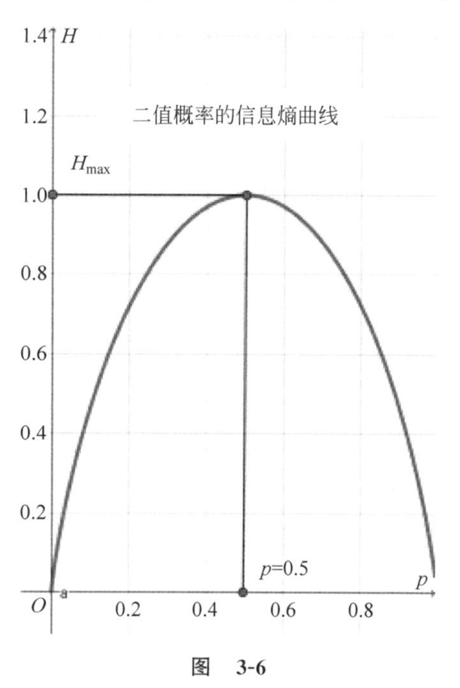

图 3-6

所以信息熵就代表着一个信息系统中的编码需要的平均长度。同时，熵作为度量，可以代表以下多种含义。

- 一个系统越是有序，熵就越小；反之，一个系统越是混乱，熵就越大。
- 一个事件越确定，熵就越小；反之，一个事件越不确定，熵就越大。

知道了信息熵，在机器学习里面，有一个核心步骤是要找到对结果能够有较大影响力的因素，找到这个因素（也就是特征），就可以来确定特征的有效程度。特征越有效，那么对结果的不确定性就越有把握，对于特征的选择就越有目标，处理起来也更加有效果。这也就是下一节信息增益需要讲述的内容。

顺便提一下，现在大家都知道"熵增"理论，这个世界是一个不断熵增的过程，而且不可逆。也就是说，世界是朝着混乱的方向发展，如果我们想在某一个方面阻止这个趋势的发展，就需要施加力量和努力去减少熵增。如果不施加力量来改变，那么最终就会走向混乱。比如家里要是不打扫，肯定是越来越乱的，打扫就需要你付出劳动和努力。

3.3 信息增益

既然叫增益，必定是先有一个基础值再有另外一个值，两者比较后的差，就是增益。这个基础值就是信息熵，另外一个值就是条件熵。也就是在给定随机变量 X 的条件下，因变量 Y（结果）的不确定性是多少。

条件熵的表示：$H(Y|X)$。

$H(Y)$和 $H(Y|X)$的差别就是 $H(Y)$不考虑特征的影响，$H(Y|X)$是需要在考虑 X 的条件下来计算信息熵，那么根据条件熵的定义：

$$H(Y \mid X)=H(X,Y)-H(X)$$

$$H(X,Y)=-\sum p(x,y)\log p(x,y)$$

$$H(X)=-\sum p(x)\log p(x)$$

将贝叶斯公式 $p(x,y)=p(y|x)p(x)$，代入上面的公式：

$$H(Y \mid X)=-\sum_{i=1}^{n} p(x_i)\sum_{j=1}^{m} p(y_j \mid x_i)\log p(y_j \mid x_i)$$

其中，x_i 表示 X 特征下有多少个不同的值，y_j 表示 Y 随机变量下有多少个不同的值。

所以信息增益（Information Gain）的公式就是：

$$I(Y,X)=H(Y)-H(Y \mid X)$$

在这里，$I(Y,X)$必定是一个大于等于 0 的值，为什么呢？举一个简单的例子，当我们要抓一个罪犯时，如果说“这个罪犯是一个人”，那么变成所有人都可能是罪犯，意味着这个随机性很大，那么 $H(Y)$也就比较大。但是如果说“这个罪犯是男性”，那么这个随机性一下子就下降很多，也就是排除了女性是罪犯的可能性，我们就获得了信息上的增益。如果再增加一些已知的条件，那么就会获得更多额外的信息增益。这个增益越大，不确定性就越小，最理想的就是 $I(Y,X)=1$，也就是抓到罪犯了。

继续通过一个比较经典的例子来计算一下。

假设高尔夫球场拥有不同天气时某个客户的打球历史记录，如表 3-1 所示。

表 3-1

天气（Weather）	温度（Temp）	湿度（Humidity）	刮风（Wind）	打球（Play Golf）
下雨（Rainy）	热（Hot）	高（High）	否	否
下雨（Rainy）	热（Hot）	高（High）	是	否
阴天（Overcast）	热（Hot）	高（High）	否	是
晴天（Sunny）	中（Mild）	高（High）	否	是
晴天（Sunny）	低（Cool）	正常（Normal）	否	是
晴天（Sunny）	低（Cool）	正常（Normal）	是	否
阴天（Overcast）	低（Cool）	正常（Normal）	是	是
下雨（Rainy）	中（Mild）	高（High）	否	否

续表

天气(Weather)	温度(Temp)	湿度(Humidity)	刮风(Wind)	打球(Play Golf)
下雨(Rainy)	低(Cool)	正常(Normal)	否	是
晴天(Sunny)	中(Mild)	正常(Normal)	否	是
下雨(Rainy)	中(Mild)	正常(Normal)	是	是
阴天(Overcast)	中(Mild)	高(High)	是	是
阴天(Overcast)	热(Hot)	正常(Normal)	否	是
晴天(Sunny)	中(Mild)	高(High)	是	否

现在需要解决的问题是，找到一个对客户是否打球影响最大的因素。

首先计算基准熵，也就是不带任何条件的针对“是否打球(Play Golf)”这个变量的熵，如表 3-2 所示。

表 3-2

是否打球	频率	概率	熵
否	5	0.36	0.531
是	9	0.64	0.410
汇总	14	1.0	0.941

在总共 14 条历史数据中，打球的概率为 9/14≈0.64，不打球的概率为 5/14≈0.36，熵值为 0.94。

接下来分别根据 4 个特征分别计算条件熵，然后来看各自的增益是多少。

首先看天气(Weather)的条件熵与信息增益。表 3-3 表示在不同 Weather 取值情况下计算 $p(x_i)$，也就是计算 p(Weather = Rainy)，p(Weather = Overcast)，p(Weather = Sunny)，因为保留小数点后两位，所以加起来的概率略微超出 1。

表 3-3

天气(Weather)	打球次数	不打球次数	频率	概率
下雨(Rainy)	2	3	5	0.36
阴天(Overcast)	4	0	4	0.29
晴天(Sunny)	3	2	5	0.36
汇总	9	5	14	1.0

表 3-4 计算的是在天气取值固定的情况下，针对 Play Golf 在“是”和“否”下的熵。

表 3-4

天气(Weather)	打球概率	不打球概率	熵
下雨(Rainy)	0.4	0.6	0.971
阴天(Overcast)	1	0	0
晴天(Sunny)	0.6	0.4	0.971

最后把两者结合起来，得到 Weather 的条件熵：

$$H(Y \mid X=\text{Weather})=0.36\times0.971+0.29\times0+0.36\times0.971\approx0.70$$

信息增益：0.940－0.70＝0.24。

同样的，计算温度 Temp 的条件熵与信息增益（见表 3-5 和表 3-6）。

表　3-5

温度(Temp)	打球次数	不打球次数	频　率	概　率
高(Hot)	2	2	4	0.29
中(Mild)	4	2	6	0.43
低(Cool)	3	1	4	0.29
汇总	9	5	14	1.0

表　3-6

温度(Temp)	打球概率	不打球概率	熵
高(Hot)	0.5	0.5	1
中(Mild)	0.67	0.33	0.918
低(Cool)	0.75	0.25	0.811

使用温度 Temp 的条件熵：$H(Y|X=\text{Temp})=0.29\times1+0.43\times0.918+0.29\times0.811=0.92$。

信息增益：0.94－0.92＝0.02。

同理，我们将其他条件下的熵及信息增益列出来，如表 3-7 所示。

表　3-7

特　征	熵	信息增益
天气(Weather)	0.69	0.25
温度(Temp)	0.92	0.02
湿度(Humidity)	0.79	0.15
刮风(Wind)	0.89	0.05

可以看到，使用 Weather 作为条件时，信息增益最大，也就可以理解为这个特征是对“是否打高尔夫球”有比较大的影响，对它的不确定性消除最有效。在做决策时，要优先考虑这个因素。在机器学习经典算法决策树中，就是利用信息增益来选择某个特征来进行分叉。

上面的信息增益其实有另外等价的值，就是特征和标签的互信息(Mutual Information)，互信息可以用来衡量随机变量 X、Y 之间的相关性。如果越相关，那么互信息就越大，越不相关或者说相互之间条件越独立，那么互信息就越小。互信息的进一步说明，在后面数据形态的相关性中还会讲到。

3.4　相对熵

相对熵(Relative Entropy)又称为 K-L 散度(Kullback-Leibler Divergence)，用于衡量对于同一个随机变量 x 在不同状况下观察到的两个不同的概率分布 $p(x)$ 和 $q(x)$ 之间的差异。

再次回顾信息熵的定义：

$$H(X)=-\sum_{i=1}^{n}p(x_i)\log p(x_i)$$

这里的 $p(x_i)$是通过大量的测量或者样本统计出来的概率，可以认为是“真实”的概率分布。通过机器学习模型出来的是“预测”的概率分布，如何去衡量两者之间的差距呢？这个就是相对熵的作用：

$$D_{\mathrm{KL}}(p\parallel q)=H(p,q)-H(p)=\sum_{i=1}^{n}p(x_i)\log\left(\frac{p(x_i)}{q(x_i)}\right)$$

因为我们需要知道的是 p 和 q 两个概率分布的差异，所以 $H(p,q)$通过熵的公式定义就是：$-\sum_{i=1}^{n}p(x_i)\log q(x_i)$，用 $q(x_i)$来代替对数函数中的 $p(x_i)$。可能大家会问，为什么不直接用信息增益来衡量呢？这是因为我们的目的不同，在这里不是为了找到消除不确定性大的特征，而是希望能够找到两个概率分布之间的差距，并且最终能够逐渐让 q 分布靠近 p 分布。用 $H(p,q)$去减“真实”分布的熵，差异就是相对熵，也称为散度。值越大说明两个分布差异越明显，关系越“散”。当 $p=q$ 时，相对熵就是 0。

相对熵还可以理解为：概率分布携带着信息，可以用信息熵来衡量；若用观察分布 $q(x)$来描述真实分布 $p(x)$，还需要多少额外的信息量？而且是单向描述信息熵差异，p 和 q 的位置换一下，结果是不一样的。

我们用图 3-7 所示的 KL 散度表示的含义的例子来计算一下。

$$D_{\mathrm{KL}}(A\parallel B)=\frac{1}{3}\log\left(\frac{1/3}{1/4}\right)+\frac{1}{3}\log\left(\frac{1/3}{2/4}\right)+\frac{1}{3}\log\left(\frac{1/3}{1/4}\right)=\frac{1}{3}\log\frac{32}{27}$$

$$D_{\mathrm{KL}}(B\parallel A)=\frac{1}{4}\log\left(\frac{1/4}{1/3}\right)+\frac{2}{4}\log\left(\frac{2/4}{1/3}\right)+\frac{1}{4}\log\left(\frac{1/4}{1/3}\right)=\frac{1}{4}\log\frac{81}{64}$$

$$D_{\mathrm{KL}}(A\parallel C)=\frac{1}{3}\log\left(\frac{1/3}{1/3}\right)+\frac{1}{3}\log\left(\frac{1/3}{1/2}\right)+\frac{1}{3}\log\left(\frac{1/3}{1/6}\right)=\frac{1}{3}\log\frac{4}{3}$$

$$D_{\mathrm{KL}}(C\parallel A)=\frac{1}{3}\log\left(\frac{1/3}{1/3}\right)+\frac{1}{2}\log\left(\frac{1/2}{1/3}\right)+\frac{1}{6}\log\left(\frac{1/6}{1/3}\right)=\frac{1}{6}\log\frac{27}{4}$$

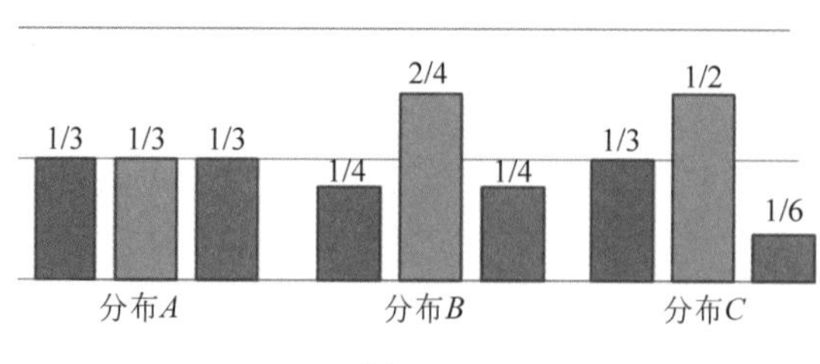

图 3-7

因此得到：$D_{\mathrm{KL}}(A\parallel B)<D_{\mathrm{KL}}(A\parallel C)$，也就是分布 A 和分布 B 更加接近。$D_{\mathrm{KL}}(A\parallel B)\neq D_{\mathrm{KL}}(B\parallel A)$，$D_{\mathrm{KL}}(A\parallel C)\neq D_{\mathrm{KL}}(C\parallel A)$。

在机器学习中，碰到比较多的就是多分类。多分类的样本数据中，每条样本只会对应到一个分类，但是经过模型计算后每条测试数据的输出在每个分类都会有"预测"值，如图3-8所示。

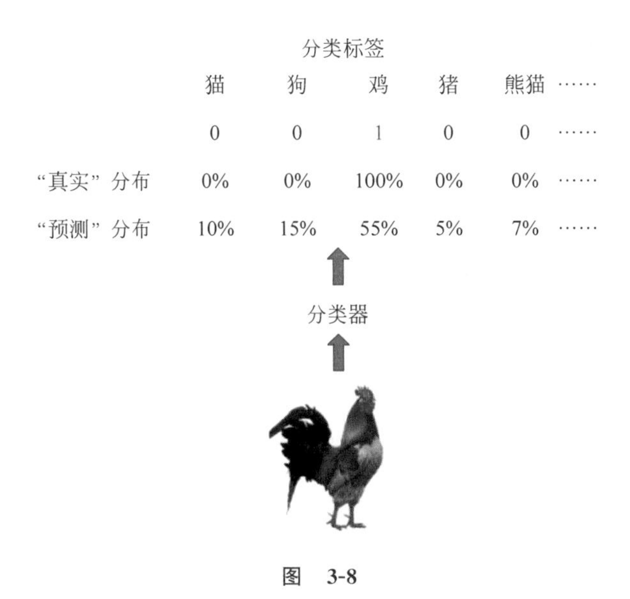

图　3-8

可以看到"真实"的分布是非常简单的，只有一个类是100%，其余的是0%。从上面信息熵的例子中可以看到，这种分布的熵就是0，也就是没有什么意外的。但是预测分布就不一样了，因为模型存在误差和泛化的要求，可能每个类别都会有一个概率输出，那么针对上面的这种情况，来看相对熵是多少？根据公式计算可以看到：

$H(p)=0$，$H(p,q)$中只有一个$p(x_i)$是100%，别的都是0，所以实质上只需要计算：$-1\times\log0.55=0.856$。这可以大大节省损失的计算时间。

现在假设预测为鸡的概率变成了99%，那么$H(p,q)=-1\times\log0.99=0.014$。

可见，预测分布越接近"真实"分布，相对熵就越小，机器学习模型的目的也就是要不断合理地提高这个预测分布到真实分布中。

相对熵同时还可以用来从已有的数据中去找到和"期望"的分布距离最小的尺度(Scale)，比如在AI芯片中我们为了提高效率，需要从Float型的模型参数转换到Int型的参数，这样计算效率可以提升很多倍，但是又不能导致模型效果有大的影响，这时候如何进行尺度的选择，就要使用相对熵来计算。

3.5　交叉熵

从字面上看，交叉熵(Cross Entropy)有一个交叉Cross，然后还有一个熵，命名一般需要体现其内在逻辑，那么这个交叉是谁和谁交叉？和熵又有什么关系呢？

实际上，上面相对熵公式里面的$H(p,q)$就是交叉熵。也就是p和q这两个随机变量分布进行交叉计算，计算的公式就是熵的公式。

在上面举的多分类机器学习中，我们可以看到$H(p)=0$，所以在这种情况下，交叉熵就等于相对熵，而且实际只需要计算一个类对应的概率对数即可，非常简洁，这也是多分类模型把交叉熵作为损失函数的缘由。关于交叉熵作为损失函数的优势，在第 21 讲进行详细讲解。

3.6 基尼指数(不纯度)

我们在很多地方都能看到一个基尼(GINI)指数的名称，还有一个度量收入均衡的指标叫基尼系数，这两个名称是不同的概念。对于不同的概念如果不实质理解的话，会更加让人困扰，比如在决策树分裂选择中，到底采用信息增益方式好呢，还是用基尼指数合适？这两者有没有什么关系？

从信息熵中我们知道，越不确定的情况下，熵越大。那么是不是可以这么说，数据越杂乱无章，就越不纯，其纯度越差？那么如何来表示这个不纯度呢？

举例说明：如果一个六面的骰子，投掷两次，这两次相同点数的概率是多少？因为每次投掷都是独立的，也就是前面一次投掷和后面一次投掷，是没有相互关联的。所以第一次投掷 1～6 点的可能性是 1/6，第二次投掷 1～6 点的可能性依然是 1/6，所以两次投中 1 点的概率是 1/6×1/6＝1/36，也就是一次投中 1，另外一次投中 2～6 点的概率是 1/6×(1－1/6)＝5/36。因为一共有 6 种点，所以总体上投两次不同点的概率就是 5/36×6＝5/6。

再假设现在有一个三面的骰子，依然投掷两次，那么两次不相同的概率是多少呢？还是按照上面的思路，其概率就是 2/3。5/6 比 2/3 要高一点，也可以说不确定性更大一点，也就是不纯度大一点。

所以，信息熵和基尼指数(不纯度)其实是同一类型的对不确定性的衡量。基尼指数直观的理解就是从样本中任意挑选两个，两个样本属于不同类别的概率，一个样本属于一个类别的概率是 p_k 的话，另外一个样本属于别的列表的概率就是 $1-p_k$，两者相乘就是一个类别固定下不同类别的概率，汇总就是整体不同类别的概率。而概率越平均，越容易被归类到其他的里面去，也就越杂乱，越不纯。

再来比较两个公式的表示：

$$\begin{cases} H(X) = -\sum_{k=1}^{K} p_k \ln p_k \\ \mathrm{Gini}(X) = \sum_{k=1}^{K} p_k(1-p_k) = 1 - \sum_{k=1}^{K} p_k^2 \end{cases}$$

也就是两者的差别就是，熵是 $-\ln(p_k)$，而基尼指数是 $(1-p_k)$，两个函数用图形方式画出来，如图 3-9 所示。

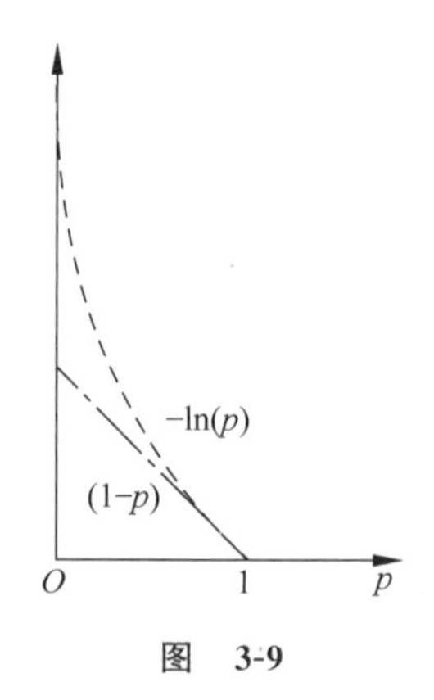

图 3-9

可以看到，在 p 越接近 1 的地方，两者是越来越接近。事实上，如果大家还记得泰勒展开式的话，将 $f(x)=\ln(x)$ 在 $x=1$ 处进行泰勒展开(忽略高阶无穷小)：

$$\begin{aligned} f(x) &= f(x_0) + f'(x_0)(x-x_0) + o(\cdot) \\ &= f(1) + f'(1)(x-1) + o(\cdot) \\ &= 1 - x \end{aligned}$$

因此基尼指数实质上是熵的一种近似表示。大家可以用实际的例子分别用信息熵和基尼指数进行计算并比较一下。这里还是拿信息增益部分的例子来计算一下基尼指数。

打高尔夫球：5 次“否”、9 次“是”，基尼指数按照公式计算为 $1-(5/14)^2-(9/14)^2\approx 0.459$。

按照特征来计算的基尼指数和增益，如表 3-8 所示。

表　3-8

特　　征	基尼指数	基尼增益
天气(Weather)	0.342	0.117
温度(Temp)	0.4405	0.0185
湿度(Humidity)	0.3674	0.0916
刮风(Wind)	0.4286	0.0304

因此天气这个特征具有比较好的区分度。

补充一点：大部分情况下，基尼指数和信息熵没什么区别，会生成类似的树。在计算时由于基尼指数不涉及对数计算，所以会快一点。但是，极少数情况下它们会有差别。基尼指数一般会分离出树分支中最频繁的类。而熵增益却倾向生成更平衡一点的树。

3.7　本讲小结

通过对自信息、信息熵、信息增益、相对熵、交叉熵的介绍，了解了如何对信息通过数学方式来表示，也就可以去衡量不确定性的增加和减少。

第 4 讲

随机变量的相关性和重要性

数据之间存在着一定的相关性。如同图 4-1 所示：冰淇淋的销量和天气冷热具有相关性，化妆品的购买者和性别有相关性，冰淇淋和化妆品看起来没什么相关性。所以相关性具有正相关、负相关以及不相关三种。

在机器学习中，找到相关性以及衡量相关性为多少是一个很重要的任务和目标。

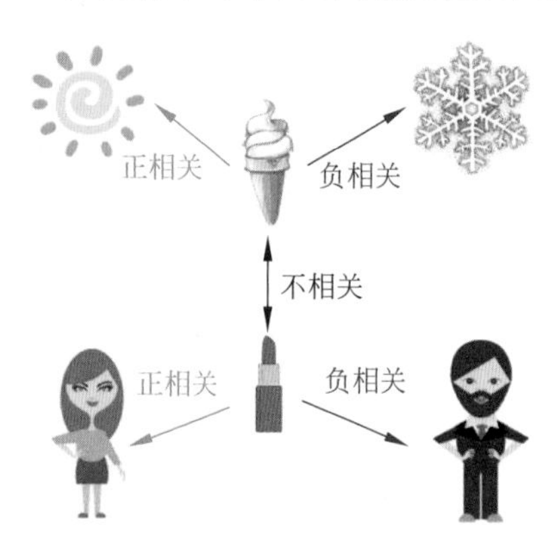

图 4-1

相关性可能是完全确定的(如函数关系)，但是大多数是不确定的关系。这个不确定的关系不一定是直接的因果关系，但一定是有关联性的。也就是说，数据相关性技术是一种理解数据集中多个变量和属性之间关系的方法。

相关性的具体用途如下。

- 相关性用来进行特征的选择。
- 相关性可以帮助从一个变量(或特征)预测另一个变量(特征)。比如填补缺失值。
- 相关性有时可以表示因果关系的存在。
- 相关性被用作许多建模技术的基本量。

如果在数据集中具有完全正或负的属性，那么模型的性能很可能会受到一个称为“多重共线性”问题的影响。多重共线性发生在多元回归模型中的一个预测变量可以由其他预测变量线性预测，且预测精度较高的情况下。具体就是指一个变量的变化引起另一个变量的变化。原本自变量应该是各自独立的，根据回归分析结果，能得知哪些因素对因变量 Y 有显著影响，哪些没有影响。如果各个自变量 X 之间有很强的线性关系，就无法固定其他变量，也就找不到 X 和 Y 之间真实的关系了(比如，同时将男、女两个变量都放入模型，此时必定出现共线性，称为完全共线性)。这可能会导致歪曲或误导的结果。

我们可以利用相关性去进行特征的选择，包括去掉冗余的特征等。如何找到并度量随机变量之间，也就是找到特征与特征之间、特征和目标之间的相关性呢？这就是本讲的主要内容。

至于为什么需要进行特征选择，是因为“维度的诅咒”[①]：如果数据中的列数(特征)多于行数(目标)，也意味着维度比样本数量维度更好，模型能够很好地匹配训练数据，但会导致

① https://www.visiondummy.com/2014/04/curse-dimensionality-affect-classification/。

过拟合，这对于训练数据以外的新样本使用模型是很不利的。

根据变量的类型，下面我们来介绍几种常用的相关性分析方法。

4.1　数值型变量之间的相关性

数值型变量意味着变量的数据是不可枚举的，这里介绍两种典型的方法。

4.1.1　协方差

协方差(Covariance)的英文名称其实很直观，就是变量之间的关系，用来快速判断两个变量数据或者两组不同数据是否具有线性正相关性或者负相关性，如果相关的话，相关程度如何。

先来看看公式：

$$\mathrm{Cov}(X,Y)=\frac{\sum_{i=1}^{n}(X_i-\bar{X})(Y_i-\bar{Y})}{n-1}$$

其中，X_i 表示 X 变量的 n 个取值，Y_i 表示 Y 变量的 n 个取值，$\bar{X}$ 表示 X 变量的平均值，$\bar{Y}$ 表示 Y 变量的平均值。$n-1$ 主要是因为变量的值不是全部的，所以来表示是有一点偏差（"有偏"）的意思。每个变量减去平均值，也就是中心化的意思，这主要是为了计算时方便，同时也因为计算机对于大数的计算可能会存在溢出的问题。

公式毕竟比较抽象，我们把公式表示的意思用人比较明白的角度来进行一个描述。如图 4-2 所示是协方差的线性关系表示。把 X、Y 变量的值对齐到各自的期望值附近，然后把区域分成 A、B、C、D 四个区域，分别就是：

区域 A、C：$(X_i-\bar{X})(Y_i-\bar{Y})>0$；区域 B、D：$(X_i-\bar{X})(Y_i-\bar{Y})<0$。

也就是说，当协方差的值为正时：

- 如果一方的取值大于期望值，另一方的取值大于期望值的概率也将更大；
- 如果一方的取值小于期望值，另一方的取值小于期望值的概率也将更大。

反之，如果协方差的值为负：

- 如果一方的取值大于期望值，另一方的取值小于期望值的概率将更大；
- 如果一方的取值小于期望值，另一方的取值大于期望值的概率将更大。

如果不存在上述相关性，协方差的值则为零。

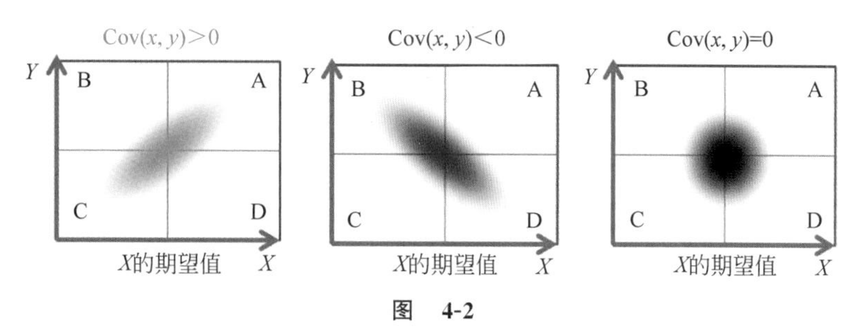

图　4-2

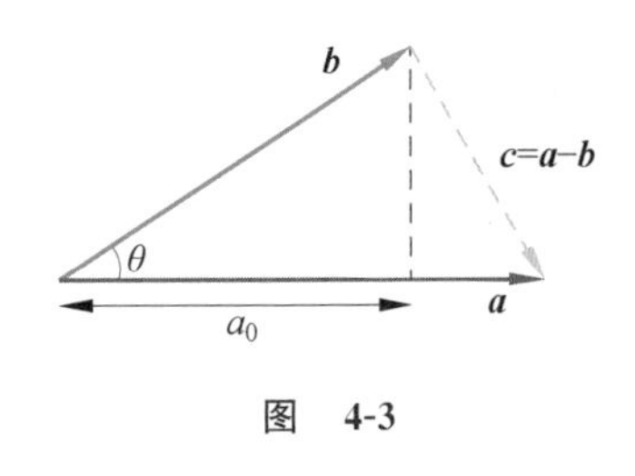

图 4-3

通过简单地计算协方差,就可以大致知道两个变量之间的线性相关性(正负相关的程度),如果是正数,值越大就越正相关(值可能会超过 1),如果是负数,值越大(值可能会小于 −1)就越负相关,0 表示不相关。

换一个角度来看协方差。如果把两个变量换成是 n 维的向量,那么从几何的角度来看,两个向量的点积表示一个向量在另外一个向量上的映射,如图 4-3 所示。

向量 $\boldsymbol{a}$ 表示为:$\boldsymbol{a}=[a_1,a_2,\cdots,a_n]$;向量 $\boldsymbol{b}$ 表示为:$\boldsymbol{b}=[b_1,b_2,\cdots,b_n]$。

根据余弦定理:

$$\cos\theta=\cos\langle\boldsymbol{a},\boldsymbol{b}\rangle=\frac{(\boldsymbol{a}\cdot\boldsymbol{b})}{|\boldsymbol{a}||\boldsymbol{b}|}$$

其中,分子表示两个向量的点乘(点积),分母是两个向量的模(长度)的乘积。

$$a_0=|b|\cdot\cos\theta=\frac{(\boldsymbol{a}\cdot\boldsymbol{b})}{|\boldsymbol{a}|}=\frac{a_1b_1+a_2b_2+\cdots+a_nb_n}{|\boldsymbol{a}|}$$

可以看到,如果 $\boldsymbol{a}$,$\boldsymbol{b}$ 方向越一致,越靠拢,那么 a_0 部分就越大,也就是两者的点积就是正值并且数值越接近 $\boldsymbol{a}$。如果 $\boldsymbol{a}$,$\boldsymbol{b}$ 是垂直的,也就是两者是不相关的,那么值就是 0。而如果两者是方向相反的,假设 $\boldsymbol{a}$ 方向是正的,那么投影方向就是负方向。

这里要强调的是非线性相关性用协方差是很难得出结论的。同时作为分类的目标变量一般只有 0/1 或者几个多分类的值,不适合用协方差来计算,所以针对目标变量基本不使用协方差进行相关性分析,而是用在其他变量间的相关性分析。

4.1.2 皮尔逊相关系数

上面的协方差能反映两个随机变量的线性相关程度(协方差大于 0 时表示两者正相关,协方差小于 0 时表示两者负相关),但是如果我们要度量的是两个变量数据之间的"距离"的话,也就是要求在[−1,1]之间的值时,那协方差就无能为力了。不过这个也难不倒数学家们,在协方差基础上稍微加一点东西就可以了:

$$\rho_{X,Y}=\mathrm{corr}(X,Y)=\frac{\mathrm{Cov}(X,Y)}{\sigma_X\sigma_Y}=\frac{E[(X-\overline{X})(Y-\overline{Y})]}{\sigma_X\sigma_Y}$$

上面公式表示的就是 X 和 Y 两个随机变量的皮尔逊相关系数(Pearson Correlation Coefficient),其实就是协方差作为分子,加上一个 X 和 Y 的标准差的乘积作为分母。这样整个系数就在[−1,1]范围内,并且也体现了相关性程度。

大家有没有发现,这个公式其实和余弦相似度公式挺像的。结合上面那张点积的图形以及余弦相似度公式:

$$\cos\langle\boldsymbol{a},\boldsymbol{b}\rangle=\frac{(\boldsymbol{a}\cdot\boldsymbol{b})}{|\boldsymbol{a}||\boldsymbol{b}|}$$

余弦相似度(余弦距离)就是两个向量的点积除以模的乘积。和皮尔逊公式唯一的差别就是其分子的数据被"中心化"了,也就是每个数据要减去一个均值。

这里中心化了的另外一个好处是,当数据中存在 0 时,如果直接使用余弦距离来计算,就会把其中那项乘积变成 0,影响了数据的精确性。而通过"中心化",哪怕这个值是 0,减去均值的话,也很大概率就不是 0 了(除非均值也是 0),这样就可以更加精确地计算两者的距离。不过本质上,皮尔逊系数和余弦相似度是一样的,前者多了一个中心化的过程,实质不变!

如果两个变量本身就是线性的关系,那么皮尔逊相关系数没问题,绝对值大的就是相关性强,绝对值小的就是相关性弱。但在不知道这两个变量是什么关系的情况下,即使算出皮尔逊相关系数,哪怕结果值很大,也不能说明两个变量线性相关,甚至不能说它们相关。故而一定要把数据通过图形展示出来看才行,这就是为什么说眼见为实和数据可视化的重要性。

最后,当两个变量的标准差都不为 0 时,相关系数才有定义,皮尔逊相关系数适用于数据具有以下条件时:

(1) 两个变量之间是线性关系,都是连续数据;

(2) 两个变量的总体是正态分布,或接近正态的单峰分布;

(3) 两个变量的观测值是成对的,每对观测值之间相互独立。

比如符合上面条件的可能数据是:天气温度和冰淇淋的销量数据。

再补充一点,有时即便皮尔逊相关系数是 0,我们也不能断定这两个变量是独立的(有可能是非线性相关);但如果距离相关系数是 0,那么就可以说这两个变量是独立的。关于距离相关系数比较复杂,而且用的地方也不是太多,这里就不再讲述了。

4.2　类别型变量之间的相关性

类别型变量相比数值型变量而言,具有数值可枚举及离散性特点。因此采用的相关性判断方法和数值型变量不同。

4.2.1　互信息

对于非线性关系,互信息(Mutual Information)就显得比较重要了。在进行特征选择时,我们不该把焦点放在数据关系的类型(线性关系)上,而是要考虑在已经给定另一个特征的情况下,一个特征可以提供多少信息量。互信息会通过计算两个特征所共有的信息,与相关性不同,它依赖的不是数据序列,而是数据的分布。

互信息的一个较好的性质在于,跟相关性不同,它并不只关注线性关系。

互信息我们在第 3 讲信息增益部分已经提到过,再来回顾一下:

$$I(Y,X)=H(Y)\quad H(Y\mid X)$$

其中,X、Y 表示两个随机变量(X 一般表示特征,Y 表示目标标签),$H(Y)$表示单独根据 Y 的分布来计算的信息熵,$H(Y|X)$是在以随机变量 X 作为条件的基础下,对应的 Y 的分布下的信息熵。

从图 4-4 所示互信息和熵之间的关系可以清晰地看到几个熵的关系。

小圆圈表示的是 $H(X)$,大圆圈表示的是 $H(Y)$,两者的并集是 $H(X,Y)$,斜线部分是 $H(X|Y)$,中间交集部分是 $I(X;Y)$,右边反斜线部分是 $H(Y|X)$。

如果两个熵没有变化,那么说明 X 对 Y 没有能够提供有效地减小不确定性的信息,反

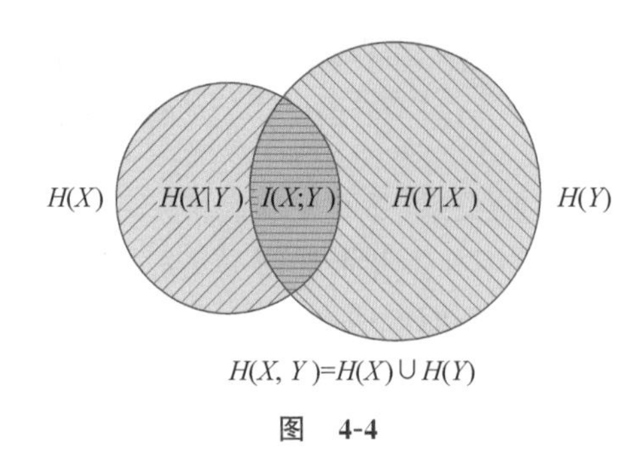

图 4-4

之就表示可以提供有效的信息。回顾第3讲列举的打高尔夫球的例子,天气(Weather)相比别的特征,和"是否打高尔夫球"更加相关。

那么提供的这个信息量对于减少不确定性到底有多少呢?这就需要互信息来衡量,值越大,表示越相关,如果为0,表示没有啥关系,如果是1就代表通过X基本就能确定Y,完全相关。

在上面的公式中,X、Y是可以调换顺序的,两者计算出来的值一样:

$$I(X,Y)=H(X) \quad H(X \mid Y)=I(Y,X)$$

所以从英文的意思来看,互信息就是指的两个随机变量之间相互关系的信息。它的计算方式和信息熵一样(某种意思上来说,两者等同),具体方法大家可以回顾第3讲的信息增益部分计算,这里就不重复了。如果随机变量是连续型的,就用积分来计算。

通过互信息可以来确定特征和目标变量之间的关联程度,可以进行特征冗余的辨别。如果是用在特征和目标变量之间,那么可以根据需要取关联度大的特征。如果用于特征对之间,对于具有较高互信息量的特征对,我们会把其中一个特征去掉。在进行回归时,可以把互信息量非常低的特征去掉。

基于互信息的相关分析计算方法有很多变种,比如,最大互信息(Mutual Information Maximization,MIM)、选择特征下的互信息(Mutual Information Feature Selection,MIFS)、联合互信息(Joint Mutual Information,JMI)、最小冗余最大相关(Min Redundancy Max Relevance,MRMR)等。

4.2.2 卡方值

卡方值(Chi-Square)也可以表示为χ^2,来自统计中的卡方检验。其基本思想是计算统计样本的实际观测值与理论推断值之间的偏离程度,卡方值越大,越不符合;卡方值越小,偏差越小,越趋于符合。

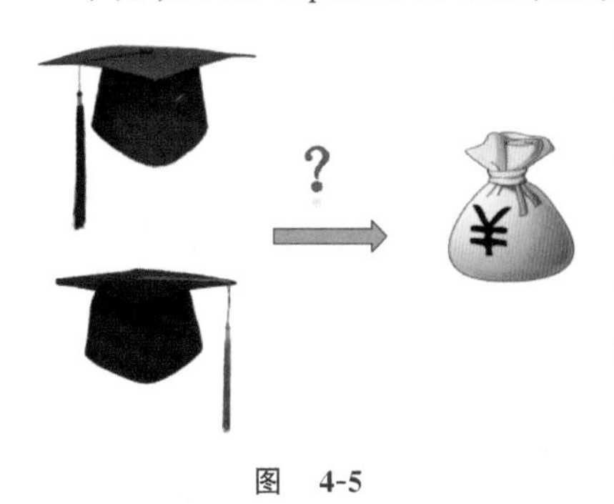

图 4-5

例如,现在需要研究学历和收入超过万元之间是否存在相关性,如图4-5所示。虽然常识告诉我们应该是相关性的,那么数学上如何来确定这个相关性呢?

首先可以通过问卷调查的方式得到如表4-1所示的学历和收入之间的观察数据,展示了本科和研究生收入是否超过万元的人数,这个就是观察值。

表　4-1

	本科/人	研究生/人	合计/人
收入超过万元	325	176	501
收入不到万元	256	56	312
合计	581	232	813

接下来，先计算收入超过万元和不到万元人数的分布，作为理论值：

$$\text{收入超过万元人数比例} = \frac{\text{收入超过万元人数}}{(\text{收入超过万元人数} + \text{收入不到万元人数})} = \frac{501}{813} \approx 62\%$$

$$\text{收入不到万元人数比例} = 1 - 62\% = 38\%$$

现在假设学历和收入超过万元是独立不相关的，也就是说本科生、研究生在收入超过万元的比例应该和上面的理论值相近。所以就按照相同的比例来计算本科生收入超过万元和研究生收入超过万元人数的理论值，即本科生和研究生收入超过万元的人数都是总计×62%，收入不到万元的比例是 38%。所以：

$$\text{本科生收入超过万元理论值} = 581 \times 62\% \approx 360$$

$$\text{研究生收入超过万元理论值} = 232 \times 62\% \approx 143$$

得到学历和收入的理论值数据，如表 4-2 所示。

表　4-2

	本科/人	研究生/人	合计/人
收入超过万元	360	143	501
收入不到万元	221	89	312
合计	581	232	813

现在看一下卡方值的定义：

$$\chi^2 = \sum \frac{(A - E)^2}{E}$$

其中，A 是变量的观察值，即真实统计值；E 是理论值（期望数），即在假设两个变量不相关情况下的期望值。

结合上面的两个数据，我们来计算其卡方值：

$$\chi^2 = \frac{(325 - 360)^2}{360} + \frac{(176 - 143)^2}{143} + \frac{(256 - 221)^2}{221} + \frac{(56 - 89)^2}{89} \approx 28.797$$

如果我们有很多特征变量，每个特征变量都按照这种方式来计算卡方值，然后进行倒排序，那么卡方值越大的，就说明特征变量越和目标变量相关。在实际运用中，一般综合使用信息增益（IG）、信息值（IV）、卡方值等进行综合排名来确定特征的重要程度。

其他分析非线性相关的较常用的方法还有 Spearman、Kendall 等，这里就不讲解了。在实际运用中，可以多种方法进行组合使用，从不同角度去分析数据之间的相关性，然后要么进行变量缩减，要么通过降维手段来消除相关性等。

在本书第 3 部分的实例展示中，大家可以看到对于特征相关性的分析和处理。

4.3 证据权重和信息值

下面着重讲解两个证据权重(Weight Of Evidence,WOE)以及信息值(Information Value,IV),包括两者的实际含义、相互之间的渊源以及实际用途。

4.3.1 证据权重

证据权重出自银行金融中的评分卡。对于银行来说,需要针对信贷客户进行一个评分,从而来确定是否能够进行信贷活动以及信贷的数量等。针对这个问题,不能只通过模型算出一个分数来解决,而是需要能够解释这个分数的构成。

比如有一个随机变量是年龄,目标变量是好人(Good)和坏人(Bad)两种,我们需要知道以下几点。

(1) 年龄这个随机变量整体上与好人或坏人的相关程度是多少?

(2) 年龄中哪个年龄段对于是好人或坏人的相关程度是多少?

(3) 如果需要有一个评分范围,那么对应的相关程度的评分应该是多少?

第一个问题,可以通过信息值(IV)来回答,它是针对整个随机变量而言的。

第二个问题,就是需要证据权重来回答的。

第三个问题,需要评分卡来回答的,这个问题将在第 3 部分的信用评分卡的例子中来回答。

一般来说,先回答第二个问题,然后在此基础上就可以回答第一个问题,也就是先看小群体,再组合起来看大群体。有点第 3 讲中自信息和信息熵的味道。

现在假设有收集到的如表 4-3 所示的年龄分箱后的好坏人群数量数据。

表 4-3

分箱号	年龄/岁	坏人数量/人	好人数量/人
1	0～10	55	200
2	11～18	15	200
3	19～35	10	200
4	36～50	5	200
5	51 以上	15	200
总计		100	1000

年龄是一个连续型的随机变量而不是类型变量,所以需要将其进行分箱(bin),至于用什么原则来分箱,将在第 3 部分的评分卡实例中详细介绍。

表 4-3 中的数据已经进行了分箱,所以年龄段的具体范围在实际计算中已经没有太大用处,当然在最后解释时还是需要的。

现在的目的是,如果把这些分箱后的特征作为“证据”来说,能否对样本有一个更为全面的了解,也就是说“实际中样本会受到哪种因素(自变量)的影响而导致变坏”。

要衡量这个证据对结果影响的程度,也就是“证据权重”,就需要用到贝叶斯公式了(可见贝叶斯公式在机器学习中的作用有多大)。

在贝叶斯公式中，首先需要有一个先验知识。这里的先验知识是不考虑证据情况下的坏人和好人的几率，表示如下：

$$\text{Odds}=\frac{p(\text{Bad})}{p(\text{Good})}=\frac{\dfrac{\text{Bad}_{\text{Total}}}{\text{Bad}_{\text{Total}}+\text{Good}_{\text{Total}}}}{\dfrac{\text{Good}_{\text{Total}}}{\text{Bad}_{\text{Total}}+\text{Good}_{\text{Total}}}}=\frac{\text{Bad}_{\text{Total}}}{\text{Good}_{\text{Total}}}$$

现在有了新的年龄数据（证据），比如上面的年龄特征（X），那么需要来看看基于新特征的条件下坏人和好人的几率情况是否有变化。

根据贝叶斯公式：

$$p(Y=\text{Bad}\mid X)=\frac{p(X\mid Y=\text{Bad})p(Y=\text{Bad})}{p(X)}$$

$$p(Y=\text{Good}\mid X)=\frac{p(X\mid Y=\text{Good})p(Y=\text{Good})}{p(X)}$$

继续写成几率（Odd）的方式：

$$\frac{p(Y=\text{Bad}\mid X)}{p(Y=\text{Good}\mid X)}=\frac{p(X\mid Y=\text{Bad})p(Y=\text{Bad})}{p(X\mid Y=\text{Good})p(Y=\text{Good})}$$

通过取自然对数转换成和的方式：

$$\ln\frac{p(Y=\text{Bad}\mid X)}{p(Y=\text{Good}\mid X)}=\ln\frac{p(X\mid Y=\text{Bad})}{p(X\mid Y=\text{Good})}+\ln\frac{p(Y=\text{Bad})}{p(Y=\text{Good})}$$

上面的公式实际上是在先验知识基础上结合证据的情况下，对先验知识进行调整后的后验知识。继续对上面的公式进行变形，然后对应到每一个分箱中去：

$$\text{Odds}(i)=\frac{\text{Bad}(i)}{\text{Good}(i)}$$

$$\ln(\text{Odds}(i))=\frac{p(x_i\mid Y=\text{Bad})}{p(x_i\mid Y=\text{Good})}+\ln(\text{Odds})$$

最终证据权重得到正式的定义：

$$\text{WOE}_i=\frac{p(x_i\mid Y=\text{Bad})}{p(x_i\mid Y=\text{Good})}=\ln(\text{Odds}(i))-\ln(\text{Odds})=\ln\left(\frac{\text{Bad}_i}{\text{Good}_i}\right)-\ln\left(\frac{\text{Bad}_{\text{Total}}}{\text{Good}_{\text{Total}}}\right)$$

也就是说：后验知识减去先验知识就是代表这个证据起的作用大小——证据权重。实际上，上面的公式和逻辑回归的原理是一样的，这也是为什么在实际评分卡中更多地采用逻辑回归的方法来进行计算，然后对应到业务需要的分值范围的缘故。

根据公式，我们来看看上面具体例子年龄分箱对应的 WOE_i 值，如表 4-4 所示。

表　4-4

分箱号	年龄/岁	坏人数量（#Bad）/人	好人数量（#Good）/人	WOE_i
1	0～10	55	200	−0.598+2.303=1.705
2	11～18	15	200	−1.895+2.303=0.408
3	19～35	10	200	−2.303+2.303=0
4	36～50	5	200	−2.996+2.303=−0.693
5	51 以上	15	200	−1.895+2.303=0.408
总计		100	1000	

再来看 WOE_i 的一些性质。证据权重描述了变量的当前分组（表 4-4 中的每一栏）对判断个体是否会响应（或者说属于哪一类）所起到的作用的方向和大小，当证据权重为正时，变量当前取值对判断个体是否会响应起到正向的影响（在以好人、坏人为分类中，表示越能对判断坏人进行响应），当证据权重为负时，起到了负向的影响。而证据权重值的大小，则是这个影响大小的体现。

4.3.2 信息值

知道了随机变量分箱后的每个箱的证据权重的计算方法，也就回答了 4.3.1 节三个问题中的第二个问题。那么对于这个随机变量而言，其整体信息的值也就是信息值该如何表示呢（第一个问题）？

第一个问题，是否可以直接把各个分箱的证据权重累加起来，不过从上面的例子中可以看到，WOE_i 值有正有负，最终累加起来的数字也可能会是负的。这样的话，这个变量的预测能力是负数，从感觉上或者表达上都会比较别扭。

那有没有办法都转换为正数的方式，并且仅仅依赖每个分箱的数据，要怎么做呢？

如表 4-5 所示是分箱几率值及 WOE_i 值。

表 4-5

分箱号	年龄/岁	坏人数量（#Bad）/人	好人数量（#Good）/人	Odd_i	Odd_{total}	Odd_i-Odd_{total}	WOE_i
1	0～10	55	200	0.275	0.1	0.175	−0.598+2.303=1.705
2	11～18	15	200	0.075	0.1	−0.025	−2.590+2.303=−0.287
3	19～35	20	200	0.1	0.1	0	−2.303+2.303=0
4	36～50	5	200	0.025	0.1	−0.075	−2.996+2.303=−0.693
5	51 以上	5	200	0.025	0.1	−0.075	−2.996+2.303=−0.693
总计		100	1000	0.1	0.1	0	

从表 4-5 中可以看到，Odd_i-Odd_{total} 这一列表示的是一个分箱中的 Odd_i 和整体 Odd 的差距。可以发现一个规律，如果这个值是正数，那么对应的 WOE_i 值也就是正数，如果这个值是负数，那么对应的 WOE_i 值也就是负数，两者值的绝对值同时大或者同时小。这样的两个值相乘，一个性质是不为负数，另一个性质是不改变单调性。所以信息值（IV）的定义就是：

$$IV_i=\left(\frac{Bad_i}{Bad_{total}}-\frac{Good_i}{Good_{total}}\right)*\left(\ln\left(\frac{Bad_i}{Bad_{total}}\right)-\ln\left(\frac{Good_i}{Good_{total}}\right)\right)$$

$$IV=\sum_{k=0}^{n}IV_i$$

从形式上来说，它和第 3 讲的相对熵也有点类似，其实这两者确实也有一定的关系。

这样来表示信息值的另外一个好处是：考虑到了群体稳定性，说到群体稳定性就对应的有一个指标，也就是 PSI（Population Stability Index）指标。事实上，稳定性指标的定义和信息值的定义是一样的。为什么说信息值的好处是考虑了群体稳定性呢？群体稳定性的目的是为了减少各分区因为样本数量的悬殊而造成对模型稳定性的影响。

举例说明。如表 4-6 所示是不同数量级的样本信息表示的变量 A 和对应好人、坏人的数据。

表　4-6

A	#Bad/人	#Good/人	合计/人	响应比例
1	90	10	100	90%
0	9910	89 990	99 900	10%
合计	10 000	90 000	100 000	10%

当 A 取值是 1 时，其响应比例高达 90%，那么我们是否能够说 A 整体对目标的预测能力强呢？看到 $A=1$ 时的数量只有 100 个，占总体数量的比例非常小，也就是 A 取 1 的可能性本身就比较低，不能代表整体。再通过表 4-7 所示的不同数量级的证据权重和信息值来看一下。

表　4-7

A	#Bad	#Good	合计	响应比例	WOE_i	IV 值
1	90	10	100	90%	4.394	0.039
0	9910	89 990	99 900	10%	−0.009	−7.937E-05
合计	10 000	90 000	100 000	100%	4.413	0.0391

可以看到信息值总体并不高，这是因为信息值中考虑到了分组样本占总样本数的比例，综合起来就可以反映整体变量的信息值。

如果再进一步去研究信息值(IV)和群体稳定性指标(PSI)的含义，PSI 反映的是数据的预期分布和实际分布的差异，而信息值的计算是把这两个分布具体化为好人分布和坏人分布的相对熵，如图 4-6 所示。信息值是通过信息熵来比较好人分布和坏人分布之间的差异性。而这种分布的差异性也可以通过前面章节中提到的相对熵(KL 散度)来表示，因此可以发现数学的很多理论是统一的。

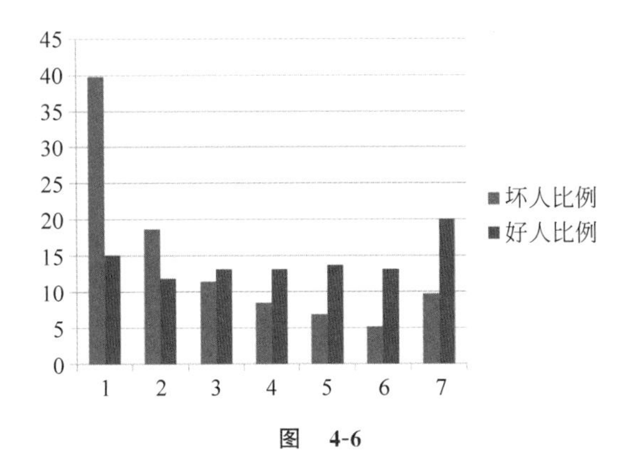

图　4-6

另外，根据经验，信息值和变量代表的预测能力如表 4-8 所示。

表 4-8

IV 值	预测能力
<0.03	差
0.03～0.09	低
0.1～0.29	中
0.3～0.49	高
≥0.5	极高

4.4 本讲小结

特征的选择是机器学习数据处理过程中很重要的一环，通过分析随机变量数据之间的相关性，可以完成这方面的部分工作。虽然现在深度学习模型可以把很多原始的数据直接导入模型进行计算，但是对于很多非图像等高粒度的数据而言，特征的选择依然是必需的。

进行特征信息度量的方法的理论很多是以第3讲的内容作为基础的，不同的科学家用不同的方法来进行了处理，因此需要了解其背后的原理。

第 5 讲

抓住主要矛盾——降维技术理论

在解决问题时，都会强调抓住主要矛盾是解决问题的关键，大家也都知道著名的二八原则，更知道“真理往往掌握在少数人手中”。计算机可以处理海量数据，但是通过数学手段找到数据中的主要因素，进行降维处理，那么无论从效率以及结果而言都有很大的好处，如图 5-1 所示。根据第 4 讲的内容，数据本身常常存在相关性，因此可以通过相关性进行降维，另外的方法将在接下来的两讲中进行介绍，同时我们也会找到这些方法之间的关系，来理解底层含义。

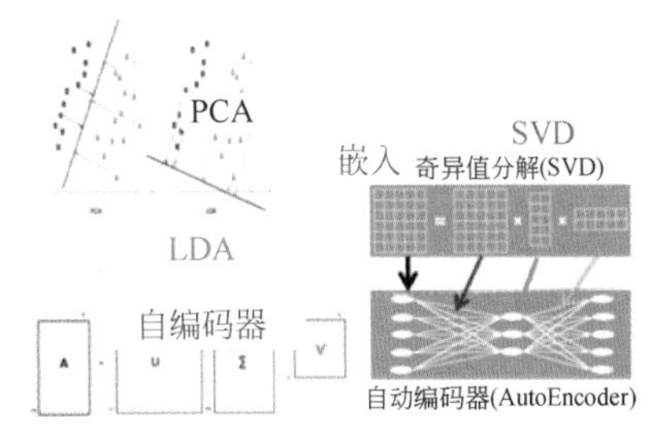

图 5-1

降维也意味着信息的丢失，所以需要考虑在降维的同时将信息的损失尽量降低。这里有几个问题需要回答。

- 如果不是简单地删除几列(根据相关度)的话，是否可以通过某些变换将原始数据变为更少的列，但又使得丢失的信息最少？
- 如何度量丢失信息的多少？
- 如何根据原始数据决定具体的降维操作步骤？

5.1 主成分分析

主成分分析(Principal Component Analysis，PCA)，顾名思义就是找到数据中的主要成分进行分析的技术。

在数据挖掘和机器学习中，数据一般可以被表示为向量。因此对于多维的数据也可以采用向量空间的方法来进行分析。

首先回顾一下向量及线性代数的基础知识。要想准确地描述向量，首先要确定一组基(或者简单点说就是坐标，不限于是二维的)，然后给出向量在各个基所在的各个轴上的投影值，对应的 n 维数字就是这个向量的表示。大家比较熟悉的两个基就是十字坐标的 x，y 轴，也就是对应的点(1,0)和(0,1)这两个基，如图 5-2 所示。

实际上任何两个线性无关的二维向量都可以成为一组基。所谓线性无关即在二维平面内可以直观地认为是两个不在同一条直线上的向量。由于正交的基(可以理解为相互垂直)有一些非常方便使用的特点，所以一般选择基都采用正交基，而且希望基的模(长度)为 1。

如果基的模是 1，就可以方便地用向量点乘基而直接获得其在新基上的坐标（也就是投影）。实际上，对应任何一个向量，我们总可以找到其同方向上模为 1 的向量，只要让两个分量分别除以模就可以了。

一个向量(3,2)，如果把基换成另外一对的话，对应的坐标会是一样吗？如图 5-3 所示，设定另外一组基，也就是 45°角上面垂直的两个带箭头的坐标，它们对应的基分别是$(1/\sqrt{2},1/\sqrt{2})$、$(-1/\sqrt{2},1/\sqrt{2})$，那么原先的向量(3,2)在这组基下的坐标是什么呢？其实就是简单的点乘（内积、投影）：

$$\begin{pmatrix} 1/\sqrt{2} & 1/\sqrt{2} \\ -1/\sqrt{2} & 1/\sqrt{2} \end{pmatrix}\begin{pmatrix} 3 \\ 2 \end{pmatrix}=\begin{pmatrix} 5/\sqrt{2} \\ -1/\sqrt{2} \end{pmatrix}$$

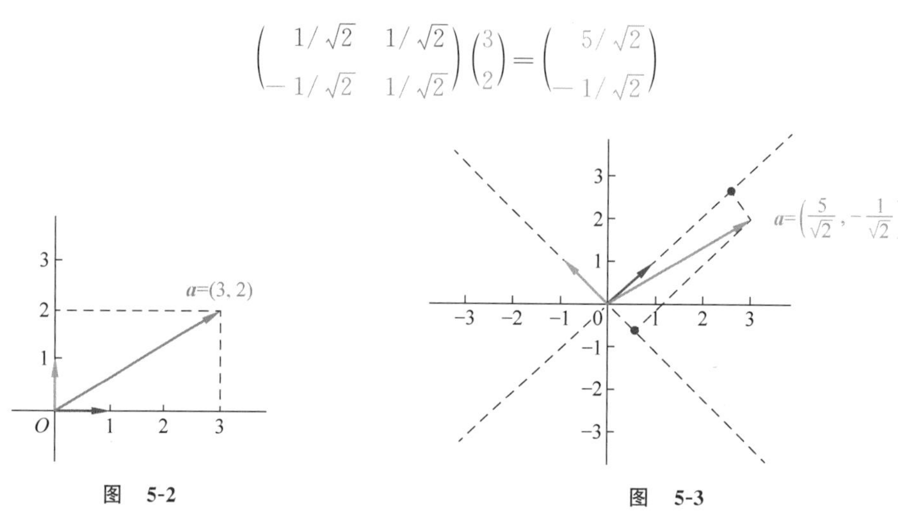

图 5-2　　图 5-3

其中左边的矩阵的两行分别对应两个基，乘以原向量，其结果刚好为新基的坐标。可以稍微推广一下，如果有 m 个二维向量，只要将二维向量按列排成一个两行 m 列的矩阵，然后用“基矩阵”乘以这个矩阵，就得到了所有这些向量在新基下的值。例如，(1,1)、(2,2)、(3,3)，想变换到刚才那组基上，则可以这样表示：

$$\begin{pmatrix} 1/\sqrt{2} & 1/\sqrt{2} \\ -1/\sqrt{2} & 1/\sqrt{2} \end{pmatrix}\begin{pmatrix} 1 & 2 & 3 \\ 1 & 2 & 3 \end{pmatrix}=\begin{pmatrix} 2/\sqrt{2} & 4/\sqrt{2} & 6/\sqrt{2} \\ 0 & 0 & 0 \end{pmatrix}$$

右边的矩阵就是在新的基下面的坐标值。

正常来说，如果向量是 N 维的，那么每一个基也是 N 维的，也就是一般左边的基矩阵是 $N\times N$ 维的。如果我们根据需要只取 R 行的基，并且 R 远远小于 N，那意味着什么呢？其实右边的矩阵结果就是这 R 个基的坐标，也就是说，可以将 N 维数据变换到更低维度的空间中去，变换后的维度取决于基的数量 R。因此这种矩阵相乘的表示也可以表示降维变换。

如何来找到这组基呢？

下面通过例子来说明，假设有 5 个二维的坐标点(−1,−2)、(−1,0)、(0,0)、(2,1)、(0,1)。

如果必须使用一维来表示这些数据，又希望尽量保留原始的信息，要如何选择呢？

通过上面对基变换的讨论，这个问题实际上就是要在二维平面中选择一个方向（基），将所有数据都投影到这个方向所在的直线上，用投影值表示原始记录。这是一个实际的二维降到一维的问题。

那么如何选择这个方向(基)才能尽量保留最多的原始信息呢？一种直观的想法是：希望投影后的投影值尽可能分散，也就是方差最大。

以图 5-4 为例，可以看出，如果向 x 轴投影，那么最左边的两个点会重叠在一起，中间的两个点也会重叠在一起，于是本身四个各不相同的二维点投影后只剩下两个不同的值了。这是一种严重的信息丢失现象。同理，如果向 y 轴投影，最上面的两个点和分布在 x 轴上的两个点也会重叠。所以看来 x 轴和 y 轴都不是最好的投影选择。直观目测，如果向通过第一象限和第三象限的斜线投影，则 5 个点在投影后还是可以区分的。

假设我们在这里要寻找的一个基的坐标是(a,b)，那么投影的表示就是：

$$[a \quad b]\begin{bmatrix}-1 & -1 & 0 & 2 & 0\\ -2 & 0 & 0 & 1 & 1\end{bmatrix}=[-a \quad -2b \quad -a \quad 0 \quad 2a+b \quad b]$$

满足：$a^2+b^2=1$。

在数学上，通过方差来体现一组数据的离散度。上面投影后的均值为 0，方差为 $6+8ab$，可以计算出最大方差时，$a=b=\sqrt{2}/2$，如图 5-5 所示。

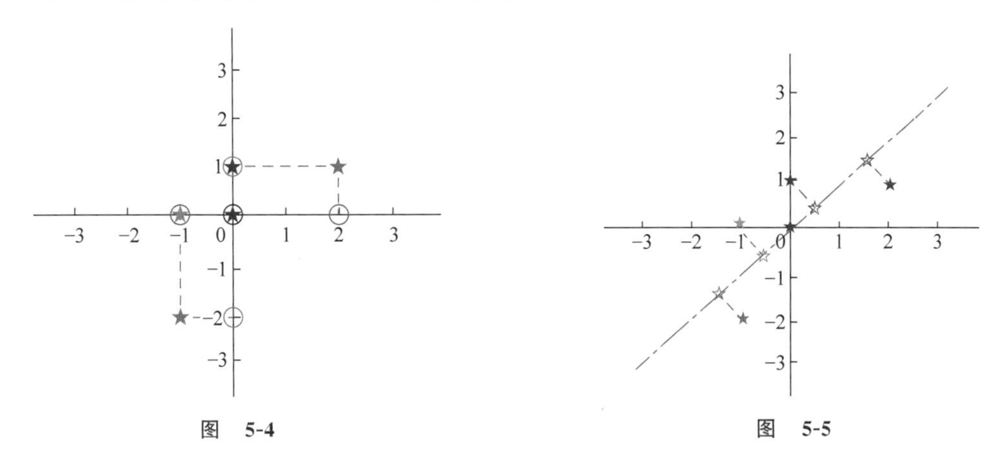

图 5-4　　　　图 5-5

对于二维的点来说，还需要找到另外一个基，这个基原则上只要和第一个基线性无关就可以(所以有无数个可以备选)。不过需要考虑在这个基上的投影也要能够体现最大的离散度，这是一个约束条件。需要和上面的那个投影后的点的值没有重复表达的信息，即需要不相关。在前面的章节中我们提到使用协方差可以用来表示相关性。

把上面这几个条件合并起来就是如下表述。

(1) 设原始数据为$(a_1,b_1)(a_2,b_2)\cdots(a_n,b_n)$，并且已经中心化到 0，形成类似下面的 $\boldsymbol{X}$ 矩阵：

$$\boldsymbol{X}: \begin{bmatrix}a_1 & a_2 & \cdots & a_n\\ b_1 & b_2 & \cdots & b_n\end{bmatrix}$$

变换后的结果为矩阵 $\boldsymbol{Y}$，并且 $\boldsymbol{Y}$ 是由一个以新的基组成的矩阵 $\boldsymbol{P}$ 变换而来的。

$$\boldsymbol{Y}: \begin{bmatrix}c_1 & c_2 & \cdots & c_n\\ d_1 & d_2 & \cdots & d_n\end{bmatrix} \rightarrow y_1=[c_1,c_2,\cdots,c_n],\quad y_2=[d_1,d_2,\cdots,d_n]$$

$$\boldsymbol{PX}=\boldsymbol{Y}$$

(2) 对于 $\boldsymbol{Y}$ 来说，每一行的数据的方差和协方差可以如下表示：

$$\mathrm{Var}(y_1)=\mathrm{Cov}(y_1,y_1)=\frac{1}{n}\sum_{i=0}^{n}c_i^2 \quad \mathrm{Var}(y_2)=\mathrm{Cov}(y_2,y_2)=\frac{1}{n}\sum_{i=0}^{n}d_i^2$$

$$\mathrm{Cov}(y_1,y_2)=\frac{1}{n}\sum_{i=0}^{n}c_i d_i$$

(3) 因为变量之间的协方差表示变量之间的相关性，因此把协方差写成一个矩阵，可以表示为：

$$\frac{1}{n}\boldsymbol{Y}\boldsymbol{Y}^{\mathrm{T}}=\begin{bmatrix}\mathrm{Var}(y_1) & \mathrm{Cov}(y_2,y_1)\\ \mathrm{Cov}(y_1,y_2) & \mathrm{Var}(y_2)\end{bmatrix}$$

(4) 从协方差矩阵来看，我们发现要达到投影理想的目标，等价于将协方差矩阵对角化：即除对角线外的其他元素化为0(不相关的基)，并且在对角线上将元素按大小从上到下排列。

(5) 继续进行公式的转换：

$$D=\frac{1}{m}\boldsymbol{Y}\boldsymbol{Y}^{\mathrm{T}}=\frac{1}{m}(\boldsymbol{P}\boldsymbol{X})(\boldsymbol{P}\boldsymbol{X})^{\mathrm{T}}=\frac{1}{m}\boldsymbol{P}\boldsymbol{X}\boldsymbol{X}^{\mathrm{T}}\boldsymbol{P}^{\mathrm{T}}=\boldsymbol{P}\left(\frac{1}{m}\boldsymbol{X}\boldsymbol{X}^{\mathrm{T}}\right)\boldsymbol{P}^{\mathrm{T}}=\boldsymbol{P}\boldsymbol{C}\boldsymbol{P}^{\mathrm{T}}$$

$\boldsymbol{C}$ 是原始数据矩阵 $\boldsymbol{X}$ 对应的协方差矩阵。因此需要找到能让原始协方差矩阵对角化的 $\boldsymbol{P}$。换句话说，目标变成了寻找一个矩阵 $\boldsymbol{P}$，满足 $\boldsymbol{P}\boldsymbol{C}\boldsymbol{P}^{\mathrm{T}}$ 是一个对角矩阵，并且对角元素按从大到小的顺序依次排列，那么 $\boldsymbol{P}$ 的前 r 行就是要寻找的基，用 $\boldsymbol{P}$ 的前 r 行组成的矩阵乘以 $\boldsymbol{X}$，使得 $\boldsymbol{X}$ 从 n 维降到了 r 维，并满足上述离散化最大且不相关的条件。

(6) 将问题转换为：协方差矩阵对角化问题上。而这个问题在线性代数里面是一个比较简单的问题，因为协方差矩阵本身是一个对称的方阵，通过找到对应的特征值和向量，并且用这些特征向量组成基，就是要求的 $\boldsymbol{P}$ 矩阵了。关于特征值和特征向量，在这里就不再讲述了，有兴趣的同学可以去复习一下。

根据上面对主成分分析数学原理的解释，主成分分析本质上是将方差最大的方向作为主要特征(主要成分)，并且在各个正交方向上将数据“离相关”，也就是让它们在不同正交方向上没有相关性。

基于协方差等的特性，使得主成分分析对于非线性相关的情况下可能无法很好地进行降维。

最后需要说明的是：主成分分析过程中，不需要任何外在主观参数的介入，也就是说，它是一种无参数技术，主成分分析是一个通用实现，也因此本身无法个性化地优化。

主成分分析的一个典型的例子是人脸识别。人脸识别的数据比较多，可以利用主成分分析方法来找到“特征脸”，然后每一张脸的数据可以近似地表示为“特征脸”的组合，在进行人脸比对时，找到距离最短的那几张就可以达到比较高的准确度。

5.2 线性判别分析

经过前面的分析，我们知道了主成分分析是一种无监督、无参数的降维方法，但是如果既想降维，又想更好地将其用于机器学习任务(比如分类)时，就会发现主成分分析并不一定能做到更好，有时反而会导致任务更加困难。

如图 5-6 所示，有两组数据，分别对应不同的分类。

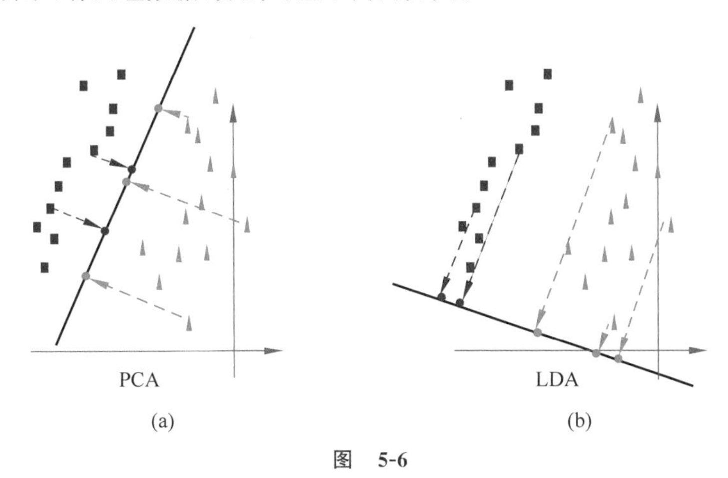

(a)　(b)

图　5-6

图 5-6(a)是主成分分析，它将整组数据映射到最方便表示这组数据方差最大的坐标轴上。映射时没有利用任何数据内部的分类信息。虽然做了主成分分析后，整组数据在表示上更加方便(降低了维数并将信息损失降到最低)，但在分类上也许会变得更加困难；图 5-6(b)是线性判别分析。可以明显地看出，在增加了分类信息之后，两组输入映射到了另外一个坐标轴上，有了这样一个映射，两组数据之间就变得更容易区分了(在低维上就可以区分，减少了很多运算量)。

另外，从名称上我们可以看到，LDA 叫作线性判别分析，是根据研究对象的各种特征值判别其类型归属问题的一种多变量统计分析方法。在计算方法上，也使用特征值和特征向量，只不过矩阵使用的是不同类间和类内的散点矩阵。

下面简单介绍一下主成分分析(PCA)和线性判别分析(LDA)的异同点。

主成分分析和线性判别分析的相同点如下。

- PCA 和 LDA 都是经典的降维算法。
- PCA 和 LDA 都假设数据是符合高斯分布的。
- PCA 和 LDA 都利用了矩阵特征分解的思想。

主成分分析和线性判别分析的不同点如下。

- PCA 是无监督(训练样本无标签或者不使用)的，LDA 是有监督(训练样本有标签并且使用了标签)的。
- PCA 是去掉原始数据冗余的维度，LDA 是选择一个最佳的投影方向，使得投影后相同类别的数据分布更加紧凑，不同类别的数据尽量相互远离。
- LDA 可能会过拟合数据。

5.3　奇异值分解

奇异值分解(Singular Value Decomposition，SVD)是一种基于奇异值的矩阵分解方式，前面介绍的主成分分析(PCA)是基于特征值的分解方式。下面我们从头开始讲解奇异值分解的实际含义。

依然采用向量的方式来看，对于两个向量 $\boldsymbol{a}$ 和 $\boldsymbol{b}$，在另外一组基(v_1, v_2)下的映射如图 5-7 所示。

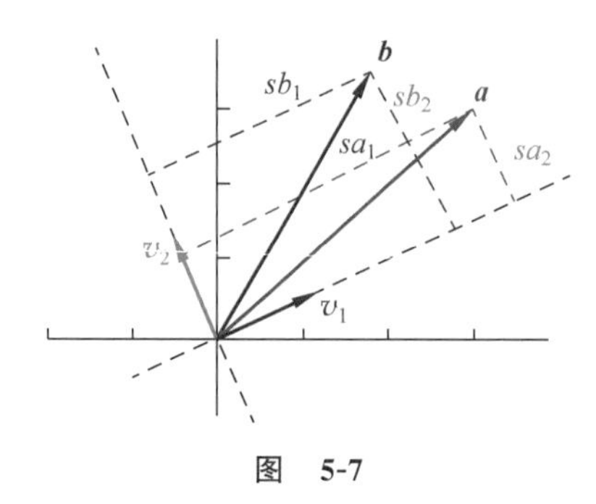

图 5-7

$\boldsymbol{a}$ 在 v_1 上面的映射值大小为 sa_1，$\boldsymbol{b}$ 在 v_1 上面的映射值大小为 sb_1。

$\boldsymbol{a}$ 在 v_2 上面的映射值大小为 sa_2，$\boldsymbol{b}$ 在 v_2 上面的映射值大小为 sb_2。

已知映射其实就是两个向量的点积：

$$\boldsymbol{a}^{\mathrm{T}} \cdot v_1 = (a_x \quad a_y) \cdot \begin{pmatrix} v_{1x} \\ v_{1y} \end{pmatrix} = s_{a1}$$

$$\boldsymbol{a}^{\mathrm{T}} \cdot v_2 = (a_x \quad a_y) \cdot \begin{pmatrix} v_{2x} \\ v_{2y} \end{pmatrix} = s_{a2}$$

合并在一起表示：

$$\mathrm{A} \cdot \mathrm{V} = \begin{pmatrix} a_x & a_y \\ b_x & b_y \end{pmatrix} \cdot \begin{pmatrix} v_{1x} & v_{2x} \\ v_{1y} & v_{2y} \end{pmatrix} = \begin{pmatrix} s_{a1} & s_{a2} \\ s_{b1} & s_{b2} \end{pmatrix} = \boldsymbol{S}$$

将维度从二维扩展到 d 维：

$$\mathbf{A} \cdot \mathbf{V} = \begin{pmatrix} a_x & a_y & \cdots & a_d \\ b_x & b_y & \cdots & b_d \\ \vdots & \vdots & \ddots & \vdots \\ n_x & n_y & \cdots & n_d \end{pmatrix} \cdot \begin{pmatrix} v_{1x} & v_{2x} & \cdots & v_{dx} \\ v_{1y} & v_{2y} & \cdots & v_{dy} \\ \vdots & \vdots & \ddots & \vdots \\ v_{1d} & v_{2d} & \cdots & v_{dd} \end{pmatrix} = \begin{pmatrix} s_{a1} & s_{a2} & \cdots & s_{ad} \\ s_{b1} & s_{b2} & \cdots & s_{bd} \\ \vdots & \vdots & \ddots & \vdots \\ s_{n1} & s_{n2} & \cdots & s_{nd} \end{pmatrix} = \boldsymbol{S}$$

维度：$n \times d$　　　　$d \times d$　　　　$n \times d$

因为 $\mathbf{V}$ 是需要找的正交基矩阵，其具有逆矩阵等于转置矩阵的特性，因此：

$$\mathbf{A} = \boldsymbol{S}\boldsymbol{V}^{-1} = \boldsymbol{S}\boldsymbol{V}^{\mathrm{T}}$$

$\mathbf{A}$ 是数据矩阵，每一行是一个样本数据。$\mathbf{V}^{\mathrm{T}}$ 是分解矩阵；$\boldsymbol{S}$ 是被映射到 $\mathbf{V}$ 上的值矩阵，一行代表一个新的样本向量。奇异值分解的重要结论：任何一组矢量($\mathbf{A}$)可以用其在某组正交轴($\mathbf{V}$)上的投影长度($\boldsymbol{S}$)表示。实际上上面的等号应该是约等于，右边是两个矩阵的乘积，分别可以代表两种隐含语义的向量，也是矩阵分解(Matrix Factorization，MF)的基础。

我们把 $\boldsymbol{S}$ 进行归一化，也就是每个值都除以对应的欧氏距离：

$$\boldsymbol{S} = \begin{pmatrix} s_{a1} & s_{a2} \\ s_{b1} & s_{b2} \end{pmatrix} \quad \sigma_1 = \sqrt{s_{a1}^2 + s_{b1}^2} \quad \sigma_2 = \sqrt{s_{a2}^2 + s_{b2}^2}$$

$$\boldsymbol{S}=\begin{pmatrix}\frac{s_{a1}}{\sigma_1} & \frac{s_{a2}}{\sigma_2}\\ \frac{s_{b1}}{\sigma_1} & \frac{s_{b2}}{\sigma_2}\end{pmatrix}\begin{pmatrix}\sigma_1 & 0\\ 0 & \sigma_2\end{pmatrix}=\begin{pmatrix}u_{a1} & u_{a2}\\ u_{b1} & u_{b2}\end{pmatrix}\begin{pmatrix}\sigma_1 & 0\\ 0 & \sigma_2\end{pmatrix}=\boldsymbol{U}\cdot\boldsymbol{\Sigma}$$

$\begin{pmatrix}u_{a1} & u_{a2}\\ u_{b1} & u_{b2}\end{pmatrix}$表示$\boldsymbol{U}$，其中每一列是向量在$v_1$上的投影长度除以$\sigma_1$，$\begin{pmatrix}\sigma_1 & 0\\ 0 & \sigma_2\end{pmatrix}$表示$\boldsymbol{\Sigma}$，最后表示：

$$\boldsymbol{A}=\boldsymbol{U\Sigma V}^{\mathrm{T}}$$

上面的σ定义中包含所有数据到其中一个基上的投影长度平方之和的平方根，因此哪个σ比较大，就意味着这些点总体上更靠近哪个基。比如图 5-8 中$\sigma_1>\sigma_2$，那么这些数据点更靠近右下的这个基。同时这个σ称为奇异值，这也是奇异值分解名称的来源。通过实际的分析，几乎前 10%甚至 1%的奇异值的和占了全部奇异值之和的 99%以上，也就是主要维度其实是很少量的。

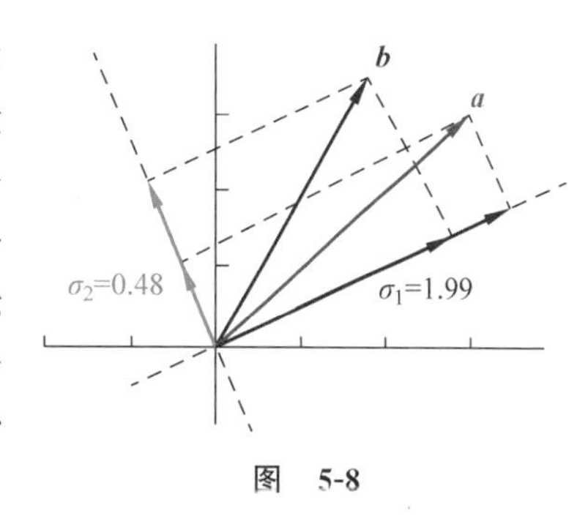

图　5-8

下面以二维数据作为例子。如果数据是多维的，比如每一个样本数据是n维，然后有m个向量，$\boldsymbol{A}$就是数据矩阵，大小为$m\times n$，上面的$\boldsymbol{U}$应该是$m\times m$，$\boldsymbol{\Sigma}$是$m\times n$，$\boldsymbol{V}$是$n\times n$（见图 5-9）。$\boldsymbol{\Sigma}$由奇异值组成，所以称为奇异矩阵，$\boldsymbol{U}$在奇异矩阵左边，因此称为左奇异矩阵，$\boldsymbol{V}$就称为右奇异矩阵。

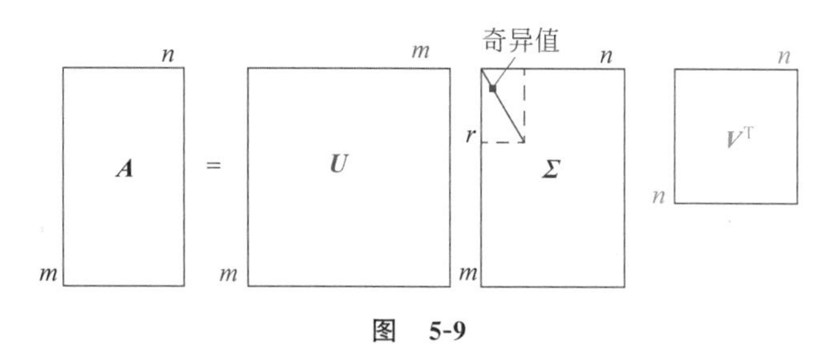

图　5-9

下一个步骤就是计算$\boldsymbol{U}$、$\boldsymbol{\Sigma}$、$\boldsymbol{V}$。

从本节最前面的公式演变可以知道，首先需要求出$\boldsymbol{V}$，它是一个$n\times n$的矩阵，而且是一个基矩阵，有了它就可以求出$\boldsymbol{S}$矩阵，继而得到$\boldsymbol{U}$和$\boldsymbol{\Sigma}$。

参考主成分分析(PCA)中计算$\boldsymbol{P}$矩阵的方法。因为$\boldsymbol{A}$是$m\times n$的矩阵，要得到$n\times n$，就需要把$\boldsymbol{A}^{\mathrm{T}}$和$\boldsymbol{A}$进行相乘，$\boldsymbol{A}^{\mathrm{T}}\boldsymbol{A}$就是$n\times n$的方阵，同样可以通过求出特征值和特征向量的方法，用特征向量组成$\boldsymbol{V}$。因此我们看到主成分分析和奇异值分解其实是有联系的，具体内容将在 5.5 节讲述。

进行了矩阵分解，这个不是最终目的。最终目的是为了得到主要的因素（降维）。

(1) 进行特征维度的降维。此时只要针对奇异矩阵中的σ值取想要的r个值($r\ll m$)，其余的设置为 0，也就是图 5-10 中虚线框中的部分，大小变成了$r\times r$。那么客观上来说，左奇异矩阵被压缩成$m\times r$，右奇异矩阵被压缩成$r\times n$，也就起到了降维的作用，而且是双向降维。

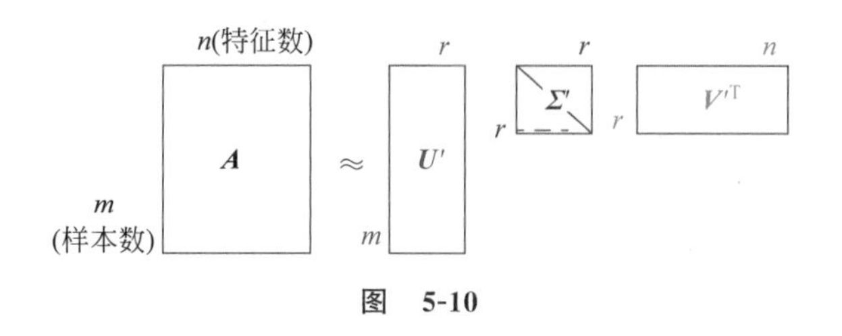

图 5-10

比如这里把文档作为特征，词作为样本数，在一个文档中都设定相同数量的词，维度会比较高。取 $r=10$（可以认为是隐含主题）的话，现在通过分解，$\boldsymbol{V}'^{\mathrm{T}}$ 被压缩到 $10\times n$，压缩效果非常明显，可以代替原始文档作为应用使用的降维向量。这就是隐含语义索引（LSI）算法的实质过程。如果有一个搜索语句，类似在百度搜索框中输入一句话，这句话也可以看成是一个文档 A'，那么可以通过下面的方式来计算对应的降维向量，然后和 V'^{T} 中的每一列计算相似度距离，把距离最近的作为推荐结果，如图 5-11 所示。

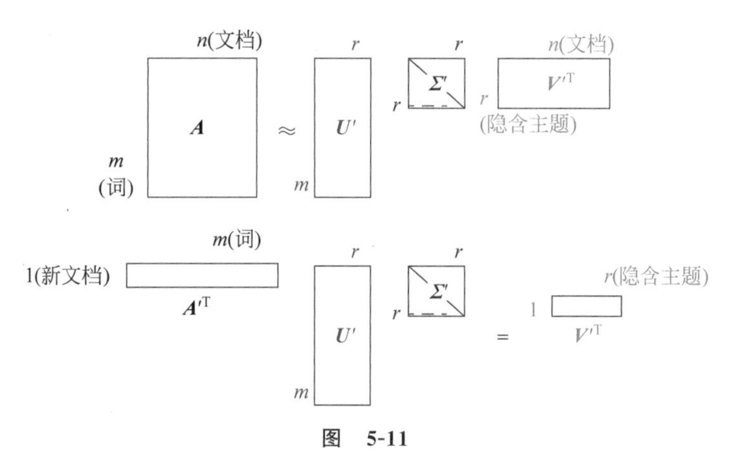

图 5-11

（2）进行样本维度的降维。奇异值分解除了可以做到主成分分析，由于左奇异矩阵的存在，还可以额外进行针对样本维度的压缩。换句话说，奇异值分解可以获取另一个方向上的主成分，而主成分分析只能获得单个方向上的主成分，如图 5-12 所示。

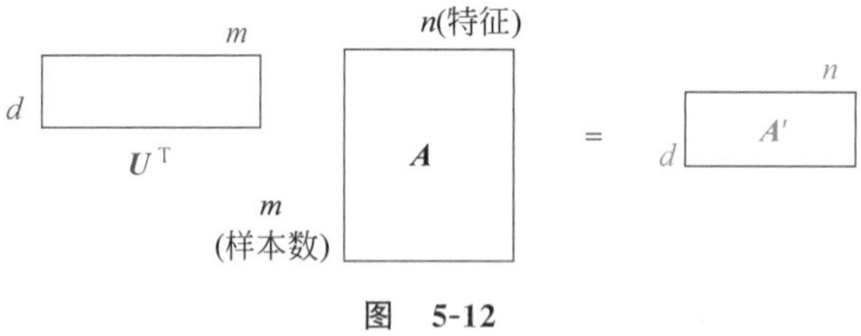

图 5-12

5.4 自编码器

大家平常使用的摄像机通过镜头以及数码编码器把拍摄到的图片流经过一定的编码后存入 SD 卡。这个编码过程实质上是对数据进行压缩，如果不压缩就会需要非常大的存储空间，而压缩或者编码后，就会节省相当多的空间。在需要观看时，经过数码解码器/播放器进行播放(实质上也就是解压)。我们可以用图5-13表示类似的过程。

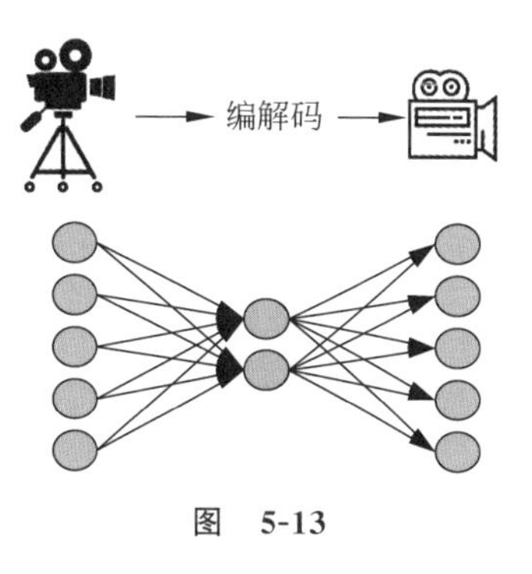

图 5-13

图5-13中,左边的节点可以看成是摄像机输入外部景象的信息,中间表示编码、压缩处理,右边的节点表示进行解码、播放还原。一个摄像机的性能好坏,可以用还原后的图像和原始图像之间的近似度来衡量,越接近性能越好。

自编码器(AutoEncoder)的作用与此类似。不过在机器学习中,因为输出和输入一样,好像没有什么用处(其实也是有用的),而中间部分的内容才是我们需要的,比如可以将其作为特征提取的结果、利用中间隐藏层获取最有用的特性等。所以中间的节点数一般比输入数据的维度要低很多,并且不仅仅是一层,还可以是对称的多层。

自编码器有如下特点。

- 它是前馈神经网络的一种,可用来降维。
- 自编码器是无监督学习,数据不需要标注,因此较容易收集。
- 自编码的应用更多的是关注中间隐藏层的结果。
- 通过非线性变换找到输入数据的特征表示,其重构的是输入分布与重构分布的KL散度。

如果自编码器仅仅是用来降维,不考虑后续应用的效果,那肯定是有比较大的局限性。随着人们对自编码器的不断研究,出现了栈式自编码器、欠完备自编码器、稀疏自编码器、去噪自编码器、卷积自编码器等,用于优化降维后特征的性能、生成图片、进行推荐等。有兴趣的读者可以参考相关文章。

通过前馈神经网络进行降维的另外一种说法就是嵌入(Embedding,也就是向量化)。一般针对独热(One-Hot)编码方式的对象,由于可能存在的对象非常多,比如在自然语言中,词的数量可能达百万级,如果使用独热编码,维度就是几百万,对应的参数至少也是百万计,因此通过类似自编码器前面两层的网络结构,再接入后层的任务网络中。图5-14所示是用于进行词嵌入(Word Embedding)的CBOW结构,用一句话中的某一个词作为输出,其余作为输入,用独热编码来编码单词(V维),中间连接到隐藏层,隐藏层节点数量($N \ll V$)一般在百万级别,最后可以得到每个词对应的N维的稠密(每个维度的值不为0)的嵌入向量。

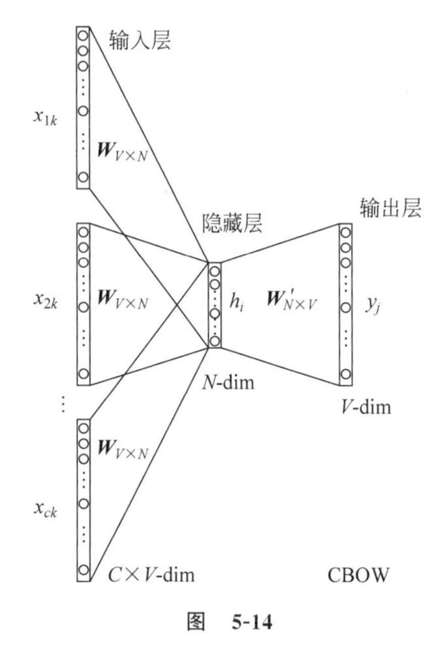

图 5-14

这样经过训练后,可以得到降维了好几个数量级的嵌入表示。而且这些嵌入表示是在具体任务的场景下训练出来的,因此也就具有了一定的含义。比如通过自然语言模型训练后的词嵌入表示,就有了一定的语义。如图5-15所示,四个词Man、Woman、King、Queen经过嵌入后,可以在三维坐标系里呈现类似的位置,词和词之间的距离,可以理解为词的含义之间的关系。

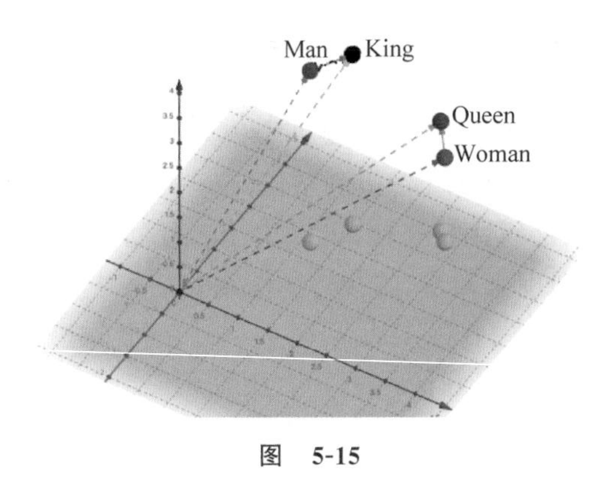

图 5-15

5.5 PCA、SVD 和 AE 是亲戚

主成分分析(PCA)通过协方差矩阵的特征值和特征向量来获得其主要的成分,对应的其实是奇异值分解(SVD)的右奇异矩阵 **V**,起到了特征维度的压缩作用。而奇异值分解因为既可以得到左奇异矩阵,还可以对数据行起到压缩作用,其本质上是一个矩阵分解(MF)。

现在把奇异值分解和自编码放在一起对比来看。

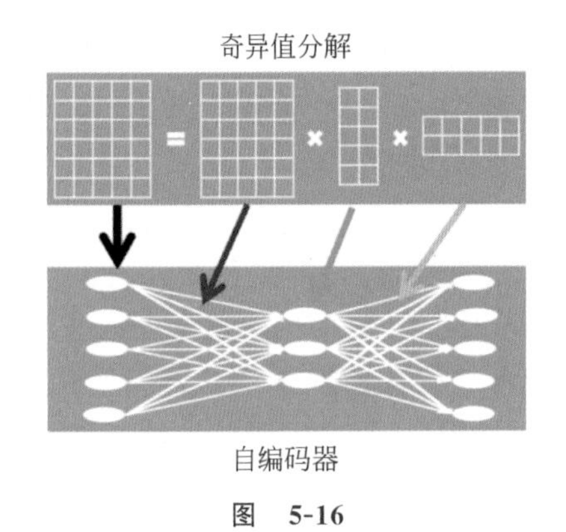

图 5-16

从结构上来看,明显可以看出对应关系。而且可以证明,**不带激活函数的三层自编码器,其实跟传统的奇异值分解是等价的**。虽然是等价的,但自编码器还是有一个创新,因为它将矩阵分解变为一个神经网络的压缩和解压编码问题,更加清晰易懂,而且这样可以分批训练。

而只要在自编码的网络结构中,中间层的单元数量小于左边输入的单元数目,加上一些语言模型方面的东西,就可以完成嵌入的工作,如图 5-16 所示。

5.6 傅里叶变换

在数字信号领域中,傅里叶变换占据着比较重要的位置。但是如果仅从数学角度来看,傅里叶变换并不是那么简单明了。下面先看看傅里叶变换的数学表示:

$$F(\omega)=F[f(t)]=\int_{-\infty}^{\infty} f(t)\mathrm{e}^{-\mathrm{i}\omega t}\,\mathrm{d}t$$

上面这个公式将频率域的函数 $F(\omega)$ 表示为时间域的函数 $f(t)$ 的积分形式。

连续傅里叶变换的逆变换(Inverse Fourier Transform)为

$$f(t)=F^{-1}[F(\omega)]=\frac{1}{2\pi}\int_{-\infty}^{\infty} F(\omega)\mathrm{e}^{\mathrm{i}\omega t}\,\mathrm{d}\omega$$

即将时间域的函数 $f(t)$ 表示为频率域的函数 $F(\omega)$ 的积分。

现在换一个角度：任何连续周期信号都可以由多个周期性信号(正余弦曲线)叠加组合而成。在这里不对其进行证明，而是用几张图来进行演示。图5-17所示是极坐标中的点和普通坐标中的点对应的图形。

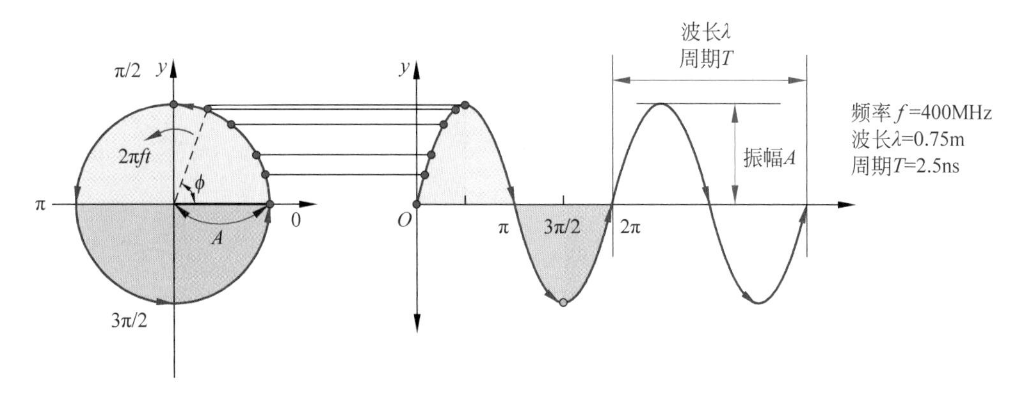

图　5-17

图5-17中，左边的坐标是极坐标，其中 X 表示角度，Y 表示幅度。注意，因为 X 表示角度，所以和一般的 X 轴表示有点不同，其原点处不是0，而是 $\pi/2$。在圆上有一个点，最初在 $X=0$ 处，然后沿逆时针开始转动，每转动一点，就在右边的坐标系中标出对应的点。右边的坐标原点是 O(对应到角度)，Y 表示幅度。可以看到，随着左边圆的转动，右边出现一条正弦曲线。

我们再看图5-18，有多个圆，而且是大圆带着小圆一起转动。

第一个就是一个圆转动。

第二个是第一个圆带上一个稍微小一点的圆一起转动，这里标出的是在小圆上某一点的运动轨迹。

第三、第四个再加上一个圆。

可以发现，右边的曲线变得越来越方正。如果用无穷多个圆，最后就是一条0/1的矩形周期曲线，是不是很神奇？

现在用另外一种方式把图5-18(b)～图5-18(d)用图5-19表示出来。

图5-19中的每一个坐标下曲线的最左边第一条周期曲线是最终的曲线，从第二条开始，每条曲线对应各个不同的圆上某一个固定点转动而成的曲线，每一条曲线不是正弦曲线就是余弦曲线。后面所有的曲线合在一起就是第一条曲线。

现在再回过头看傅里叶变换数学公式，可以发现里面有一个 e^{it} 的形式，而通过欧拉公式知道：

$$e^{it}=\cos t+i\cdot\sin t$$

$$e^{-it}=\cos t-i\cdot\sin t$$

连续形式的傅里叶变换其实是傅里叶级数(Fourier Series)的推广，因为积分其实是一种极限形式的求和算子。对于周期函数，其傅里叶级数是存在的：

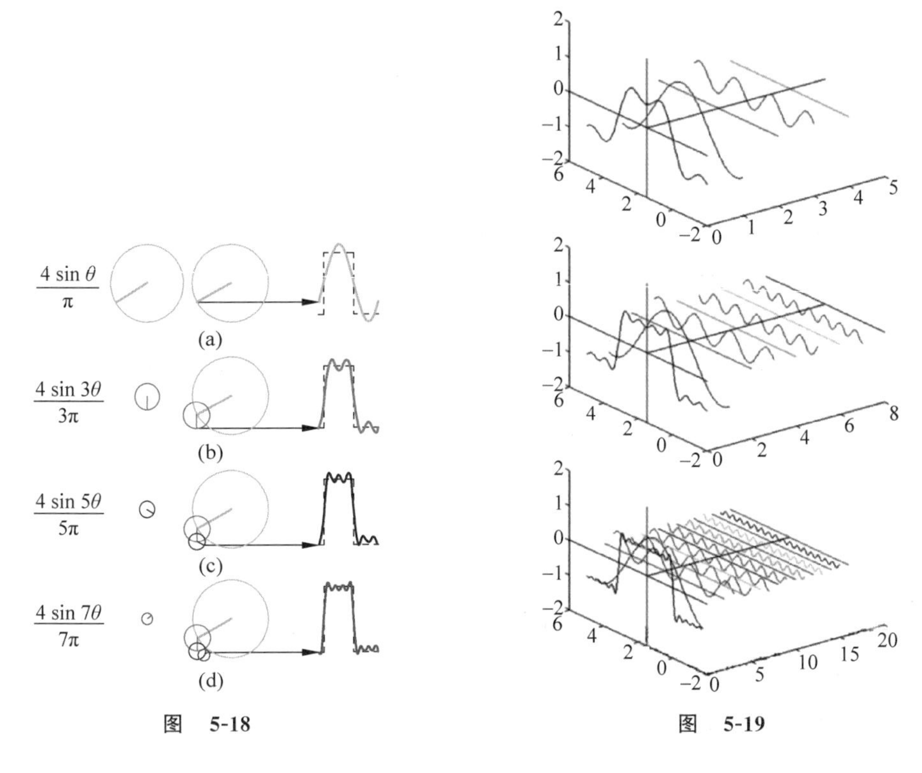

图 5-18　　图 5-19

$$f(x)=\sum_{n=-\infty}^{\infty}F_n e^{inx}$$

其中,F_n 为复幅度。对于实值函数,函数的傅里叶级数可以写成:

$$f(x)=a_0+\sum_{n=1}^{\infty}[a_n\cos nx+b_n\sin nx]$$

其中,a_n 和 b_n 是实频率分量的幅度。

到这里数学公式和实际的图形就对应起来了。那么前面提到的频域和时域之间的对应关系怎么方便地看出来呢?继续看图 5-20。

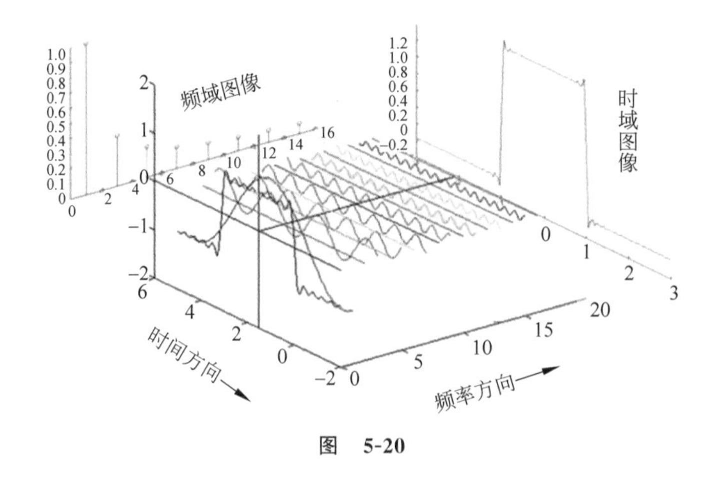

图 5-20

从图 5-20 左边看过去,就是一幅在连续时间上的波形。如果从图 5-20 右边看过去,是很多条正余弦曲线，这个方向也就是频率方向。

从频率方向上把图 5-20 调正，就是图 5-21 的形式。

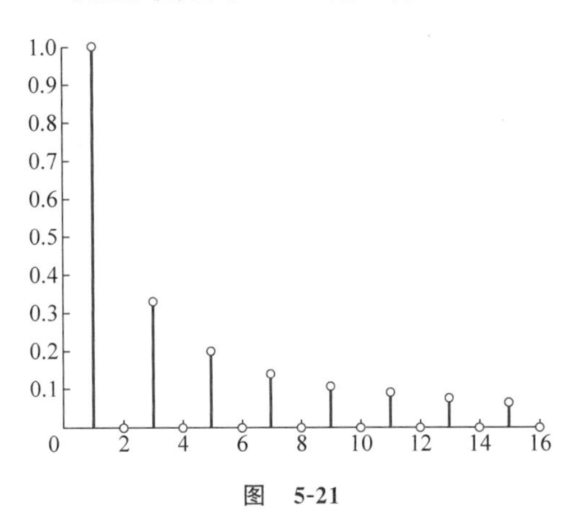

图　5-21

横轴表示频率，纵轴表示幅度。

说到这里，就可以把傅里叶变化和降维联系在一起了，我们发现越到右边，频率越大，幅度就越小，对于总体图形的影响就越小。只要拿前面几个频率的曲线进行合并，然后和总体图形比较，差异不会很大，也就是可以拿前面几个频率的曲线来代替总体图形，虽然会有一些损失，但是可以在实际使用中有针对地忽略，从而起到降维的作用。

其实人耳就是一个傅里叶滤波器：比如在一个很多人的大厅里面，大家都在说话，而你依然可以听到对面的人和你交谈的内容，因为人耳在众多语音的叠加信号中，通过对准交谈者的频率，过滤掉或者说衰减掉了其他频率的信号。

实际上，如果发现数据呈一定的周期性，我们就可以使用傅里叶变换来得到主要的成分，在原理上和主成分分析、奇异值分解等都有异曲同工之妙。

5.7　本讲小结

通过对几种降维方法的介绍，可以看到这几种技术的内在联系，其本质是一致的。而傅里叶变换是从信号处理中引入过来的。当然降维技术目前随着深度学习的发展，又有了比较多的方法，比如嵌入(Embedding)方法。

第 6 讲

采样方法

在信号系统、数字信号处理中，采样是每隔一定的时间测量一次信号的幅值等数值的过程，把时间连续的模拟信号转换成时间离散、幅值连续的采样信号。如果采样的时间间隔相等，这种采样称为均匀采样。

在给定了一堆样本数据时，求出数据的概率分布 $p(x)$是比较容易的。而在机器学习中采样刚好是个逆命题：给定一个概率分布 $p(x)$，如何生成满足这个分布的样本呢？

读者可能会问，在机器学习中什么时候需要用到采样？在机器学习中，很多算法其实和条件概率或者联合概率有很大的关系。如果这个概率分布是比较有规律的还不是问题（比如简单形式的分布、正态分布等），但是在分布公式比较复杂或者无法用公式表达时，要想解决问题就需要通过采样得到一系列符合条件的样本数据，然后通过这些数据来使用模型解决问题。

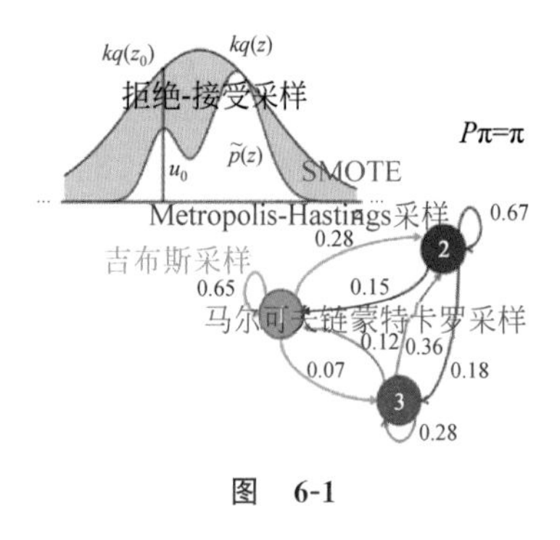

图 6-1

本讲主要介绍和机器学习有关的采样方法，如图 6-1 所示，包括拒绝采样(Rejection Sampling)、马尔可夫链蒙特卡罗采样(MCMC Sampling)、吉布斯采样(Gibbs Sampling)、汤普森采样(Thompson Sampling)，同时介绍了解决样本不均衡情况下的采样方法。

6.1 拒绝采样

均匀采样、普通概率分布采样、高斯分布采样都有比较直接的方法可以使用，但在很多实际问题中，$p(x)$是很难直接采样的，因此需要借助其他手段实现。

在介绍具体方法之前，我们先来看看蒙特卡罗方法。

如图 6-2 所示，要想得到 A 部分的面积，有什么办法呢？假设已经知道曲线的数学表达函数，要求面积就需要去采用积分的方式，好像不是很容易的事情。

这时，有一个非常简单却有效的方法，就是蒙特卡罗方法最朴素的描述：

通过一个随机数生成器，生成一个参数为(0～1,0～1)的随机点。如果这个点落在 A 区域内(通过比较高度)，就用实心点表示，如果落在非 A 区域内，就用空心点表示。然后通过识别最终在 A 中的点数除以总体点数，就可以近似得到其面积，点数越多，就越接近真实面积。

接着介绍拒绝采样方法。既然 $p(x)$ 太复杂,在程序中没法直接计算,那么借鉴上面的办法,设定一个程序可抽样的分布 $q(x)$,比如高斯(正态)分布,然后按照一定的方法拒绝某些样本(类似上面的空心点),达到接近 $p(x)$ 分布的目的,其中 $q(x)$ 叫作建议分布(Proposal Distribution)。

比如需要求图 6-3 中灰色多峰曲线的分布,其分布函数表示为 $\tilde{p}(z)$。

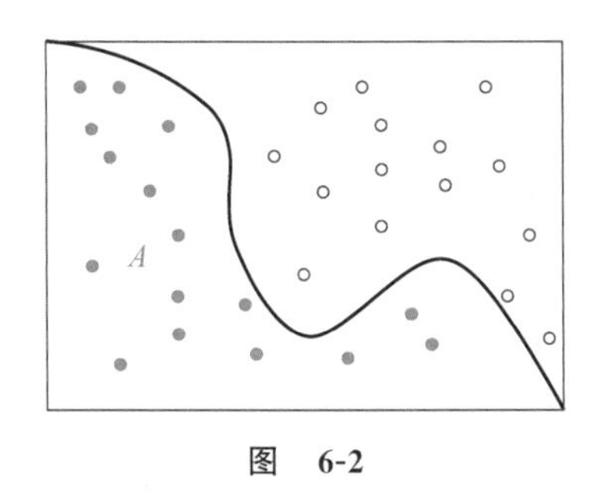

图 6-2

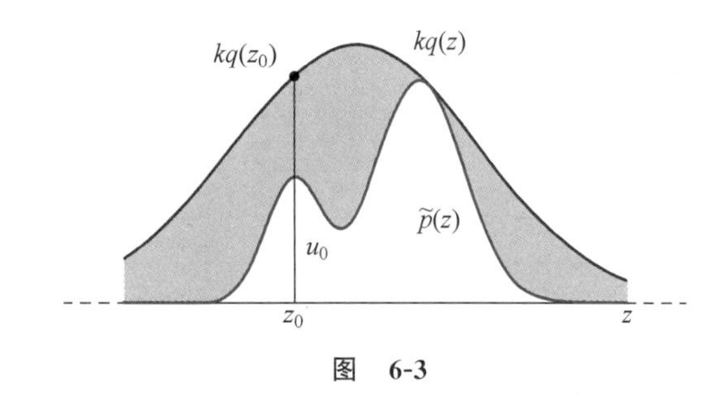

图 6-3

按照类似蒙特卡罗的方法,先构造一个容易抽样的曲线,我们可以选择容易采样的高斯分布 $q(z)$(高斯分布的抽样方法有 Box-Muller 算法,这里不做具体展开),为了让正态分布曲线包住目标分布曲线,需要确定一个常数 k,用它乘以 $q(z)$。再按照一定的方法拒绝某些样本,从而达到接近 $\tilde{p}(z)$分布的目的。具体操作如下。

(1) 在 x 轴方向:随机抽样得到 z_0。

(2) 在 y 轴方向:从均匀分布$(0,k\times q(z_0))$中抽样得到 u_0。

(3) 如果刚好落到灰色区域,也就是:$u_0>\tilde{p}(z_0)$,说明这个点不在要求的区域内,拒绝这个点,否则接受这次抽样。

(4) 重复以上过程。

(5) 通过接受的抽样点数来统计分布,从而去近似求 $\tilde{p}(z)$。

这种方法在高维的情况下,会出现以下两个问题。

(1) 合适的 $q(z)$分布比较难找到。

(2) 很难确定一个合理的 k 值。

这两个问题会导致拒绝率很高,无用计算增加。不过在不是高维的情况下,拒绝采样方法还是很有实用价值的。

6.2 马尔可夫链蒙特卡罗采样

该名称中出现了马尔可夫链、蒙特卡罗两个词。蒙特卡罗方法在 6.1 节介绍过,下面主要来看看马尔可夫链这个词的含义。

先来看马尔可夫链的一个具体例子。假设简单地按照经济状况把人分成三个收入层次:低收入层、中收入层、高收入层。我们用 1、2、3 这三个数字分别代表这三个收入层次。社会学家进行了一些研究,发现其中决定一个人属于哪个收入层次的一个重要因素是其父母的收入层次。当然这个决定因素不是一个绝对的因果关系,而是表现为一个概率。比如某个人的父母的收入层次属于低收入层时，那么他们的下一代属于低收入层的概率是 0.65，属于中收入层的概率是 0.28，属于高收入层的概率是 0.07。同样地，属于中收入层和低收入层的父母其孩子属于高收入层、中收入层、低收入层的概率也会有所不同。我们把它表示成如表 6-1 所示的父代和子代层次的依存概率。

表 6-1

父代	子代		
	1	2	3
1	0.65	0.28	0.07
2	0.15	0.67	0.18
3	0.12	0.36	0.52

把表 6-1 画成一个状态转移图，如图 6-4 所示。

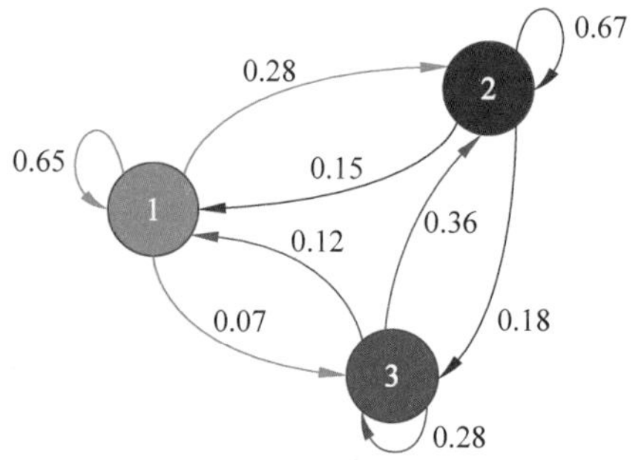

再表示成概率转移矩阵：

$$\boldsymbol{P}=\begin{bmatrix}0.65 & 0.28 & 0.07\\0.15 & 0.67 & 0.18\\0.12 & 0.36 & 0.52\end{bmatrix}$$

图 6-4

上面的矩阵每一行汇总起来都是 1。

如果按照上面的转移矩阵，发展几代后，整个社会属于各自阶层的情况会怎样？

假设第 1 代父母属于三个阶层的比例是：

$$\pi_0=[0.21\quad 0.68\quad 0.11]$$

汇总起来是 1，而且这个比例还是比较健康的，高收入层相对较少，中收入层的居多，低收入层的也不是很多。

在第 2 代中，成为低收入层的应该是三部分加起来：第一部分是父母是低收入层的人数比例乘以 0.65 的概率，第二部分是中收入层的人数比例乘以 0.28，第三部分是高收入层的人数比例乘以 0.07：

$$\pi_1：\text{低层比例}=0.21\times0.65+0.68\times0.28+0.11\times0.07=0.252$$

同样计算出中、高收入层的人数比例是 0.554 和 0.194。按照这样的方式我们多算几代，其结果就如表 6-2 所示的几代的收入层次人群比例。

表 6-2

第几代	层次		
	1	2	3
1	0.210	0.680	0.110
2	0.252	0.554	0.194
3	0.278	0.497	0.225
4	0.282	0.490	0.226
5	0.285	0.489	0.225
6	0.286	0.489	0.225
7	0.286	0.489	0.225

很惊奇地发现，从第5代开始，这三个层次的比例基本就不变化了。这是不是因为取的第1代人数的比例有什么特殊性呢？我们把这个比例修改一下：

$$\pi_0 = [0.75 \quad 0.15 \quad 0.1]$$

再来看看如表6-3所示的不同初始比例下几代的收入层次人群比例的变化情况。

表　6-3

第　几　代	层　　次		
	1	2	3
1	0.750	0.150	0.100
2	0.522	0.347	0.132
3	0.407	0.426	0.167
4	0.349	0.459	0.192
5	0.318	0.475	0.207
6	0.303	0.482	0.215
7	0.295	0.485	0.220
8	0.291	0.487	0.222
9	0.289	0.488	0.225
10	0.286	0.489	0.225
11	0.286	0.489	0.225

从第9代开始，比例值基本就保持不变了，并且表6-2和表6-3中的数字也基本一致，是不是感觉到层次固化了？

从数学角度来说，这种情况就称为收敛。其收敛的值和初始的π_0没有关系，只和概率转移矩阵有关。也就是：

$$\boldsymbol{P}^{20} = \boldsymbol{P}^{21} = \cdots = \boldsymbol{P}^{100} = \cdots = \begin{bmatrix} 0.286 & 0.489 & 0.225 \\ 0.286 & 0.489 & 0.225 \\ 0.286 & 0.489 & 0.225 \end{bmatrix}$$

当然这里有一个假设，下一代人的收入层次只是和上一代父母的收入层次有关，而对隔代没什么关系，和你是否有有钱的朋友也没有关系。在现实世界中这确实不太合理，但是在数学问题的解决中，这个假设却是很有用的，它可以简化问题的复杂度。这种依赖关系用数学表达就是：

$$\boldsymbol{P}(X_{t+1} = x \mid X_t, X_{t-1}, \cdots) = \boldsymbol{P}(X_{t+1} = x \mid X_t)$$

这个公式就称为马尔可夫链。

马尔可夫链以及状态转移的收敛性质非常有用，这也是谷歌搜索使用的PageRank算法的数学基础。每个网页对应一个PR值，页面和页面之间的转移概率矩阵根据每个网页之间的超链接数的比例计算出来，从而形成一个巨大无比的矩阵，其最终目的就是为了计算收敛后的PR值。所以PageRank算法并不神秘，它的难度在于如何进行巨大维度的矩阵运算。

把上面的马尔可夫链和蒙特卡罗方法结合起来，就是马尔可夫链蒙特卡罗采样法，我们该怎样利用这个采样法呢？

回顾采样的目的是对于给定的概率分布 $p(x)$ 或者目标概率分布 π，需要生成其对应的样本。由于马尔可夫链能收敛到平稳分布，于是一个很美好的想法是：**如果能构造一个转移矩阵为 $\boldsymbol{P}$ 的马尔可夫链，使得该马尔可夫链的平稳分布恰好是 $p(x)$ 或者 π（也就是表 6-2 和表 6-3 中稳定收敛的那个比例），从任何一个初始状态 x_0 出发，沿着马尔可夫链转移，将得到一个转移序列（$x_0, x_1, x_2, \cdots, x_n, x_{n+1}, \cdots$），如果马尔可夫链在第 n 步已经收敛了，后面的采样序列就服从设定的概率，于是便得到服从 $p(x)$ 分布的样本（x_n，$x_{n+1}, \cdots$）。**

根据马尔可夫链收敛定理，最终收敛的概率分布由且仅由转移矩阵 $\boldsymbol{P}$ 决定，现在考虑它的反问题：**如何得到目标概率分布函数相对应的转移矩阵**？

首先转移矩阵 $\boldsymbol{P}$ 要满足：$\boldsymbol{P}\pi=\pi$，其中 π 是目标概率分布，也就是 $\pi_i P_{j,i}=\pi_j P_{i,j}$。

直接根据这个条件去找 $\boldsymbol{P}$ 还是很难的，因此我们可以先随机找一个矩阵 $\boldsymbol{Q}$，因为是随机找的，所以一般情况下 $\pi_i Q_{j,i} \neq \pi_j Q_{i,j}$。为了让二者相等，可以再分别乘以一个值：$\pi_i Q_{j,i}\alpha_{j,i}=\pi_j Q_{i,j}\alpha_{i,j}$，那么可以看到：

设 $$P_{j,i}=Q_{j,i}\alpha_{j,i}; \quad P_{i,j}=Q_{i,j}\alpha_{i,j}$$

从而 $$\alpha_{j,i}=\pi_j Q_{i,j}; \quad \alpha_{i,j}=\pi_i Q_{j,i}$$

因为 π 是已知的，$\boldsymbol{Q}$ 是我们随便选的，根据上面的公式就可以求出 α 以及 $\boldsymbol{P}$。回顾 6.1 节中提到的建议分布（Proposal Distribution），其实这个问题的实质就是去找一个建议分布，有了建议分布，我们按照一定的接受率根据目标分布来选择采样，就可以得到想要的样本。状态转移矩阵 $\boldsymbol{Q}$ 的平稳分布其专业术语就叫作建议分布。α 的专业术语叫作接受率。取值在[0,1]之间，可以理解为一个概率值。因此从中也可以看到拒绝采样方法的影子。

下面把马尔可夫链蒙特卡罗采样（MCMC）方法完整叙述一遍（见图 6-5），其对应算法也称为 Metropolis 采样算法。对应的伪代码如下。

```
(1) 输入任意选定的马尔可夫链状态转移矩阵 Q 和目标平稳分布 π。
(2) 设定最大步数 T,采样结果保存在 pi[] 中。
(3) 初始状态是状态 x_0,t = 0,pi[t] = x_0。
(4) while t<T - 1:
    t = t + 1
    在马尔可夫链 Q 中游走一次,采样一个样本 x*(这里的游走需要按照 Q,Q 也可以采用随机数)。
    产生一个 [0,1] (均匀分布)之间的随机数 u。
    计算 α = π_{x*} Q_{x_i,x*}
    if u<α: 则接受转移
        pi[t] = x*
    else:
        pi[t] = pi[t - 1]
(5) 跳过前面的 m 个采样,最后得到的 pi[m:],即为平稳分布对应的样本集。
```

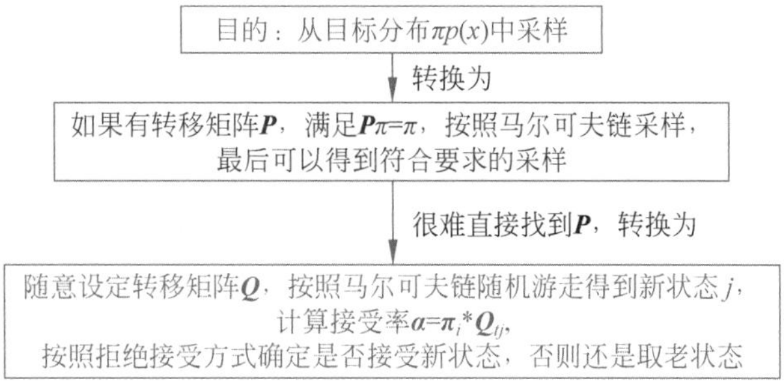

目的：从目标分布$\pi p(x)$中采样

转换为

如果有转移矩阵$\boldsymbol{P}$，满足$\boldsymbol{P}\pi=\pi$，按照马尔可夫链采样，
最后可以得到符合要求的采样

很难直接找到$\boldsymbol{P}$，转换为

随意设定转移矩阵$\boldsymbol{Q}$，按照马尔可夫链随机游走得到新状态j，
计算接受率$\boldsymbol{\alpha}=\boldsymbol{\pi}_i{}^*\boldsymbol{Q}_{ij}$，
按照拒绝接受方式确定是否接受新状态，否则还是取老状态

图　6-5

6.3　Metropolis-Hastings 采样

1953 年，Metropolis 提出了著名的 Metropolis 采样算法，也就是 6.2 节的伪代码算法。

不过 Metropolis 算法有一个比较大的问题：接受率$\boldsymbol{\alpha}$ 取值在[0,1]之间，可以理解为一个概率值。这个值如果很小，会导致拒绝率太高。也就是说，在马尔可夫链(状态转移矩阵)中随机游走，刚得到一个样本就被拒绝了，还得再游走一次，但新的取值可能又会被拒绝。所以这样做效率太低，有可能采样了上百万次，马尔可夫链还没有收敛，也就是算法中的采样数会特别大。

该方案之后被 Hastings 改进了，提高了采样率，称为 Metropolis-Hastings 算法。

这个改进不仅非常简单，还巧妙地解决了问题。其核心思想就是放大接受率。

比如，假设原先的接受率 $\alpha_{i,j}=0.01$，$\alpha_{j,i}=0.05$，原先的等式是：

$$\pi_i Q_{j,i}\times 0.01=\pi_j Q_{i,j}\times 0.05$$

现在同时放大 20 倍，将变成：

$$\pi_i Q_{j,i}\times 0.2=\pi_j Q_{i,j}\times 1$$

这样接受率实际是做了如下改进，即

$$\alpha_{j,i}=\min\left(\frac{\pi_j Q_{i,j}}{\pi_i Q_{j,i}},1\right)$$

因为我们对于矩阵 $\boldsymbol{Q}$ 是随机选择的，所以当然也可以选择 $\boldsymbol{Q}_{j,i}=\boldsymbol{Q}_{i,j}$，也就是 $\boldsymbol{Q}$ 是对称矩阵，那么最终：

$$\alpha_{j,i}=\min\left(\frac{\pi_j}{\pi_i},1\right).$$

以上调整虽然放大了接受率，但不影响结果，大大提高了收敛的速度。

6.4　吉布斯采样

前面的算法都是针对低维的目标概率分布进行采样，如果这个目标变量有多个，也就是多维的，接受率的计算量将会非常惊人。很多时候，多个变量的联合分布并不是那么容易知道,那又该怎么办呢?

通俗地说,吉布斯采样解决的问题和Metropolis-Hastings方法解决的问题是一致的,都是从给定的一个已知目标分布$p(x)$中进行采样,并估计某个函数的期望值。区别是,吉布斯采样的$p(x)$是一个多维的随机分布$p(x_1,x_2,\cdots,x_n)$,这个分布大部分情况下非常复杂,难以知道也难以采样,但对应的条件概率分布可能较容易获得,这时吉布斯采样就可以发挥作用了。

其基本做法是:从联合概率分布定义出条件概率分布,依次对条件概率分布进行抽样,得到样本的序列。可以证明这样的抽样过程是在一个马尔可夫链上的随机游走,每一个样本对应着马尔可夫链的状态,平稳分布就是目标的联合分布,整个过程称为马尔可夫链蒙特卡罗法,燃烧期之后的样本就是联合分布的随机样本。

更具体的内容不在这里过多讲解,在自然语言处理(NLP)中的文本主题模型(LDA算法)就使用了这个方法。

6.5 汤普森采样

汤普森采样的理论基础是贝塔分布,详细的算法将在第2部分的强化学习中进行讲解。

6.6 上采样-人工合成数据策略

在训练数据中会存在类不平衡的情况,即属于一类的数据量远远超过另一类的数据量。在现实生活中,这种情况也会经常碰到,例如,金融欺诈、客户流失和机器故障等数据量一般都比较少。这种情况对于模型训练来说会受到影响,需要解决棘手的类失衡问题。

为了解决这一问题,业内已经有以下5种公认的方法来扩充数据集,使得类别均匀:

(1) 随机地增加少数类的样本数量。

(2) 随机地增加特定少数类样本的数量。

(3) 随机地减少多数类样本的数量。

(4) 随机地减少特定多数类样本的数量。

(5) 修改代价函数,使得少数类出错的代价更高。

这里介绍的人工合成少数类上采样技术(Synthetic Minority Oversampling Technique,SMOTE)就是结合上面的方法(1)并进行了改进。严格来说,这和前面几节中的采样方法不是同一类。

补充说明一下上下采样的概念。

- 下采样(Downsampling):对于一个不均衡的数据,让目标值(如0和1分类)中的样本数据量相同,且向数据量少的一方的样本数量对齐。
- 上采样(Oversampling):以数据量多的一方的样本数量为标准,把数据量少的类生成和数据量多的一方相同的样本数量,称为上采样。

SMOTE是上采样方法。它是基于随机过采样算法的一种改进方案,由于随机过采样采取简单复制样本的策略来增加少数类样本，这样容易产生模型过拟合的问题，使得模型学习到的信息过于特别(Specific)而不够泛化(General)。SMOTE算法的基本思想是对少数类样本进行分析，并根据少数类样本人工合成新样本，将其添加到数据集中。SMOTE示意图如图6-6所示。

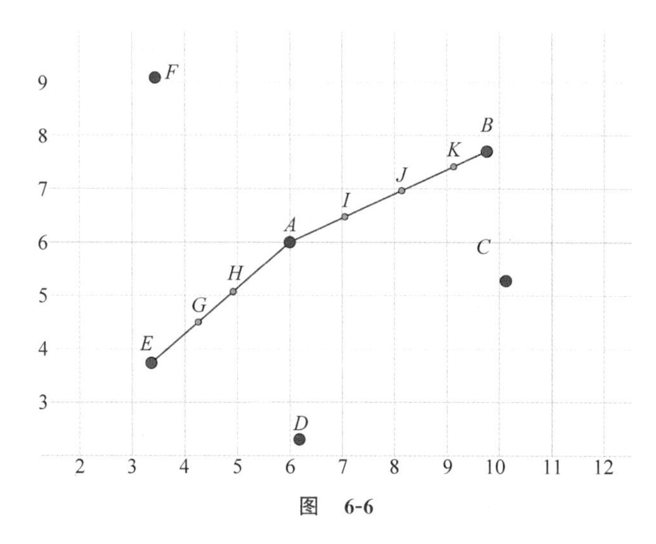

图　6-6

SMOTE方法说明如下。

(1) 对于少数类中的每一个样本，以欧氏距离为标准，计算它到少数类样本集里面的所有样本的距离，从而可以得到其 K 个近邻的样本。比如上面的 A 样本有4个近邻 B、C、D、E。

(2) 根据样本不平衡比例设置一个采样比例，以确定采样倍率 N，例如 $N=20$。

(3) 对于 A 而言，可以随机选择近邻 $\tilde{x}$ 为 B 和 E。

(4) 对于每一个随机选出的近邻 $\tilde{x}$，分别与原样本按照以下公式构建新的样本，也就是图6-6中的 G、H、I、J、K 点：

$$x_{\text{new}}=x+\text{rand}(0,1)\times(\tilde{x}-x)$$

虽然SMOTE算法很简单，但也存在一些缺陷。

(1) 在近邻选择时，存在一定的盲目性。从上面的算法流程可以看出，在算法的执行过程中，需要确定 K 值，即选择多少个近邻样本，这需要用户自行决定。从 K 值的定义可以看出，K 值的下限是 M 值(M 值为从 K 个近邻中随机挑选出的近邻样本的个数，且有 $M<K$)，M 的大小可以根据负类样本数量、正类样本数量和数据集最后需要达到的平衡率决定。但 K 值的上限没有办法确定，只能根据具体的数据集去反复测试。因此如何确定 K 值，才能使算法达到最优是未知的。

(2) 该算法无法克服非平衡数据集的数据分布问题，容易产生分布边缘化问题。由于负类样本的分布决定了其可选择的近邻，如果一个负类样本处在负类样本集的分布边缘，则由此负类样本和相邻样本产生的"人造"样本也会处在这个边缘，且会越来越边缘化，从而模糊了正类样本和负类样本的边界，而且使边界变得越来越模糊。这种边界的模糊性，虽然使数据集的平衡性得到了改善，但却加大了分类算法进行分类的难度。

针对SMOTE算法存在的边缘化和盲目性等问题，Han等人的论文 *Borderline-SMOTE: A New Over-Sampling Method in Imbalanced Data Sets Learning*，在SMOTE

算法的基础上进行了改进，提出了 Borderhne. SMOTE 算法，解决了生成样本重叠(Overlapping)的问题。该算法在运行过程中，查找一个适当的区域，该区域可以较好地反映数据集的性质，然后在该区域内进行插值，以使新增加的“人造”样本更有效。这个适当的区域一般由经验给定，因此算法在执行过程中有一定的局限性。有兴趣的读者可以参考上面的论文。

6.7 本讲小结

我们面临的实际问题很多时候不是一个简单公式就可以解决的，通过采样的方法，可以获得符合数据的分布的样本，从而让模型可以工作，这也是问题的求解基础。

第 7 讲

抬头看路低头拉车的迭代方法

对于机器学习而言，最终的目的是要求出相应模型中的参数。所有模型都会涉及一个目标函数，目标函数也就是代价函数，是体现预测值和真实值之间的损失（差异）的函数，其目的是使这个损失最小化，如图 7-1 所示。目标函数将在第 21 讲详细介绍，这里主要是针对函数求出参数而采取的方法。

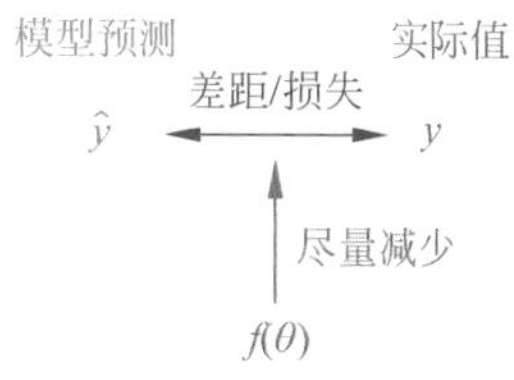

模型预测 实际值
差距/损失
$\hat{y}$ y
尽量减少
$f(\theta)$

图 7-1

有的模型其目标函数 $f(\theta)$ 可以直接求极值（可能是极大值、极小值或者鞍点处的值），令目标函数的导数（如果可导）为零，通过求解析解得到。但是大多数实际应用中 $f(\theta)$ 是个非常复杂的非线性函数，没有直接的方法可以求出解析解。这时就需要采取最常用的迭代求解的方法。第 8 讲中的期望最大方法（EM）、最大熵模型（MaxEnt）的具体求解过程的基础也是迭代求解。

这一讲通过对各个方法的介绍，帮助大家了解方法和方法之间的联系，并了解对应解决的问题是什么。

该讲的名称为什么是抬头看路低头拉车？这是因为迭代的过程类似于拉车，一步一步地，每次都是一小步，但是目标非常明确，而且需要经常抬头看看目标的方向是不是正确，距离是多少。

7.1 迭代求解

本节以迭代求解极小值为例（如果求极大值，需要在前面加负号，将其转换为求极小值的问题）介绍迭代求解的方法。

迭代求解极小值通用的方法是先给定一个初始值 θ_0，对应的目标函数值为 $f(\theta_0)$，这个初始值可以是经验估计的，也可以随机指定（随机的话收敛会慢一些）。然后我们改变（增大或减少）θ_0 的值，得到一个新的值 θ_1，如果 $f(\theta_1)<f(\theta_0)$，那么说明我们迭代的方向是朝着目标函数值减小的方向，离我们期待的极小值更近了一步。继续朝着这个方向改变 θ_1 的值，否则朝着相反的方向改变 θ_1 的值。如此循环迭代多次，直到达到终止条件，结束迭代过程。这个终止条件可以是：相邻几次迭代的目标函数值的差别在某个阈值范围内，也可以是达到了最大迭代次数等。我们认为迭代终止时的目标函数值就是极小值。

总结一下迭代的一般过程：

(1) 对于目标函数 $f(\theta)$，给定自变量一个初始值 θ_0。这个初始值可以是经验估计的，也可以是随机指定的。这里的 θ 是多维的。

(2) 根据采用的具体方法(梯度下降法、牛顿法、高斯牛顿法、Levenberg-Marquarelt 算法等)确定一个增量 $\Delta\theta_k$。

(3) 计算目标函数添加了增量后的值。

(4) 如果达到迭代终止条件(达到最大迭代次数或函数值/自变量变化非常小)，则迭代结束，可以认为此时对应的目标函数值就是最小值。

(5) 如果没有达到迭代终止条件，按以下方式更新自变量，并返回第(2)步：

$$\theta_{k+1} = \theta_k + \Delta\theta_k$$

可以看到，各种优化算法的不同主要体现在增量的更新方式上。如果采用不合适的更新方式，会很容易陷入局部最小值。比如图 7-2 所示的关于局部最小值和全局最小值的直观理解。

我们通常希望迭代得到的是全局最小值(只有一个)而不是局部最小值(可能有多个)。图 7-3 表示的是不同初始值对迭代结果的影响。如果初始值设定的是 θ_0，最后找到的极小值位于 θ_∞，那么在这个例子中它是全局最小值。但是如果初始值设定的是 θ'_0，最后找到的极小值位于 θ'_∞，显然只能是局部最小值，而不是全局最小值。

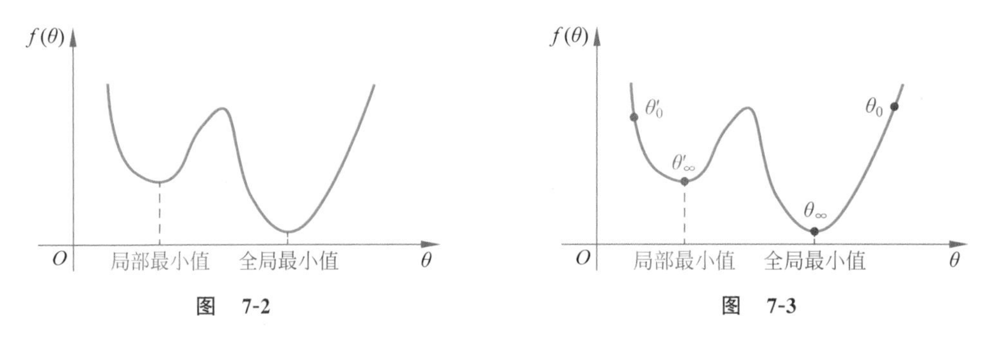

图 7-2　　图 7-3

按照上述迭代方法，很多时候找到的所谓"全局最小值"其实只是局部最小值，这并不是我们所期望的。有没有能保证局部最小值一定是全局最小值的办法呢？这就需要对目标函数有一定的限制。如果目标函数是凸函数，那么可以保证最终找到的极小值就是最小值。凸函数有比较严格的数学定义，在这里不再赘述，只简单描述一下。

要判断是否为凸函数，大家只要记住画出来的图形类似光滑的碗即可，碗口朝上，那就是凸函数；或者是类似翻过来放的碗，在数学上变换一下就可以变成碗口朝上了。判断凸函数需要用到导数。如图 7-4 所示，对于可微的函数，一元(只有一个参数)一阶导数对应的是函数在某个位置的切线斜率，二阶导数是相邻两点位置的切线斜率(两者变化的极限值)。对应到凸函数(碗形图像)，一阶导数可以看到先是负的，然后逐渐变成正的，如果不管二阶导数值的大小，可以看到二阶导数一定是正的，也就是切线斜率一定是从小往大变化。如果是多元函数，那么对应的就是 Hessian 矩阵(因为有多个参数，所以需要对每个参数进行二阶导数的计算，从而形成一个矩阵。顺便提一下，对每个参数计算一阶导数形成的矩阵就是 Jacobian 矩阵)。

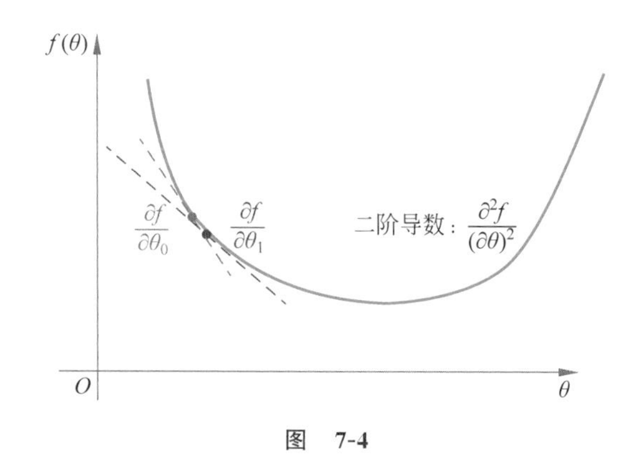

图　7-4

针对凸函数总结如下。

(1) 如果一个函数是凸函数,那么它有且只有一个极值点,且这个极值点是最值点。

(2) 几个非负凸函数的和仍然是凸函数。

(3) 如果一个函数不是凸函数,那么它可能只有一个极值点,也可能有多个极值点(局部极值点和全局极值点)。

下面讲解几个具体的实现方法。

7.2　梯度下降法

我们先来看一个例子,在一个类似山峰的地方,随意放一个铁球(图 7-5),那么球会怎样往下走呢? 常识告诉我们,在没有其他限制条件之下,铁球走的方向应该是最近和最短的路径。

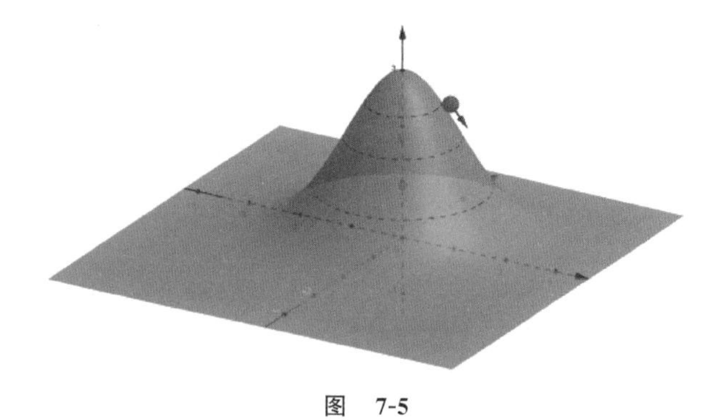

图　7-5

再举一个例子,一个人去探险,被困在一座山上的某个位置,他必须赶在太阳下山之前回到山底的营地,否则会有危险。但是他对这座山不熟悉,而且视野有限,无法看清哪里是山底,时间不多了,因此他必须采用比较激进的最快下山路线。有什么办法呢?

按照我们的生活经验,如果能够找到一条小溪,理论上沿着这个小溪往下走应该是最快、最保险的方法,也就是溪水的走向可以认为是下山最快的线路(梯度下降最快的),但是如果没有这样的小溪怎么办呢?

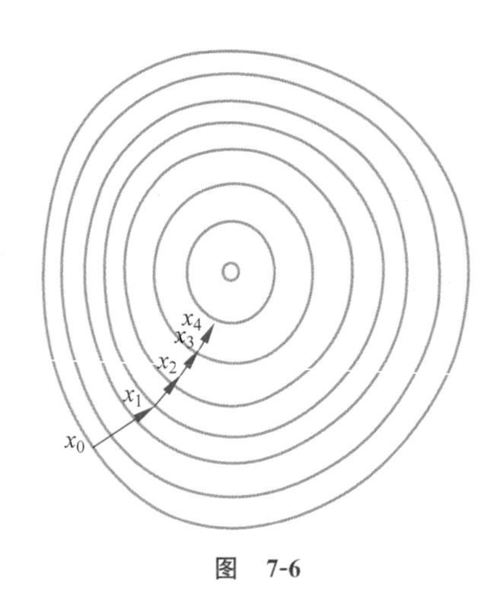

图 7-6

这个例子有一个限制条件：视野有限(比如只能看清10m)。那么可行的方法是，以当前位置(坐标 x_0)为中心，以10m为半径寻找周围最陡峭的路(假设没有障碍)，盯着这条10m长的路终点(坐标 x_1)走，当走到坐标 x_1 位置时，需要重新观察，以当前位置为中心、可视距离10m为半径区域重新寻找最陡峭的路，盯着这条路的终点(坐标 x_2)走，如此往复，如图7-6所示，圈表示等势线。

也许有人会问：最终一定能够走到山底吗？这是个好问题，在下面的总结部分我们会提到。

上述过程就是梯度下降法的实例。梯度下降法是求解无约束优化问题最简单和最古老的方法之一，许多有效算法都是以它为基础进行改进和修正得到的。梯度下降法的本质是一阶优化算法，有时也称为最速下降法(Steepest Descent)。与最速下降法对应的是梯度上升法(Gradient Ascent)，用来求函数的极大值。两种方法的原理一样，只是在计算过程中正负号不同而已。

在微积分里，对函数求导数(如果是多元函数则求偏导)得到的就是梯度。具体来说，对于函数 $f(x,y)$，在点(x_0,y_0)处，沿着梯度向量的方向就是$(\partial f/\partial x_0,\partial f/\partial y_0)$，它的方向是 $f(x,y)$增加最快的方向(如果要证明的话，主要通过梯度向量和方向向量之间的投影关系比较获得，在此不再讲解)。或者说，沿着梯度向量的方向，更容易找到函数的极大值。反过来说，沿着梯度向量相反的方向，也就是$-(\partial f/\partial x_0,\partial f/\partial y_0)$的方向，梯度减少最快，也就是更容易找到函数的极小值。

以一元函数为例，假设目标函数为 $f(\theta)$，梯度的符号为∇，那么在梯度下降中，自变量 θ 每次按照如下方式迭代更新：

$$\Delta\theta_k = -\alpha\ \nabla f(\theta_k)$$

其中，α 称为步长或者学习率。按照上述方式迭代更新自变量，直到满足迭代终止条件，此时认为自变量更新到函数最小值点(对应7.1节中的切线斜率，左边的斜率是负数，因此如果不向反方向走，也就是前面如果不加负号，将会向左边走，离最低点越来越远)。

梯度下降法看起来很好，但是在具体使用过程中，会存在不少问题。

问题1：初始值选取

从图7-6所示的山谷图中可以看到，如果选择不同的初始点，每次下降方式只关注了一个极小范围内的变化，而忽略了长远的趋势。所以导致不同的初始值选择对于算法的性能的差异非常大。

问题2：步长选取

步长，就是每一步走多远，这个参数如果设置得太大，那么很容易在最小值附近徘徊；相反，如果设置得太小，则会导致收敛速度过慢。所以步长的选取也是一个非常关键的因素。

总结一下梯度下降法。

(1) 实际应用中使用梯度下降法找到的通常是局部极小值，而不是全局最小值。

(2) 具体找到的是哪个极小值，和初始点位置有很大的关系。

(3) 如果函数是凸函数，那么梯度下降法可以保证收敛到全局最优解(最小值)。

(4) 梯度下降法收敛速度通常比较慢。

(5) 梯度下降法中搜索步长 α 很关键，步长太长会导致找不到极值点甚至震荡发散，步长太小则收敛非常慢。

因此，前面的例子中，迷路的探险者可能花费了大量时间找到的却是一个假的山脚(山腰的某个低洼处，局部最小值)。也可能因为步长的选择不合理造成收敛很慢，甚至不收敛。

针对梯度下降法的这些缺陷，如何来改进呢，接下来的几种算法就是对梯度下降法通过不同方式的改进。

7.3 牛顿法及其改进算法

在讲解牛顿法之前，我们先来讲解泰勒展开式。

7.3.1 泰勒展开式

现在有一个函数 $f(x)=\cos x$，它的形状如图 7-7 所示。

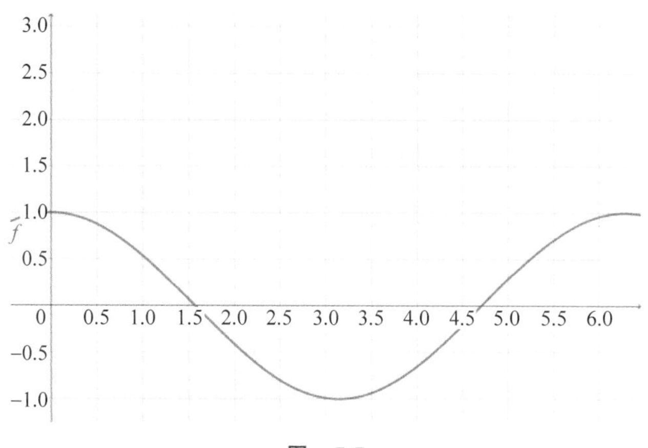

图 7-7

在一些点上面，比如 0、$\pi/2$、π 等处非常容易求解，但是在其他点却很难直接求解，如图 7-8 所示。对于那些无法直接求解的点，按照数学家的思路，是不是可以找到一种方法，用一个容易求解的方式逐渐逼近呢？我们知道，多项式的计算比较容易，就是乘法和加法的组合，比如下面的式子：

$$g(x)=\alpha_0+\alpha_1 x+\alpha_2 x^2+\cdots+\alpha_n x^n$$

多项式画成图形也是一条曲线。那怎样用多项式曲线来拟合 $\cos x$ 呢？

要想模拟这段曲线，首先需要找一个切入点。这个切入点可以是这条曲线最左端的点，也可以是曲线最右端的点，当然也可以是这条曲线上的任意一点。现在从最左边的点($x=0$)开始。

模拟的第一步，就是让模拟的曲线也经过这个点：也就是 $\alpha_0=1$。这是一条水平线，基本看不出来它们有什么相似的地方。

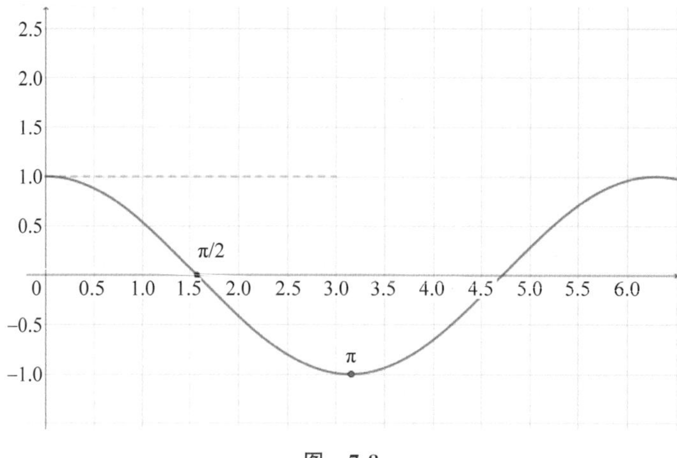

图 7-8

继续细节化。开始考虑曲线的变化趋势，即导数，需要保证在此处的导数相等。

经历了第二步，现在起始点相同了，整体变化趋势就相近了。要想进一步精确化，还要考虑凹凸性。表征图像凹凸性的参数为“导数的导数”。所以，下一步就是让二者导数的导数（二阶导数）相等。

起始点、增减性和凹凸性都相同后，模拟的函数就更像了。如果再继续细化下去，就会无限接近。所以泰勒认为：“模拟一段曲线，要先保证起始点相同，再保证在此处的导数相同，还要继续保证在此处导数的导数相同……”。

我们按照上面的思路来计算前面的五个参数。各阶导数相等：

$$f(x)=\cos x,\quad g(x)=\alpha_0+\alpha_1 x+\alpha_2 x^2+\cdots+\alpha_n x^n$$

$$f(0)=g(0),\quad f'(0)=g'(0),\quad f^2(0)=g^2(0),\quad f^3(0)=g^3(0),\quad f^4(0)=g^4(0)$$

可以得到：$\alpha_0=1,\quad \alpha_1=0,\quad \alpha_2=-\dfrac{1}{2},\quad \alpha_3=0,\quad \alpha_4=\dfrac{1}{24}$

$$g(x)=1-\frac{1}{2}x^2+\frac{1}{24}x^4+\cdots$$

带五个参数的多项式对应的曲线如图 7-9 蓝虚线部分所示。

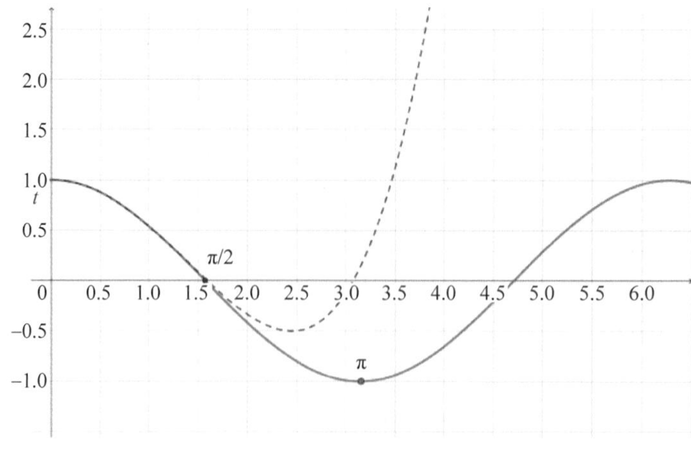

图 7-9

可以看出，在 $x=0$ 这个点附近的一个范围内二者已经很相近了。到这里，不仅仅是泰勒，普通人大概也能想得到，如果继续提高阶数，相似范围继续扩大，无穷高阶后，整个曲线都会无限相似。

这里以 $x=0$ 作为例子展开，实际上，可以把任何点选择为开始点，只要在这个点处可导。将这个点表示为 x_0，那么泰勒展开式就是如下形式：

$$f(x_0)+f'(x_0)(x-x_0)+\frac{f''(x_0)}{2!}(x-x_0)^2+\cdots+\frac{f^{(n)}(x_0)}{n!}(x-x_0)^n+\cdots$$

7.3.2 牛顿法

图 7-10(a)和图 7-10(b)分别是两个凸函数，图 7-10(a)中的曲线明显地更窄一些、陡峭一些，图 7-10(b)中的曲线更缓一些。

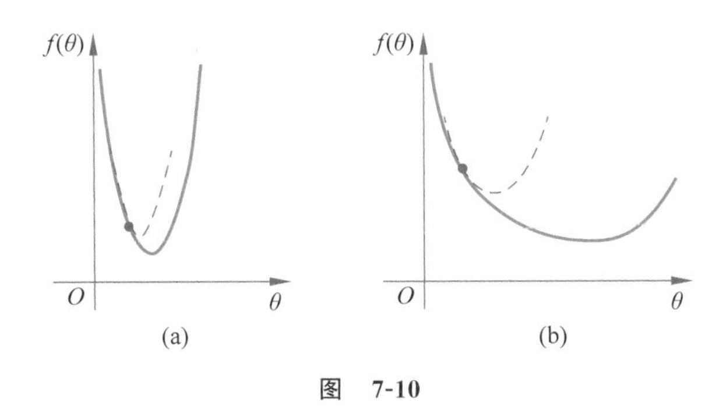

图 7-10

假定图 7-10 中的黑点的梯度(一阶导数)是一样的，但是图 7-10(a)黑点处的二阶导数比图 7-10(b)中的黑点处的大，也就是说，在图 7-10(a)中黑点处梯度的变化比图 7-10(b)中黑点处更快，那么最小值可能就在附近，因此步长就应该变小；而图 7-10(b)黑点处梯度变化比较缓慢，也就是说这里相对平坦，多走一点也没事，那么可以大踏步往前，因此步长可以变大一些。这就是牛顿法迭代的原理，不但利用了梯度，而且还利用了梯度变化的速度(二阶导数)的信息。

从几何上说，牛顿法就是用一个二次曲面去拟合当前所处位置的局部曲面(见图 7-10 中虚曲线)，而梯度下降法则是用一个平面去拟合当前的局部曲面。通常情况下，二次曲面的拟合会比平面更好，所以牛顿法选择的下降路径会更符合真实的最优下降路径。而这种拟合就是采用泰勒展开式(这是为什么前面先介绍泰勒展开式的原因)。下面回到数学公式。

回顾一下，如果我们的目的是最小化：$\| f(\theta+\Delta\theta_k) \|_2^2$，那么我们通过泰勒展开式进行在 θ 点的二阶导数的展开：

$$\| f(\theta+\Delta\theta_k) \|_2^2 \approx \| f(\theta) \|_2^2 + J(x)\Delta\theta_k + \frac{1}{2}\Delta\theta_k^{\mathrm{T}} H(x)\Delta\theta_k$$

上式中的 θ 可以是多维参数，如果只是一维参数，那么最右边的就是 $\Delta\theta_k^2$。$J(x)$ 和 $H(x)$ 就是一阶导数矩阵(Jacobian)和二阶导数矩阵(Hessian)。

对上面的公式关于 $\Delta\theta$ 求导，并令其为 0，可以得到步长：

$$\Delta\theta_k = -H(\theta)^{-1} J(\theta)^{\mathrm{T}}$$

相较于梯度法，参数里面多考虑了一个 $H(\theta)$，这个就是比梯度法更优的地方。从本质上看,牛顿法是二阶收敛,梯度下降是一阶收敛,所以牛顿法收敛更快。比如你想找一条最短的路径走到一个盆地的最底部,梯度下降法每次只从你当前所处位置选一个坡度最大的方向走一步。牛顿法在选择方向时,不仅会考虑坡度是否够大,还会考虑走了一步之后,接下去的坡度是否会变得更大。对应到图 7-10,图 7-10(a)和图 7-10(b)中的黑点处的 $J(\theta)$ 一样,而图 7-10(a)中黑点的 $H(\theta)$ 更大,取逆就更小,所以步长也就更小。图 7-10(b)的 $H(\theta)$ 比较小,步长反而可以大一点。

所以,可以说牛顿法比梯度下降法看得更远,能更快地走到最底部。

牛顿法有没有缺点呢?可以看到:牛顿法中包含了 Hessian 矩阵的计算。而在高维度下计算 Hessian 矩阵需要消耗很大的计算量,很多时候甚至无法计算。

高斯牛顿(Gauss-Newton)法是对牛顿法的一种改进,它用雅克比(Jacobian)矩阵的乘积近似代替牛顿法中的二阶 Hessian 矩阵,从而省略了求二阶 Hessian 矩阵的计算。

根据泰勒展开式:

$$f(\theta+\Delta\theta) \approx f(\theta) + J(\theta)\Delta\theta$$

可知求目标函数最小化也就是求:

$$\arg\min_{\Delta\theta} \| f(\theta) + J(\theta)\Delta\theta \|^2$$

经过一系列推导后,可以得到:

$$\Delta\theta_k = -(J(\theta)^{\mathrm{T}} J(\theta))^{-1}(J(\theta)^{\mathrm{T}} f(\theta))$$

也就是说,用 $J(\theta)^{\mathrm{T}}J(\theta)$ 来代替 $H(\theta)$ 的计算,降低了复杂度。

牛顿法中,Hessian 矩阵是可逆的并且正定。但在高斯牛顿法中,用来近似 Hessian 矩阵的 $J^{\mathrm{T}}J$ 可能是奇异矩阵或者是病态的,此时会导致稳定性很差,算法不收敛。

另外一个不可忽视的问题是,因为用二阶泰勒展开一般只是在一个较小的范围内才比较近似,如果高斯牛顿法计算得到的步长较大,上述的近似将不再准确,也会导致算法不收敛。

Levenberg-Marquardt(LM)就是加了一个信赖区的判断,以保证高斯牛顿法的有效性。那么如何确定信赖区域的范围呢?一个比较好的方法是根据近似模型与实际函数之间的差异来确定。

使用如下因子来判断泰勒近似是否足够好:

$$\rho = \frac{f(\theta+\Delta\theta) - f(\theta)}{J(\theta)\Delta\theta}$$

其中,分子是实际函数迭代下降的值,分母是近似模型下降的值。如果 ρ 接近 1,认为近似比较准确,可以扩大信赖范围,比如增大一倍;如果 ρ 远小于 1,说明实际减小的值和近似减少的值差别很大,也就是说近似比较差,需要缩小信赖范围,比如缩小一半。如果 ρ 小于 0,那么就不能往前走了,并且要缩小信赖范围。

7.4 Adam(Adaptive Moment Estimation)方法

基于梯度下降法的随机梯度下降法(Stochastic Gradient Descent,SGD)使用单个训练数据来近似平均损失:随机梯度下降法放弃了对梯度准确性的追求,每步仅随机采样一个样本来估计梯度，优点是计算速度快，内存开销小。但是由于每一步接收的信息量有限，随机梯度下降法对梯度的估计常常出现偏差，导致目标函数的收敛不稳定，伴有剧烈波动，甚至出现不收敛的情况。对梯度下降法而言，除了存在会陷入局部最优解的困境，更可怕的是遇到山谷和鞍点两种地形。

山谷，顾名思义就是一条狭长的山间小道，左右为峭壁。在山谷中（图 7-11），准确的梯度方向是沿山道向下，但是粗略的梯度估计会使得它在两山壁之间来回反弹震荡，造成收敛不稳定和收敛速度慢的情况。

鞍点就是形状似马鞍，中间是一个平面（图 7-12）。在鞍点处，随机梯度下降法会陷入停滞，但是距离最低点还很远。在梯度接近 0 处，随机梯度下降法无法察觉梯度的变化，结果就会陷入停滞状态。

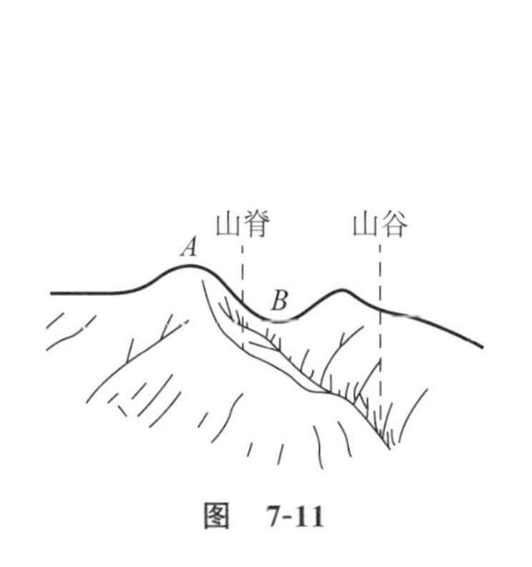

图　7-11

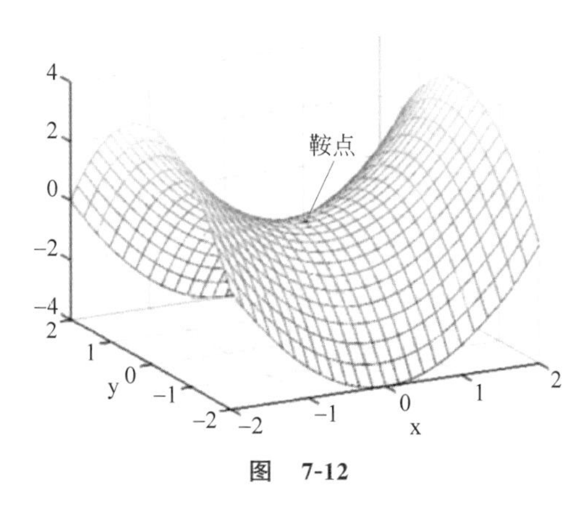

图　7-12

7.4.1　动量法（Momentum）

在解决山谷和鞍点两个问题之前。先想象一个纸团（比较轻，弹性也不大）和铁球（比较重，弹性很小）从山顶往下滚。

假如它们遇到的是山谷地形，纸团由于质量小，在山谷的滚动过程中极易受到山谷弹力的影响，从而来回震荡，这有点类似随机梯度下降法在梯度更新时不稳定的情况。而铁球由于自身质量大，在下降过程中受到山壁弹力的干扰小，从而平稳地滚到山底。

假如遇到的是鞍点地形。纸团在进入平缓地面时，由于质量小，导致惯性也较小，容易停滞不前。而铁球由于自身惯性较大，在到达鞍点中心时，也有一定的机会冲出该点。

从上述情况综合来看，铁球由于自身质量较大，在下降过程中即便受到其他方向的力，但是惯性却使得它的运动轨迹不易出现山谷震荡和鞍点停滞的情况。动量法的目的在于保留惯性（图 7-13）：

$$v_t = \gamma v_{t-1} + \alpha \nabla f(\theta_k), \quad \theta_k^{t+1} = \theta_k^t - v_t$$

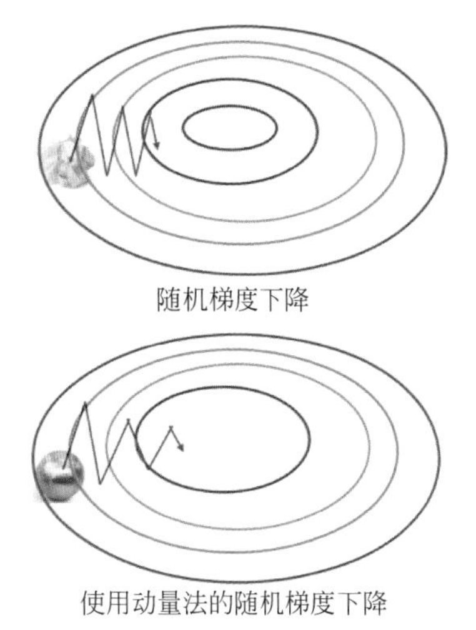

图　7-13

参数的更新方向由以下几部分组成。

- 参数 γ 乘以某一时刻前进信息 v_{t-1}。参数 γ 的作用类似于阻力，通过它可以控制保留多少前一时刻的梯度信息，一般可以取值 0.9。
- 学习率 α 乘以损失函数当前梯度。
- 梯度更新方向 v_t 同时依赖于 v_{t-1} 以及梯度，增加了上一次前进信息的利用。这和在物理中计算当前速度是一个道理，要同时考虑前一时刻的速度和当前加速度。

根据上面的公式，沿着山谷向下的铁球，会同时受到沿坡道向下的力和左右山谷碰撞的力。由于向下的力稳定不变，产生的动量不断累加，左右的弹力来回摇摆，动量在累积后相互抵消，从而减弱了铁球来回的震荡。

动量法由于引入了惯性，所以它的参数轨迹类似铁球下山的轨迹。而随机梯度下降法则与纸团下山的轨迹类似，震荡不稳定。因此，相较于随机梯度下降法，动量法收敛速度更快，收敛曲线也更加稳定。

7.4.2 RMSProp 方法

RMSProp(Root Mean Square Prop)方法的主要目的是对学习率自动进行调节。在对模型进行参数优化时，学习率的设定也很重要。如果学习率太小，训练时会耗费大量时间，太大则会导致训练无法收敛。为了加快收敛速度，同时又提高求解精度，通常会采用衰减学习率的方案：一开始算法采用较大的学习率，在误差曲线平缓以后，减小学习率做出更精细的调整。

RMSProp 方法在每次更新参数时，对那些变化频繁的参数会给予较大的学习率，变化不频繁的参数则给予较小的学习率。其主要思想是加一个衰减系数来控制梯度历史信息的获取多少。这里只展示一下其调整学习率的公式：

$$h_k^t = \beta h_k^{t-1} + (1-\beta)(\nabla f(\theta_k))^2, \quad \theta_k^{t+1} = \theta_k^t - \alpha \frac{1}{\sqrt{h_k^t t} + \in} \nabla f(\theta_k)$$

7.4.3 最终方法

Adam 方法将 Momentum 方法和 RMSProp 方法的优点集于一身。一方面，Adam 方法通过记录过往梯度和当前梯度的平均来保持惯性；另一方面，通过记录过往梯度的平方和当前梯度的平方的平均，为不同的参数生成自适应的学习率。这也使得 Adam 方法成为机器学习中最常用的优化器之一。

7.5 本讲小结

迭代求解是机器学习中常用的方法，可以说，几乎所有复杂的问题都可采取迭代求解的方法，包括深度机器学习。

第 8 讲

经典最优化问题求解方法

第 7 讲介绍的迭代方法最多是一种方法论，不针对具体的某个实际问题。实际的问题对应到数学上，需要利用模型以及在尽可能使用现有数据的基础上，找到相应的模型参数，从而让模型符合目前认为的最优的标准。这部分内容也是机器学习算法中经常用到的几种，包括最小二乘估计、最大似然估计、最大后验概率、期望最大方法、最大熵模型，如图 8-1 所示。

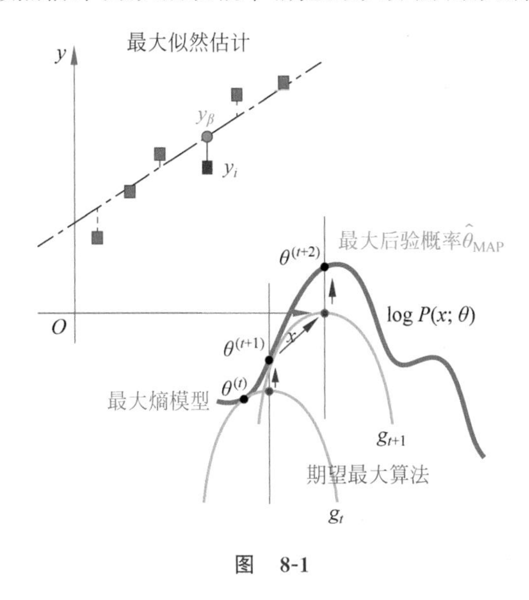

图 8-1

8.1 最小二乘估计

最小二乘估计(Least Squares Estimation，LSE)是一个比较古老的方法，源于天文学和测地学上的应用需要。追溯到 1801 年，意大利天文学家朱赛普·皮亚齐(Giuseppe Piazzi)发现了第一颗小行星谷神星。经过 40 天的跟踪观测后，由于谷神星运行至太阳背后，使得皮亚齐失去了谷神星的位置。随后全世界的科学家利用皮亚齐的观测数据开始寻找谷神星，但是根据大多数人计算的结果来寻找谷神星都没有结果。时年 24 岁的高斯也计算了谷神星的轨道。奥地利天文学家海因里希·奥尔伯斯(Heinrich Olbers)根据高斯计算出来的轨道重新发现了谷神星。高斯在其 1809 年出版的著作《天体运动理论》中，声称他自 1799 年以来就使用了最小二乘法。

下面通过一个例子来说明。假设身高的变量是 x，体重的变量是 y，常识是身高与体重有比较直接的关系。一般身高比较高的人，体重也会比较大。但是这也只是直观感受，是很粗略的定性分析。在数学世界里，一般需要进行严格的定量计算：能不能根据一个人的身高，通过一个公式就能计算出他或者她的标准体重？

随机找一些人进行数据采集，得到一些数据 $(x_1,y_1),(x_2,y_2),\cdots,(x_n,y_n)$。

经验认为身高与体重是一个近似的线性关系，用最简单的数学语言描述就是：

$$y=\beta_0+\beta_1 x$$

任务也就变成了：怎么根据现在得到的采样数据，求出 β_0 与 β_1。

为了解决这个问题，我们画图来讲解。图 8-2 只是示意性地画了三条线，代表可能的解，那么到底哪条线是符合我们说的最优的标准呢？针对这个问题，定义标准是每个点画一条垂线，这个点到要求的线之间的垂直距离的平方和最小(用平方是为了不出现负数而导致相互抵消)。

数学表达就是：

$$Q=\min\sum_{i}^{n}(y_\beta-y_i)(y_\beta-y_i)=\min\sum_{i}^{n}(y_\beta-y_i)^2$$

如图 8-3 所示，其中 y_β 表示从参数公式中计算出来的值，y_i 是采样得到的值。因为上面的公式实际是两个 $y_\beta-y_i$ 相乘，然后求最小化，所以称为最小二乘法。最小化可以通过求导方式来解决。上面的公式只有两个参数，推广到多参数就是：

$$\beta_0+\beta_1 x_{1,1}+\cdots+\beta_j x_{1,j}+\cdots+\beta_m x_{1,m}=y_0$$
$$\beta_0+\beta_1 x_{2,1}+\cdots+\beta_j x_{2,j}+\cdots+\beta_m x_{2,m}=y_1$$
$$\cdots$$
$$\beta_0+\beta_1 x_{n,1}+\cdots+\beta_j x_{n,j}+\cdots+\beta_m x_{n,m}=y_n$$

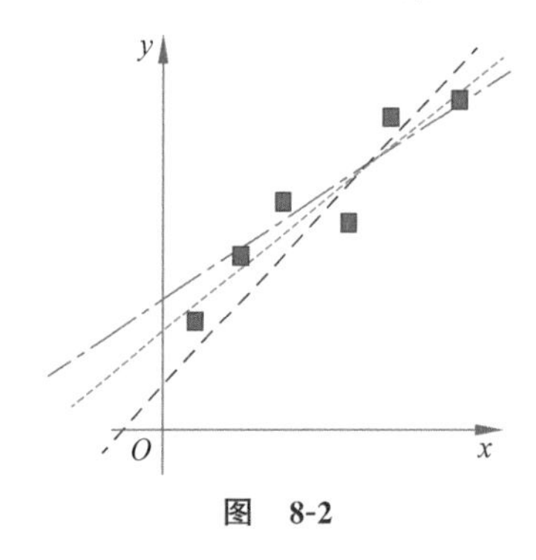

图 8-2

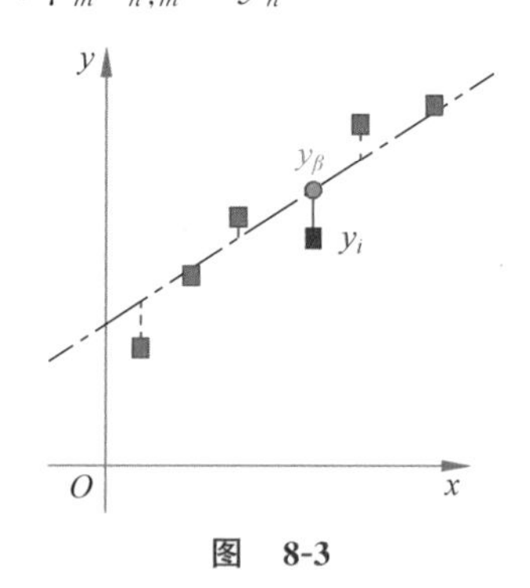

图 8-3

写成矩阵形式就是：

$$\begin{bmatrix}1 & x_{1,1} & \cdots & x_{1,m}\\1 & x_{2,1} & \cdots & x_{2,m}\\\vdots & \vdots & \ddots & \vdots\\1 & x_{n,1} & \cdots & x_{n,m}\end{bmatrix}\cdot\begin{bmatrix}\beta_0\\\beta_1\\\vdots\\\beta_m\end{bmatrix}=\begin{bmatrix}y_0\\y_1\\\vdots\\y_m\end{bmatrix}$$

最左边的矩阵用 $\boldsymbol{A}$ 表示，中间的矩阵用 $\boldsymbol{\beta}$ 表示，等式右边的矩阵用 $\boldsymbol{Y}$ 表示，所以最小二乘法就表示为：

$$\min\|\boldsymbol{A\beta}-\boldsymbol{Y}\|_2$$

最后的最优解是：

$$\boldsymbol{\beta}=(\boldsymbol{A}^{\mathrm{T}}\boldsymbol{A})^{-1}\boldsymbol{A}^{\mathrm{T}}\boldsymbol{Y}$$

最小二乘法简单易用，在很多场合都有很好的应用。

8.2 最大似然估计

在第 2 讲提到了人类族群身高的正态分布。如果手上有一份某族群的身高采样数据，如何去最优地得到正态分布中的参数呢？也就是平均值和方差这两个参数。

大家可能会说，既然已经有了采样数据，直接求出它们的平均数，然后再求出方差不就可以了。但这里的问题是"最优化地"去得到参数，所以不能简单地通过统计来计算参数，此时需要用到最大似然估计。

最大似然估计(Maximum Likelihood Estimation，MLE)从字面上的意思就是通过求得某个参数 θ，使得观察到的数据从概率上最大。这些数据一般要求服从独立同分布(Independent and Identically Distributed，i. i. d)，也就是观察数据的获得不是依赖于其他数据，并且要在同一个分布中。既然是独立同分布，那么概率就可以表现为联合分布，也就是每个观察数据出现的概率相乘。

还是举例进行说明：现在有三个观察数据：9、9.5、11，并且这三个数字服从同一个正态分布，现在要求出最优的参数 θ，也就是平均数 u 和方差 σ。

根据最大似然估计的要求，求出的这个参数，需要使 $P(9)\times P(9.5)\times P(11)$ 取最大值，也就是下式最大：

$$P(9,9.5,11;\mu,\sigma)=\frac{1}{\sigma\sqrt{2\pi}}\exp\left(-\frac{(9-\mu)^2}{2\sigma^2}\right)\times \frac{1}{\sigma\sqrt{2\pi}}\exp\left(-\frac{(9.5-\mu)^2}{2\sigma^2}\right)\times\frac{1}{\sigma\sqrt{2\pi}}\exp\left(-\frac{(11-\mu)^2}{2\sigma^2}\right)$$

上面的式子是乘法，比较难计算，我们可以通过两边取对数转换为加法(这也是经常采用的方式)。为什么两者可以这样进行转换呢？因为两者的单调性是一致的。如果单调性因为转换改变了，就不能这样做。两边取对数后也称为对数似然。

$$\ln(P(x;\mu,\sigma))=\ln\left(\frac{1}{\sigma\sqrt{2\pi}}\right)-\frac{(9-\mu)^2}{2\sigma^2}+\ln\left(\frac{1}{\sigma\sqrt{2\pi}}\right)-\frac{(9.5-\mu)^2}{2\sigma^2}+\ln\left(\frac{1}{\sigma\sqrt{2\pi}}\right)-\frac{(11-\mu)^2}{2\sigma^2}$$

再继续简化：

$$\ln(P(x;\mu,\sigma))=-3\ln(\sigma)-\frac{3}{2}\ln(2\pi)-\frac{1}{2\sigma^2}[(9-\mu)^2+(9.5-\mu)^2+(11-\mu)^2]$$

要求出最大 u，需要对 u 进行偏导计算，并且偏导为 0：

$$\frac{\partial(\ln P(x;\mu,\sigma))}{\partial u}=\frac{1}{\sigma^2}[9+9.5+11-3\mu]$$

$$\mu=\frac{9+9.5+11}{3}\approx 9.833$$

同样地，用类似方法求出 σ 的偏导为 0，就可以得到 σ。

最后列一下最大似然估计的公式表示，结合上面的例子，就比较容易理解了：

$$\hat{\theta}=\arg\max_{\theta} l(\theta)=\arg\max_{\theta}\prod_{i=1}^{N} p(x_i \mid \theta)$$

其中，$l(\theta)$就是似然函数，对其进行对数变换：

$$\begin{aligned}\hat{\theta}&=\arg\max_{\theta}\log l(\theta)=\arg\max_{\theta}\sum_{i=1}^{N}\log(p(x_i \mid \theta))\\&=\arg\min_{\theta}-\sum_{i=1}^{N}\log(p(x_i \mid \theta))\end{aligned}$$

如果只有一个参数（单分类），并且似然函数满足连续并可微，那么利用导数等于 0 就可以求出。如果未知参数有多个（多分类），并且每个数据属于的分类也已经明确了的，那么可以对每个参数（分类）进行概率统计，然后求解：

$$\begin{aligned}\hat{\theta}&=\arg\max_{\theta}\frac{\log(l(\theta))}{N}=\arg\max_{\theta}\sum_{i=1}^{N}\frac{\log(p(x_i \mid \theta))}{N}\\&=\arg\min_{\theta}-\sum_{i=1}^{N}p_i\log(p(x_i \mid \theta))\end{aligned}$$

这个公式就是在第 3 讲中提到的交叉熵的形式，实质上两者就是等价的，是不是很神奇？

需要注意的是，这里的解只是一个“最优”估计值，只有在样本趋于无穷多时，才会接近真实值。其实真的有无穷多的样本时，也不再需要用这样的方法，一般的统计方法就可以了。

总结一下求最大似然函数估计值的一般步骤。

（1）写出似然函数。

（2）对似然函数取对数并整理。

（3）求导数，令导数为 0，得到似然方程；如果导数无法求得 0，或者很难计算，那么可以采用梯度迭代法求近似解。

（4）解似然方程，得到的参数即为所求。

最大似然估计总能找到精确解吗？简单来说，不能。更有可能的是，在真实场景中，对数似然函数的导数仍然是难以解析的（也就是说，很难求微分）。这时，常用的方法就是采用期望最大化算法等迭代方法为参数估计找到数值解，其总体思路还是一样的。期望最大化算法在本讲后面的小节中会介绍。

当数据服从正态分布时，最小二乘法和最大似然估计是等价的。为什么这么说呢？对于最小二乘参数估计，希望找到最小化数据点和回归线之间总的距离的平方的线。在最大似然估计中，我们希望最大化数据的总概率。当假设高斯分布时，在数据点接近平均值时，找到最大概率。由于高斯分布是对称的，这相当于最小化数据点和平均值之间的距离。

8.3 最大后验概率

在最大似然估计中，假设参数是一个常数，并且可以通过观察数据来计算得出。有时候，通过经验对于参数已经有了一个认识，假设我们知道参数 θ 服从某个已知的分布 $g(\theta,$

α),这个分布是完全已知的,形式和参数都已知(注意是参数服从某个分布,而不是数据服从某个分布,其中 α 是一个超参),也就是有了先验知识。结合贝叶斯公式,可以得到一个关于 θ 的公式,然后最大化,也就是最大后验概率(Maximum A Posterior,MAP)。

最大后验概率(MAP)和最大似然估计(MLE)的区别是,在最大似然估计中,完全根据观察数据得出结果;在最大后验概率中,则借助了以往对 θ 的认识。如果 $g(\theta,\alpha)$ 是一个常数,则两种方法的结果是一样的。

这里把最大后验概率的数学公式列出来,读者可以对比最大似然估计公式,就是在最大似然估计的基础上应用了贝叶斯公式。

$$\hat{\theta}_{\text{MAP}}=\arg\max_{\theta} L(\theta)=\arg\max_{\theta} l(\theta)\times p(\theta)/p(x)=\arg\max_{\theta}\left(\prod_{i=1}^{N} p(x_i\mid\theta)\right)p(\theta)$$

再进行对数化后:

$$\hat{\theta}_{\text{MAP}}=\arg\min_{\theta}-\sum_{i=1}^{N}\log(p(x_i\mid\theta))-\log p(\theta)$$

与最大似然估计相比,现在需要多加一个先验分布概率的对数。

8.4 期望最大化方法

在介绍最大似然估计时,曾经提到:很多情况下,对数似然函数的导数仍然是难以解析的(也就是说,很难求微分);这时比较常用的就是采用期望最大化算法(Expectation Maximization,EM)等迭代方法为参数估计找到数值解。

依然用前面身高的分布作为例子进行讲解。要分别统计某学校男生和女生的身高分布,统计人员手上有两张纸,一张纸记录每个人的性别,另外一张纸记录身高,如图 8-4 所示。如果两张纸完好无损,那么通过一般的统计方法或者最大似然估计就可以快速地求出男女生身高的分布参数。但是不知道什么原因,记录性别的那张纸被小孩给涂抹掉了,根本看不清内容了,现在只有身高数据,那如何来计算这两个分布参数呢?

现在这些学生的身高数据都混在一起了,如图 8-5 所示。这时,从这些身高里面随便挑一个人的身高,是无法确定这个人是男生还是女生。也就是说不知道抽取的人里面的每一个人到底是从男生的身高分布里面抽取的,还是从女生的身高分布中抽取的。用数学的语言就是,抽取得到的每个样本都不知道是从哪个分布中抽取的。

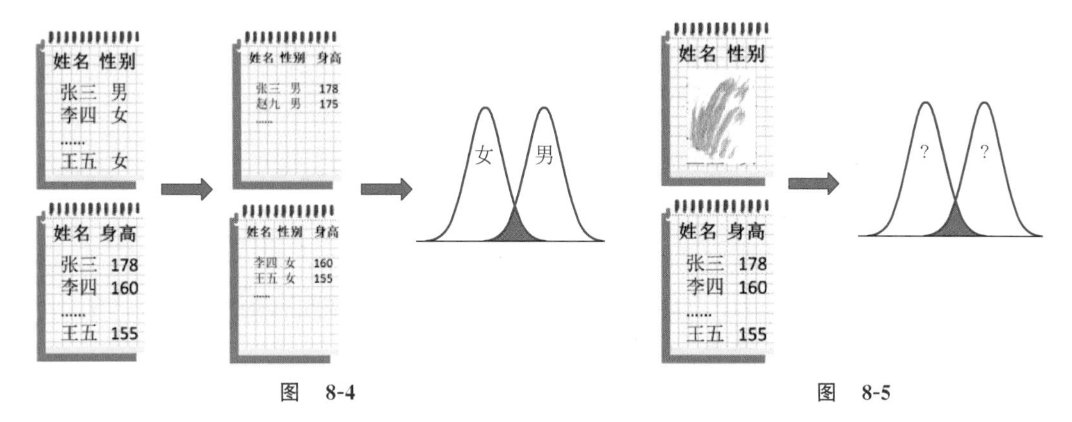

图 8-4　　　　图 8-5

此时，对于每个样本或者抽取到的人，就有两个参数需要猜测或者估计，一是这个人是男生还是女生？二是男生和女生对应的身高的高斯分布的参数是多少？比较最大似然估计也就是增加了一个隐含的参数需要估计。

期望最大化方法的思路如下：先随便猜一下男生(身高)的正态分布参数：均值和方差是多少。例如，男生的均值是170cm，方差是10cm(当然了，刚开始肯定没那么准)，然后计算出每个人更可能属于第一个还是第二个正态分布(例如，这个人的身高是180cm，那很明显，其最大可能属于男生的那个分布)，这个属于期望(Expectation)步骤。有了每个人的归属，或者说已经大概地按上面的方法将这些人分为男生和女生两部分，就可以根据之前介绍的最大似然估计，通过这些被大概分为男生的 n 个人中来重新估计第一个分布的参数，女生的分布用同样方法重新估计，这个是最大化(Maximization)步骤。然后，当更新了这两个分布时，每一个人属于这两个分布的概率又变了，那么就需要再调整 E 步，如此往复，直到参数基本不再发生变化为止。这时得到的是每一个人属于每一个分布最可能的概率了，可以认为这个人属于最大概率的那个分布。

也就是说，这里把每个人(样本)的完整描述看作是三元组 $y_i=\{x_i,z_{i1},z_{i2}\}$，其中，$x_i$ 是第 i 个样本的观测值，也就是对应的这个人的身高，是可以观测到的值。z_{i1} 和 z_{i2} 表示男生和女生这两个高斯分布中哪个被用来产生值 x_i，就是说这两个值标记这个人到底是男生还是女生。这两个值现在是不知道的，是隐含变量。确切地说，z_{i1} 在 x_i 由第一个高斯分布(男生)产生时值为1，否则为0。z_{i2} 如果是1，那么就是第二个分布(女生)。例如，一个样本的观测值为180，来自男生的高斯分布，那么可以将这个样本表示为{180,1,0}。如果 z_{i1} 和 z_{i2} 的值已知，也就是每个人已经标记为男生或者女生了，那么就可以利用前面介绍的最大似然算法来估计他们各自高斯分布的参数。当然在数学中，z_{i1}、z_{i2} 更合理的是介于[0,1]之间的概率值。

在前面提到的混合高斯模型就是使用期望最大化方法来计算的。

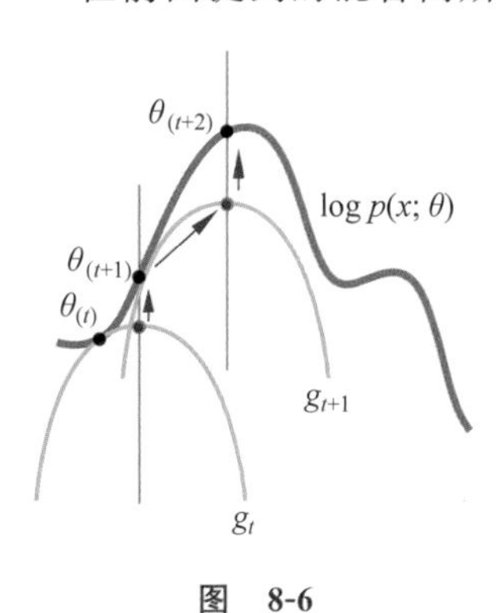

图 8-6

通过图8-6可以非常形象地来说明期望最大化的过程。

期望最大化要解决的问题实质上是要求出让 $\log p(x;\theta)$ 最大时对应的参数值 θ。这个值一般情况下比较难求。那么可以把问题变成一个个子问题，也就是图8-6中的 g_t 任务。可以通过求 g_t 的最优值得到参数 θ_{t+1}，然后再构造下一个子问题 g_{t+1}，一直循环下去，如图8-6中红色箭头表示。最后可以逼近全局的最优解。

在第3部分的实例中，会有一个专门针对期望最大化方法的例子。

8.5 最大熵模型

熵的概念在前面介绍过了，它用来表示信息量的大小或者随机性的大小：熵越大，表示概率分布越平均，不确定性越大，预测的风险也越小。

那么最大熵(Maximum Entropy)是为了解决什么问题呢？

来看下面的例子：假设随机变量 X 有 3 个取值$\{A,B,C\}$，要估计各个值的概率 $P(A)$、$P(B)$、$P(C)$，这些概率值满足条件 $P(A)+P(B)+P(C)=1$。如果没有其他约束条件，那么满足这个条件的概率分布会有无数个。因此，一个可行的办法就是认为它们的概率都相等，均为 1/3。此时，如果再加一个条件：$P(A)=1/2$，那么各个值的概率为多少合适呢？

最保险的概率分布就是满足条件下的熵最大的那个，也就是 $P(A)=1/2$，其余两个概率为余下的平均值：$P(B)+P(C)=1/2$，$P(B)=P(C)=1/4$。

比较正式的对于最大熵的解释是：对一个随机事件的概率分布进行预测时，预测应当满足全部已知约束，而对未知的情况不做任何主观假设。在这种情况下，概率分布最均匀，预测的风险最小，因此得到的概率分布的熵最大。

可以相应地用下面的单纯形(simplex)来描述。在欧氏空间中的单纯形表示随机变量 X，则单纯形具有下面的特性：用三个顶点分别代表随机变量 X 的三个取值 A、B、C，定义单纯形中任意一点 p 到三条边的距离之和(恒等于三角形的高)为 1，点到其所对的边为该取值的概率，比如任给一点 p，则 $P(A)$等于 p 到 BC 边的距离，$P(B)$等于 p 到 AC 边的距离，$P(C)$等于 p 到 AB 边的距离。图 8-7 分别对应不同的概率分布。

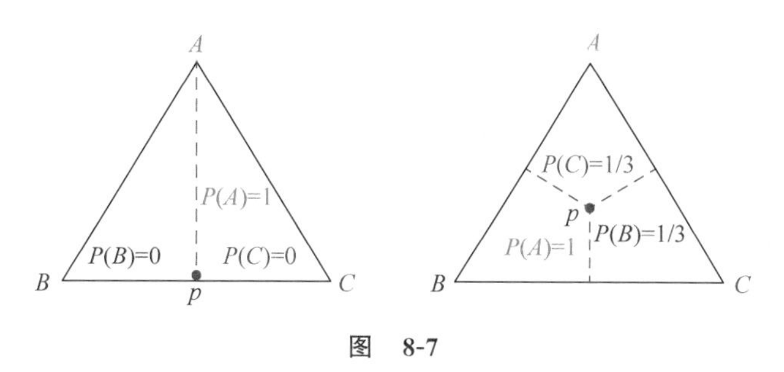

图 8-7

现在将单纯形与概率模型联系起来，在单纯形中，不加任何约束，整个概率空间的取值可以是单纯形中的任意一点，只需找到满足最大熵的条件即可。当引入一个约束条件 C_1 后，如图 8-8(b)所示，模型被限制在 C_1 表示的直线上，则应在满足约束的条件下找到熵最大的模型；当继续引入条件 C_2 后，如图 8-8(c)所示，模型被限制在 C_1 和 C_2 的交叉点上，即此时有唯一解；当 C_1 与 C_2 不一致时，如图 8-8(d)所示，此时模型无法满足约束，即无解。在最大熵模型中，由于约束从训练数据中取得，所以就对应图 8-8(c)这种情况来求解。

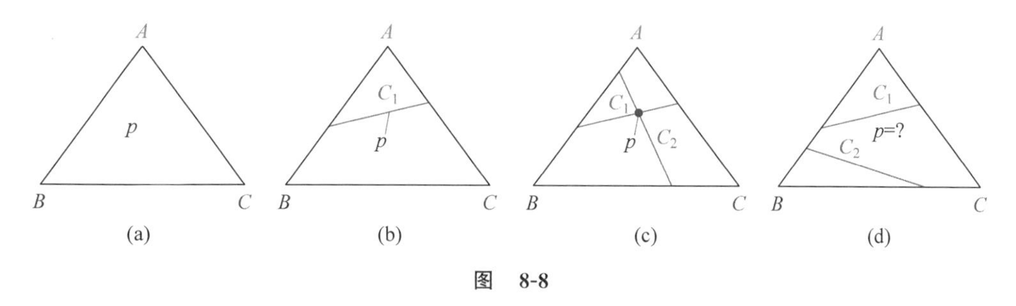

图 8-8

上面虽然说了最大熵的含义，不过之前的问题还是没有回答：最大熵是为了解决什么问题呢？

最大熵属于判别式模型(判别式和生成式是基于概率的两种模型分类，将在第 2 部分的机器学习模型中介绍)，也就是在已知样本数据(x,y)基础上，需要通过建模求参，然后对新的样本数据x'来直接计算$p(y'|x')$，选择概率最大的y'作为预测结果。简而言之，我们的任务就是构造一个统计模型，该模型的任务是：在给定上下文x的情况下，输出y的概率$p(y|x)$，选择最好分类的结果。

比如，针对汉字“打”，我们需要知道它属于什么词性，已知的样本数据是：

$$(x_1,y_1)=(\text{一打啤酒,量词})$$
$$(x_2,y_2)=(\text{三打饮料,量词})$$
$$(x_3,y_3)=(\text{打电话,动词})$$
$$(x_4,y_4)=(\text{打听,动词})$$
$$(x_5,y_5)=(\text{他打人,动词})$$

要预测的是：(半打可乐?)，也就是这里的“打”是什么词性。

那么这里的约束条件是什么呢？先来看下面的规则，也称为特征函数：

$$f_1(x,y)=\begin{cases}1 & \text{若“打”的前面是数字}\\0 & \text{其他}\end{cases}$$

$$f_2(x,y)=\begin{cases}1 & \text{若“打”的后面是名词，且前面不是数字}\\0 & \text{其他}\end{cases}$$

这时：$f_1(x_1,y_1)=f_1(x_2,y_2)=1,\quad f_1(x_3,y_3)=f_1(x_4,y_4)=f_1(x_5,y_5)=0$

$f_2(x_1,y_1)=f_2(x_2,y_2)=0,\quad f_2(x_3,y_3)=f_2(x_4,y_4)=f_2(x_5,y_5)=1$

特征函数是否等于约束条件呢，也就是f_1是否等于C_1呢？两者有关系但不是等同的。因为约束条件最好能通过概率形式表达出来，既然是概率，就需要整个数据集中的数据作为基础，而$f(x,y)$只是一个规则，我们如何将两者结合起来呢？

这里大致列一下模型的数学推导过程。最大熵模型(Maxium Entropy Model,MaxEnt)涉及几个数学理论：①特征期望值；②贝叶斯定理；③最大熵；④拉格朗日乘子法。

(1) 特征期望值。

首先根据数据提炼出特征函数。为了把特征函数和约束条件关联起来，就需要用到“期望值”。“期望值”在某种意义上是一种数据平均值，也就是用某个值的概率乘以值本身再汇总，这里需要对f进行统计，得到其特征的期望值：

$$E\tilde{p}(f)=\sum_{x,y}\tilde{p}(x,y)f(x,y)$$

(2) 贝叶斯定理。

回顾贝叶斯公式：$p(x,y)=p(x)p(y|x)$。

因为这里的$p(x)$是针对全体数据的，目前无法知道。但是因为有训练样本，所以从训练样本中可以统计$\tilde{p}(x)$，即可以用来近似代替$p(x)$，因此对全体数据的特征期望值可以表示为：

$$Ep(f)=\sum_{x,y}p(x,y)f(x,y)=\sum_{x,y}\tilde{p}(x)p(y\mid x)f(x,y)$$

对于概率分布$p(y|x)$，希望特征f的期望应该和从训练数据中得到的特征期望是一样的。因此可以提出约束C：

$$Ep(f)=E\tilde{p}(f)$$

也就是说这时有多少个 f_i 就对应多少个 c_i。

(3) 最大熵。

因为我们的目标是要求出 $p(y|x)$，并且要使其最大化。根据熵的公式，结合样本数据的统计值，可以表示为：

$$H(p(y\mid x))=-\sum_{x,y}\tilde{p}(x)p(y\mid x)\log p(y\mid x)$$

同时因为要满足上面的约束条件 C，最终就表述为：

$$p^{*}=\arg\max_{p\in C}H(p)$$

也就是：寻找一个属于 C 中的 $p*$，使 $H(p)$ 最大。

把上面的结果完整表述一下就是：

$$\max_{p\in C}-\sum_{x,y}\tilde{p}(x)p(y\mid x)\log p(y\mid x)=\min_{p\in C}\sum_{x,y}\tilde{p}(x)p(y\mid x)\log p(y\mid x)$$

同时满足：　$$Ep(f_i)=E\tilde{p}(f_i)\quad i=1,2,\cdots,n$$

$$\sum_{y}p(y\mid x)=1$$

(4) 拉格朗日乘子法。

从最大熵的公式里可以看到，虽然有了 p 要归属 C 这个表述，但是在最优化数学公式里面却没有直观体现，也就是说虽然有了带约束的最优化问题的表述，若要方便地求解，还需要转换为与之等价的无约束的优化问题，这就是拉格朗日乘子法的目的。

根据拉格朗日乘子法，把上面的两个约束条件和优化函数整合到一起，成为一个无约束的优化函数：

$$L(p,w)=\sum_{x,y}\tilde{p}(x)p(y\mid x)\log p(y\mid x)+w_0\Big(1-\sum_{y}p(y\mid x)\Big)+\sum_{i=1}^{n}\Big(\sum_{x,y}\tilde{p}(x,y)f(x,y)-\sum_{x,y}\tilde{p}(x)p(y\mid x)f(x,y)\Big)$$

可以看到，上面公式的第二行把 $p(y|x)$ 和为 1 的约束条件加上去了，第二项把特征的期望值约束条件加上去了。有了上面的公式，就转换为一个求函数的极值问题了。

首先求 $L(p,w)$ 的极值，然后要满足最大熵的要求，即

$$\min_{p\in C}\max_{w}L(p,w)$$

根据拉格朗日对偶可得，$L(p,w)$ 的极小、极大问题与极大、极小问题是等价的（根据 KTT 原理，这里不再讲解）：

$$\min_{p\in C}\max_{w}L(p,w)=\max_{w}\min_{p\in C}L(p,w)$$

现在可以先求内部的极小问题，得到的解为关于 w 的函数，然后再通过极大问题的解得到关于 p 的函数，通过求偏导为 0 的方法，在求得参数 w 的结果后，最终可以得到 $p(y|x)$ 的解。

$$p_w(y\mid x)=\frac{\exp\Big(\sum_{i=1}^{n}(w_i f_i(x,y))\Big)}{\sum_{y}\exp\Big(\sum_{i=1}^{n}(w_i f_i(x,y))\Big)}$$

参数求解可以采用与逻辑回归一样的方法，通过求条件概率分布关于样本数据的对数似然最大化。二者唯一的不同是条件概率分布的表示形式不同。如果读者对 Softmax 比较熟悉，会发现形式上有点相似，分母部分其实就是为了进行归一化而存在。分子部分是针对具体的 x_i 数据，并结合特征函数进行计算，最终得到针对每个 y 的条件概率值。

由于目标函数是一个凸函数，所以可以借助多种优化方法进行求解，并且能保证得到全局最优解。为最大熵模型量身定制的两个最优化方法分别是通用迭代尺度法(GIS)和改进的迭代尺度法(IIS)，这里不再赘述①。

最大熵模型在分类方法里算是比较优的模型。但是由于它的约束函数的数量通常会随着样本量的增大而增大，当样本量很大时，对偶函数优化求解的迭代过程非常慢，scikit-learn 甚至没有最大熵模型对应的类库。但是如果能理解它仍然是很有意义的，尤其是它和很多分类方法有着千丝万缕的联系。

下面总结一下最大熵模型作为分类方法的优缺点。

最大熵模型的优点如下。

(1) 最大熵统计模型获得的是所有满足约束条件的模型中信息熵极大的模型，作为经典的分类模型时准确率较高。

(2) 可以灵活地设置约束条件，通过约束条件的多少，可以调节模型对未知数据的适应度和对已知数据的拟合程度。

最大熵模型的缺点如下。

由于约束函数数量和样本数目有关系，导致迭代过程中的计算量非常大，实际应用比较难。

8.6 本讲小结

这是数学理论的最后一讲，最优问题求解方式是在迭代基础上进一步接近机器学习的方法，有了这些基础的铺垫，对后面机器学习算法的内容会更容易理解。

---

① 具体算法描述参见 *A Simple Introduction To Maximum Entropy Modeler for Natural Language Process*。

第2部分
机器学习模型、方法及本质

这一部分对机器学习的方法论及具体的处理过程进行阐述，涉及数据准备、异常检测和处理、特征的处理、典型模型的介绍、代价函数、激活函数以及模型性能评价等，是本书的核心内容。在本部分的最后一讲，会从不同角度展望机器学习、人工智能的发展趋势。

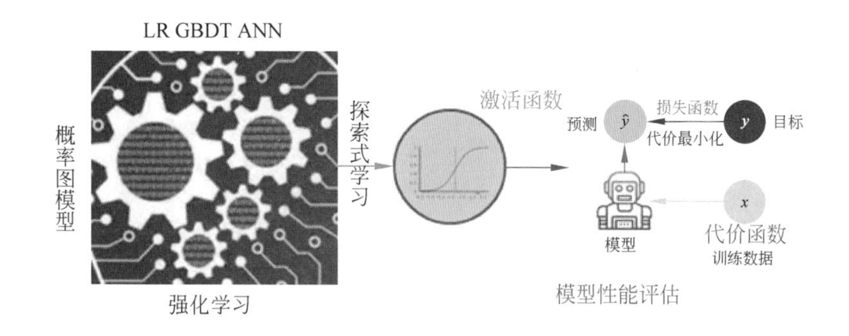

第 9 讲

机器学习的方法论

这一讲从总体上梳理一下机器学习的方法论，后续几讲是对方法论中具体步骤的详细介绍。

9.1 总体方法论

机器学习的目的是解决实际问题。针对问题的解决最好能总结出规律性的方法论，所以接下来先从机器学习的总体方法论着手来进行，图 9-1 所示是机器学习的总体流程。

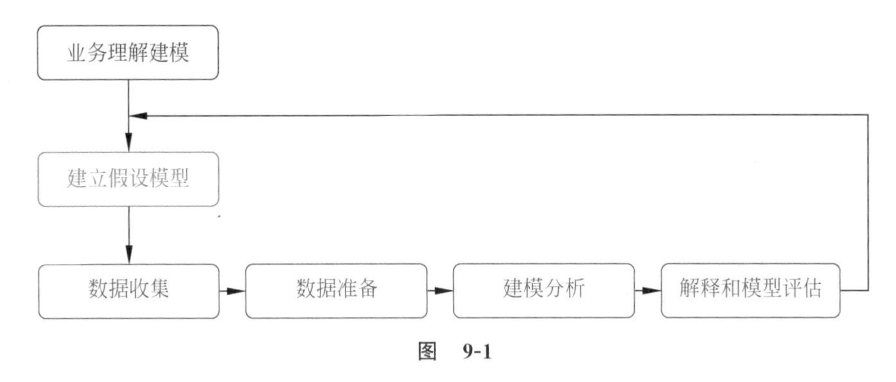

图 9-1

9.1.1 业务理解建模

把业务问题理解透，理解项目目标和需求，将目标转换成问题定义。

难点：需要对业务领域有比较深入的理解，而且不仅仅是业务专家，还需要具备数据和技术感觉。

9.1.2 建立假设模型

设计达到目标的一个初步计划。根据直觉和知识提出合理假说，如类比相关性等。

难点：如何设计合理的目标函数，使其能够达到业务初始设计的要求。

9.1.3 数据收集

收集初步的数据，进行各种熟悉数据的活动。包括数据描述、数据探索和数据质量验证等。要有数据,而且必须要有足够多的数据。

难点:如何解决数据收集成本高的问题,或者说如何自动化收集数据。需要收集多少数据才够,学术界尚未有固定的理论指导,一般从成功案例中提炼经验公式。

9.1.4 数据准备

需要首先弄清楚数据来源,然后进行探索性数据分析(Explore Data Analysis,EDA),以了解数据的大体情况,通过描述性统计方法来提升数据质量,将最初的原始数据构造成最终适合建模工具处理的数据集。包括表、记录和属性的选择,数据转换(稀疏、异构)和数据清理(缺失、矛盾)等。

难点:优质数据的判断标准等。

9.1.5 建模分析

建模过程中,一般包含构造特征集选择,然后采用合适的算法,对其参数进行优化,如图 9-2 所示。通常,为了让模型更好地达到效果,在偏差和方差方面得到最优结果,一般将数据集分为两部分,一部分用于开发训练(如训练集、验证集),另一部分用于预测(如测试集)。

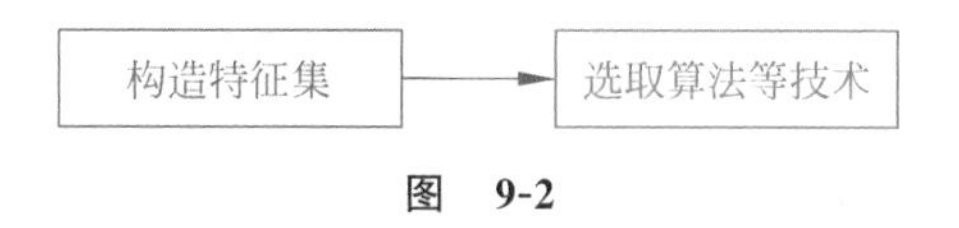

图 9-2

难点:算法和参数如何选择,目前我们看到选择是根据类比的方法,寻找与待解决工程相似的已成功的工程,并使用相似的方法,但工程相似没有统一标准。对于参数的选择,目前常用的方法还是尽可能多地实验,再选择测试结果最好的参数。

9.1.6 解释和模型评估

对模型进行较为彻底的评价,并检查构建模型的每个步骤,确认其是否真正实现了预定的目的。

难点:目前还没有看到对于效果不好的原因定位方法,只能具体案例具体分析。

9.2 建模分析的一般步骤

具体到某个机器学习的建模分析,一般可以分成以下几个步骤,如图 9-3 所示。

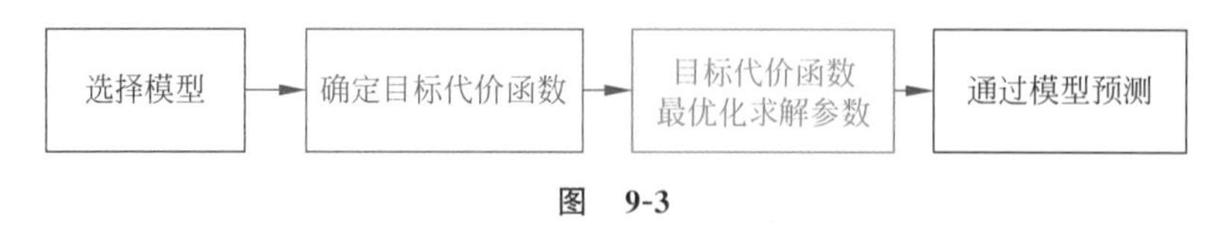

图 9-3

(1) 对于一个问题,用数学语言来描述它,然后建立一个模型来描述这个问题。

(2) 通过最大似然估计(MLE)、最大后验概率(MAP)、最小化分类误差、交叉熵等建立模型的代价函数(Cost Function),转换为一个最优化问题,找到最优化问题的解,即发现能拟合数据的“最好”的模型参数。这个阶段称为训练阶段,在很多机器学习的算法库中对应的是 fit()函数。从 fit 这个单词可以看到训练的本质其实就是“拟合”。

(3) 求解这个代价函数,找到最优解。该求解分很多种情况:

如果目标代价函数存在解析解:

例如求最优值一般是对代价函数求导,找到导数为 0 的点(最大值或最小值)。如果代价函数能简单求导,并且求导后为 0 的式子存在解析解,那么就可以直接得到最优参数。

否则:

这个式子很难求导,例如,函数里面存在隐含的变量或者变量间存在耦合关系,也就是有互相依赖的情况。或者求导后式子得不到解析,如未知参数的个数大于已知方程组的个数等。这时就需要借助迭代算法来一步一步逼近最优解。

(4) 得到了模型的参数,对于需要预测的数据,把数据输入模型,另一端就可以得到输出,这个输出就是我们要的结果。这个过程也称为预测(predict),这个词给出了机器学习的最终目的,是通过预测来减少问题的不确定性。

当然有的算法并不一定完全分为以上几个步骤,但是基本原理是相同的。

9.3　模型和算法

机器学习模型和算法方面的分类有不同的维度,在这里我们按照多个维度对模型和算法进行分类。

9.3.1　按学习方法区分

按照机器学习的方法来分,机器学习模型和算法可以分为监督学习(包含半监督学习)、无监督学习和强化学习三种。

1. 监督学习

监督学习(Supervised Learning)通俗地讲,就是手上已有数据集,也知道输入和输出结果之间的关系,根据这种已知的关系,训练得到一个最优模型。这里监督的意思是有一个标准作为指导,用于判断哪个是对的,哪个是错的。

监督学习需要有明确的目标,能够清晰地知道自己想要什么结果。在监督学习中,训练数据既有特征又有标签,通过训练让机器找到特征和标签之间的联系,这样当遇到只有特征而没有标签的数据时,就可以为其判断出标签。

举例说明。对于图 9-4 中左边的芒果来说,每吃一个,就能知道它是否甜,在这里甜或者不甜就是标签,相当于有了一个标准答案。而不同芒果的颜色等就是特征。目标是训练出一个模型,这个模型能够学到一些经验,最终对于任意一个新的芒果,可以推断它甜还是不甜。

监督学习里基于概率的方法又可以分为生成式模型和判别式模型。判别方法由数据直接学习决策函数 $f(x)$或者条件概率分布 $P(Y|X)$作为预测的模型,即判别模型。判别方

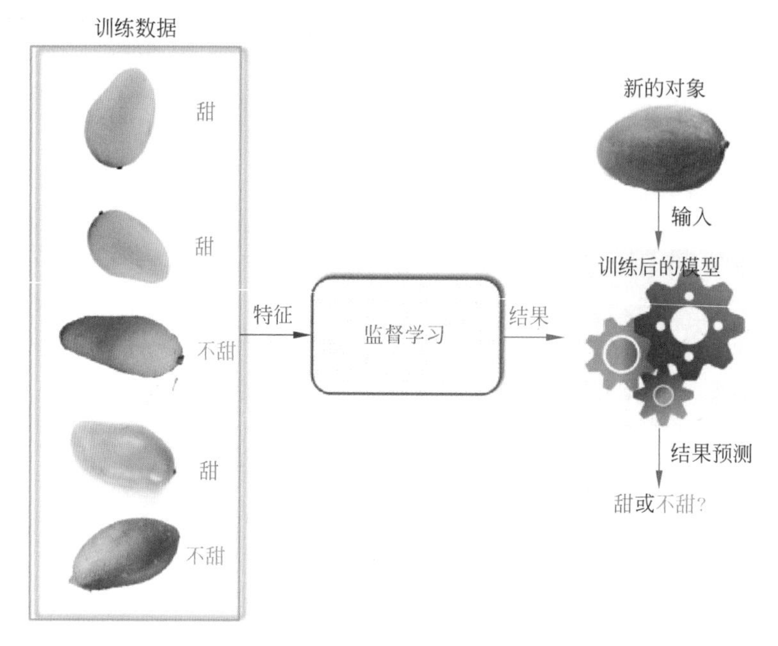

图 9-4

法关心的是对给定的输入 X,应该预测什么样的输出 Y。生成式模型通过计算 $P(X,Y)$,也就是联合概率,然后通过贝叶斯公式来得到 $P(Y|X)$。为了更加清晰地解释这两者的区别,会在第 15 讲进行介绍。

2. 无监督学习

无监督学习(Unsupervised Learning)是相对于监督学习而言。监督学习需要数据有标签,而无监督学习的输入数据没有标签,也就是无法直接知道分类或者目标值。那怎么学习呢?打个比方,有一群人大家相互不认识,所以无法知道谁是好人谁是坏人。既然无法知道,那就来看看谁和谁比较投缘,经常在一起。最后如果有机会知道其中一个人是什么类型,那至少我们就会知道有几个这种类型的人。也就是看数据自身有什么特点,形成聚类。

还是拿上面的芒果作例子,如图 9-5 所示。假如大家谁也没有见过这种水果,不知道哪种好吃,也不能通过吃掉它们来判断哪种甜,那可以做什么呢?我们可以把这些芒果分成几类,然后根据卖的多少来判断。

这种方法常见的是聚类分析,并不知道具体分类的规则,需要根据算法判断数据之间的相似性,探索和挖掘数据中潜在的差异和联系。

比如,常见的聚类方法 K-均值法(K-Means)步骤如下。

(1) 确定分组数 k。

(2) 随机选择 k 个值作为数据对象中心 C_k。

① 计算各对象与各数据对象中心 C_k 的距离,根据距离大小,把各对象归到距离最近的组里去,$C_k \rightarrow$对象所属分组;

② 重新选择分好组的对象的中心 C'_k,把 C'_k 作为新的数据对象中心 C_k,重复①,直到 C_k 不再变化。

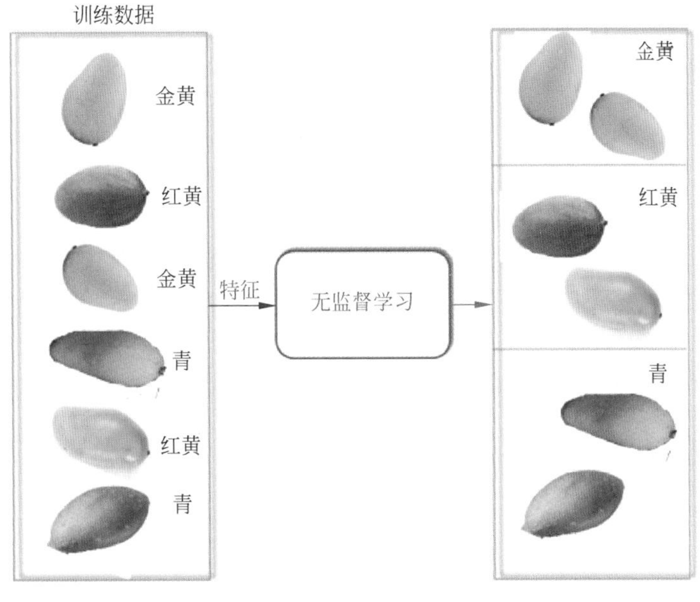

图 9-5

(3) 得到每个对象所属分组,形成 k 个集群。

3. 强化学习

强化学习(Reinforcement Learning)里面有一个经典问题——多臂老虎机(Multi-Arm Bandit,MAB)。

在赌场里的多臂老虎机,赌徒必须按 N 轮的顺序决定 K 个老虎机的某一个臂,每一个臂拉下去出来的币是不一样的,最终目标是使总收益最大化。这个过程不是一次性的,每拉一个臂,就是一个不断和环境进行互动,并根据得到的收益(Reward)来选择下一个臂的过程,最终找到最优的决策。这种模式下,其实是没有一个类似监督学习中的标签(Label)可以用的。

这个不断互动和调整的特点与监督学习以及非监督学习是有明显差别的。

9.3.2 按任务维度区分

按照机器学习的任务来分,机器学习模型和算法可以分为分类、聚类、回归、最优化几种。

1. 分类(Classification)

分类的目的是为了确定一个点的类别,具体有哪些类别是已知的,也就是在数据集中带有分类的信息,分类也称为标签(Label)或者 Y 值,因为采用的数据涉及标签,所以也属于监督学习。日常决策任务中很多属于这种,当然分类只是一个环节,更重要的是分类后要有解决出现问题的措施。

2. 聚类(Clustering)

聚类的目的是将一系列点分成若干类,事先没有已知的类别。可以直接使用聚类算法将未知数据分为两类或者多类。聚类算法可以分析数据之间的联系,是一种无监督学习。

3. 回归(Regression)

回归最简单的定义是,给出一个点集 D,用一个函数去拟合这个点集,并且使点集与拟合函数间的误差最小。

回归分析是一种预测性的建模技术,一般用于连续型数值的预测,研究的是因变量(目标)和自变量(预测器)之间的关系。例如,司机的鲁莽驾驶与道路交通事故数量之间的关系,最好的研究方法就是回归。回归分析是建模和分析数据的重要工具。

回归一词来源于对人类身高的研究。人类的身高服从正态分布,即使父母的身高远低于或者高于平均身高,他们后代的身高更大概率会往平均身高发展,也就是回归到正常范围。

4. 最优化

最优化其实是一个综合概念,所以把它单独列出来。它可能包含分类、聚类和回归,但其最终目的是获得一个最佳的组合和结果。比如在旅行者问题中,要找到最短路径;在赌场多臂老虎机游戏中,要获得最大收益;通过推荐给客户菜品,来得到最佳的口碑和盈利等。

9.3.3 按模型的类型分

按照模型的类型,机器学习模型和算法可以分为线性模型和非线性模型,概率模型和非概率模型,参数化模型和非参数化模型。概率模型又可以分为生成式模型和判断式模型。

1. 线性模型和非线性模型

判断一个模型是否为线性,最简单的方法是只需要判断边界是否是直线或者平面,也就是说能否用一条直线或者一个平面来划分不同的类。

2. 概率模型和非概率模型

概率模型的核心是先假定数据具有某种确定的概率分布形式,再基于训练样本对概率分布的参数进行估计。追根究底就是计算出在特征 X 出现的情况下标记 Y 出现的后验概率 $P(Y|X)$,$P(Y|X)$最大的类别就是最终预测的类别。

非概率模型指的是直接学习输入空间到输出空间的映射 h,学习过程中基本不涉及概率密度的估计、概率密度的积分等操作,问题的关键在于最优化问题的求解。

3. 参数化模型和非参数化模型

参数化模型通常假设总体服从某个分布,这个分布可以由一些参数确定,如正态分布由均值和标准差确定,在此基础上构建的模型称为参数化模型;非参数化模型对于总体分布不做任何假设,或者说数据分布假设自由,只知道其分布是存在的,所以无法得到其分布的相关参数,只能通过非参数统计的方法进行推断。

9.3.4　模型算法和维度的对应

表 9-1 所示是机器学习算法的分类。

表　9-1

模　　型	学习方法维度				任 务 维 度				模 型 类 型		
	监督（生成式）	监督（判别式）	无监督	强化	分类	聚类	回归	最优化	线性	概率	参数
决策树		Y			Y				Y		
线性回归模型		Y					Y		Y		
逻辑回归(LR)		Y			Y						Y
朴素贝叶斯模型	Y				Y					Y	
支持向量机(SVM)		Y			Y				Y		
隐含马尔可夫模型(HMM)	Y				Y					Y	Y
混合高斯模型(MGM)	Y				Y					Y	Y
梯度下降决策树(GBDT)		Y			Y		Y		Y		
K-最佳近邻(KNN)			Y		Y		Y				
K-Means/DBSCAN			Y			Y					
文本主题模型(LDA)	Y				Y						Y
最大熵模型(MEM)		Y			Y						Y
条件随机场(CRF)		Y			Y						
神经网络		Y			Y		Y				
MAB				Y				Y			
启发式算法				Y				Y			

9.4　本讲小结

本讲就机器学习的方法论，包括模型和算法的分类进行了一个总体的梳理，可以让读者对于问题的解决有一个清晰的框架，便于后续知识的理解。

第10讲 数据准备

机器学习的方法论中,有一个阶段是数据的准备,然后就进入建模分析。这一讲主要讲解数据需要做哪些准备,以及目标是什么。

对于建模分析非常重要的数据准备阶段,可以分为三个主要步骤:厘清数据来源、数据的探索性分析、数据的异常处理,如图10-1所示。

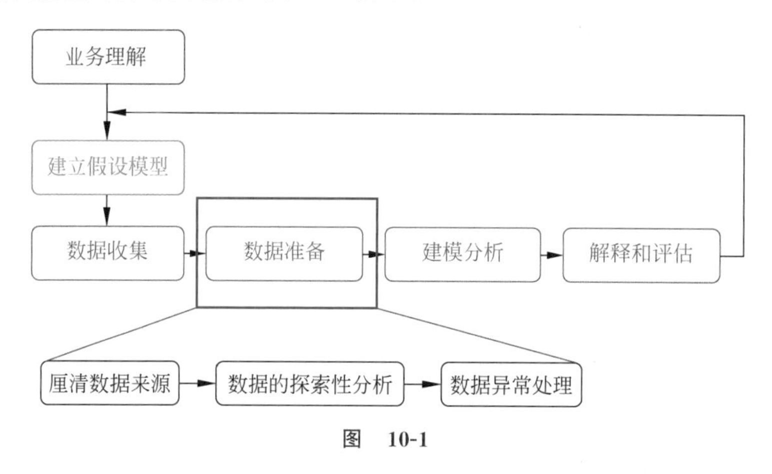

图 10-1

本讲先讲解数据的来源和数据的探索性分析两部分,数据的异常处理将在第11讲介绍。

10.1 厘清数据来源

在机器学习领域,非常重要的一句话是:数据质量决定模型质量,或者说 *Garbage In Garbage Out*。数据决定了模型的上限,因此首先需要弄清楚数据的来源,数据是否包含干扰因素,其核心目标是尽可能保证数据的真实性和质量。

10.1.1 先有模型还是先有数据

如果是先有模型,一般意味着对于要解决的问题已经有了一个比较清晰的认识。比如确定要采用比较分析、回归分析、某种场景下的图像识别等。此时对于数据来源的选择可能更有针对性，数据的质量也会更高，而且会根据模型要求去获取新的符合要求的数据源。这种情况下，可以为数据质量和数据真实性的保证做事先的规划和要求。比如数据格式的要求、字段取值的规范、采集方法的要求、采集过程中测量标准等。

如果是先有数据，比如这些数据是业务系统在业务开展、系统运行中产生和收集起来的，但是不知道这些数据可以用来做什么，那么会先将数据采集存储起来，以备后续可用。现在很多企业的大数据更多的是这种情况。此时就需要有一个探索性分析（EDA）。

这两者除了数据来源的厘清有差异，在进行总体建模分析的过程中也有差异。

先有模型的应用性数据分析步骤如图 10-2 所示。

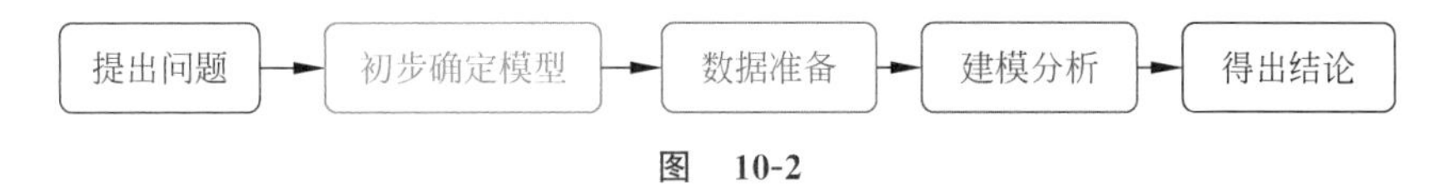

图　10-2

先有数据的探索性数据分析步骤如图 10-3 所示。

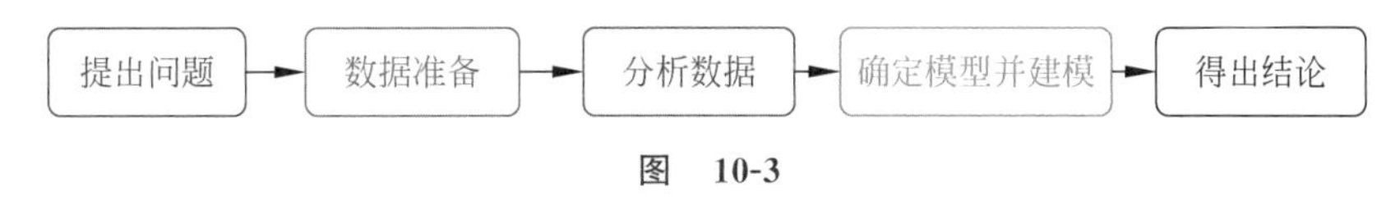

图　10-3

10.1.2　数据来源的类型

数据来源大致可以分为两类。一类来自于物理世界的科学数据，如实验数据、传感数据、自然界的观测数据等；另一类则来自于人类的社会活动，主要是互联网数据，如社交关系、商品交易、行为轨迹等个人信息。

需要厘清这两类数据的产生、收集存在什么盲区和局限性。弄清楚数据代表的群体或范围是否具备足够的代表性，以及数据的真实性。

还有的数据来源可能不是自己一手的数据，而是通过外部合作交换过来的，甚至有不少数据是通过非正规途径获得的。这些都需要厘清。

10.2　数据的探索性分析

数据作为信息世界的公民，具有看不见摸不着的特点。要想利用数据来解决问题，就需要对数据进行分析。分析方法包括一般常见的可视化、统计方法等，更有价值的是称为探索性分析的过程。

10.2.1　主要工作内容

探索性数据分析（Exploratory Data Analysis，EDA）的主要工作如下。

（1）对数据进行清洗。

（2）对数据进行描述（描述统计量，图表）。

（3）查看数据的分布。

（4）比较数据之间的关系（比如数值变量之间的关系、数值变量和分类变量之间的关系）。

（5）培养对数据的直觉。

（6）对数据进行总结。

探索性数据分析与传统统计分析之间的差别如下。

（1）传统的统计分析方法通常是先假设样本服从某种分布，然后把数据套入假设模型再做分析。但由于多数数据并不能满足假设的分布，因此，传统的统计分析结果常常不能让人满意。

（2）探索性数据分析方法注重数据的真实分布，强调数据的可视化，使分析者能一目了然地看出数据中隐含的规律，从中得到启发。以此帮助分析者找到适合数据的模型。“探索性”是指分析者对问题的理解会随着研究的深入不断变化并调整。

10.2.2 主要步骤

探索性数据分析通常有以下几个步骤。

（1）对已有数据进行整体检查，以便对数据有一个大致的认识。

（2）利用描述统计量以及可视化图表等对数据进行描述，对数据的分布、关系、成分等进行观察和理解。

（3）进行数据的转换、补充并形成总结性报告。

1. 检查数据

- 有哪些类型？数据类型分为数值型、类别型、文本型、时间序列等。一般主要是数值型（定量数据）和类别型（定性数据）进行分析，其中数值型又可以分为连续型和离散型。
- 是否有缺失值？如果有缺失值，需要设定策略去补全或者删除。
- 是否有异常值？需要判断异常值是真的异常还是重要信号，同时确定处理策略。具体在下一讲进行更详细的说明。
- 是否有重复值？
- 样本是否均衡？对于很多模型来说，这是需要重点处理的问题。
- 是否需要抽样？这个阶段是否需要处理那么多数据，还是抽样就可以了？
- 变量是否需要转换？是否容易被处理，如果不太容易被处理，就需要进行转换。
- 是否需要增加新的特征？也就是通过组合等手段来增加新的特征。

2. 可视化展示方式

在探索性分析过程中，可视化是非常重要的手段，通过可视化可以直观地观察数据的形态。图 10-4 是对于常用图形用途的建议[①]。

要展示的内容一般可以分为四类：关系、比较、分布和组合。

1）关系

关系指的是数据中不同变量（特征）的相互关系进行展示，其中可以用散点图和气泡图

① 引用自 Andrew Abela 的 Chart Suggestion-A Thought-Starter。

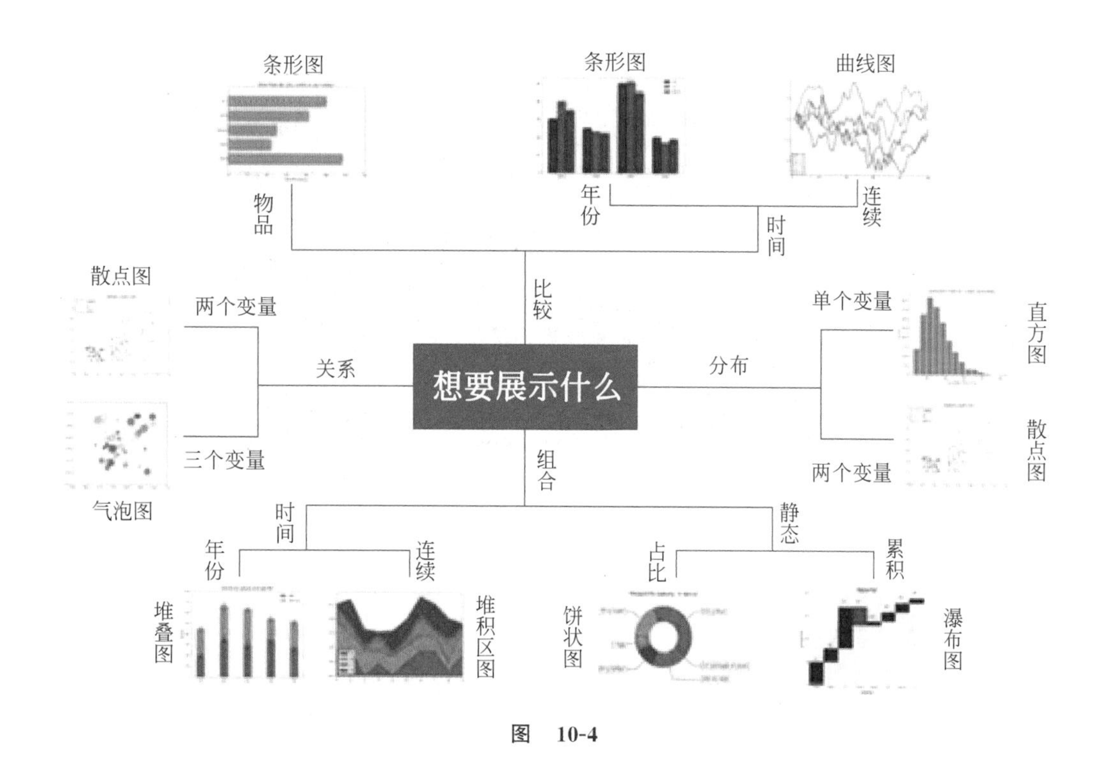

图　10-4

进行展示。散点图非常适合显示两个变量之间的关系，可以直接观察到数据的原始分布。如果想展示三个变量之间的关系，那么可以用不同的气泡叠加到散点图上。图 10-5 是各种不同形态数据的散点图。

图 10-6 是某产品销售分布气泡图，包含销售金额、利润率、产品三个变量。

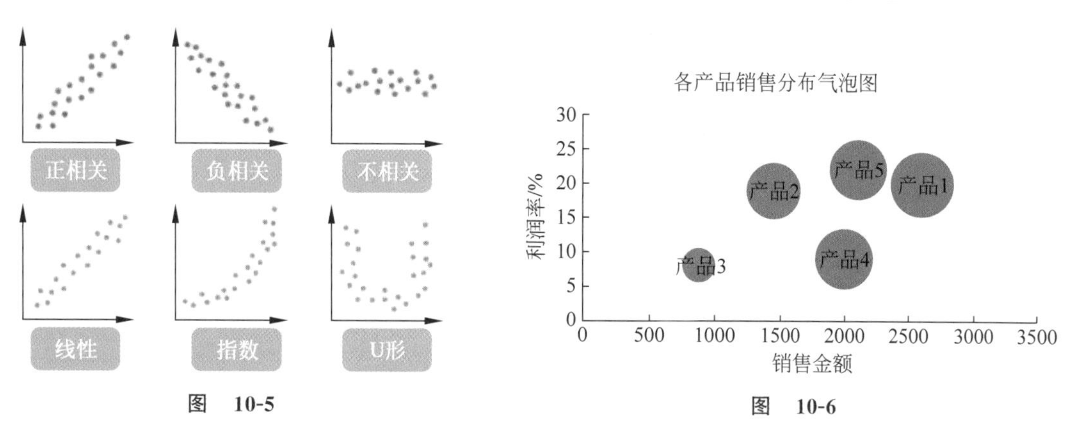

图　10-5

图　10-6

2）比较

比较主要用于两个或者三个变量之间多种分类数据的比较和呈现，以发现其规律。可以用条形图和线图表示。

条形图是最常用的展示形式，当试图将类别很少（可能少于 10 个）的分类数据可视化时，条形图是最有效的。如果有太多的类别，那么图中的条形图就会非常混乱，很难理解。条形图非常适合分类数据，因为根据条形图的大小、分类可以容易地划分并进行颜色编码。

图 10-7 显示了三种不同类型的条形图，包括常规的、分组的和堆叠的条形图。

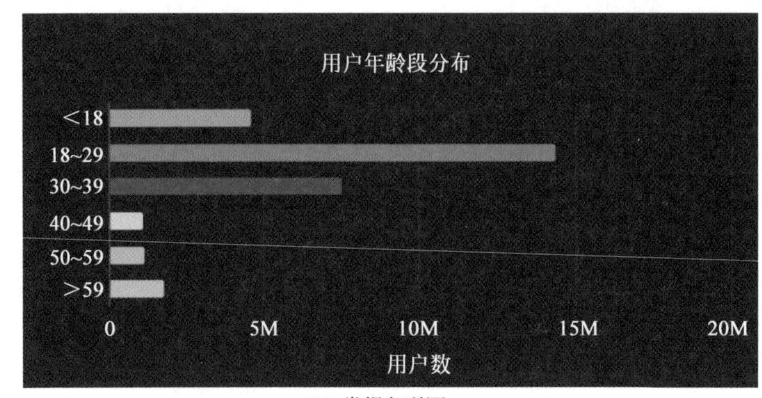

(a) 常规条形图

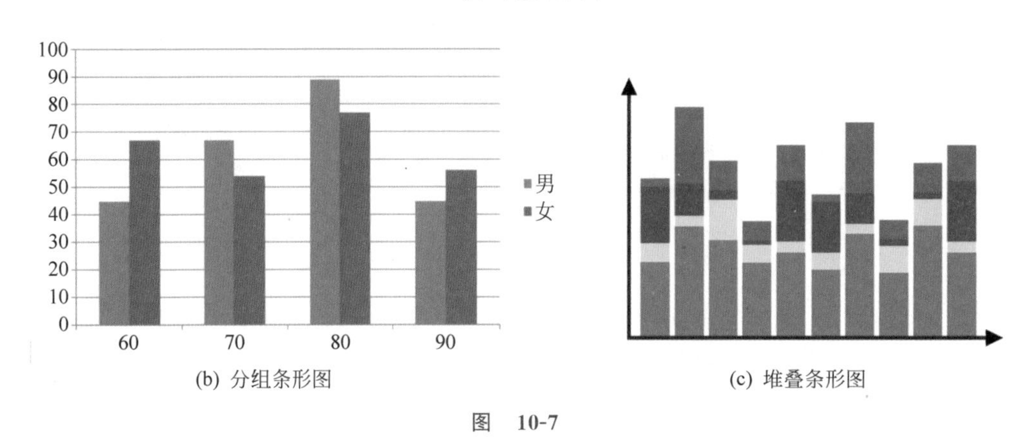

(b) 分组条形图　　(c) 堆叠条形图

图　10-7

进行比较时还可以采用线图，如图 10-8 所示。当想清楚地看到一个变量与另一个变量之间的变化关系，并且数据有多组时，最好使用线图，并用不同颜色进行分组。如果用散点图绘制这些图会非常杂乱，很难真正理解和看到发生了什么。

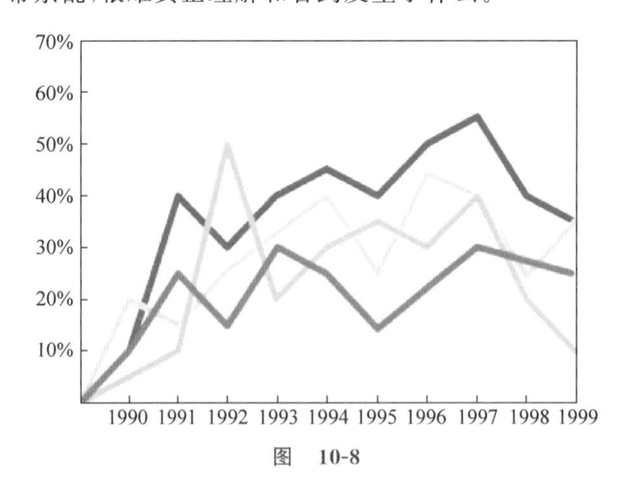

图　10-8

3）分布

分布主要是为了查看或真正发现数据点的形态。通常采用直方图、箱线图和散点图几种方式，如图 10-9 所示。

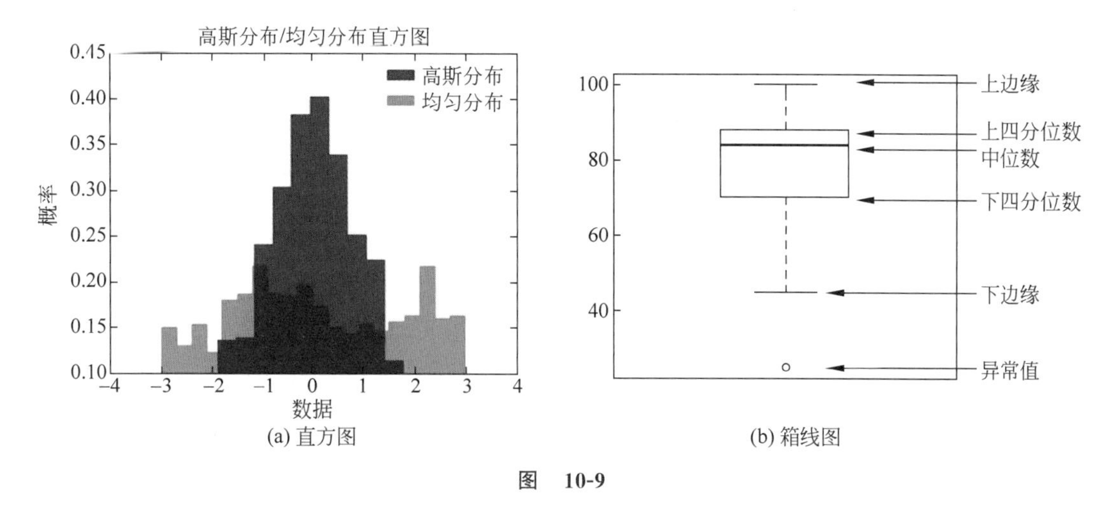

(a) 直方图　　(b) 箱线图

图　10-9

直方图主要用于查看单个变量的数据分布，当然也可以把多组数据放在一个图上进行比较。

4）组合

组合图就是把上面的一些形式组合在一起，又分为静态的（占比和累加）和时间序列数据（可以是离散的，也可以是连续的），形式可以是线状、条状、圆饼状、叠加状等。

3. 不同变量类型采用的描述方式

1）连续变量

连续变量指的是某个具体范围内的数值类型的变量，存在某个区间内的值都有可能出现。对于连续变量，常见的描述统计量有以下几种。

- 平均值。
- 中位数。
- 众数。
- 最小值。
- 最大值。
- 四分位数。
- 标准差。

图表表示方法有以下几种。

- 频数分布表（针对需求进行分箱操作）。
- 直方图。
- 箱线图。

2）无序型离散变量

无序型离散变量区别于连续变量，其取值是有限个，而且并不存在大小顺序关系，一般也称为类别（Category）。

针对无序型离散变量常见的描述统计量包括各个变量出现的频数和占比两种。

图表表示方法有以下几种。

- 频数分布表(绝对频数、相对频数、百分数频数)。
- 柱形图。
- 条形图。
- 茎叶图。
- 饼图。

3) 有序型离散变量

区别于无序型离散变量,有序型离散变量的取值是可以进行大小比较的。

常见的描述统计量包括各个变量出现的频数和占比两种。

图表表示形式有以下几种。

- 频数分布表。
- 堆积柱形图。
- 堆积条形图(比较大小)。

4. 考察变量之间的关系

除了考察单个变量数据的形态和统计量外,对于机器学习而言,更重要的是考察变量之间的关系。按照变量类型,可以分为连续变量与连续变量之间、连续变量和离散变量之间、离散变量与离散变量之间的关系。

1) 连续变量与连续变量(Continuous & Continuous)

连续变量与连续变量之间的关系可以通过散点图进行查看。对于多个连续变量,可使用散点图矩阵、相关系数矩阵、热图等,如图 10-10 所示。

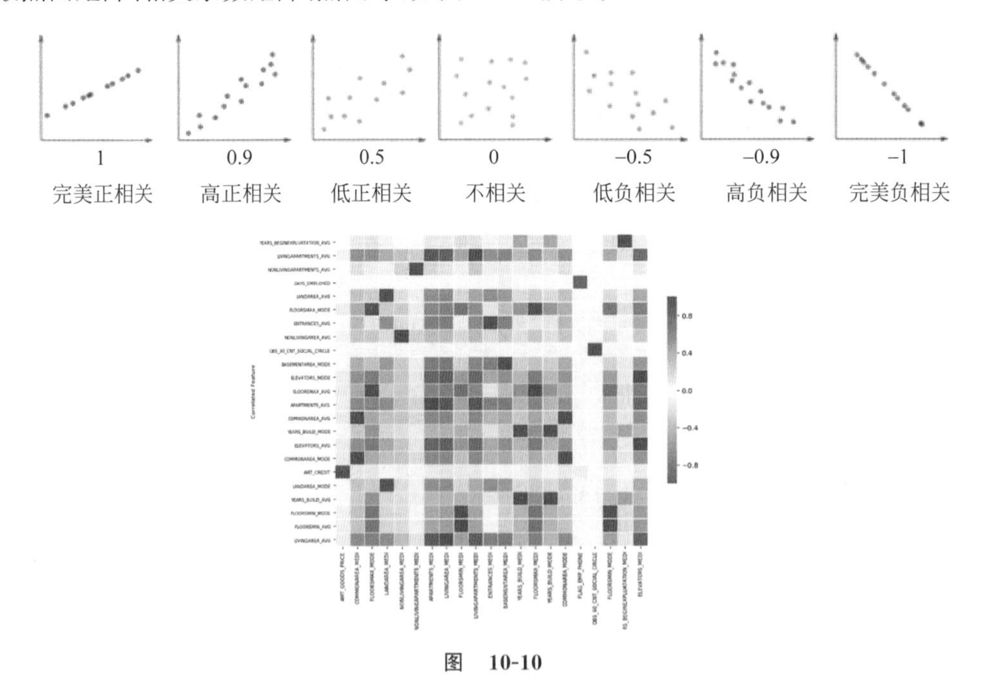

图 10-10

可采用量化指标来衡量连续变量和连续变量之间的关系,包括皮尔逊相关系数(针对线性关系)、互信息(针对非线性关系)等。

2）离散变量与离散变量（Discrete & Discrete）

离散变量与离散变量之间的关系，可以通过交叉分组表、复合柱形图、堆积柱形图、饼图进行查看。对于多个离散变量，可以使用网状图，通过各个要素之间是否有线条，以及线条的粗细来显示是否有关系，以及关系的强弱。

可采用量化指标来衡量离散变量和离散变量相互之间的关系，比如卡方独立性检验（Cramer's ϕ 或 Cramer's V）。

3）离散变量和连续变量（Discrete & Continuous）

离散变量和连续变量之间的关系，可以使用直方图、箱线图、小提琴图进行查看，将离散变量在图形中用不同的颜色显示出来，以直观地观察变量之间的关系。

可采用量化指标来衡量离散变量和连续变量之间的关系，包括独立样本 t 检验中的 t 统计量和相应的 p 值（两个变量）、单因素方差分析中的 η^2（三个变量及以上）等。

5. 处理并汇总

在对数据进行探索性分析的同时，还需要关注缺失值、异常值和重复值的处理。

缺失值的处理可以根据实际需要采取不同的策略，如果数据服从正态分布，可以采用平均值进行补充，还可以用常数、随机值等策略来补充缺失值。

异常值的处理比较复杂，首先需要判断是否异常值，针对异常值的判断方法也非常丰富。有的异常值可能并不是简单的噪声数据，也可能包含非常重要的信息，特别是如果要分析的是一些特殊现象的原因和预测。

重复值的处理一般采取删除的策略，也可以通过统计这些重复值的数量来代替这些重复值，从而保留这个重复值的信息。

然后再根据需要转换数据类型，以便于处理，添加新的特征来增加模型的能力（特征处理相关内容见下一讲）。

最后确定分析思路，通过思维导图整理出来，连同分析采用的图形内容一起形成分析结果报告，完成探索性分析工作。

10.3　本讲小结

数据的质量决定了机器学习的效果，所以对于数据的准备和探索性分析是首先要重视并且做好的，否则很容易出现因为先天不足导致后天花相当大代价才能弥补的问题。

第 11 讲 异常检测和处理

异常值是数据准备中的第三个步骤(图 11-1),也是非常关键的步骤之一,因为异常数据对于后续的处理影响非常大,处理不好或者不到位,对于模型的效果会带来很大的负面影响。

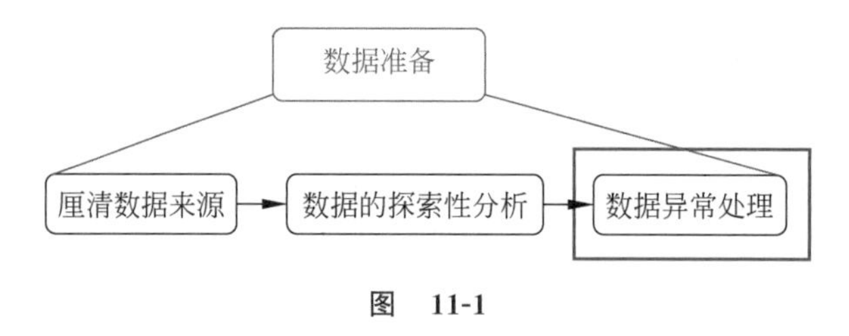

图 11-1

11.1 什么是异常值

在实际应用机器学习的过程中,常常会遇到以下几种情况。

- 模型性能表现不理想。
- 相同的模型不同的时间表现出很大的不同性能。

这些情况很大可能是数据中包含异常值。异常值也被称为离群点(Outlier),如图 11-2 所示。

在统计中,离群点是与其他观察值有显著差异的数据点。从图 11-2 中可以清楚地看到,尽管大多数点都位于直线周围,但有单个点与其余点离得很远,这就是一个离群点。

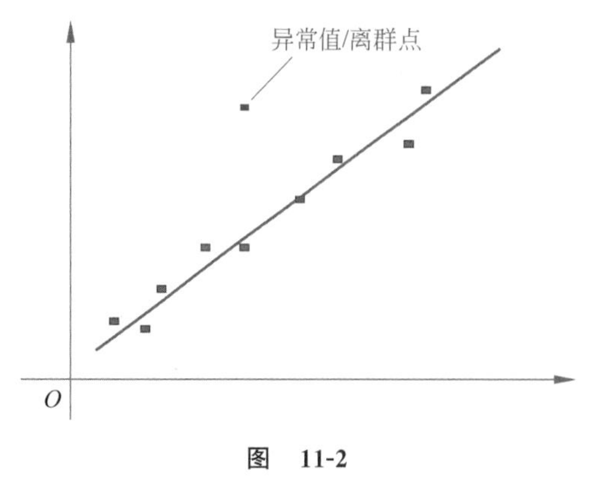

图 11-2

再例如,查看下面的列表:

[1,35,20,32,40,46,45,4500]

很容易看出,1 和 4500 在数据集中很可能是异常值。

为什么数据中有异常值?通常异常可能发生以下几种情况。

- 由于测量错误偶然发生。
- 实际出现在数据中,因为在没有异常值的情况下,数据也不会 100% 符合预期。

异常检测(Anomaly Detection)是一种特别的任务,目的就是找到异常的情况。不过大多数情况下,异常值会是严重的干扰因素。这两种情况都需要针对异常进行检测和处理。

11.2　异常检测面临的挑战

不同于常规模式下的问题和任务,异常检测针对的是少数、不可预测或不确定、罕见的事件,它具有独特的复杂性。缺乏有效的异常检测,会使得一般的机器学习和深度学习技术无效①。异常检测面临以下挑战。

1. 未知性

异常与许多未知因素有关。例如,具有未知的突发行为、数据结构和分布的实例,直到真正发生时才为人所知,比如恐怖袭击、诈骗和网络入侵等。

2. 异常类的异构性

异常是不规则的,一类异常可能表现出与另一类异常完全不同的特征。例如,在视频监控中,抢劫、交通事故和盗窃等异常事件在视觉上有很大差异。

3. 类别不均衡

异常通常是罕见的数据实例,而正常实例通常占数据的绝大部分。因此,收集大量具有标签的异常实例是困难的,甚至是不可能的。这导致在大多数应用程序中无法获得大规模的标记数据。

11.3　异常的种类

异常大致可分为以下几种。

1. 点异常(Point Anomalies)

点异常就是少数个体实例是异常的,大多数个体实例是正常的,例如正常人与病人的健康指标。

2. 条件异常(Conditional Anomalies)

条件异常又称为上下文异常,指的是在特定情境下个体实例是异常的,在其他情境下是正常的。例如,在特定时间下的温度突然上升或下降,在特定场景中的快速信用卡交易。

---

① 部分参考张宇欣(中国科学院计算技术研究所博士生)的文章。

3. 群体异常(Group Anomalies)

群体异常指的是在群体集合中的个体实例出现异常的情况,而该个体实例自身可能不是异常。例如,社交网络中虚假账号形成的集合作为群体异常子集,但子集中的个体节点可能与真实账号一样正常。

异常检测数据集分为以下三种。

- 静态数据(Static Data),如文本、网络流。
- 序列型数据(Sequential Data),如传感器数据。
- 空间型数据(Spatial Data),如图像、视频。

11.4 异常检测的应用领域

异常检测主要应用在以下领域。

(1) 入侵检测(Intrusion Detection)。

入侵检测是通过从计算机网络或计算机系统中的若干关键点收集信息并对其执行分析,从中发现网络或系统中是否有违反安全策略的行为和遭到袭击的迹象,并对此做出适当反应的流程。最普遍的两种入侵检测系统是基于主机的入侵检测系统(HIDS)和网络入侵检测系统(NIDS)。

(2) 欺诈检测(Fraud Detection)。

欺诈检测主要是监控系统。在故障发生时可以识别,并且准确地指出故障的种类以及出现的位置。主要应用领域包括银行欺诈、移动蜂窝网络故障、保险欺诈、医疗欺诈等。

(3) 恶意软件检测(Malware Detection)。

针对不是以提供正常功能给用户为目的,而是具有恶意目的的特定功能的软件检测。比如对于包含病毒的软件的检测,以及对于勒索软件的检测等。

(4) 医疗异常检测(Medical Anomaly Detection)。

通过X光片、核磁共振、CT等医学图像检测疾病或量化异常,也可以通过EEG、ECG等时序信号进行疾病检测或异常预警。

(5) 深度学习用于社交网络中的异常检测(Deep learning for Anomaly detection in Social Networks)。

(6) 日志异常检测(Log Anomaly Detection)。

(7) 物联网大数据异常检测(IoT Big Data Anomaly Detection)。

通过监控数据流信息检测异常设备和系统行为。

(8) 工业异常检测(Industrial Anomalies Detection)。

针对瑕疵产品的检测,以及针对设备故障前或者故障中的表现进行检测。

(9) 时间序列中的异常检测(Anomaly Detection in TimeSeries)。

在一个时间序列的数据中发现异常数据检测,区别于其他类型的数据。

(10) 视频监控(Video Surveillance)。

检测视频中出现的异常场景。

11.5　异常检测的方法

基于标签的可获得性可将异常检测划分为以下几类。

1. 有监督异常检测

在训练集中的正常实例和异常实例都有标签。这类方法可能存在的不足是数据标签难以获得或数据不均衡(正常样本数量远大于异常样本数量)。

2. 半监督异常检测

在训练集中只有单一标签类别(正常实例)的实例,没有异常实例参与训练,也称为 PU-Learning。通过有标签的数据建立模型,然后用这个模型去预测没有标记的数据,最后通过不断的模型学习得到更好的模型。

对半监督学习的研究表明,较少标记的数据实际上使机器学习算法更强大。

目前很多异常检测研究都集中在半监督方法上,很多声称是无监督异常检测方法的研究其实也是半监督的。其实质是学习特征的方式是无监督的,但是评价方式使用了半监督的方法。

3. 无监督异常检测

在训练集中既有正常实例,也存在异常实例,但数据的比例是正常实例远大于异常实例,模型训练过程中没有标签进行校正。

因为异常数据一般相对稀少,所以用监督学习的方法比较困难(样本不足),一般使用非监督学习方法。典型的非监督学习方法如下。

(1) 聚类(Clustering)。

(2) 分布模型(Distribution Model),也就是基于统计模型。

(3) 邻近分析(Proximity Analysis),比如 K 近邻法。

(4) 相对密度(Relative Density),如果数据包含几个不同密度的区域,将比邻近法有更好的表现。

(5) 共享最近邻居(Shared Nearest Neighbor),类似于相对密度法,但是对于高维度的数据表现更好。

(6) 熵(Entropy),异常点会增加数据集的熵。

(7) 投影法(Projection Methods),使用主成分分析(PCA)、自组织映射(SOM)或神经网络编码器(比如自编码器)将数据转换为低维的。离群值将与映射值有很大的距离。

(8) 最新的基于深度学习(Deep Learning)的模型。

本讲不对上面所有的方法进行介绍,只选择其中比较经典的方法进行讲解。

11.5.1　基于统计模型的异常检测

基于统计模型的异常检测方法比较成熟,相对其他方法来说,效率也比较高。因为其他方法对于离群点检测具有比较高的延迟，这种延迟对于需要进行实时或者近实时限制的检测来说不太适合。

这些技术的基本假设是，异常值不是由生成正常数据的生成过程生成的。利用训练数据建立统计模型，如果从模型中生成数据点的概率非常低，则将其标记为异常值。

生成的模型可以是参数化的，也可以是非参数化的。在参数化建模中，我们假设一定的概率分布，并用极大似然法求出模型的参数。在非参数方法中，对潜在的概率分布没有这样的假设。

下面介绍五种异常值检测方法。

1. 三倍方差（3-σ）

正态分布（高斯分布）是最常用的一种概率分布，正态分布通常有两个参数 $N(u,\sigma^2)$，其中 u 为均值，σ 为标准差。$N(0,1)$即为标准正态分布。

图 11-3 是标准正态分布的密度函数图，可以看出标准正态分布取值落在长尾部分的概率很小。

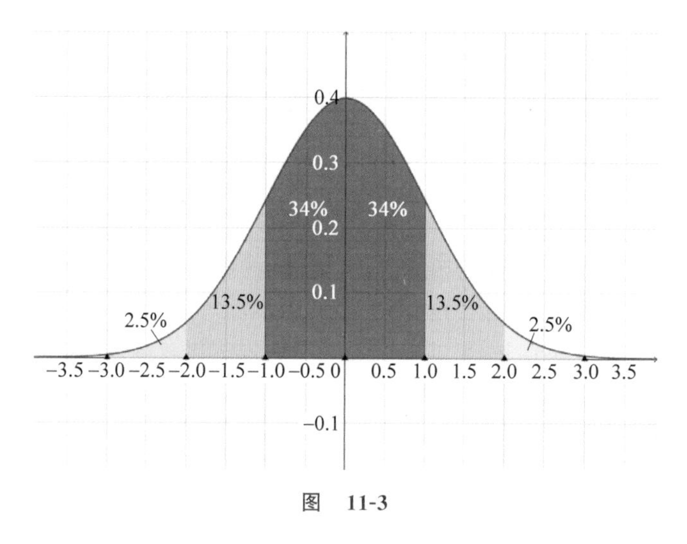

图 11-3

由此可以得出三倍方差准则：如果整体数据服从一元正态分布，则 $P(|x-\mu|>3\sigma)<0.003$。因此当数据对象值偏离均值三倍方差时，就认为该数据对象为异常点。

当然也可以根据实际情况确定是否是三倍，只要能够从数据中求出分布的参数，就可以根据概率密度函数计算数据点服从该分布的概率，然后设定一个阈值，如果计算出来的概率低于阈值，就可以认为该数据点为异常点。

2. *Z*-Score 检测法

Z-Score 的定义：$z=\dfrac{|x-u|}{\sigma}$（u 是平均数、σ 为标准差），也叫作标准分数（Standard Score），是一个数与平均数的差再除以标准差。在统计学中，标准分数是一个观测值或数据点的值高于被观测值或测量值的平均值的标准差的符号数。

Z-Score 可以回答这样一个问题：一个给定分数距离平均数多少个标准差？在平均数

之上的分数会得到一个正的标准分数，在平均数之下的分数会得到一个负的标准分数，Z-Score 是一种可以看出某分数在分布中相对位置的方法。设定一个阈值之后，可以把超出阈值范围的值作为异常点。如果把这个阈值定义为 3，就是三倍方差法。

从 Z-Score 定义来看，可能会存在一个问题，那就是如果统计数据中本身就存在异常数据，那么 Z-Score 就会失真。那么如何消除统计数据中可能存在的异常值的影响呢？可以按照下面的步骤进行。

(1) 计算平均值和标准差。

(2) 从数据集中找到离群值并且移除。

(3) 重复上面两个步骤直到满足收敛条件。

那么有没有更好的办法呢？那就是下面要介绍的健壮 Z-Score 方法。

3. 健壮 Z-Score(Robust Z-Score)

Z-Score 中采用平均数作为参照，如果数据集中存在异常值，那么就会存在扰动问题。通过分析可以看到：

(1) 相对来说，采用中间值是中心化趋势分析的一种健壮方式，因为个别的异常值对于整个数据集的中间值影响有限。

(2) 中间值绝对偏差(Median Absolute Deviation，MAD) 也是一个比标准差更健壮的统计离散度。

据此，健壮 Z-Score 定义为：

$$rz=\frac{|x-\tilde{x}|}{\vartheta}$$

其中，$\tilde{x}$ 是中值，ϑ 是中间值绝对方差，$\vartheta=|\widetilde{x-\tilde{x}}|$。

ϑ 的定义比较复杂，它是对原始数据集中的元素减去中间值后的结果数据集的中间值。比如，有一个数据样本集 $X=\{2\ 3\ 8\ 7\ 9\ 6\ 4\}$，这时数据的中位数是 6，原始数据减去中位数后的绝对值形成新的数据样本为 $\{4\ 3\ 2\ 1\ 3\ 0\ 2\}$，新的数据样本的中位数是 2，所以原始数据样本集的绝对中位差是 2。

因此可以看到，绝对中位差较标准差而言，对异常点更加健壮。在标准差的计算中，数据点到其均值的距离要进行平方，因此对偏离较为严重的点其偏离的影响得以加重，也就是异常点严重影响着标准差的求解，而少量的异常点对绝对中位差的影响不大。

4. 箱形图可视化极值

箱形图可视化单变量极值是一种有趣的方法，这种方法在可视化离群值得分的情况下特别有用。而且与前面的方法相比，这个方法不需要进行参数的计算，非常直观。

在一个箱形图中，一个单变量分布的统计被归纳为如图 11-4 所示的几个量。

各个量表示如下。

- 中间值表示数据集中的中位数(50 分位)。
- Q_1 表示下半数据集部分的中位数(25 分位)。
- Q_3 表示上半数据集部分的中位数(75 分位)。

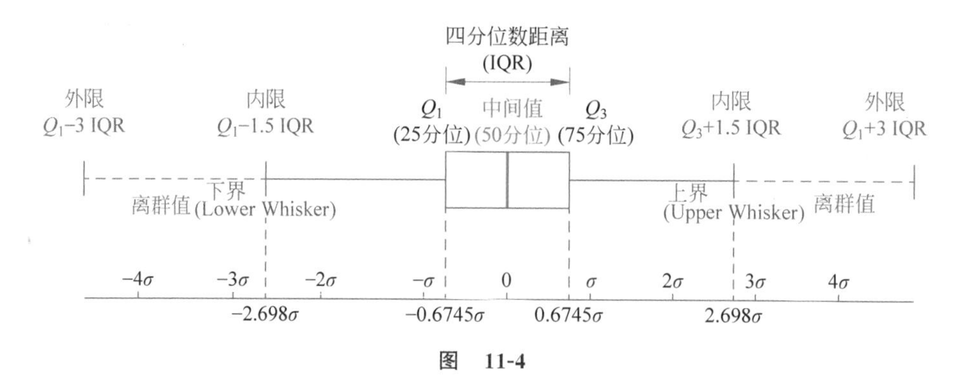

图 11-4

- IQR 是 Q_1 和 Q_3 之间的距离。
- 内限定义为 $Q_1-1.5$ IQR 及 $Q_3+1.5$ IQR。
- 外限定义为 Q_1-3 IQR 及 Q_3+3 IQR。

数据如果处在内限和外限之间，则称为离群值(Mild Outlier)。如果超过外限则称为极端离群值(Extreme Outlier)。

为什么要取 1.5 倍的 IQR 值呢？对比图 11-4 中的正态分布的标准差坐标，在正态分布数据的特殊情况下，$Q_3+1.5$ IQR 值对应的距离是标准差的 2.698 倍。因此，对应下界和上界的位置大致与正态分布的 3σ 截止点相似。

5. 基于直方图的离群打分(HBOS)

HBOS 全称是 Histogram-based Outlier Score，即基于直方图的离群打分方法。从名称上来看需要计算数据的直方图分布，最后类似 Z-Score 那样确定一个阈值，以判定哪些数据是离群值。它是一种单变量方法的组合，计算速度较快，对大数据集很友好。

现在假设对于样本集 D，数量很大，维度也不小。HBOS 采取的方法是先设置合适的“断点”集合，将特征的取值分割成若干个区间。统计区间的样本数，就可以构建一个频数直方图。假设将第 i 个特征 f 分割成 m 个区间，每个区间统计的样本个数分别为 $h_1,h_2,\cdots,h_m$。那么每个区间对应的概率分布为 $S=\sum_{i=1}^{m}h_i,p_i=\frac{h_i}{S}$。

如图 11-5 所示，A 和 B 两个样本分别位于区间 1 和区间 2，其对应的特征 c 的样本分布用上面的公式计算出来后，区间 1 的概率比区间 2 的概率大。

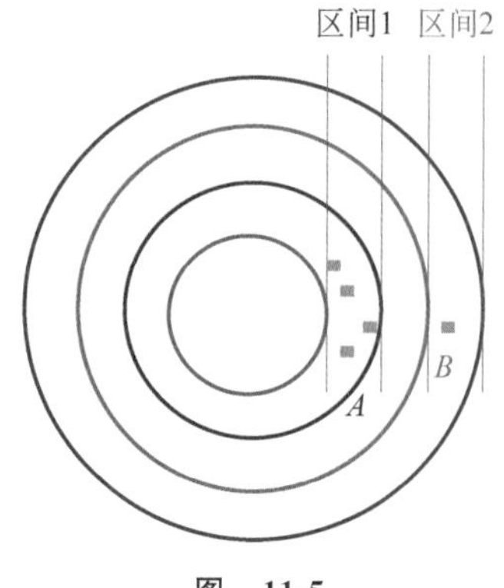

图 11-5

直观地看，B 样本是离群异常点(概率低)，A 样本是正常点(概率高)。由于样本关于特征 c 的概率密度估计可以用特征 f 在相应区间的频率来近似。显然，特征的取值频率越大，样本关于该特征的异常评分越小。

在网络安全领域，对异常检测算法的效率要求非常高，且输入数据往往非常大。因此半监督学习的异常检测算法通常采用基于直方图离群值打分的方法。大多数直方图相关的算法中，通常固定直方图的宽度或者手动设置宽度。对应论文[①]中提出了一种基于直方图的无监督异常检测算法，并且提出了动态宽度的算法，以适应不均衡的长尾分布。

HBOS 算法基于多维数据各个维度的独立性假设。对于单个数据维度，先做出数据直方图。对于类别(category)值，则统计每个值出现的次数，并计算相应频率。对于数值特征，可以用以下两种方法。

- 静态跨度的直方图：将值域分成 K 个等宽的桶，落入每个桶的值的频数作为密度的估计(桶的高度)。
- 动态宽度柱状图：先将所有值排序，然后将连续的 $\frac{N}{k}$ 个值装进一个柱子里，其中 N 是所有的样例数，k 是柱子的个数，是一个超参数。直方图的面积等于柱子中的样例数。因为柱子的宽度是由柱子中第一个值和最后一个值决定的，而每个柱子的样例数基本相同，所以每一个柱子的高度可以被计算出来。这意味着跨度大的柱子高度低，即密度小。离群值一般处于高度低的柱子中。有一个例外：在某些情况下，k 个以上的数据实例可能具有完全相同的值，算法必须允许在同一个柱子中有多于 $\frac{N}{k}$ 的值。当然，这些更大的柱子的面积也需要适当地增加。

HBOS 中提供这两种方法的原因是，在实际数据中特征值的分布非常不同。特别是当特征值之间有较大的间隔时，固定箱子宽度的方法估计密度很差(少数箱子可能包含大部分数据)。由于异常值远离正常数据的事实，因此特别建议使用动态宽度模式，尤其是在分布未知或长尾的情况下。此外，还需要设置箱子的数量 k。一个常用的经验法则是将 k 设置为实例数 N 的平方根。

按照上面的方法，每一个维度的数据都形成一个柱状图，每个桶的高度代表数据的密度，使用归一化操作保证桶的最高高度是 1。这样可以保证每个特征的权重相同。最终每个样本的 HBOS 值按照下面的公式计算(推导过程省略，其实就是各个特征值概率的乘积演变而来)：

$$\mathrm{HBOS}(p)=-\sum_{i=0}^{d}\log(\mathrm{hist}_i(p))=\sum_{i=0}^{d}\log\left(\frac{1}{\mathrm{hist}_i(p)}\right)$$

其中，p 代表一个样本，d 代表一个特征，hist 表示对应某个特征(特征 i)的柱状图中值所在区间(bin)表示的相对概率。HBOS 分值越高，样本越异常。

HBOS 的优点：算法原理简单，复杂度低。

HBOS 的缺点如下。

(1) 难以确定最佳的带宽(即每个区间的长度)。

(2) 高维情形下的效果不佳。

(3) 特征相互独立的条件比较强。

HBOS 的适用场景：样本维度低的大数据场景。

---

① 论文：*Histogram-based Outlier Score(HBOS): A fast Unsupervised Anomaly Detection Algorithm*。

11.5.2 基于深度学习的异常检测

下面介绍两种基于深度学习的异常检测方法。

1. 自编码器(AutoEncoder)

自编码器在 5.4 节曾经介绍过。一个通用的自编码器由编码器和解码器组成,编码器将原始数据映射到低维特征空间,而解码器试图从投影的低维空间恢复数据。编码器和解码器的参数通过重构损失函数来学习,如图 11-6 所示。为了使整体重构误差最小化,保留的信息必须尽可能与输入实例(如正常实例)相关。

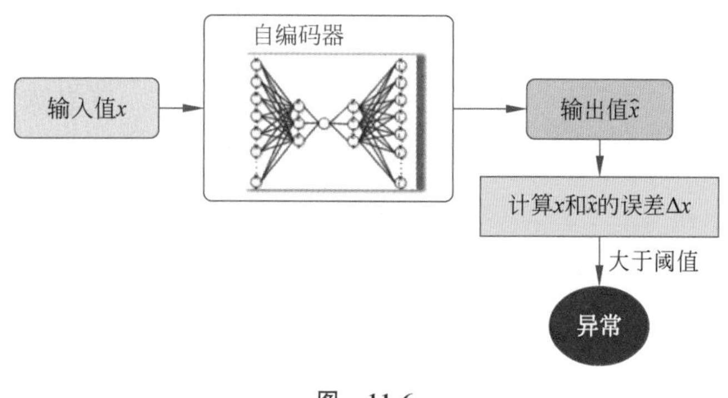

图 11-6

将自编码器用于异常检测是基于正常实例比异常实例能从压缩的特征空间更好地被重构这一假设。判别方式是计算重构误差,根据定义的阈值,如果误差比阈值大,则为异常,反之正常。阈值的计算方法有很多种,可以通过训练集结果的正态分布计算,或者计算训练集结果的 min-max 标准化等。

该类方法的优点是能够通过非线性方法捕捉复杂特征,试图找到正常实例的一种通用模式,缺点是如何选择正确的压缩程度,以及如何解决"过拟合"的问题(网络拟合得太好,以至于异常实例也"潜伏"在低维特征空间中)。为了解决这个缺点,有研究者使用正则化或者记忆矩阵等方法。

2. 深度聚类(Deep Clustering)

采用深度学习的聚类方法一般用神经网络对输入数据进行编码,认为最后的编码序列可以代表神经网络的众多特征,然后对编码序列进行聚类,就可以达到聚类的目的。被用于异常检测的该类方法包括 CAE-L2 聚类和 DAE-DBC。

1) CAE-L2 聚类(Cluster)

CAE-L2 聚类的处理过程如图 11-7 所示,在自编码器中间加入了 L2 标准化以及 K-均值算法。

2) DAE-DBC

如图 11-8 所示,DAE-DBC 的原理非常明了:先利用自编码器降维,然后通过聚类方法判别异常值。

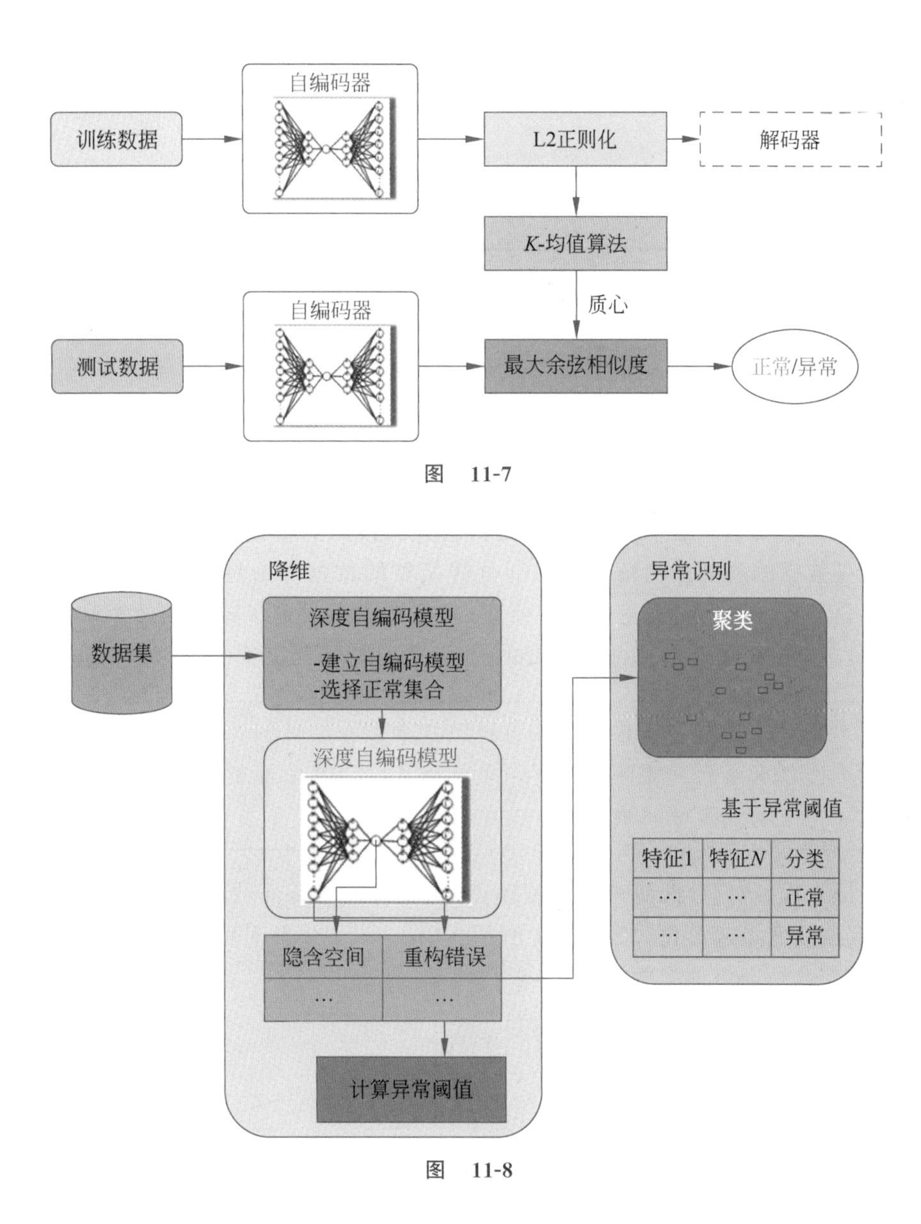

图　11-7

图　11-8

11.6　本讲小结

异常值的检测和处理是保证后续模型质量的重要手段，同时异常的检测也是实际中非常关注的场景。这方面的内容很多，值得作为单独一个方向进行研究。

第 12 讲 特征数据的预处理

数据是机器学习的原料，不过不是什么数据都适合直接拿来使用。一般需要将原始数据转换成能更好地表达问题本质的数据，使得这些转换后的数据可以运用到预测模型中来提高对不可见数据的模型预测精度。这部分转换好的数据称为特征(Features)数据，因此特征数据才是机器学习模型真正的输入要素，其好坏程度决定了模型的效率和质量。特征数据的处理、选择是机器学习中非常重要的过程，也称为特征工程(Feature Engineering)。

> 特征工程是一个看起来不值得在任何论文或者书籍中被探讨的主题。但是它却对机器学习的成功与否起着至关重要的作用。很多机器学习算法都是由于建立了一个学习器能够理解的工程化特征而获得成功的。

关于特征工程，我们分两讲来进行阐述。第 12 讲针对特征数据的处理进行讲解，包括特征标准化、连续变量离散化，如图 12-1 所示。第 13 讲主要针对特征的选择和构造进行讲解，特征的监控会结合落地案例讲解。

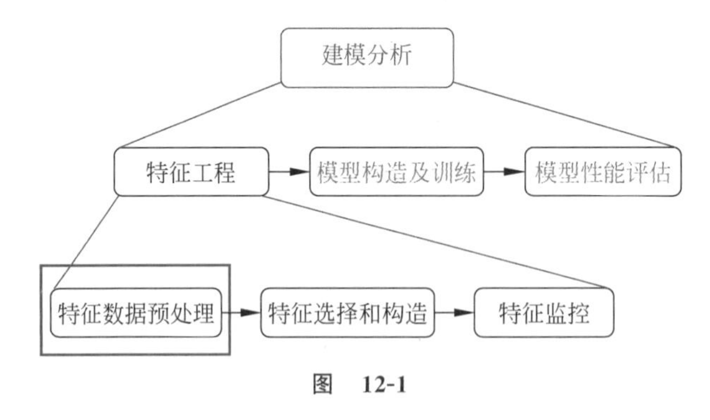

图 12-1

12.1 特征标准化

很多机器学习的文章中常常看到 Standardization 和 Normalization 两个词，Standardization 一般翻译为标准化，Normalization 一般翻译为归一化，那么两者的确切含义是什么？差别和联系是什么？在这里不对这两个词做严格的区分，而更多的是从其用途和作用角度来进行说明，不计较名称的正统性。

如果要做一个大致区别的话，可以认为归一化（Normalization）是把值缩放到 0～1；而标准化（Standardization）不要求一定在 0～1。因此可以看到，归一化也属于标准化，是标准化的特殊形式。

标准化和归一化的本质都是用来进行特征的缩放，其目的有以下两点。

（1）使不同量纲的特征处于同一量级，减少方差大的特征的影响，使模型更准确。

（2）加快学习算法的收敛速度。

对第一点，在采集数据时，一般需要考虑量纲。比如人的身高通常用米或厘米来表示，而体重用千克表示。那么身高的值范围就会在 0～3m，而体重会在 0～200kg。如果直接把这样的值放入机器学习模型中，肯定会因为数值量纲的影响而产生特征偏移，导致结果不准确。所以一个很重要的事情就是要把特征之间的数据进行同数量级的处理，比如身高按照厘米来表示，那么范围就是 0～300，或者都缩小到 0～1，也一样有效，如图 12-2 所示。

当完成第一点后，算法会比原先更快达到收敛。因为机器学习算法一般需要很多次迭代，迭代会有一个步进的幅度。如果数值太大，在相同的步进幅度下，迭代次数就会更多。

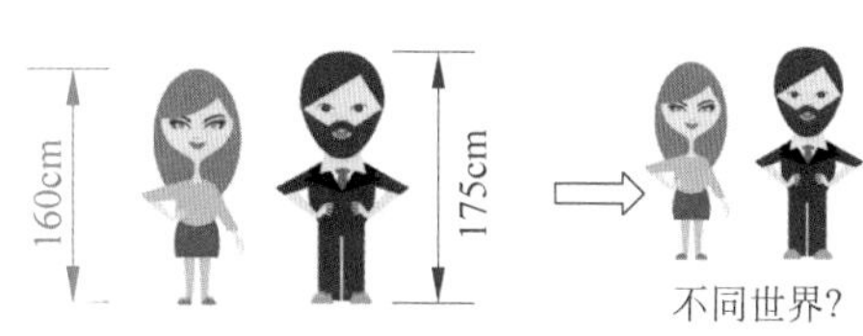

图　12-2

因此，笔者认为是否进行特征缩放的原则有以下几点。

（1）在不同量纲下，特征之间的数值差别如果很大，就需要进行归一化。

（2）如果需要通过"距离""协方差"等方法计算特征之间的关系，那么就不能改变数据分布的特征缩放，否则可以选用一般的方法。当然在某些准确性能适当放松的情况下，也可以采取简单的缩放方式。

（3）如果不涉及以上两点的，也可以不做任何特征缩放。

下面参照 scikit-learn 库中的几种方法给读者提供一些特征缩放的思路。

首先假设有两个特征，特征值假设都服从正态分布。

图 12-3 中横轴为特征具体的值，纵轴是概率密度，两个分布图的面积都是 1。

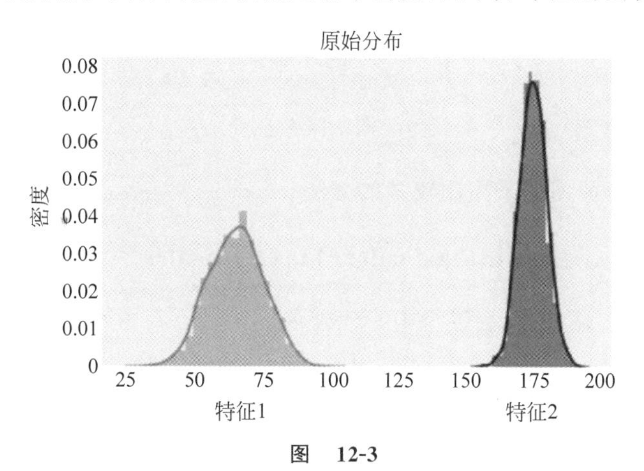

图　12-3

下面来看看不同的标准化方法对于数据的影响和作用。

1. *Z*-Score 标准化(Standard Scaler)

在很多机器学习模型中,如果单个特征的数据形态不像标准的正态分布数据,它们的性能可能就不太好。例如,学习算法的目标函数中使用的许多元素(如支持向量机的径向基函数核或线性模型的 L1 和 L2 正则器[①])需要假设所有特征都以零为中心,并且具有相同标准的方差。如果一个特征的方差比其他特征的方差大几个数量级,那么大方差的特征可能会支配目标函数,使模型无法像预期的那样正确地从其他特征中学习。

这时就需要采取 *Z*-Score 标准化进行特征缩放。也就是在不考虑数据实际分布的情况下(如果特征只有一个常量数值,那就是特殊情况了),先对每个特征进行中心化(减去平均值),然后将中心化后的值除以标准差,公式如下:

$$z=\frac{x-u}{\sigma}$$

其中,x 为具体的特征值,u 是平均值,σ 是标准差。

上面的数据进行 *Z*-Score 标准化后的结果如图 12-4 所示,特征经过标准化后,被缩放到了均值为 0、标准差为 1 的区域,而且两个分布变得很相似。横轴的数值为−4～4。也就是说会改变原始数据的稀疏性(可能有很多原先不是 0 的数据变成了 0)及分布,而且并不是归一化的。

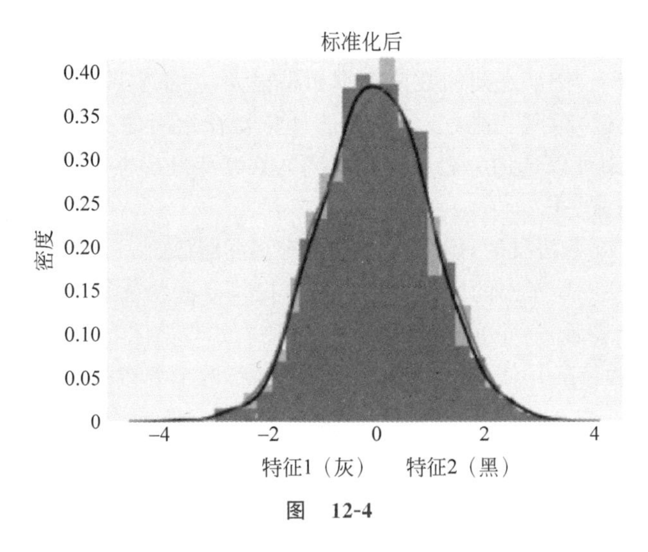

图 12-4

Z-Score 是目前特征缩放采用比较多的方法。

2. 缩放到指定范围(MinMaxScaler/MaxAbsScaler)

在上面的 *Z*-Score 缩放中,会进行中心化处理。如果不希望改变数据的稀疏性,并且数值限制在 0～1 或者某个范围时,可以采用 MinMaxScaler 和 MaxAbsScaler 两种标准化方法。

MinMaxScaler 方法通过将每个特征缩放到给定范围来变换特征。该方法分别对每个

① 关于 L1 和 L2 正则化的实际含义会在第 21 讲介绍。

特征进行缩放和转换，使其处于训练集上的给定范围内，例如 0～1。当然也可以设定在指定范围内。对照 Z-Score 方法，可以发现两者的图形比较像，如图 12-5 所示，因此这个方法一般作为 Z-Score 的替代方案。

MinMaxScaler 对应的公式为：

$$x^{*}=\frac{x-x_{\min}}{x_{\max}-x_{\min}}\times(\text{range}_{\max}-\text{range}_{\min})+\text{range}_{\min}$$

其中，range 表示要缩放的目标范围，一般默认为[0,1]，这也是一种归一化处理方法。

MaxAbsScaler 对应的公式是：

$$x^{*}=\frac{x}{|x_{\max}|}$$

分别对每个特征进行缩放和平移，使得训练集中每个特征的最大绝对值为 1.0，所以值会在[-1,1]，如图 12-6 所示。它不会导致数据整体形态有大的变化，因此不会破坏任何稀疏性(是 0 还是 0，不是 0 也不会变成 0)。这个特性可以用于比较稀疏的数据。虽然也会对分布造成一定的改变，但大致形态还是接近的。

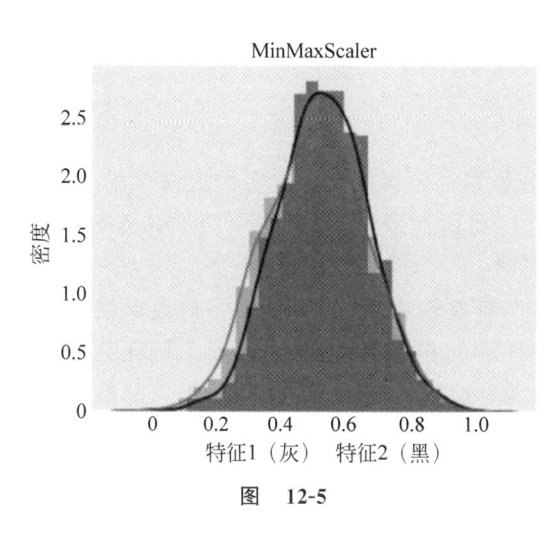

图　12-5

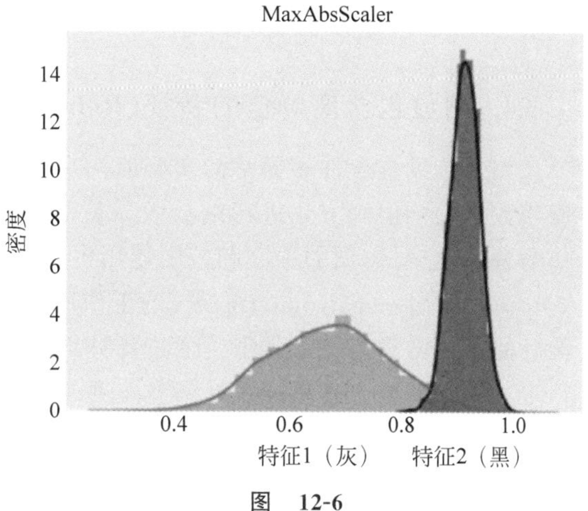

图　12-6

3. 保持分布的归一化缩放(Normalizer)

如果把一个样本用向量来表示，那么对于不全是 0 的向量，对其独立于其他的样本进行缩放，从而使其范数(L1 或 L2 或 inf[①])等于 1，也就是将样本分别标准化为单位范数(Unit Norm)。

将输入的特征值缩放到单位范数是文本分类或聚类的常见操作。例如，两个 L2 范数的 TF-IDF 向量的点积就是向量的余弦相似性，是信息检索领域常用的向量空间模型的基本相似性度量。

归一化缩放对应的公式是：

$$x^{*}=\frac{x}{\|x\|}$$

① L1 范数是向量中所有元素值的绝对值之和，L2 范数是所有元素平方和的平方根，inf 范数指所有元素最大绝对值。

图 12-7 所示采用的是 L2 范数。

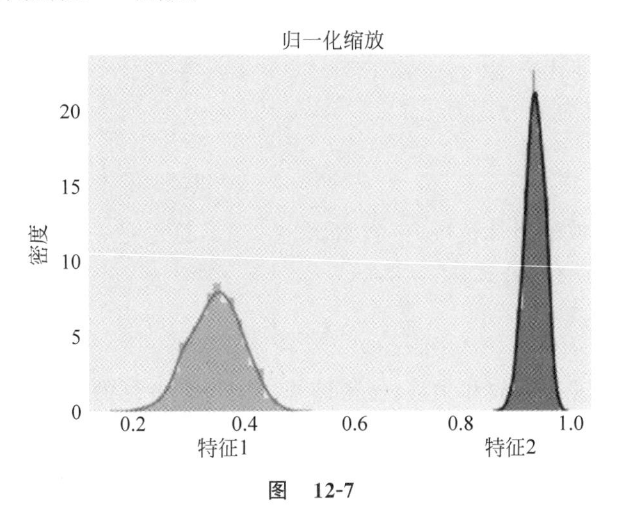

图 12-7

可以看到,这个缩放基本保持了原始数据的分布,而且范围也进行了归一化(值处在[0,1])。

4. 缩放包含离群值的特征(RobustScaler)

如果数据包含许多异常的离群值,有比大部分数据大很多或者小很多的数据存在,那么使用数据的均值和方差进行缩放效果就不会很好。在这种情况下,可以使用 RobustScaler 作为替代,它对数据的中心和范围使用更可靠的估计。

简单解释一下 RobustScaler 的工作原理。因为存在离群值,就需要使用对离群值更加健壮的统计数据来缩放特征。通过计算训练集中样本的相关统计信息,对每个特征分别进行中心化和缩放。这里的统计信息主要是中值和四分位数范围(1/4～3/4 数据点的数值范围)。再针对每个数据减去中位数,并根据四分位数范围来缩放。

针对前面的样例数据,效果如图 12-8 所示。

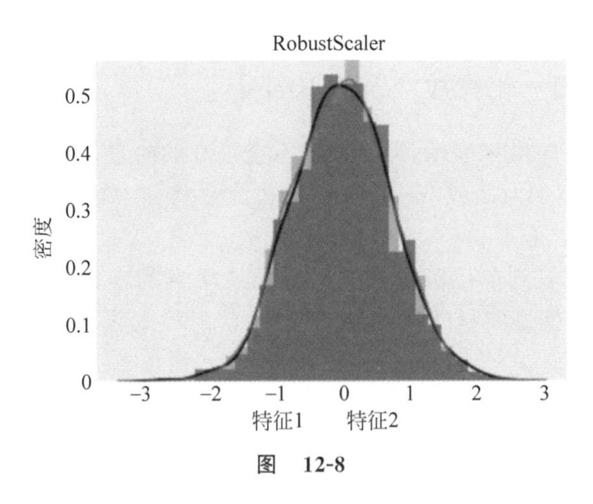

图 12-8

通过比较可以发现,横轴的数据缩小了不少,从 4 变成了 3,有一些差异但不特别明显,主要是因为样例数据的离群点本身不那么明显。

12.2　连续变量离散化

特征变量根据类型可以分为连续数值型、无序类别型和有序类别型几种，类别型的特征变量处理比较简单，这里重点介绍连续变量的离散化问题。

12.2.1　为什么要离散化

首先需要回答的问题是为什么需要把连续变量离散化？把连续变量进行离散化主要针对简单模型，那么为什么简单模型需要做这种变换呢？一个最主要的原因是可解释性；另外就是时间和技术要求。在不少领域，对预测的结果不但要求准确性，更要求可以解释其因果关系，而经典的简单模型更符合大家的使用习惯和常识，虽然复杂模型效果可能相对来说更好一些。

以分类模型为例。假如现在对只有一个特征的数据集进行分类，其比较合理的决策界面是如图 12-9 所示的曲线。如果决策面不是直线，那么理论上来说应该采用一个非线性模型。但如果特征不多时，就没必要采用非线件模型，使用线性模型更容易解释。

图 12-9 中的曲线是比较精确的决策界面，虚线是线性模型下的决策界面。可以看到，线性模型的决策界面不是那么精确，错误率也会比较高。有什么方法改进呢？比如是否能够通过多条直线的决策界面去拟合那条曲线呢？

图 12-10 所示的每一条虚线都是直线，而且平行于 X 轴，对应的 Y 值是一个常数。规则如下：

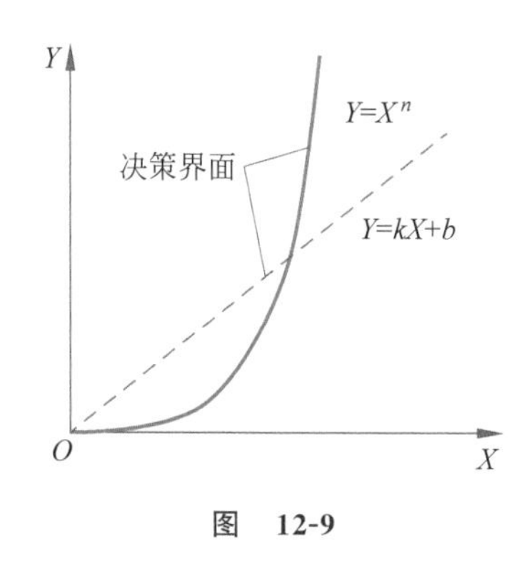

图　12-9

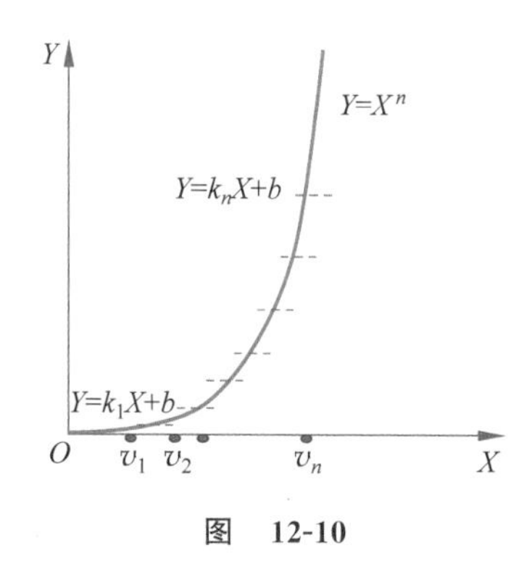

图　12-10

设置新特征 x_1，当 $0 \leqslant X \leqslant v_1$ 时，$x_1=1$，不在这个范围时将其设置为 0。

设置新特征 x_2，当 $v_1 < X \leqslant v_2$ 时，$x_2=1$，不在这个范围时将其设置为 0。

设置新特征 x_n，当 $v_{n-1} < X \leqslant v_n$ 时，$x_n=1$，不在这个范围时将其设置为 0。

把上面新的特征组合起来：

$$Y=k_1x_1+k_2x_2+\cdots+k_nx_n+b$$

验证一下，当 X 取某个值时，必定只有对应的一个 x_i 为 1，别的值都为 0，即 $Y=k_i+b$[①]。

① 部分内容参考 CSDN 网站 SCAU_Jimmy 的文章。

如果把间隔分得足够短,基本上可以拟合曲线的决策界面,也就起到了非线性决策界面类似的效果。所以在类似模型逻辑回归(LR)中需要进行连续数据的离散化。

总结一下连续数据离散化的作用。

(1) 离散化后会形成较为稀疏的向量,它们的内积乘法运算速度快,计算结果方便存储。

(2) 离散化后的特征对异常数据有很强的健壮性。

(3) 线性模型表达能力受限;单变量离散化为 N 个后,每个变量有单独的权重,相当于为模型引入了非线性模型,能够提升模型表达能力,加大拟合。

(4) 离散化后可以进行特征交叉,特征数量大大增加时,可以进一步引入非线性模型,提升表达能力。

(5) 特征离散化后,模型会更稳定,降低了模型过拟合的风险。比如若对用户年龄进行离散化,20～30 岁作为一个区间,一个用户就不会因为年龄长了一岁变成一个完全不同的人。当然处于区间相邻处的样本会刚好相反,所以怎么划分区间很重要,下一节会介绍如何离散化。

因此对于连续特征,如果使用简单模型,最好进行离散化,形成"海量"的离散特征。如果直接使用类似深度学习类型的复杂模型,那就把数据直接放进去更简单。

12.2.2 如何进行离散化

下面介绍三种常用的离散化方法:等距离离散、等样本点离散、根据数据图形态划分进行离散。

首先假设某个特征的数值以及理想的决策曲线界面如图 12-11 所示。

1. 等距离离散

顾名思义,等距离离散就是根据特征值的范围,按照相等距离来选取等距点。

例如根据{0.5,1.5,2.5}进行等距离分割,就是一种等距离离散,如图 12-12 所示,图中的竖线就是离散等距离分割线。

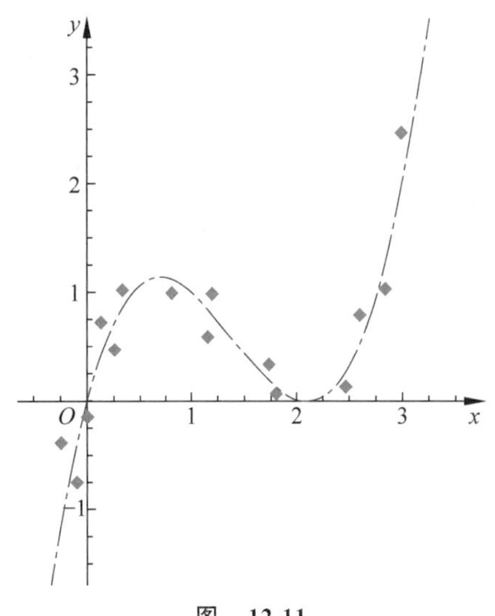

图 12-11

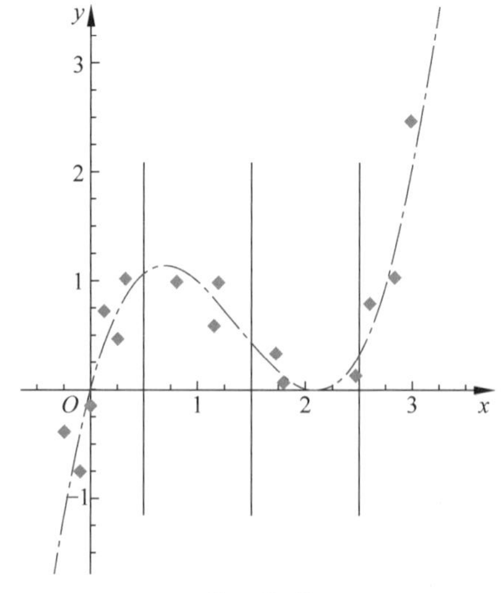

图 12-12

2. 等样本点离散

选取的离散点保证落在每段里的样本点数量大致相同，如图 12-13 所示。样本点数量接近，所以分割区间会有比较大的差异。

3. 根据数据图形态划分进行离散

这种方法首先需要观察数据的分布形态。以 x 为横坐标、y 为纵坐标画图，观察曲线的趋势和拐点。通过观察数据，发现可以利用 3 条直线（斜线）来逐段近似原来的曲线。把离散点设为两条直线相交的各个点，就可以把 x 离散化为长度为 3 的向量，如图 12-14 所示。

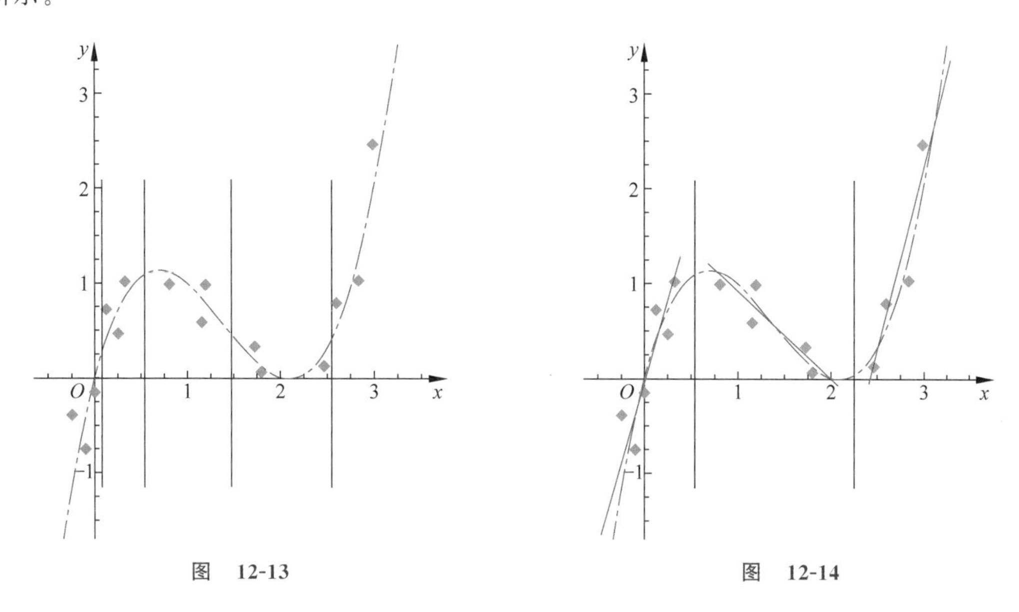

图 12-13　　　　图 12-14

这种离散化为 0、1 向量的方法有个问题，它在离散时不会考虑到具体的 x 到离散边界的距离。比如等距离离散中取离散点为{0.5，1.5，2.5}，那么 1.499、1.501 和 2.49 分别会离散为(0，1，0，0)，(0，0，1，0)和(0，0，1，0)。1.499 和 1.501 很接近，可是因为这种强制分段的离散导致其离散的结果差距很大。

针对上面这种硬离散的一种改进方法是使用软离散，也就是在离散时考虑 x 与附近离散点的距离，离散出来的向量元素值可以是 0、1 之外的其他值。

12.3 离散型特征处理

12.2 节介绍了如何把连续变量进行离散化处理，那么离散化之后，又该如何进行呢？

12.3.1 数值化处理

如果特征中的数据只有两类，可以简单地将类别属性转换成一个标量，即{0，1}，对应

{类别 1,类别 2}。这种情况也不需要排序,并且可以将属性值理解成属于类别 1 或类别 2 的概率。

如果特征中包含多种数据,也就是多分类问题。一种处理方式是简单编码为[0～种类数)。例如一个变量的 k 个值,按序转换成 k 个数字(1,2,3,…,k)。又例如一个人的状态有三种取值:<坏人,正常人,好人>,其编码为< 1,2,3 >,如果需要体现"坏人＜正常人＜好人"这样的含义时,这种编码是合适的。如果本身不需要体现这种含义,那么就不适合这种编码,应该采取哑编码,或者 WOE 值进行编码。

数值化处理的局限性较大,具体如下。

- 不适用于建立预测具体数值的模型,比如线性回归只能用于分类。
- 即使用于分类,也有一些模型不适合。
- 结果的精度可能不如独热(one-hot)编码。

12.3.2 哑编码

哑编码主要为了解决数值化的问题,即编码不体现大小。哑编码又可以分为独热编码和顺序性哑变量。

1. 独热编码

独热编码主要采用 N 位状态寄存器对 N 个状态进行编码,一个变量 N 个值就转换成 N 个虚拟变量,每个状态都有其独立的寄存器位,并且在任意时刻只有一位有效,如表 12-1 所示。使用独热编码,将离散特征的取值扩展到了欧氏空间,离散特征的某个取值就对应欧氏空间的某个点。在回归、分类、聚类等机器学习算法中,特征之间的距离计算或相似度计算是非常重要的,而我们常用的距离计算或相似度计算都是在欧氏空间的相似度计算,计算余弦相似性,表 12-1 基于的就是欧氏空间。

独热编码的优点是简单,且保证无共线性。将离散型特征使用独热编码,的确会让特征之间的距离计算更加合理。对离散型特征进行独热编码可以加快计算速度。

独热编码的缺点是,如果状态太多,会产生大规模的稀疏矩阵。避免产生稀疏矩阵的常见方法是降维技术,将变量值较多的分类维度尽可能降到最少。

2. 顺序性哑变量

与独热编码一样,顺序性哑变量也是将一个变量的 k 个值生成 k 个哑变量,但同时保护了特征的顺序关系,一般的表达方式如表 12-2 所示。

表 12-1

状态	编码
Bad	(1,0,0)
Normal	(0,1,0)
good	(0,0,1)

表 12-2

状态	编码
Bad	(1,0,0)
Normal	(1,1,0)
good	(1,1,1)

这种方式和数值型编码的差别是：顺序性哑变量是通过一个向量的形式进行表示，数值型只是一个标量数据。向量型数据可以度量距离、相似度等，却不能表示大小。

12.3.3　时间序列处理

离散型特征里面比较特殊的一种是时间戳。时间戳属性通常需要分离成多个维度，比如年、月、日、时、分、秒等。不过在很多应用中，时间戳中大量的信息有可能是不需要的。比如在一个城市交通监督系统中，会尝试利用一个“位置＋时间”的函数预测城市的交通故障程度，如果我们只是通过时间的不同的“秒”去学习趋势，那肯定是不合理的，如果用维度“年”也不能很好地体现模型增加值的变化。如果使用时、日、月等维度则是比较合理的。

在呈现时间序列数据时，需要根据模型要求提供能获取的所有时间信息。并且别忘了带上“时区”，假如是来自不同的地理数据源，利用时区将数据标准化是很有价值和必要的。

12.4　本讲小结

特征是机器学习模型的原料，对于特征的标准化和规范化是在机器学习特征处理、训练过程中都需要非常重视的地方。对简单模型来说，为了增加模型的性能，需要把连续型变量进行离散化处理。

第 13 讲

特征的选择、提取和构造

特征是机器学习模型直接可以使用的、通过原始数据加工过的材料，特征的预处理是对数据进行清洗、编码等准备工作，那么，接下来就需要进行特征的加工了。加工包括特征的选择、提取和构造，如图 13-1 所示。

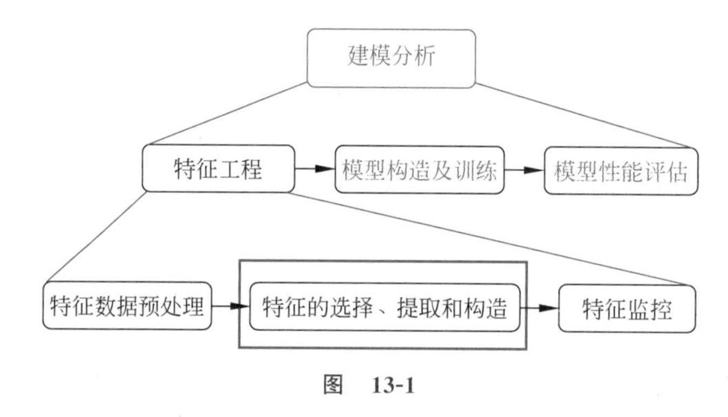

图 13-1

13.1 为什么要进行特征的选择、提取和构造

我们先从数学角度来看为什么要进行特征的选择和构造，以及预处理后的数据为什么不能直接拿来使用。

13.1.1 特征数量和模型性能的关系

1. 特征不足的情况

在第 12 讲讲解了为什么连续变量要进行离散化，其中一个目的是为了让简单模型可以有更加强大的处理能力。另一方面，当特征不足时，经常会发生数据交叉重叠的现象。因为特征可以理解为维度，所以一个数据中的多个特征可以理解为多个维度上的点或者向量。如果维度太低，数据会不易进行区分。如图 13-2 所示，这种情况下只有两个特征 X_1 和 X_2，红色和绿色点如果用普通分类模型都会失效，这时就需要采用相对复杂的模型。但根据奥卡姆剃刀原则，对简单的数据采用复杂模型，有时并不是一个好办法。

2. 特征冗余的情况

特征多也就是维度高，在空间上容易造成同类数据的距离变远、变稀疏，这也容易导致很多分类算法失效。比如原来少数特征下的数据表现为可划分形态，再增加一个新维度后，会使得同一类别不再聚集。

3. 特征数量与模型性能的关系

总体来说，进入模型的特征数量与模型的效果之间近似彩虹曲线，在顶部某个位置达到最优，如图 13-3 所示。太多或太少都会使类似分类模型的性能严重降低。

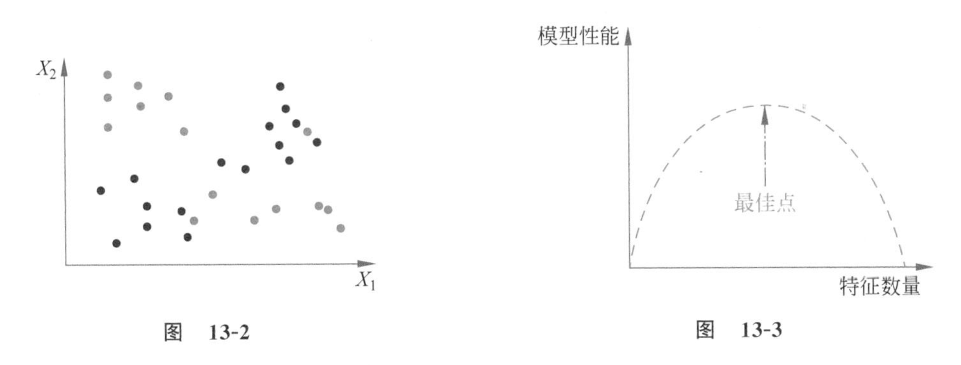

图　13-2　　　　图　13-3

13.1.2　特征选择、提取和构造的主要原因

对于已经结构化的特征数据，首先要做的是特征选择。特征选择对应的工程问题是：当我们拥有大量特征时，需要判断哪些是相关特征，哪些是不相关特征，因此，特征选择的本质是一个复杂的组合优化问题。

(1) 通过特征选择可以减少数据集中的特征数量，旨在对数据集中现有特征的重要性进行排序，或者进行特征相关性冗余性判断，放弃次重要的特征或者冗余的特征。

不过当特征比较多时，假设拥有 N 维特征($N=10$)，针对每个特征有两种可能的状态：保留和剔除。如果使用穷举法，需要进行 $2^N=2^{10}=1024$ 次尝试。而随着采集的数据越来越多，将导致巨大的时间和计算资源的消耗，因而需要找到更明智的方法，这就是 13.2 节要讲解的内容。

(2) 对于没有明显特征的原始数据(比如图片数据)，需要解决的问题是如何创造特征，这就是特征提取。在特征被提取出来后，同时需要对特征进行必要的选择。

特征提取旨在通过在现有数据集中创建新特征(并放弃原始特征)来减少数据集中的原始特征数量。这些新的简化特征集需能够汇总原始特征集中的大部分信息。这样便可以从整合的原始特征集中创建原始特征的简化版本。

如果现有特征对于模型总是无法满足其性能要求，就可以认为是特征不足，就需要进行新特征的创造。利用现有特征来构造新的特征，以使特征数量能增加到符合模型性能的要求，这种情况称为特征构造。由于特征提取也是特征构造的一种，因此把特征提取包含到特征构造中，将在 13.3 节中一并进行阐述。

特征选择和特征构造两者的区别在于：特征选择类似于物理变化，而特征构造类似于化学变化。

13.1.3 其他非技术因素

除了技术因素外，特征的选择和构造还需要考虑如图 13-4 所示的几个非技术因素。

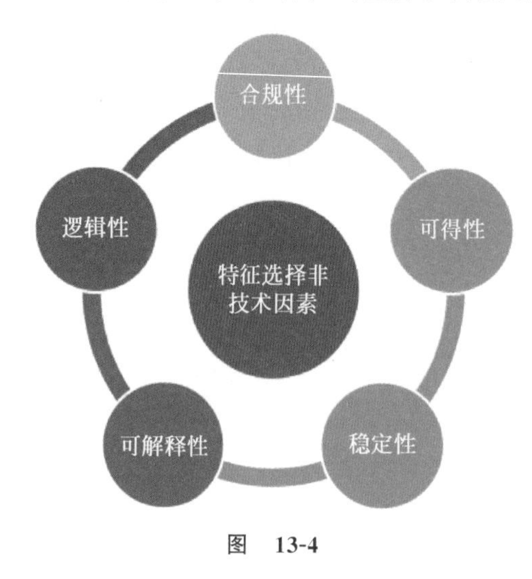

图 13-4

1. 合规（compliant）性

用于加工变量的数据源是否符合国家法律法规？是否涉及用户隐私数据？例如，如果某块爬虫数据被监管，那么相关变量的区分度再好，我们也只能弃用。而在国外，种族、性别、宗教等变量被禁止用于信贷风控中，因为这会存在歧视性。

2. 可得（available）性

未来数据是否能继续采集？这就涉及产品流程设计、用户授权协议、合规需求、模型应用环节等诸多方面。例如，如果产品业务流程改动而导致某个埋点下线，那么相关埋点行为变量只能弃用。

3. 稳定（stable）性

一方面，数据源采集稳定是变量稳定性的基本前提。例如，外部数据常常会因为政策性、技术性等原因导致接入不稳定。另一方面，变量取值分布变化是导致不稳定的直接原因。

4. 可解释（interpretable）性

需要符合业务的可解释性。如果变量的业务逻辑不清晰，那么在有些场景下宁可放弃。

5. 逻辑（logical）性

也就是因果逻辑，特征变量是因，模型预测和决策是果。

13.2 特征的选择

大多数情况下，有些特征与问题无关。例如，训练一个预测人身高的机器学习模型，现在拥有体重、肤色、痣、婚姻状况、性别等特征数据。可以看到，肤色、痣和婚姻状况等特征与人的身高没有关系。因此，我们需要找到一种解决方案，以得到对任务最有用的特征。可以通过以下方式实现。

（1）通过业务理解、领域知识和专家解决方案，可以帮助我们选择影响目标变量的特征变量。如果找不到有用的特征变量，或者错过了有用的特征，就有可能丢失信息。

(2) 建立一个经典的机器学习模型,并根据与目标变量的相关性选择特征。与拟合度低的特征相比,拟合度高的特征更容易被选择。

(3) 减少特征也是一种方案,即删除所有相关的冗余特征。例如,如果特征之间有非常强的线性组合的特征,那么它们将不会向数据添加任何额外的信息。因此,这些特征对机器学习模型训练就不再有用。

因此,特征选择涉及寻找原始数据的子集,使它们的信息损失最小。

按照上面的几种方式进行归类,可以有以下三种策略。

- 过滤(Filter)策略。
- 包裹(Wrapper)策略。
- 嵌入(Embedded)策略。

13.2.1 过滤策略

过滤策略就是通过特征之间、特征和目标变量之间的相关性来选择特征。目的是通过过滤,找出重要的特征信息,去掉不重要的特征。一般每个特征独立进行选择,所以也属于单变量特征方法。然后对过滤之后的特征进行训练,特征选择的过程与后续学习器无关。其评估手段是判断单维特征与目标变量之间的关系,常用的手段包括皮尔森相关系数、基尼指数、信息增益、方差校验和相似度度量等统计方法,在第 4 讲的随机变量相关性理论中都已经进行了介绍。

过滤策略是特征选择策略,和机器学习没有什么关系。而包裹策略和嵌入策略是机器学习模型训练后通过特征的重要程度进行特征的选择。这里的机器学习模型不是任意的,而是对特征具有打分能力的模型,比如回归模型、决策树、随机森林、支持向量机(SVM)等,也称为基模型。

13.2.2 包裹策略

包裹策略可理解为将特征选择的过程与基模型(如回归、支持向量机等)封装在一起(包在一起),以交叉验证(交叉验证在第 22 讲详细阐述)结果来选择或者去掉一些特征,如图 13-5 所示。经过多次这样的过程,最终得到最优的特征子集。因此其实质是特征自己的搜索优化过程。

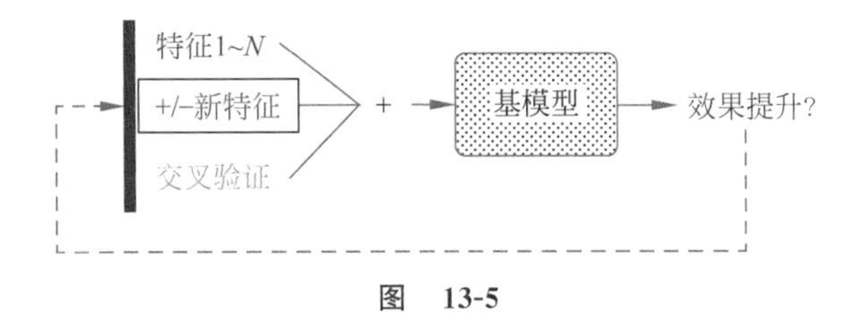

图　13-5

根据选择特征方法的差异,一般采用以下两种方法。

1. 稳定性选择

稳定性选择(Stability Selection)是一种二次抽样和选择基模型相结合的较新方法。选择的基模型可以是回归、支持向量机等。它的主要思想是在不同的数据子集和特征子集中运行特征选择算法，不断地重复，最终汇总特征选择结果。比如可以统计某个特征被认为是重要特征的频率(被选为重要特征的次数除以它所在子集被测试的次数)。理想情况下，重要特征的得分会接近 100%。稍微弱一点的特征得分会是非 0 的数，而最无用的特征得分将会接近于 0。这样选择出来的特征可以克服一些基模型不稳定的缺点。

Sklearn 在随机拉索(Randomized Lasso)和随机逻辑回归(Randomized Logistic Regression)算法中有对稳定性选择的实现，有兴趣的读者可以研究一下相关代码。

2. 递归特征消除

递归特征消除(Recursive Feature Elimination，RFE)的主要思想是反复训练基模型，然后选出最好的(或者最差的)特征(可以根据特征对应的系数来选择)，把选出来的特征放到一边，然后在剩余的特征上重复这个过程，直到所有的特征都遍历一遍。这个过程中特征被选出的次序就是特征的排序。因此，与稳定性选择相比，递归特征消除是一种寻找最优特征子集的贪心算法。

递归特征消除的稳定性很大程度上取决于迭代时底层采用哪种模型。假如递归特征消除采用的是普通的回归模型，没有经过正则化的回归将是不稳定的，那么递归特征消除就是不稳定的。假如递归特征消除采用的是岭回归(Ridge Regression)，而用岭正则化的回归是稳定的，那么递归特征消除就是稳定的。

Sklearn 提供了递归特征消除(RFE)包，可以用于特征消除，还提供了 RFECV，可以通过交叉验证对特征进行排序。

13.2.3 嵌入策略

嵌入策略不同于包裹策略，它将训练和特征选择两个过程合并在一起，并使用特征全集来完成，通常一次完成。特征选择的过程被“嵌入”到模型训练过程中。这种策略速度快，也容易出结果，但需要较深厚的先验知识来调节模型。

1. 基于惩罚项的特征选择法

惩罚项主要使用 L1 正则化(也称为拉索正则化)和 L2 正则化(也称为岭正则化)。

L1 正则化将系数 w 的 L1 范数作为惩罚项加到损失函数上。由于正则项是非零的，这就迫使那些弱的特征所对应的系数变成 0。因此 L1 正则化往往会使学习到的模型很稀疏(系数 w 经常为 0)，这个特性使得 L1 正则化成为一种很好的特征选择方法。

L2 正则化同样将系数向量的 L2 范数添加到损失函数中。由于 L2 惩罚项中系数是二次方，这使得 L2 和 L1 有着诸多差异。最明显的一点就是，L2 正则化会让系数的取值变得平均。对于关联特征，这意味着它们能够获得更相近的对应系数。也就是说，L2 正则化对于特征选择来说是一种稳定的模型。L2 正则化对于特征理解来说更加有用：表示能力强的特征对应的系数是非零的。基于惩罚项的特征选择法如图 13-6 所示。

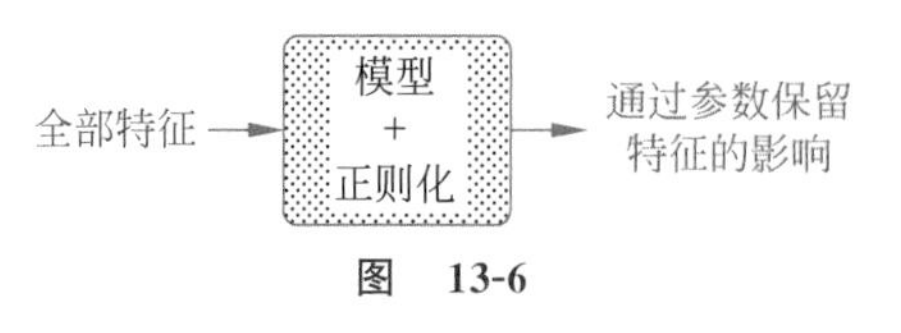

图 13-6

L1 和 L2 正则化为什么会具有这个特性，我们将在第 21 讲进行详细介绍。

2. 基于树模型的特征选择法

随机森林具有准确率高、健壮性好、易于使用等优点，这使得它成了经典的机器学习算法之一。随机森林提供两种特征选择方法：平均不纯度减少（Mean Decrease Impurity）和平均精确率减少（Mean Decrease Accuracy）。基于树模型的特征选择法如图 13-7 所示。

1）平均不纯度减少

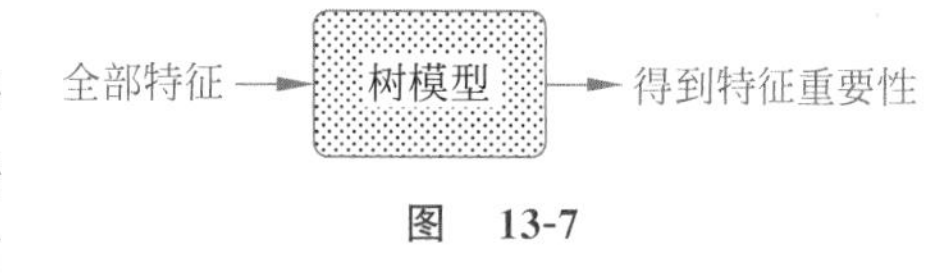

图　13-7

随机森林由多棵决策树构成。决策树中的每个节点都是关于某个特征的条件，目的是将数据集按照不同的响应变量一分为二。利用不纯度可以确定节点（最优条件）。关于不纯度在第 3 讲的基尼值中有详细说明。对于分类问题，通常采用基尼不纯度或者信息增益；对于回归问题，通常采用的是方差或者最小二乘拟合。在训练决策树时，可以计算每个特征减少了多少棵树的不纯度。对于一个决策树森林来说，可以计算出每个特征平均减少了多少不纯度，并将其平均减少的不纯度作为特征选择的值。减少的不纯度越大，特征就相对越重要。

2）平均精确率减少

另一种常用的特征选择方法是直接度量每个特征对模型精确率的影响。其主要思路是打乱每个特征的特征值顺序，然后计算特征值顺序变动对模型精确率的影响。很明显，对于不重要的变量来说，打乱顺序对模型的精确率影响不会太大，但是对于重要的变量来说，打乱顺序就会降低模型的精确率。

以上两种方法在 Sklearn 中有对应的包可以使用。

13.2.4　三种策略的总结

过滤策略是单特征选择方法，包裹策略和嵌入策略属于多特征选择方法。

在进行特征选择的同时，如果想理解数据（包括数据的结构、数据的特点），那么单变量特征选择（过滤策略）是个非常好的选择。

过滤策略主要采用统计学指标来确定特征的优劣，另外两种策略主要采用机器学习训练来确定特征的优劣。

包裹策略和嵌入策略虽然都是通过机器学习方法来选择特征，但也有区别，其区别在于包裹策略是通过不停地筛选特征进行训练，而嵌入策略每次迭代使用的都是特征全集，也就是将特征选择过程与模型训练过程融为一体，两者在同一个优化过程中完成，在模型训练过程中自动完成特征选择。

在实际应用中，也可以将几种策略方式组合起来使用，比如给定一个加权比例，最终得到特征的评分。

13.3　特征的提取和构造

特征处理除了进行选择（筛选）外，还需要根据需要进行特征的构造，特征的构造包含特征投影和特征组合两种方法。

13.3.1 特征投影(降维)

特征投影又称特征提取,是将高维空间中的数据转换为低维空间中的数据。数据转换可以是线性的,也可以是非线性的。

对于线性变换,采用主成分分析(PCA)和线性判别分析(LDA);对于非线性变换,使用 T-SNE。

当然也可以采用自编码器来进行特征的降维和提取。具体理论请读者参考本书第 1 部分的内容。

13.3.2 特征组合

在采取特征选择、特征投影等手段后,最后可能面临的现实情况就是:现有特征对于模型来说,总是无法满足性能要求,我们可以认为是特征不足。此时需要进行新特征的创造,利用现有特征构造新的特征,以使特征数量增加到符合模型性能的要求。

特征组合包括三种方法:普通特征组合算法、深度学习神经网络特征构造、自动化特征工程。

1. 普通特征组合算法

继续以图 13-2 为例。如果采用 $Y=b+w_1x_1+w_2x_2$ 建模,基本无法得到准确的决策面,这时就需要进行特征的构造。比如构造一个新的特征 $x_3=x_1x_2$,也就是使用 $Y=b+w_1x_1+w_2x_2+w_3x_3$ 进行建模。虽然形式上类似,训练方法也一样,但是客观上其效果却非常好。

另外在支持向量机(SVM)模型中,用到了核函数,形式如下:

$$K(\boldsymbol{X}_i,\boldsymbol{X}_j)=K(\boldsymbol{X}_i^{\mathrm{T}}\boldsymbol{X}_j)=\phi(\boldsymbol{X}_i)^{\mathrm{T}}\phi(\boldsymbol{X}_j)$$

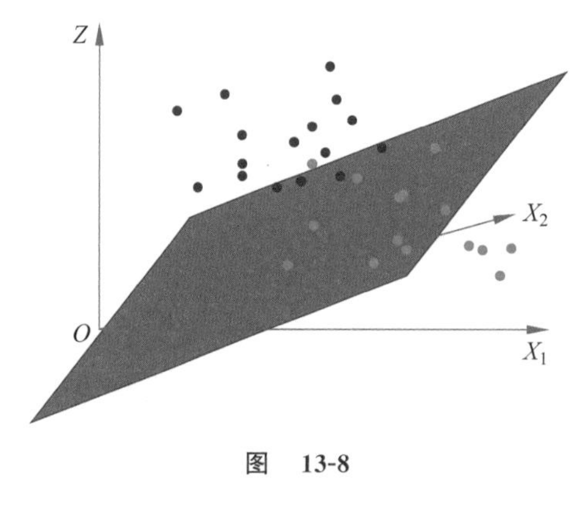

图 13-8

上式对原有特征进行了新的映射,比如从原先的二维空间变换到了三维空间,如图 13-8 所示,因此可以通过一个平面把两种颜色的点区分开,实质上也是进行了特征的构造。

业内比较知名的因子分解机(Factorization Machine,FM)和带域的因子分解机(Field FM)也是这个道理,它们针对稀疏的独热特征进行组合,从而获得更多有价值的特征。在这里不进行详细介绍,只简单地说明因子分解机的原理。

假设有一个广告分类问题,根据用户和广告位相关的特征,预测用户是否点击广告。广告点击数据如表 13-1 所示。

"是否点击广告"是标签(Label),其余三个是特征。由于三种特征都是类别(Categorical)型,需要经过独热编码转换成数值型特征。表 13-2 所示是独热编码后的广告点击数据。

表　13-1

是否点击广告	国　　家	日　　期	广告类型
1	美国	2020/11/26	电影
0	中国	2020/1/10	游戏
1	中国	2021/2/12	游戏

表　13-2

是否点击广告	国家＝美国	国家＝中国	日期＝2020/11/26	日期＝2020/1/10	日期＝2021/2/12	广告类型＝电影	广告类型＝游戏
1	1	0	1	0	0	1	0
0	0	1	0	1	0	0	1
1	0	1	0	0	1	0	1

由表 13-2 可以看出，经过独热编码之后，大部分样本数据特征是比较稀疏的。上面的样例中，每个样本有 7 维特征，但平均仅有 3 维特征具有非零值。实际上，这种情况并不是此例独有的，在真实应用场景中这种情况普遍存在，由此可见，数据稀疏性是实际问题中不可避免的挑战。

独热编码的另一个特点就是导致特征空间增大。例如，商品品类有 550 维特征，一个类别特征转换为 550 维数值特征，特征空间剧增。

同时通过观察大量的样本数据可以发现，某些特征经过关联之后，与标签之间的相关性会提高。例如，“美国”与“2020/11/26”“中国”与“2021/2/12”这样的关联特征，对用户的点击有着正向的影响，因为“2020/11/26”是感恩节，“2021/2/12”是春节。这种关联特征与标签的正向相关性在实际问题中是普遍存在的。如“化妆品”类商品与“女”性，“球类运动配件”的商品与“男”性，“电影票”的商品与“电影”品类偏好等。因此，引入两个特征的组合是非常有意义的。

因子分解机的实质是引入新的特征，公式如下：

$$\boldsymbol{y}(\boldsymbol{X})=\boldsymbol{w}_0+\sum_{i=1}^{n}\boldsymbol{w}_i\boldsymbol{x}_i+\sum_{i=1}^{n}\sum_{j=i+1}^{n}\boldsymbol{w}_{ij}\boldsymbol{x}_i\boldsymbol{x}_j$$

不过为了减少 $\boldsymbol{w}_{ij}$ 参数的数量以及解决数据稀疏性问题，在具体算法中，参考了矩阵分解的思路，用特征的隐向量$\boldsymbol{v}_i$ 的点乘来代替 $\boldsymbol{w}_{ij}$，从而获得了非常好的效果。

域因子分解机是在因子分解机的基础上引入了域的概念，进一步对特征进行了有意义的组合构造。域因子分解机把相同性质的特征归于同一个域。还是以上面的广告分类为例，“日期＝2015/11/26”“日期＝2020/1/10”“日期＝2021/2/12”这三个特征都是代表日期的，可以放到同一个域中。简单来说，同一个类别型特征经过独热编码生成的数值特征都可以放到同一个域，包括用户性别、职业、品类偏好等。在域因子分解机中，每一维特征 $\boldsymbol{x}_i$，针对其他特征的每一个域 f_i，都会学习一个隐向量$\boldsymbol{v}_i$。因此，隐向量不仅与特征相关，也与域相关。也就是说，“日期＝2021/2/12”这个特征与“国家”特征和“广告类型”特征进行关联时使用不同的隐向量(在因子分解机中都是使用同一个$\boldsymbol{v}_i$ 向量代表同一特征)，这也是域因子分解机中“域感知(Field Aware)”的由来。可见特征的表现会更加明显。

2. 深度学习神经网络特征构造

我们以卷积神经网络(CNN)模型为例,如图13-9所示。

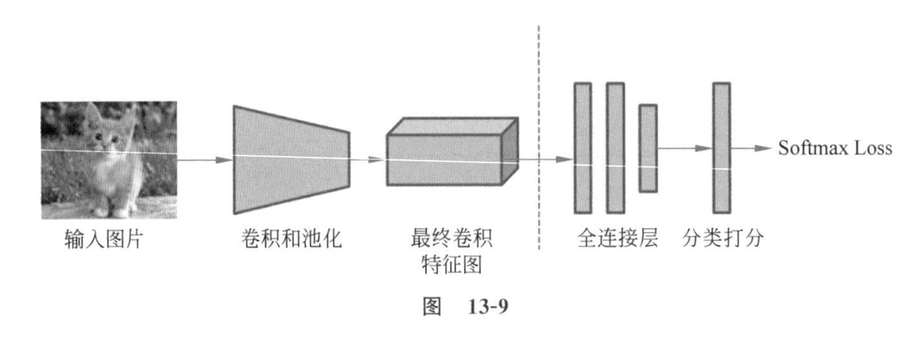

图 13-9

图13-10中虚线右边部分是前向神经网络。在卷积神经网络出现之前就一直被大家使用着,但为什么在卷积神经网络模型出现后,图像的分类效果等有了一个非常巨大的提升呢?实质上是因为在虚线左面部分让特征的构造有了一个非常好的方法,而不再需要通过之前的半人工方式来进行。

通过深度学习进行特征选择也随着深度学习的流行而成为一种手段,尤其是在计算机视觉领域。原因是深度学习具有自动学习特征的能力,这也是深度学习又称为非监督特征学习(Unsupervised Feature Learning)的原因。从深度学习模型中选择某一神经层的特征后就可以用来进行最终目标模型的训练了。

3. 自动化特征工程

至此,相信读者已经知道了特征工程的重要性了,而且也看到特征选择是一件烦琐的工作,如果需要快速并且可以复用特征构造的方法到不同的项目中去,那么工具化就是必选项。通过工具自动进行大量特征的选择和构造就变得很有价值。

目前,出现了类似FeatureTools这样的开源工具,让机器学习开发效率提升了许多。

FeatureTools的自动化特征工程能力甚至可以让领域新手从一组相关数据表中创建出数千个相关特征。我们只需要知道数据表的基本结构和它们之间的关系,然后在实体集(一种数据结构)中指明。有了实体集之后,我们可以使用一个名为深度特征合成(DFS)的方法,在一个函数调用中构建出数千个特征。①

自动化特征工程的主要优势如下。

(1) 实现时间缩短了许多倍。

(2) 实现相似或更好的模型表现。

(3) 提供具有现实意义的可解释特征。

(4) 防止不正确使用数据,造成模型无效。

(5) 可以添加到现有的机器学习工作流程中。

---

① 可以到https://www.featuretools.com网站了解更多信息。

13.4　本讲小结

本讲介绍了如何进行特征的选择及降维，在现有特征模型性能不佳的情况下，如何进行特征的组合、构造，从而实现比较好的模型效果。接下来的内容将进行具体模型的介绍。

第 14 讲

机器学习模型——逻辑回归和梯度提升决策树

终于进入了机器学习模型阶段的内容。前面讲解的所有内容,最终都需要通过模型来解决问题,如图 14-1 所示。就像人体一样,大脑才是处理中心。

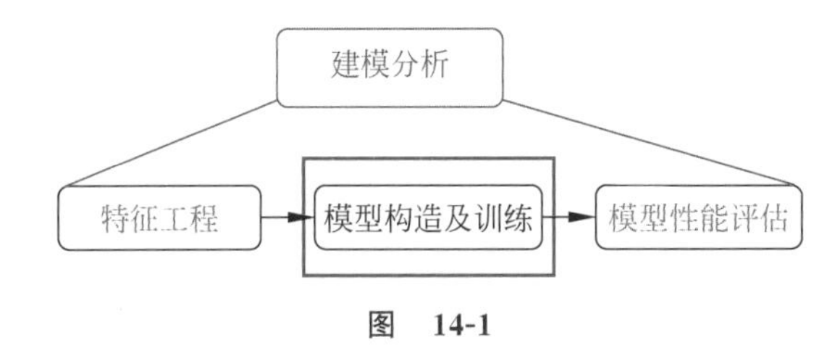

图 14-1

前面对模型进行了分类,从这一讲开始,就一些主要模型的前世今生和来龙去脉进行详细讲述。它们分别是:逻辑回归、梯度提升决策树、概率图模型、强化学习、探索式学习、人工神经网络以及机器学习使用最广泛的推荐技术。通过对这些经典模型的介绍,让大家对模型的作用和选择有一个清晰的认识。

14.1 逻辑回归

机器学习领域中,逻辑回归是应用非常广泛的一个模型,即使是深度学习霸屏的年代,依然到处可以见到逻辑回归的身影。

14.1.1 Logit 的引入

这里主要分析一下逻辑回归的内在本质。

现在有这样一个问题,假设医生要判断病人的肿瘤是否为恶性的,抛开其他的因素,把问题简化为根据肿瘤的大小来判断。

最简单的回归是线性回归,如图 14-2 所示,$\boldsymbol{x}$ 为数据点——肿瘤的大小,y 为观测值——是否为恶性肿瘤。我们构建线性回归模型 $h_{\boldsymbol{\theta}}(\boldsymbol{x})=\boldsymbol{\theta}^{\mathrm{T}}\boldsymbol{x}$(其中$\boldsymbol{\theta}$ 表示 $\boldsymbol{x}$ 对应的参数),构建线性回归模型后,如何判断是否为恶性肿瘤呢?也就是把决策界面设定在哪里呢?

因为 h 取值为$(-\infty,\infty)$，很明显这个决策界面的取值很难确定。因为线性回归在整个实数域内敏感度是一致的。而现在需要预测的结果是 0 或者 1，也就是说，如果需要确定一个决策界面，在$[0,1]$区间比较合理的是把 0.5 作为决策界面，$h_{\boldsymbol{\theta}}(\boldsymbol{x})\geqslant 0.5$ 为恶性的，否则为良性的。具体怎么做呢？

概率的值在$[0,1]$，那么能否转换为概率来建模呢？因为线性回归的结果是在$(-\infty,\infty)$，能否找到一个函数，针对概率来进行转换，映射到$(-\infty,\infty)$？答案就是第 1 讲中介绍的 Logit，也就是在线性回归的左边进行一个转换，转换为

$$\text{Logit}(p_i)=\boldsymbol{\theta}^{\mathrm{T}}\boldsymbol{x}$$

p_i 取值为$(0,1)$，对应的图形如图 14-3 所示。

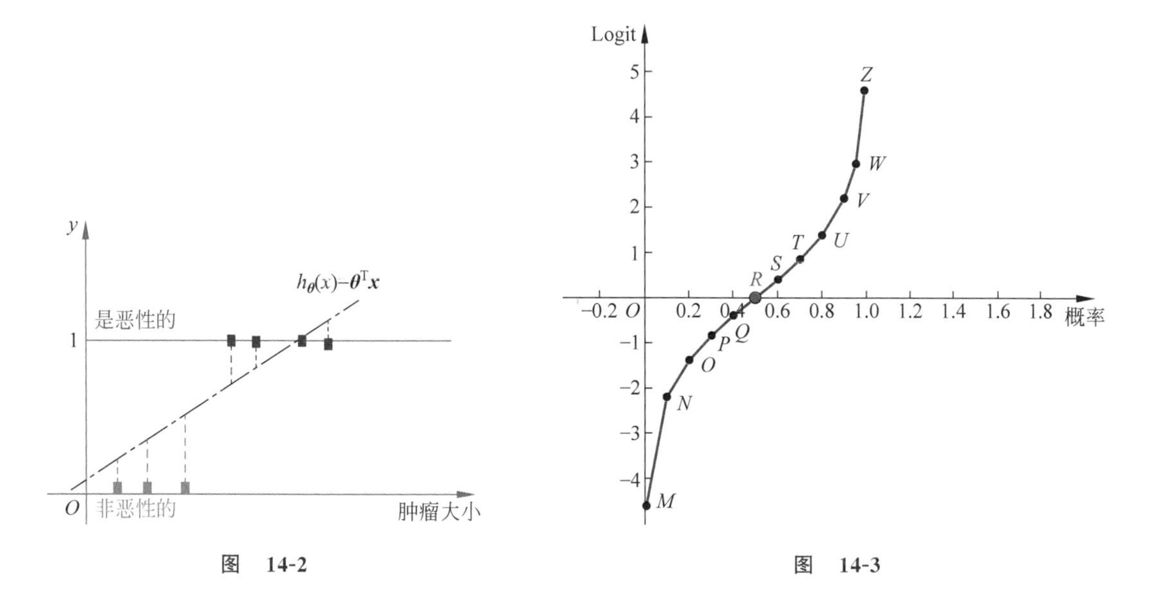

图 14-2　　　　图 14-3

可以看到 Logit 的图形呈单调递增的形态，而且在 $p=0.5$ 时对应的结果刚好是在整体结果的中心点（红色点），这个对于分类来说，是最合适不过了。

针对 Logit 公式进行求解，可以得到：

$$p_i=\frac{1}{1+\mathrm{e}^{-\boldsymbol{\theta}^{\mathrm{T}}\boldsymbol{x}}}$$

把公式中的$\boldsymbol{\theta}^{\mathrm{T}}\boldsymbol{x}$ 表示为 z，就是下面的函数 $g(z)$。

$$g(z)=\frac{1}{1+\mathrm{e}^{-z}}$$

这个公式也称为 Sigmoid 函数，对应的图形形态如图 14-4 所示。

当 $z=0$ 时，对应的值为 0.5。图形依然呈现出单调递增的特点。

14.1.2 参数的求解过程

知道了每个 p_i 的公式表示，那么接下来的目标就是要求出参数$\boldsymbol{\theta}$，这个就可以用前面介绍过的最大似然估计，即按照下面的方式来进行。

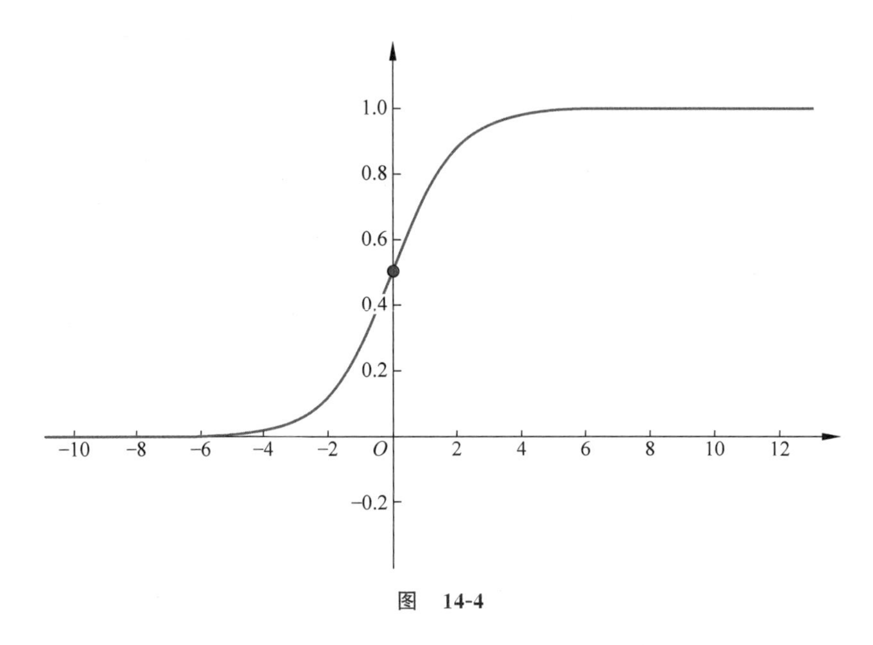

图 14-4

首先写出两个分类的概率函数：

$$p(y=1 \mid \boldsymbol{x},\boldsymbol{\theta})=\frac{1}{1+\mathrm{e}^{-\boldsymbol{\theta}^{\mathrm{T}}\boldsymbol{x}}}$$

$$p(y=0 \mid \boldsymbol{x},\boldsymbol{\theta})=1-p(y=1 \mid \boldsymbol{x},\boldsymbol{\theta})=p(y=1 \mid \boldsymbol{x},-\boldsymbol{\theta})$$

令
$$h_{\boldsymbol{\theta}}(\boldsymbol{x})=g(\boldsymbol{\theta}^{\mathrm{T}}\boldsymbol{x})=\frac{1}{1+\mathrm{e}^{-\boldsymbol{\theta}^{\mathrm{T}}\boldsymbol{x}}};\quad g(z)=\frac{1}{1+\mathrm{e}^{z}}$$

合并起来用一个公式表示，即

$$p(y \mid \boldsymbol{x},\boldsymbol{\theta})=(h_{\boldsymbol{\theta}}(\boldsymbol{x}))^{y}(1-h_{\boldsymbol{\theta}}(\boldsymbol{x}))^{1-y}$$

其中，$y=1$(或 0)。

对于训练数据集，特征数据 $X=\{x_1,x_2,\cdots,x_m\}$ 和对应的分类数据 $Y=\{y_1,y_2,\cdots,y_m\}$，极大似然函数为

$$\begin{aligned}L(\boldsymbol{\theta} \mid \boldsymbol{x},y)&=\prod_{i=1}^{m}p(y^{(i)} \mid x^{(i)};\boldsymbol{\theta})\\&=\prod_{i=1}^{m}(h_{\boldsymbol{\theta}}(\boldsymbol{x}))^{y^{(i)}}(1-h_{\boldsymbol{\theta}}(\boldsymbol{x}))^{1-y^{(i)}}\end{aligned}$$

乘法的处理比较烦琐，一般可以转换为对数似然，变成加法，即

$$\begin{aligned}l(\boldsymbol{\theta})&=\log(L(\boldsymbol{\theta} \mid \boldsymbol{x},y))\\&=\sum_{i=1}^{m}y^{(i)}\log(h(x^{(i)}))+(1-y^{(i)})\log(1-h(x^{(i)}))\end{aligned}$$

最后利用梯度下降法来计算参数，等价于：

$$\boldsymbol{\theta}^{*}=\arg\underbrace{\min(l(\boldsymbol{\theta}))}_{\boldsymbol{\theta}}$$

参照前面介绍的最优解方法，采用梯度下降法，首先获得梯度(推导过程省略，大家可以参见相应书籍)：

$$\frac{\partial}{\partial\theta_j}(l(\boldsymbol{\theta}))=\frac{\partial}{\partial\theta_j}\left(\sum_{i=1}^{m}y^{(i)}\log(h(x^{(i)}))+(1-y^{(i)})\log(1-h(x^{(i)}))\right)$$

$$=\left(\frac{y^{(i)}}{h(x^{(i)})}-(1-y^{(i)})\frac{1}{1-h(x^{(i)})}\right)\frac{\partial}{\partial\theta_j}(h(x^{(i)}))$$

$$\cdots$$

$$=(y^{(i)}-h_{\boldsymbol{\theta}}(x^{(i)}))x_j$$

得到梯度后，进而迭代$\boldsymbol{\theta}$至收敛即可：

$$\theta_j:=\theta_j+\alpha(y^{(i)}-h_{\boldsymbol{\theta}}(x^{(i)}))x_j^{(i)}$$

14.1.3　模型的使用

根据样本计算出参数$\boldsymbol{x}'$后，对于新的样本来说，计算 $p=\frac{1}{1+e^{-\boldsymbol{\theta}^{\mathrm{T}}\boldsymbol{x}'}}$就可以得到属于 $y=1$ 这类的概率。

14.1.4　模型的本质

通过以上内容的阐述，现在可以对逻辑回归的内在本质进行一个总结：**针对每个样本采用 Logit 进行线性回归的转换，得到每个样本的概率表示。再采用最大似然估计求得参数。最后将每个新数据代入公式，求得其概率，再根据概率值的大小进行分类。**

实际上，逻辑回归模型也可以用图 14-5 表示，其实它就是一个简单的神经网络。

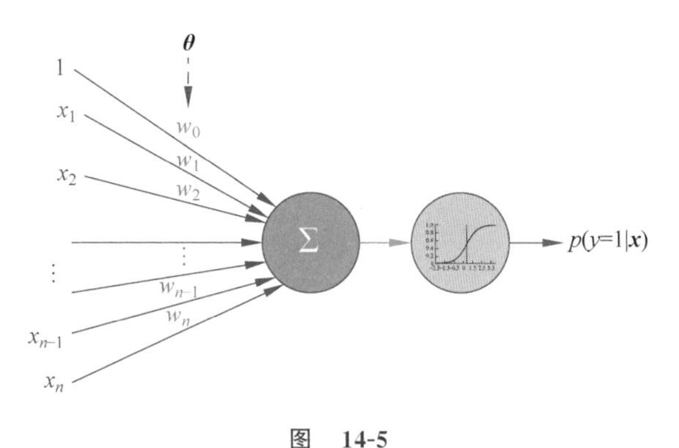

图　14-5

14.2　梯度提升决策树

决策树同样也是用得比较多的模型，单纯的决策树结构过于简单，因此梯度提升决策树(Gradient Boosting Decision Tree，GBDT)的诞生很好地拓展了决策树的能力。

14.2.1　梯度提升决策树的含义

梯度提升决策树包含三个意思，第一个是梯度(Gradient)，第二个是提升(Boosting)，第

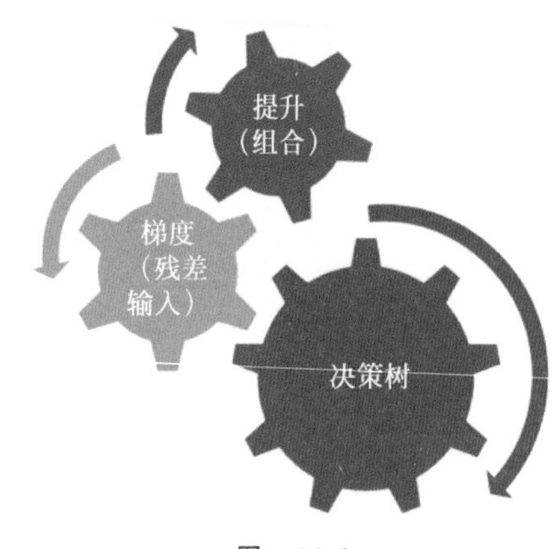

图 14-6

三个是决策树(Decision Tree),如图 14-6 所示。一个算法里面包含了三个意思,这也是为什么把它放在这里特别介绍的原因。梯度就是之前介绍过的梯度,模型的每一次输入是在之前建立模型损失函数的梯度下降方向。提升的意思是多个分类器组合成为一个更强的分类器。决策树就是以决策树结构作为基础。

梯度提升决策树又叫多次增加回归树(Multiple Additive Regression Tree,MART)。多次增加回归树是一种迭代的决策树回归算法,该算法由多棵决策树组成,所有树的结论累加起来作为最终答案。

正因为梯度提升决策树兼具三者的能力,因此它是在传统机器学习算法里面对真实分布拟合得较好的几种算法之一。在深度学习还没有大行其道之前,梯度提升决策树在各种竞赛中大放异彩。总结其原因大概有以下几个。

(1) 实际效果确实不错。

(2) 既可以用于分类,也可以用于回归。

(3) 可以筛选特征(类似随机森林)。

梯度提升决策树是通过采用加法模型(即基函数的线性组合),以及不断地减少训练过程中产生的残差来达到将数据分类或者回归的算法。

梯度提升决策树通过多轮迭代,每轮迭代产生一个弱分类器,每个分类器在上一轮分类器的残差基础上进行训练。对弱分类器的要求一般是足够简单,并且是低方差和高偏差的,因为训练的过程是通过降低偏差来不断提高最终分类器的精度的。

14.2.2 梯度提升决策树的实现过程

下面简单介绍梯度提升决策树的实现过程。

1. 回归树

提起决策树,大多数人首先想到的就是 C4.5 分类决策树。但我们不要一开始就把梯度提升决策树中的树想成分类树。**决策树分为两类,回归树和分类树。回归树主要用于预测实数值,如明天的温度、用户的年龄、网页的相关程度等。分类树用于分类标签值,如晴天、阴天、雾天、雨天、用户性别、网页是否为垃圾页面等。**对回归的结果进行加减是有意义的,如 10 岁+5 岁−3 岁=12 岁;而对分类的结果进行加减则无意义,如男+男+女。

梯度提升决策树的核心在于累加所有树的结果作为最终结果,就像前面对年龄的累加(−3 是加−3)。而分类树的结果显然是没办法累加的,所以梯度提升决策树中的树都是回归树,不是分类树。尽管梯度提升决策树调整后也可用于分类,但不代表梯度提升决策树的树是分类树。

那么回归树如何工作呢?下面以对性别判别、对年龄预测为例进行说明。每个样本都是一个已知性别、年龄的人,而特征则包括这个人上网的时长、上网的时段、网购所花费的金额等。

作为对比，我们知道 C4.5 分类树在每次分枝时，会穷举每个特征的每个阈值，找到使得按照特征值≤阈值和特征值>阈值分成的两个分枝的熵最大的特征和阈值。按照该标准，分枝得到两个新节点，用同样方法继续分枝，直到所有数据都被分入性别唯一的叶子节点，或达到预设的终止条件。若最终叶子节点中的性别不唯一，则以多数人的性别作为该叶子节点的性别。

回归树总体流程类似，不过在每个节点（不一定是叶子节点）会得到一个预测值。以年龄为例，该预测值等于属于这个节点的所有人年龄的平均值。分枝时穷举每个特征的每个阈值，寻找最好的分割点，但衡量最好的标准不再是最大熵，而是最小化均方差，即每个人的预测误差平方和除以 N。这很好理解，被预测出错的人数越多，错得越离谱，均方差就越大。通过最小化均方差能够找到最靠谱的分枝依据。直到每个叶子节点上人的年龄都唯一，或者达到预设的终止条件（如叶子个数上限）停止分枝。若最终叶子节点上人的年龄不唯一，则以该节点上所有人的平均年龄作为该叶子节点的预测年龄。

2. 梯度迭代组合（Gradient Boosting）

梯度迭代组合即通过迭代多棵树来共同决策，将多棵树采用的残差作为训练目标。怎么实现呢？梯度迭代组合的核心在于，每棵树学习的是之前所有树的结果之和与目标值之间的残差，这个残差就是一个加预测值后所得真实值的累加量。比如 A 的真实年龄是 18 岁，但第一棵树的预测年龄是 12 岁，差了 6 岁，即残差为 6 岁。那么在第二棵树里把 A 的年龄设为 6 岁去学习。如果第二棵树能把 A 分到 6 岁的叶子节点，那累加两棵树的结论就是 A 的真实年龄。如果第二棵树的结论是 5 岁，则 A 仍然存在 1 岁的残差，第三棵树里 A 的年龄就变成 1 岁，继续学习。

3. 特征筛选

特征筛选在这里包含两方面，一个是特征的重要度度量，另一个是可以作为新的特征选择来作为其他模型的输入。

首先介绍特征的重要度度量。

Friedman 在 GBM 论文中提出的方法：特征 j 的全局重要度通过特征 j 在所有单棵树中的重要度的平均值来衡量，公式稍微有点复杂：

$$\hat{J}_j^2 = \frac{1}{M}\sum_{m=1}^{M}\hat{J}_j^2(T_m)$$

其中，M 是树的数量。$\hat{J}_j^2(T_m)$是第 m 棵树中的特征 j 的重要度，其计算公式如下：

$$\hat{J}_j^2(T) = \sum_{t=1}^{L-1}\hat{i}_t^2 \times 1(v_t = j)$$

其中，L 为所在树的叶子节点数量，$L-1$ 即为树的非叶子节点数量（构建的树都是具有左右孩子的二叉树），v_t 是和节点 t 相关联的特征。如果这棵树里面没有这个特征，那么其重要度为 0，而 $\hat{i}_t^2$ 是节点 t 分裂前节点的平方损失的减少左右子节点的平方损失的值。对于比较重要的特征，这个值会比较大。

计算所有特征的重要度，就可以比较出哪个更重要，其值越大就越重要。

再来讲讲通过梯度提升决策树进行特征的构造。其最初出现在 Facebook 的一篇论文中。它是梯度提升决策树与逻辑回归的融合，论文中有个例子：GBDT 和 LR 组合，如图 14-7 所示。图中＃1 树、＃2 树为通过梯度提升决策树模型学习出来的两棵树，x 为一条输入样本，遍历两棵树后，分别落到两棵树的叶子节点上，每个叶子节点对应逻辑回归的一维特征，别的叶子节点对应的就是 0。通过遍历树，就得到了该样本对应的所有逻辑回归需要的特征。由于树的每条路径是通过最小化均方差等方法最终分割出来的有区分性的路径，根据该路径得到的特征、特征组合都相对有区分性，其效果理论上不亚于人工经验的处理方式。

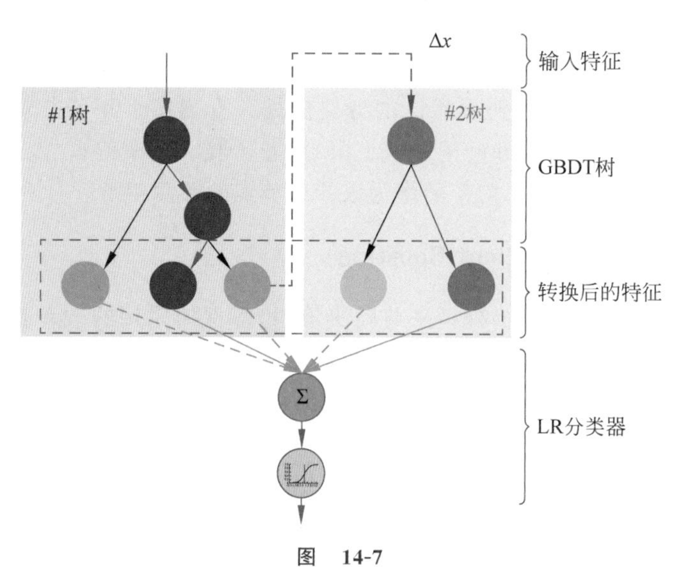

图 14-7

梯度提升决策树模型的特点非常适合用来挖掘有效的特征和特征组合。业界不仅对 GBDT＋LR 融合有实践，对 GBDT＋FM/FFM 也有实践，2014 年，Kaggle CTR 竞赛冠军使用的就是 GBDT＋FM，可见使用梯度提升决策树融合其他模型是非常值得尝试的思路。

14.2.3 梯度提升决策树例子及分析

继续采用年龄预测的例子，简单起见，训练集只有 4 个人：A、B、C、D，他们的年龄分别是 14 岁、16 岁、24 岁、26 岁。其中 A、B 分别是高一和高三学生；C、D 分别是应届毕业生和工作两年的员工。特征假定有四个：网上购物金额、上网时长、上网时段、在百度知道里的行为(提问/回答)。如果用一棵传统的回归决策树训练，会得到如图 14-8 所示的结果。

图 14-8 中决策树的叶子节点的值为预测值，非叶子节点的值为划分值的平均值，括号里是样本的标签值，走的路径是某个特征的分割点/值。读者会发现里面没有用到第四个特征，这是有可能的。

现在使用梯度提升决策树。由于数据太少，限定叶子节点最多有两个，即每棵树都只有一个分枝，并且限定只学习两棵树，会得到如图 14-9 所示的采用梯度提升决策树来预测年龄的结果。

图 14-9 中最下面一行可以看到残差，也就是标签值和叶子节点预测值的差，然后第二棵树以残差值作为标签值进行树的训练，第二棵树用到了第四个特征。

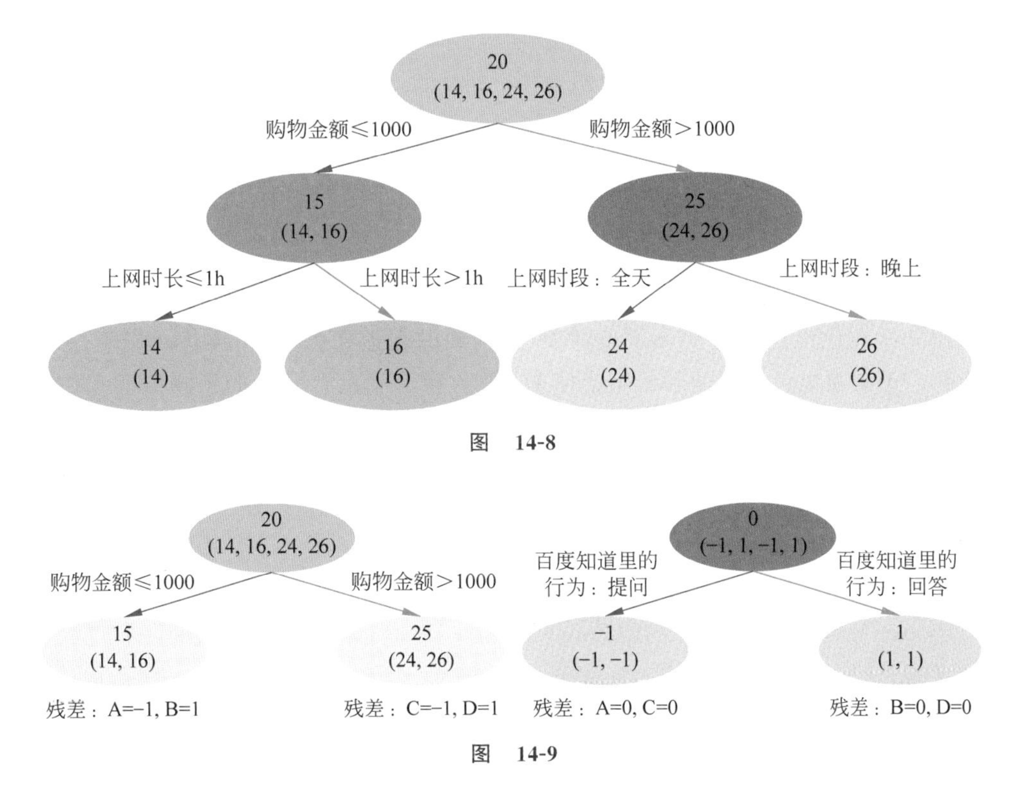

图　14-8

图　14-9

梯度提升决策树第一棵树的分枝和决策树一样，由于 A、B 年龄较为相近，C、D 年龄较为相近，他们被分为两组，每组用平均年龄作为预测值。此时计算残差(残差的意思是 A 的预测值＋A 的残差＝A 的实际值)，所以 A 的残差就是 14－15＝－1(注意，A 的预测值是指前面所有树累加的和，这里前面只有一棵树，所以直接是 15，如果前面还有树，则需要都累加起来作为 A 的预测值)。进而得到 A、B、C、D 的残差分别为－1、1、－1、1。然后拿残差替代 A、B、C、D 的原值，到第二棵树去学习。如果预测值和它们的残差相等，则只需把第二棵树的结论累加到第一棵树上的预测值就能得到真实年龄。第二棵树只有两个值 1 和－1，直接分成两个节点。此时所有人的残差都是 0，即每个人都得到了真实的预测值。

需要注意的是，上面的例子中普通决策树和梯度提升决策树好像效果是一样的，都能得到正确的结果。所以问题来了：既然最终效果相同，为何还需要梯度提升决策树呢？答案是过拟合。如果允许一棵树的叶子节点足够多，训练集总是能训练到 100％准确率(大不了最后一个叶子上只有一个样本)。在训练精度和实际精度(或测试精度)之间，后者才是我们想要真正得到的。

普通决策树为了达到 100％精度使用了 3 个特征(上网时长、上网时段、网上购物金额)，其中分枝“上网时长＞1h”很显然已经过拟合了。这个数据集上也许恰好 A 每天上网 0.9h，B 上网 1.01h，但用上网时间是不是＞1h 来判断所有人的年龄显然是有悖常识的。

相对来说，梯度提升决策树虽然用了两棵树，但其实只用了两个特征就解决了。后一个特征是问答行为，显然梯度提升决策树的依据更靠谱。提升(Boosting)的最大好处在于，每一步的残差计算其实变相地增大了分错样本的权重，而已经分对的样本则都趋向于 0。这样后面的树就能越来越专注那些前面被分错的样本。

14.2.4 XGBoost

目前在业界实际使用比较多的梯度提升决策树类的算法是 XGBoost，下面就 XGBoost 相比普通梯度提升决策树的优缺点进行介绍。

XGBoost 相比传统梯度提升决策树的优点如下。

1. 正则化

XGBoost 在代价函数里加入了正则项(正则项的理论在第 21 讲详述)，用于控制模型的复杂度。正则项里包含树的叶子节点个数、每个叶子节点上输出的预测值的 L2 模的平方和。从模型偏差和方差取舍角度来讲(在第 22 讲详细介绍)，正则项降低了模型的方差，使学习得出的模型更加简单，防止过拟合，这也是 XGBoost 优于传统梯度提升决策树的一个特性。

2. 并行处理

XGBoost 工具支持并行。组合(Boosting)是一种串行结构，如何做到并行呢？注意，XGBoost 的并行不是树粒度的并行，XGBoost 是一次迭代完才能进行下一次迭代(第 t 次迭代的代价函数里包含前面 $t-1$ 次迭代的预测值)。XGBoost 的并行是在特征粒度上的。

决策树学习最耗时的一个步骤就是对特征值进行排序(因为要确定最佳分割点)。XGBoost 在训练之前，预先对数据进行排序，然后保存为块(block)结构，后面的迭代中重复地使用这个结构，大大减少了计算量。这个块结构也使得并行成为可能，在进行节点分裂时，需要计算每个特征的增益，最终选择增益最大的那个特征进行分裂，各个特征的增益计算就可以通过多线程进行。

3. 灵活性

XGBoost 支持用户自定义目标函数和评估函数，只要目标函数是二阶可导就行。

4. 缺失值处理

对于特征值有缺失的样本，XGBoost 可以自动学习获得它的分裂方向。

5. 剪枝

XGBoost 先从顶到底建立所有可以建立的子树，再从底到顶反向进行剪枝，这样不容易陷入局部最优解。

6. 内置交叉验证

XGBoost 允许在每轮组合迭代中使用交叉验证。因此，可以方便地获得最优组合迭代次数。关于交叉验证的内容将在第 22 讲中详细讲解。

第 15 讲

机器学习模型——概率图模型

现实世界中很多复杂的问题可以通过图及序列进行描述，同时不确定性问题又可以由概率论来描述和解决，因此概率图在近二十年已成为不确定性推理的研究热点，在人工智能、机器学习和计算机视觉等领域有广阔的应用前景。本讲主要对概率图模型（Probability Graph Models，PGM）进行讲解。

15.1　概述

1. 图网络模型

可以用图网络模型反映世界上一些事务之间的关系，事务又可以有对应的属性、状态等。

图 15-1 所示是学生、课程、等级评定以及最终学校给予学生向更高一级学校或者公司推荐信质量的表示。

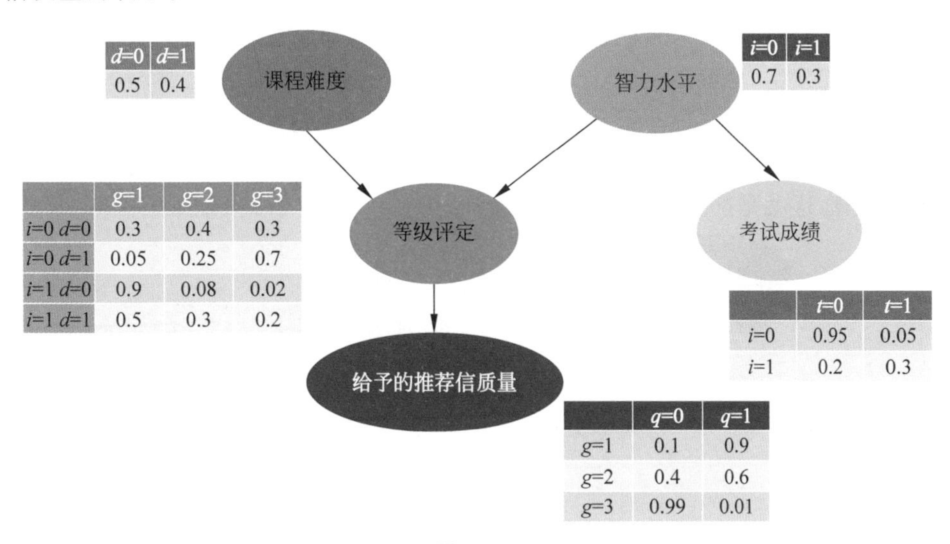

d=0	d=1
0.5	0.4

i=0	i=1
0.7	0.3

	g=1	g=2	g=3
i=0 d=0	0.3	0.4	0.3
i=0 d=1	0.05	0.25	0.7
i=1 d=0	0.9	0.08	0.02
i=1 d=1	0.5	0.3	0.2

	t=0	t=1
i=0	0.95	0.05
i=1	0.2	0.3

	q=0	q=1
g=1	0.1	0.9
g=2	0.4	0.6
g=3	0.99	0.01

图　15-1

连接箭头的方向大致对应“因果关系”，可以体现箭头出发节点对箭头指向节点的概率影响。图 15-1 中的“课程难度”和“智力水平”将决定“等级评定”，“智力水平”则体现出“考试成绩”,而“等级评定”会影响学生在毕业时学校“给予的推荐信质量”。

那么,概率在哪里呢? 在现实中,当一事务发生时,另一事务更容易发生,这时就用概率来表达,而且这种概率通常表达的也是因果关系。图 15-1 中各个节点旁边的表格中的数据就是概率。

- 课程的难度(**d**):可取两个值,0 表示低难度,1 表示高难度。
- 学生的智力水平(**i**):可取两个值,0 表示不聪明,1 表示聪明。
- 学生的等级评定(**g**):可取三个值,1 表示差,2 表示中,3 表示优。
- 学生的考试成绩(**t**):可取两个值,0 表示低分,1 表示高分。
- 在毕业后学生从学校那里所得到的推荐信质量(**q**):可取两个值,0 表示推荐信不好,1 表示推荐信很好。

图网络只模拟具有因果关系的事件的概率,而不是全部事务之间的联合概率,这样可以节省大量的计算(在第 1 讲的联合概率中曾提到过这一点)。也就是说,实际上并不需要知道所有的联合概率,只要知道父节点对子节点的概率影响就可以了。当然,即使是今天,仍然有些图网络因为计算量的问题而不能完成。

图网络第二个有用的原因是具有可调整性。图网络可大可小,可以在原来的概率模型上增加或者删减。而且,当应用时,只需要根据所知道的部分影响因素来构建模型,就可以有很好的结果。

通过图网络模型,首先需要得到模型的参数,类似图 15-1 中表格的内容,当然在数学上需要通过参数等来表示,其实就是训练过程。然后利用训练好的模型,可以做到预测和推理,从而解决实际问题。

2. 预测和推理

既然可以用父节点和子节点来反映条件概率,那么就可以把父节点上的事情看成过去的事情,子节点的事情看成未来的事情。也就是说在过去事情已经发生的状况下,未来哪一种事件最有可能发生,这就是预测。比如用来预测天气、股票市场、生态模型等。而且,即使模型中缺失了很多数据,它也有很强大的预测和推理功能。图 15-2 中的例子,在知道“课程难度”为低难度、“考试成绩”为好的条件下,通过红色线路的方向反向进行“智力水平”“等级评定”等的计算,这就是推理。

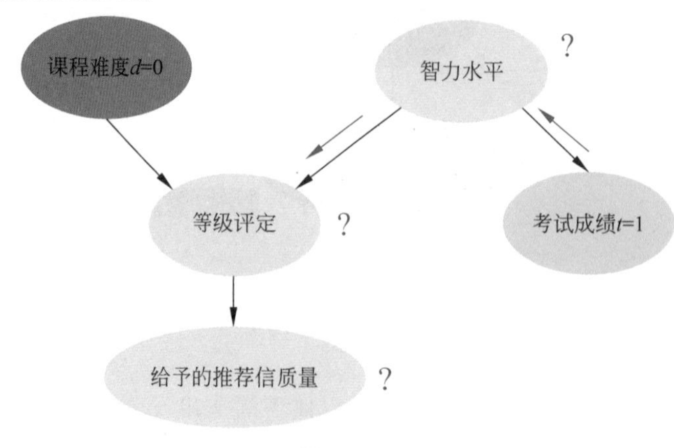

图 15-2

图 15-2 中,关系是用箭头来表示的,含有因果的关系。在现实中,事务之间的交互本质上是对称的,也就是箭头是双向的,也就是无向的,也需要有模型可以表示这种对称性而不受方向影响。比如把一张图片上的点看作一个节点,节点和节点之间显然不存在明显的因果关系,而更多体现的是依存关系。

15.2　概率图模型族谱及特征

简单地概括一下:概率图模型是用图来表示变量概率依赖关系的理论,结合概率论与图论的知识,利用图表示与模型有关的变量的联合概率分布[①]。概率图模型由图灵奖获得者 Pearl 开发出来。

在统计概率图模型中,呈现如图 15-3 所示的概率图模型族谱的体系结构[②]。

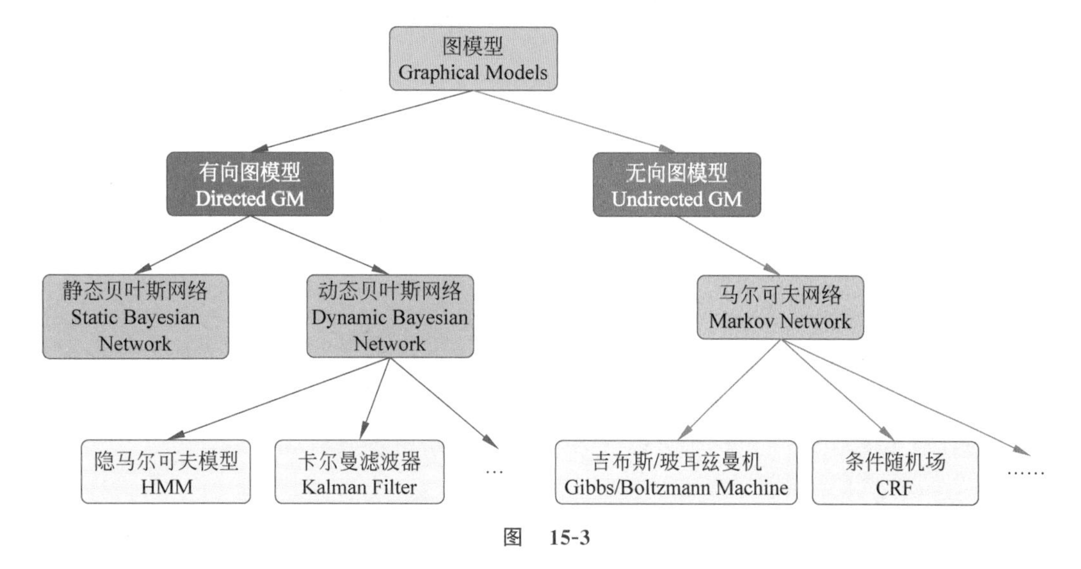

图　15-3

图 15-3 把概率图的族谱进行了一个清晰的呈现。

(1) 根据边有无方向性进行分类,可以分为以下三类。

- 有向图模型:也称为贝叶斯网络(Bayesian Network,BN),其网络结构使用有向无环图。
- 无向图模型:也称为马尔可夫网络(Markov Network,MN),其网络结构为无向图。
- 局部有向模型:即同时存在有向边和无向边的模型,包括条件随机场(Conditional Random Field,CRF)和链图(Chain Graph)。

(2) 根据表示的抽象级别不同进行分类,可分为以下两类。

- 基于随机变量的概率图模型:如贝叶斯网络、马尔可夫网络、条件随机场、链图等。
- 基于模板的概率图模型:这类模型根据应用场景的不同又可分为以下两种。

---

① 百度百科:概率图模型。

② 宗成庆编写的《统计自然语言处理(第 2 版)》。

① 暂态模型：包括动态贝叶斯网络(Dynamic Bayesian Network，DBN)和状态观测模型，其中状态观测模型又包括线性动态系统(Linear Dynamic System，LDS)和隐马尔可夫模型(Hidden Markov Model，HMM)。

② 对象关系领域的概率图模型：包括盘模型(Plate Model，PM)、概率关系模型(Probabilistic Relational Model，PRM)和关系马尔可夫网(Relational Markov Network，RMN)。

15.2.1 特征一：有向和无向

图 15-4 所示是有向和无向依赖图，可以很清楚地看到图 15-4(a)是带有方向依赖的图(贝叶斯网络)，图 15-4(b)是无方向依赖的图(马尔可夫随机场)。

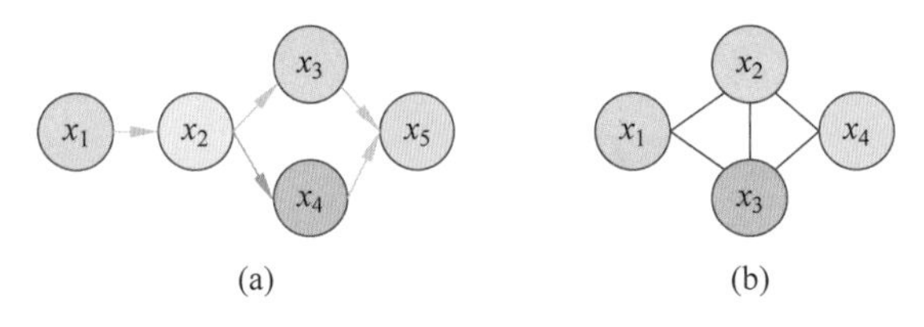

图 15-4

因为我们需要计算的是联合概率，图 15-4 分别对应下面的概率表示。

对于有向概率图，方向意味着条件依赖：

$$P(x_1,x_2,x_3,x_4,x_5)=P(x_1)\cdot P(x_2\mid x_1)\cdot P(x_3\mid x_2)\cdot P(x_4\mid x_2)\cdot P(x_5\mid x_3,x_4)$$

对于无向概率图，因为不存在方向依赖，也就没有条件概率。要想表示整体联合概率，需要将一个图分为若干个“小团”，而且每个团必须是“最大团”(类似最大连通图，图中的任意两点都有边连接)，图 15-4(b)中可以分为两个小团(团用 ψ 表示)：

$$P(x_1,x_2,x_3,x_4)=\frac{1}{Z(x)}(\psi(x_1,x_2,x_3)\cdot\psi(x_2,x_3,x_4))$$

其中，$Z(x)$是为了进行归一化设置的，类似于之前介绍的最大熵及逻辑回归中的分母项。

完整的公式是

$$P(Y)=\frac{1}{Z(x)}\prod_c\psi_c(Y_c)\quad(c\text{ 表示一个团})$$

$$Z(x)=\sum_Y\prod_c\psi_c(Y_c)$$

因此通过分辨有向和无向，就可以确定模型的大致形式。

15.2.2 特征二：马尔可夫性质

在第 1 部分已经讲过马尔可夫链的内容，本节更加有针对性地介绍马尔可夫性质。马尔可夫性质(Markov Property)是概率论中的一个概念[①]，因俄国数学家安德雷·马尔可夫得名。

当一个随机过程在给定“现在”状态及“过去”所有状态的情况下，其“未来”状态的条件

① 百度百科：马尔可夫性质。

概率分布仅依赖于“当前”状态。换句话说，在给定“现在”状态时，它与“过去”状态（即该过程的历史路径）是条件独立的，那么此随机过程即具有马尔可夫性质。

具有马尔可夫性质的过程通常称为马尔可夫过程，即在一个过程中，每个状态的转移只依赖于前 N 个状态（N-gram），并且是一个 N 阶模型。最简单的马尔可夫过程是一阶的（1-gram），即只依赖于前面那一个状态，也称为马尔可夫链。

我们以天气为例。假定天气是马尔可夫的，意思就是假设今天的天气仅仅与昨天的天气存在概率上的关联，而与前天及前天以前的天气没有关系，如图 15-5 所示。其他如传染病和谣言的传播规律，也是马尔可夫的。

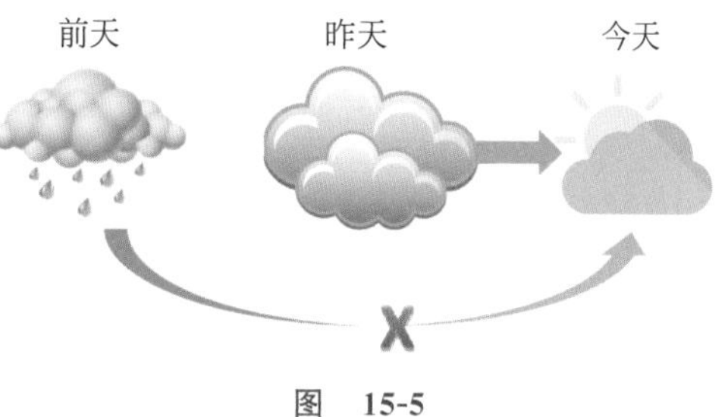

图　15-5

对应到马尔可夫网络，有这样的马尔可夫性质：图的顶点状态的概率只依赖顶点的最近临界点，并且顶点对图中的其他任何节点是条件独立的。

马尔可夫性质是保证或者判断概率图是否为概率无向图的条件。

15.2.3　特征三：判别式和生成式

本节内容在前面机器学习方法论模型类型介绍中也曾提到过，总结如下。

主要有以下两类基于概率分布的模型。

- 判别式模型：直接将数据的 Y 值或者标签（Label），根据所提供的特征进行学习，最后可以得到一个明显或者比较明显的边界（也称为决策边界）。对于新的样本，则直接计算 $P(Y|X)$。这样的模型有线性逻辑回归、线性支持向量机、决策树、神经网络、条件随机场（CRF）等。
- 生成式模型：先从训练样本数据中获得所有数据的分布情况，并且是一个联合分布 $P(X,Y)$。对于新的样本数据，则通过学习获得的模型的联合分布，再结合新样本的 X，通过条件概率得出，即 $P(Y|X)=\dfrac{P(X,Y)}{P(X)}$。因为 Y 可能会有多个值（比如分类），因此最终选择概率最大的作为结果。这类模型有朴素贝叶斯、隐马尔可夫模型（HMM）等。

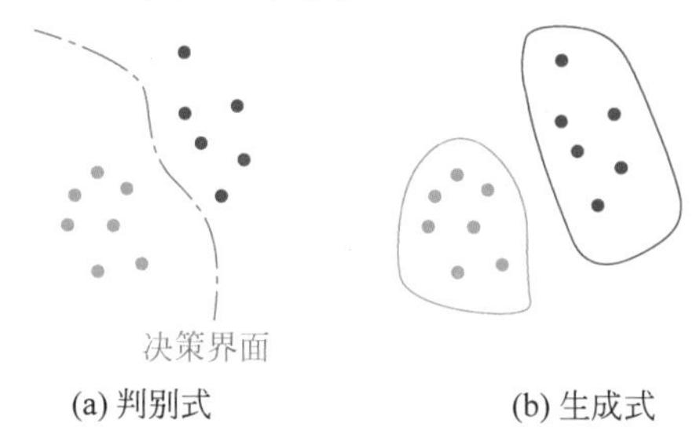

(a) 判别式　　(b) 生成式

图　15-6

图 15-6 直观地展示了两者的关系。比较这两种方式，生成式模型的优点在于所包含的信息非常全，所以不仅可以用来推测 Y 值（Label），还可以做其他事情。生成式模型关注结果是如何产生的，但是生成式模型需要非常充足的数据量，以保证采样到了数据本来的面目，所以其速度相比判别式模型要慢。

15.2.4　特征四：序列型模型

序列包括时间序列及一般序列，常见的序列包括时序数据、文本句子、语音数据等。

不同的序列有不同的问题需求，常见的概率图模型相关的序列建模方法有以下两种。

- 判断不同序列类别，即分类问题。
- 不同时序对应的状态分析，即序列标注问题，如命名实体识别、词性识别。

如图 15-7 所示，两类问题也可以对应到概率图模型上，只不过图的形式比较工整，可以形成序列的形式。具体建模和使用方式没有大的差别。

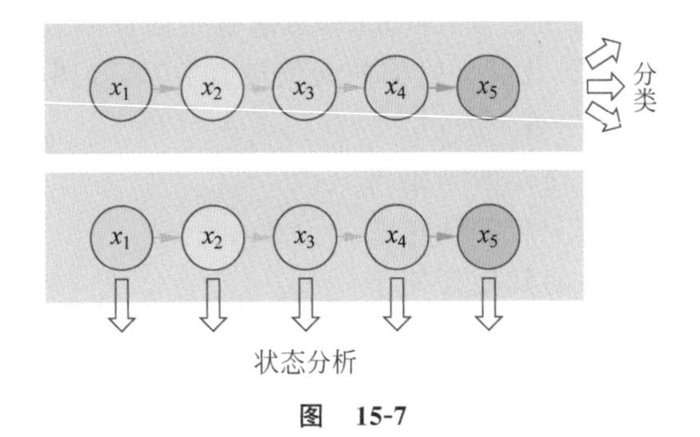

图 15-7

15.2.5 核心概念小结

下面简要回顾一下概率图模型涉及的几个核心概念。

- **图模型**：图模型是由图结构构成的，其中节点表示随机变量，边表示变量之间的依赖关系。
- **贝叶斯网络**：是有向图模型，每个节点都有一个相关的条件概率分布。
- **马尔可夫网络**：是无向图模型，每个团都有一个相关的势函数。
- **条件独立**：根据图中节点的连接方式，我们可以写出这种形式的条件独立陈述，即给定 Z，则 X 与 Y 相互独立。
- **参数估计**：根据给定的一些数据和图结构来填充条件概率密度(CPD)表或计算势函数。
- **推理**：给定一个图模型，希望解答有关未被观察到的变量的问题。

在前面的内容中，读者会看到一个词"**条件独立**"，这个词为什么重要，到底表示什么含义呢？下面专门讲解一下。

概率图模型本质上需要计算变量之间的概率关系，对于高维随机变量，依然会出现计算量过大的问题，因为每一个变量均可能和前面所有的变量相关，所以需要简化模型，降低计算量。

最简单的简化模型方法为：假设各变量之间相互独立，此时忽略了变量之间的所有依赖关系，表达式为 $P(x_1,x_2,\cdots,x_n)=\sum_{i=1}^{n}P(x_i)$，这就是朴素贝叶斯方法。由于此假设过强，需要对假设进行适当放宽，引入马尔可夫假设(n 阶)，即当前变量仅与前 n 个变量相关，一般常用一阶或二阶马尔可夫假设。但这种假设仍然过强，因为当前变量可能不只与前一个变量相关，可能与前两个变量相关，于是对假设进一步放宽，就引入了条件独立性假设。即需要判断：给定 Z，则 X 与 Y 相互独立。当 X 和 Y 相互独立时，就意味着两者没有相互影响，因此有了条件独立性假设，可大大降低计算复杂度。

条件独立性是概率图模型的重要概念，无论是有向图还是无向图，都要求能够清晰地表示变量之间的条件独立性。

正式定义：在概率上，如果事件 a 和事件 b 独立，即事件 a 的发生对事件 b 没有影响，从而 $P(a,b)=P(a)P(b)$。如果已经发生了事件 c，那么表示事件 a 和事件 b 独立的式子将变为 $P(a,b|c)=P(a|c)P(b|c)$。

要考察 a,b 两个事件是否有关系，即能否证明上面的式子。我们先以有向图(贝叶斯网络)作为例子来考察其中不同图结构下的 a、b 两个事件是否在事件 c 发生的情况下独立。有以下三种基础结构。

1) 尾→尾

从 c 出发，箭头指向 a、b。从 c 的角度看，箭头在线的尾巴处，故称为尾→尾，如图 15-8 所示。

(1) c 未知($P(c)$是哪个不确定)，此时 a、b 不相互独立，证明如下：

$$P(a,b)=\sum_c P(c)P(a\mid c)P(b\mid c)$$

此式子不能推导出 $P(a,b)=P(a)P(b)$，所以 a、b 不相互独立。

(2) c 已知($P(c)$已确定)，那么 a、b 相互独立。证明如下：

$$P(a,b\mid c)=\frac{P(a,b,c)}{P(c)}=\frac{P(c)P(a\mid c)P(b\mid c)}{P(c)}=P(a\mid c)P(b\mid c)$$

也就是说尾→尾的情况下，a、b 对于 c 条件独立。可以看成 c 把从 $a\to b$ 的线给砍断了。

2) 头→尾

$a\to c$，再从 $c\to b$。从 c 的角度看，前面是头，后面是尾，故称为头→尾，如图 15-9 所示。

(1) c 未知：则 a、b 不相互独立。这个和尾→尾的情况一样。

(2) c 已知：a、b 独立。证明如下：

$$P(a,b\mid c)=\frac{P(a,b,c)}{P(c)}=\frac{P(a)P(c\mid a)P(b\mid c)}{P(c)}=P(a\mid c)P(b\mid c)\quad(\text{因为 } P(c) \text{ 已知})$$

也就是说头→尾的情况下，a、b 对于 c 条件独立。同理，也可以看成 c 把 $a\to b$ 的线给砍断了。

3) 头→头

$a\to c$，另外一条 $b\to c$。从 c 的角度看，两个都是头，故称为头→头，如图 15-10 所示。

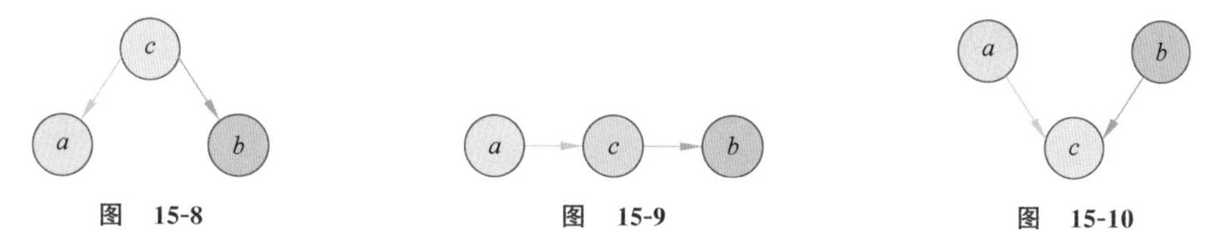

图 15-8　　图 15-9　　图 15-10

(1) c 未知：此时 a、b 相互独立，可直接由图的概率公式得到：

$$P(a,b,c)=P(a)P(b)P(c\mid a,b)\to P(c\mid a,b)=\frac{P(a,b,c)}{P(a)P(b)}$$

根据联合概率公式：

$$P(a,b,c)=P(c \mid a,b)P(a,b) \rightarrow P(c \mid a,b)=\frac{P(a,b,c)}{P(a,b)}$$

结合上面两个公式，得到 $P(a,b)=P(a)P(b)$。

(2) c 已知：此时 a、b 相互独立。证明如下：

$$P(a,b \mid c)=\frac{P(a,b,c)}{P(c)}=\frac{P(a)P(b)P(c \mid a,b)}{P(c)}$$

无法得到 $P(a,b|c)=P(a|c)P(b|c)$。

也就是说头→头的情况下，如果 c 未知，那么 a、b 独立，或者可以理解为 a、b 之间没有通路。

公式总是比较抽象的，我们依然以具体例子来说明，如图 15-11 所示。

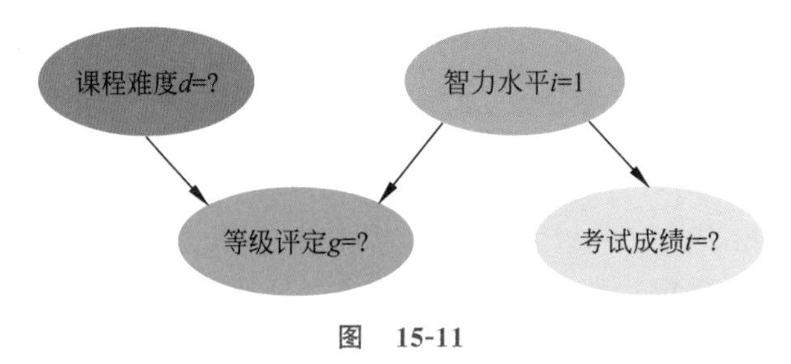

图 15-11

假设现在知道了某个学生"智力水平"比较高，那么对于"考试成绩"的推测，一般会认为比较好，然后可以推测"等级评定"也会比较高。如果实际上可能某门课程的"考试成绩"并不好，这时"等级评定"依然可以是高，所以"考试成绩"和"等级评定"在"智力水平"已知的情况下，是没有什么影响的。如果是"智力水平"未知的情况，反而可以通过"考试成绩"推测"等级评定"的概率。

再假设"智力水平"已知为高，那么在"等级评定"未知的情况下，能否知道"课程难度"呢？显然是不能的，因为存在课程很难的情况，导致学生都没考好，从而得到的"等级评定"也不高，也就是聪明的学生的"等级评定"也会为差。因此就可以表述为："如果未观察到'等级评定'，那么'智力水平'和'课程难度'是相互独立的。"

15.3 两个典型的概率图模型

作为比较有代表性的模型，我们接下来以隐马尔可夫模型和条件随机场为例，为什么用这两个模型呢？因为它们分别代表不同特征的概率图模型，而且使用比较广泛。

15.3.1 隐马尔可夫模型

首先来说特征，隐马尔可夫模型(HMM)的特征分别是有向、马尔可夫链(一阶依赖)、生成式、序列型。

举一个例子，如图 15-12 所示，在天气预报信息还不发达时，某男和女朋友分隔两地，而且很远。他们只能通过飞鸽传书来谈情说爱，其中有一项信息是她做的事情。假设做的事情为{公园散步，购物，清理房间}中的一种，而这些事情取决于天气情况，天气假设是{下雨，天晴}中的一种。但是她的信件里面没有说明是什么天气，现在的问题是根据信件内容："啊，我前天公园散步，昨天购物，今天清理房间了！"能否推断这三天的天气。

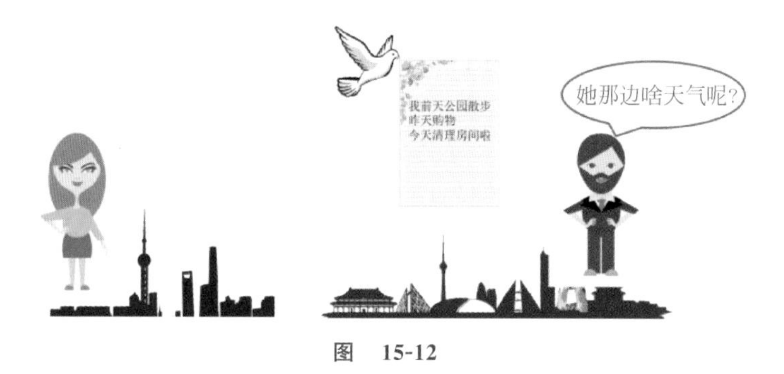

图 15-12

在这个例子里，显状态(可以明确知道的)是活动，隐状态是天气。这个也就是隐马尔可夫模型中隐含的意思。那么马尔可夫体现在哪里？因为天气之间的变化其实也是有概率关系的，比如今天如果天晴，那么明天是天晴或者下雨的概率是可以根据历史信息统计出来的，同样如果天晴，那么做的三件事情的概率也是可以根据历史信息统计出来的。这些信息都可以通过数学方式表示出来，图 15-13 所示为隐马尔可夫模型。

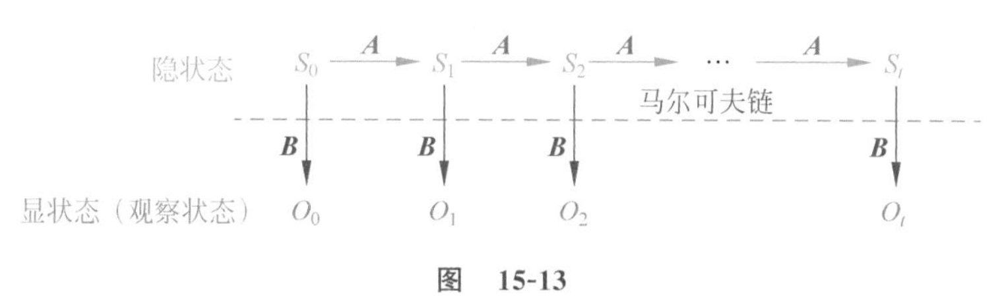

图 15-13

图 15-13 中，S_i 代表隐状态，O_i 是可以观察到的状态，**A** 是 S 状态之间的转移概率矩阵，**B** 是 S_i 到 O_i 的发射概率矩阵。隐藏于虚线上方的状态链，即马尔可夫过程，取决于当前状态和 **A** 矩阵。我们仅能观测到 O_i，它通过 **B** 矩阵与隐状态关联起来。

隐马尔可夫模型可以通过 **A**、**B** 和 π(起始状态)确定，因此可以用以下公式表示：

$$\lambda=(\boldsymbol{A},\boldsymbol{B},\pi)$$

比如针对上面的例子，对应的值可能如下。

隐状态(S)：{下雨，天晴}。

可观察状态(O)：{散步，购物，打扫}。

起始状态(π)：{下雨：0.6(概率)，天晴：0.4(概率)}。

转移概率矩阵(**A**)：

天晴→下雨：0.4，天晴→天晴：0.6。

下雨→下雨：0.7，下雨→天晴：0.3。

发射概率矩阵(**B**)：

下雨时→散步：0.1；购物：0.4；下雨时→打扫：0.5。

天晴时→散步：0.6；购物：0.4；天晴时→打扫：0.1。

隐马尔可夫模型要解决的问题主要是以下几种。

(1) 假设已经有一个特定的隐马尔可夫模型 λ 和一个可观察状态序列集 O。想知道在所有可能的隐藏状态序列下，给定的可观察状态序列的概率（比如在已经知道女朋友每天散步、购物、打扫卫生的情况，各种不同天气序列下对应这些行为的概率）。

（2）和上面一个问题相似并且更有趣的是根据可观察序列找到隐藏序列。在很多情况下，对隐藏状态更有兴趣，因为其包含了一些不能被直接观察到的有价值的信息（比如在已经知道女朋友每天散步、购物、打扫卫生的情况，最可能的天气序列情况）。

（3）在很多实际的情况中，隐马尔可夫模型中的参数不能被直接获得（也就是λ未知），这就变成了一个学习问题，根据观察到的序列集找到一个最有可能的隐马尔可夫模型（比如只知道女朋友每天的行动，但是概率矩阵等信息并不知道，这时首先需要计算$\boldsymbol{A}$、$\boldsymbol{B}$等参数）。

针对上面的三个问题，可以分别采用下面对应的方法来解决，读者可以参考具体的算法书籍。

（1）前向算法。

（2）Viterbi算法（利用动态规划找到有向无环图的一条最大路径）。

（3）前向后向算法（也称为Baum-Welch算法）。

再对应到自然语言处理（NLP），可以将天气当成"标签"（隐状态），将活动当成"字或词"（可观察事件）。那么，几个自然语言处理的问题就可以进行如下转换。

- 词性标注：给定一个词的序列（也就是句子），找出最可能的词性序列（标签是词性）。如ansj分词和ICTCLAS分词等。
- 分词：给定一个词的序列（句子），找出最可能的标签序列（断句符号："词尾"或"非词尾"构成的序列）。结巴（jieba）分词目前就是利用BMES标签来分词的，B（开头），M（中间），E（结尾），S（独立成词）。
- 命名实体识别：给定一个词的序列，找出最可能的标签序列（内外符号："内"表示词属于命名实体，"外"表示不属于命名实体）。如ICTCLAS实现的人名识别、翻译人名识别、地名识别都是用同一个标注器（Tagger）实现的。

关于隐马尔可夫模型的具体例子，会在第3部分结合具体问题详细介绍。

15.3.2 条件随机场（CRF）

条件随机场模型的特征分别是：无向、马尔可夫随机场、判别式、序列型。

举词性标注的例子：假如我们有一个十个词形成的句子需要做词性标注。这十个词每个词的词性可以在我们已知的词性集合（名词、动词……）中去选择。

1. 无向体现在哪里

和隐马尔可夫模型不同，这个模型节点之间不是因果关系，而是依存关系，也就是相互影响，因此是无向的。

2. 随机场体现在哪里

随机场是由若干个位置组成的整体，为每个位置按照某种分布随机赋予一个值，当然赋值的要求是符合其分布函数，其全体就叫作随机场。当我们为每个词选择词性后，就形成了一个随机场。

3. 马尔可夫体现在哪里

马尔可夫随机场是随机场的特例,它假设随机场中某一个位置的赋值仅仅与它相邻的位置的赋值有关,与其不相邻的位置的赋值无关。在例子中,如果我们假设所有词的词性只和它相邻的词的词性有关时,这个随机场就转化成一个马尔可夫随机场。比如第三个词的词性除了与自己本身的位置有关外,只与第二个词和第四个词的词性有关。

4. 条件体现在哪里

在最大熵模型中已经讲解过模型是需要满足指定条件的,这里的条件也就是限制条件的意思。比如我们标注一句话的词性,可能是{名词、动词、名词、介词、名词},也可能是{名词、动词、动词、介词、名词}。那么根据我们所学的知识,一般动词后面再跟动词不太符合语法(不过,现在不断创新的网络用词可能会有突破),这就是一个限定条件,也就是我们需要在限定条件下建模。

特种限定条件在这里称为特征函数。通过定义一个特征函数集合,用这个特征函数集合来为一个标注序列打分,并据此选出最靠谱的标注序列。也就是说,每个特征函数都可以用来为一个标注序列评分,将集合中所有特征函数对同一个标注序列的评分综合起来,就是这个标注序列最终的评分值。

以上几点对应到图形,就是如图 15-14 所示的条件随机场模型。

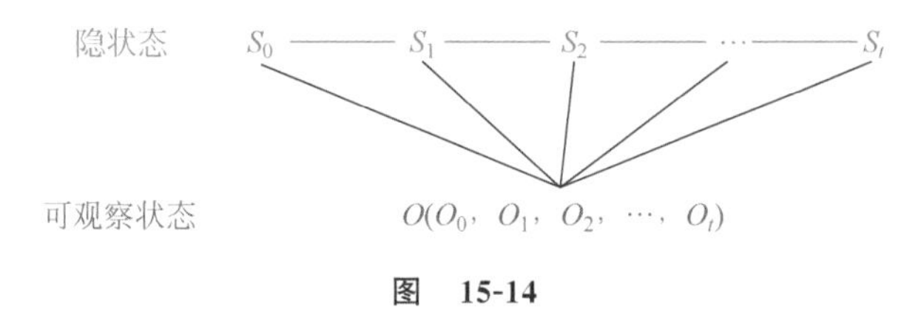

图 15-14

现在,尝试定义一下特征函数,比如以词性标注为例子,这个函数接受以下四个参数。

- O 表示句子(比如要标注词性的句子)。
- i 用来表示句子 O 中第 i 个单词。
- S_i 表示要评分的标注序列给第 i 个单词标注的词性。
- S_{i-1} 表示要评分的标注序列给第 $i-1$ 个单词标注的词性。
- $f_k(O,S_{i-1},S_i,i)$的输出值是 0 或者 1,0 表示要评分的标注序列不符合这个特征,1 表示要评分的标注序列符合这个特征。

和最大熵一样,需要把特征函数包含到概率中,因为计算最终的概率才是我们的目标。定义好一组特征函数后,我们要给每个特征函数 $f_k(O,S_{i-1},S_i,i)$赋予一个权重 λ_k。现在,只要有一个句子 O,有一个标注序列 S,就可以利用前面定义的特征函数集对 S 评分。

$$\text{score}(S \mid O) = \sum_{i}^{T} \sum_{k}^{M} \lambda_k f_k(O,S_{i-1},S_i,i)$$

上式中有两个求和符号,第一个求和符号用来相加每个特征函数 f_k,第二个求和符号用来相加句子中每个位置的单词的特征值。回到特征函数本身,每个特征函数定义了一个规则,则其系数定义了这个规则的可信度,所有的规则和其可信度一起构成了最终的条件概率分布。

对这个分数进行指数化和标准化，就可以得到标注序列 S 的概率值：

$$P(S \mid O)=\frac{1}{Z(O)}\mathrm{e}^{\sum_{i}^{T}\sum_{k}^{M}\lambda_k f_k(O,S_{i-1},S_i,i)}=\frac{1}{Z(O)}\mathrm{e}^{\left[\sum_{i}^{T}\sum_{j}^{J}\lambda_j t_j(O,S_{i-1},S_i,i)+\sum_{i}^{T}\sum_{l}^{L}u_l s_l(O,S_i,i)\right]}$$

特征里面包含了转移特征和状态特征。不过一般情况下，不需要把两种特征区别得那么开，合在一起表示为 f。分开说明的话，t_j 为 i 处的转移特征，对应权重 λ_j，每个词都有 J 个特征。转移特征针对的是前后词之间的限定(局部特征)。s_l 为 i 处的状态特征，对应权重 u_l，每个词都有 L 个特征。

公式可以简化为下面的形式：

$$P(y \mid x;w)=\frac{\exp(w\cdot\phi(x,y))}{\sum_{y'\in Y}\exp(w\cdot\phi(x,y'))}$$

它和逻辑回归、Softmax 相当神似。

因为是判别式模型，所以为每个词打分，满足条件的就有所贡献。最后将所得的分数进行对数线性表示，求和后归一化，即可得到概率值，这就和对数线性模型(Log-Linear Model)联系在一起了。

在只有条件随机场的情况下，上面说的两类特征函数都是人工设定好的。通俗地说就是人为设定状态特征模板，比如设定“某个词是名词”；人为设定转移特征模板，比如设定“某个词是名词时，上一个词是形容词”等。给定一句话时，就根据上面设定的特征模板来计算这句话的特征分数。计算时，如果这句话符合特征模板中的特征规则，则该特征规则的值为 1，否则为 0。模型的表现取决于两种特征模板设定的好坏。

现在可以使用深度神经网络的方式，状态特征就可以通过大量样本由模型自己学习得到，然后输入到条件随机场中，结合特征函数继续处理。也就是采用 BERT/LSTM+CRF 的方法来提高效率和准确率。

第 16 讲 机器学习模型——强化学习

本讲重点介绍机器学习经典模型中的强化学习。可以说，强化学习的方法是最符合人类解决问题的方式。如图 16-1 所示，智能体（Agent）和环境（Environment）通过行动、奖励反馈、状态更新再到优化形成闭环，结合探索和利用两个阶段来进化式地解决问题，笔者认为会成为一个非常重要的领域。

在前面，曾用一个多臂老虎机的例子简单地介绍了强化学习，接下来就对强化学习的几个主要模型和解决方法进行讲解。

首先还是以多臂老虎机为例进行说明，如图 16-2 所示。

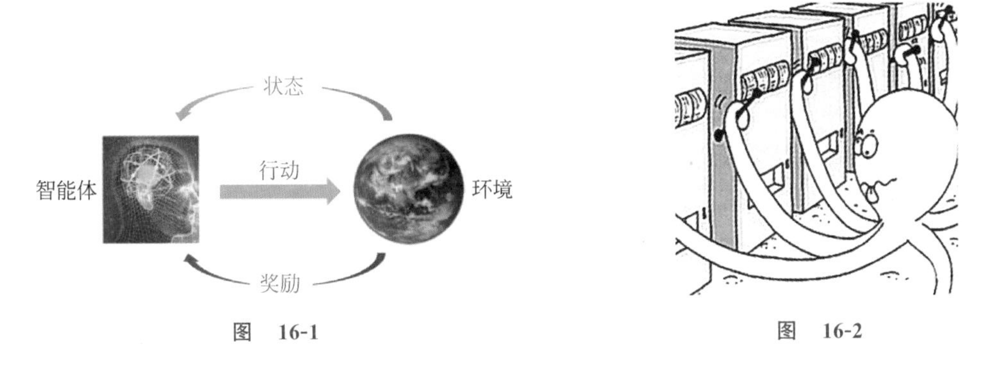

图 16-1　　图 16-2

在游乐场里有一种多臂老虎机，玩者顺序进行 N 轮，每轮需要决定拉 K 个老虎机的哪个臂。拉每个臂后出来的币是不一样的，也可能不出币，事先并不知道哪个老虎机会出来多少币，最终的目标是使总收益最大化。玩的策略可以有以下几种。

16.1 ε 贪婪算法

ε 贪婪算法（ε-greedy）是先随机往一排老虎机里面投币，拿一个本子记下来投币的老虎机编号、出币数量等。每投入一定次数后，针对记录的数据进行统计，然后按照出币数量对老虎机进行排序，得到一个列表。把其中的 30% 设置成优先投币的老虎机（优先列表），其余的为优先级低的老虎机（其他列表）。然后手中扔一个骰子，如果是 1～5 点的话（也就是 5/6 的概率），就从优先列表中选择一个老虎机投币，如果骰子是 6 点（也就是 1/6 的概率），就从其他列表中选择一个老虎机。投入币之后，同样把数据记录到本子上。最好每次都重新统计一下每个老虎机出币的数量、概率及收益情况，也就是更新优先列表和其他列表。这个方法就称为 ε-贪婪算法，大概率(概率为 ε，意味着贪婪)选择优先列表，其余概率(概率是 1－ε，小概率)则选择不是那么“优”的选项。

上述过程中包含两个步骤，一个称为探索(Exploration) 阶段，如图 16-3 所示；另一个称为利用(Exploitation)阶段，如图 16-4 所示。探索阶段也是一个数据收集的过程，通过多次判断和分析获得每个选项的收益概率。比如上面例子中的观察阶段就是拿本子记录投币和出币情况。而利用阶段是一个数据利用的过程，通过探索过程中的结果进行选项的选择，比如以更大概率去选择优先列表中的选项。实际上这两个阶段不是泾渭分明的，很多时候是交替甚至交杂在一起的。

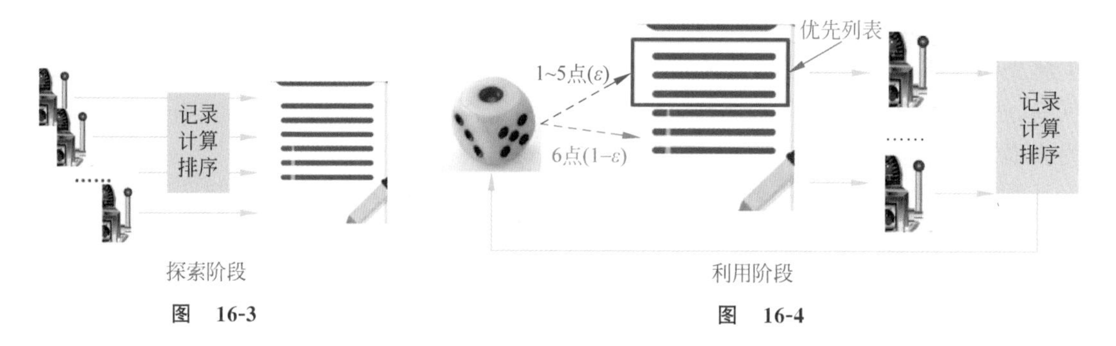

图 16-3　　图 16-4

如果按照上面的方法，在开始很长一个阶段都是在进行数据的积累，导致总体收益在前期不是那么高。而且因为是按照贪婪方式进行的，可能会丧失没有在优先列表中的高收益，客观上无法达到理想的较高收益，那怎样改善呢？

16.2　置信区间上界算法

这里假设每个老虎机奖励的随机分布是不一样的，如图 16-5 所示。

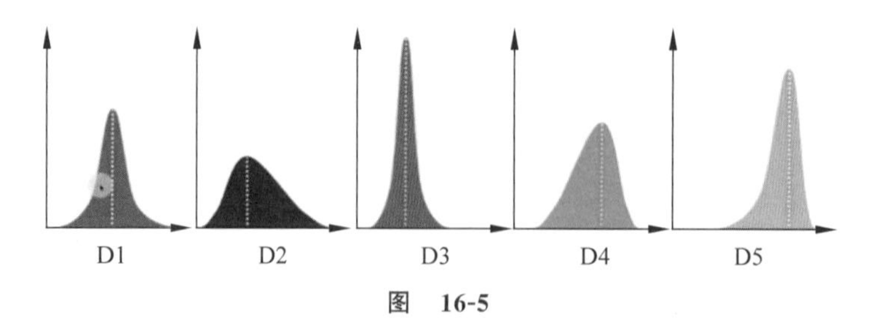

图 16-5

比如第一个分布，D1 老虎机的分布大概率落在中间部分，很小概率在两头部分。假设用户知道所有老虎机的这些分布，那么用户应当怎样选择？答案很简单，应当选择 D5 老虎机，因为其大概率区间所在的值(峰值对应的水平坐标)最高。

所以问题转换成：如何得到每个老虎机的实际收益区间？

这就涉及置信区间(Confidence Bound 或 Confidence Interval)。置信区间是根据样本

信息推导出来的可能包含总体参数的数值区间,置信水平(置信度)表示置信区间的可信度。例如某学校学生的平均身高的区间估计:有 95%的置信水平可以认为该校学生的平均身高为 1.4~1.5m,(1.4~1.5)为置信区间,95%是置信水平,即有 95%的信心认为这个区间包含该校学生的平均身高。所以置信区间包含上界和下界,当然还有一个平均值(一般在两值的中间)。

置信区间上界算法(Upper Confidence Bound,UCB) 就是通过对数据的不断积累,逐渐调整其分布的上界、平均值,最后能够接近实际分布(实质和贝叶斯估计类似),从而最终通过选择具有合适置信上界的选型进行推荐。下面讲解上界是如何根据历史数据进行调整的。

第一步,在开始之前,假设每个老虎机的概率分布是相同的,即平均值或期望是相同的。图 16-6 所示是老虎机的实际期望和初始期望[①],虚线表示初始平均值或期望,粗横线表示实际的平均值或期望,这些期望事先是不知道的。纵轴表示老虎机可能带来的收益,该问题的核心就是要不断地尝试估算每个老虎机的平均期望。对于每个老虎机来说,其置信区间用长方形表示,选择哪个老虎机的概率需要根据区间上界来进行。

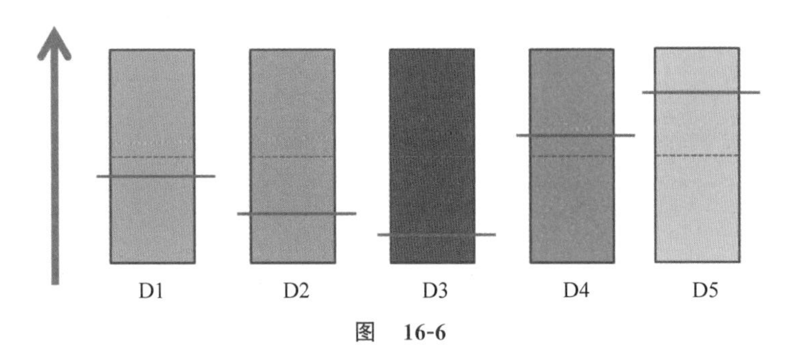

图 16-6

每一轮将要选择的是拥有最大区间上界的老虎机,即顶上的横线是最高的。在每一轮中选择并拉下。在第一轮中,它们的区间上界是一样的。

比如选择 D3,如图 16-7 所示。首先发现区间所代表的方框也下降了,因为拉下去后就会发现其给予的奖励(是否出币)。从图 16-6 看到 D3 的实际期望比较低,那么观察到的奖励也是比较少的。此时需要重新计算观察到的所有平均值,D3 的平均值就降低了。其次会发现置信区间变得更小了,因为比起上一轮的游戏,总共的观察次数变多了,也就是信心升高了,那么这个置信区间就会变小。

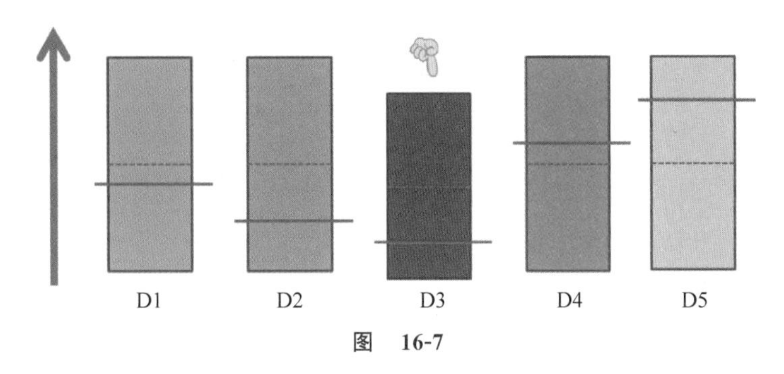

图 16-7

① 图例参考自 SegmentFault 中 CareyWYR 的内容。

此时 D3 的置信区间上界比其他几个要低(图 16-7),所以下一轮要选择其他四个老虎机。比如选择 D4,因为其实际的收益是比较高的,那么它的置信区间上界会变高,同时置信区间会变小,如图 16-8 所示。

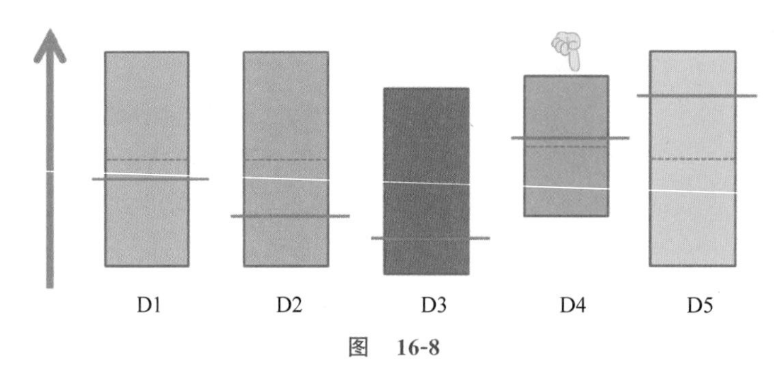

图 16-8

D1、D2、D5 三个老虎机的上界是一样的,因此可以在它们三个中间选择一个,比如选择 D1,其结果如图 16-9 所示。

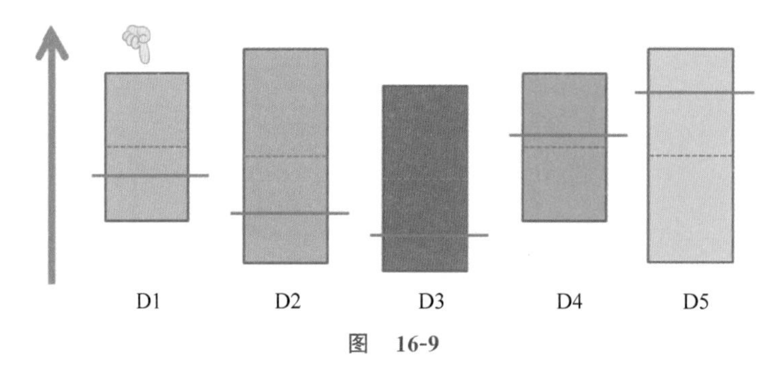

图 16-9

依次选择 D2、D5 老虎机后,会呈现图 16-10 所示的形态。

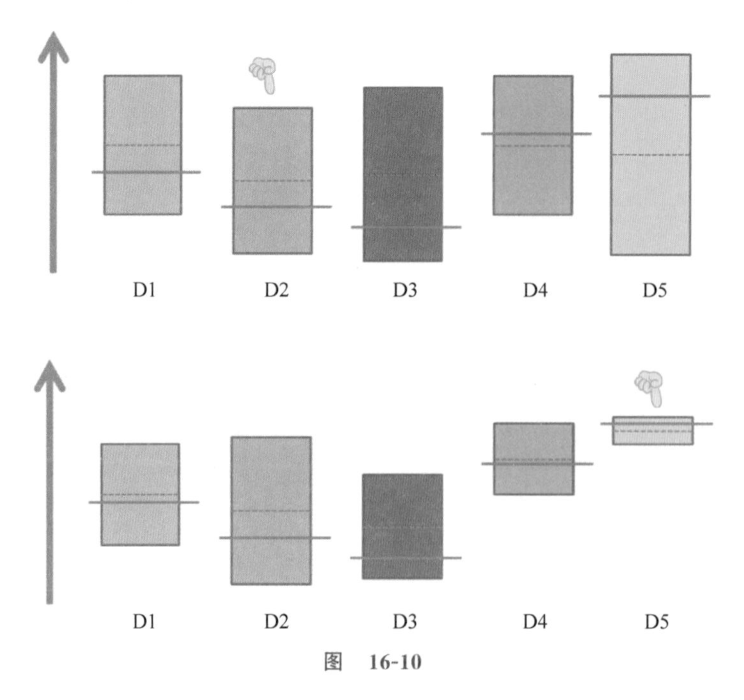

图 16-10

置信区间上界算法的特点是，当选择一个老虎机很多次后，其置信区间会逐渐变得很小。此时也要给其他老虎机一些机会，看看其他老虎机显示的观察结果所对应的新的置信区间上界是否会更高。这样经过很多轮后，最终 D5 的选择次数依然会很多，它的置信区间会越来越小，一直到最终轮，如图 16-11 所示。

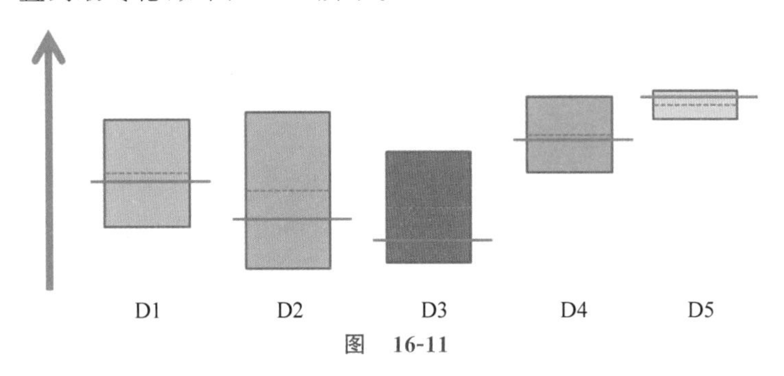

图　16-11

通过上面的例子，读者对于置信区间上界算法有了一个初步的理解。下面来看看数学上的表示。

设真实的老虎机出币概率为 p，估计概率为 $\tilde{p}$，$\tilde{p}=\frac{\sum_i \text{Reward}_i}{n}$。因为很难直接得到真实概率 p，所以通过计算两者之间的差值 Δ 来大致估算。差值 Δ 按照 Chernoff-Hoeffding Bound 算法计算。

假设每次 Reward 是在[0,1]取值的独立同分布随机变量，用 $\tilde{p}$ 表示样本均值，用 p 表示分布的均值，则有 $P\{|\tilde{p}-p|\leqslant\Delta\}\geqslant 1-2\mathrm{e}^{-2n\Delta^2}$。

当 Δ 取值为 $\sqrt{2\ln T/n}$ 时(其中 T 表示选择次数，n 表示某物品被选中次数)，$P\{|\tilde{p}-p|\leqslant\Delta\}\geqslant 1-\frac{2}{T^4}$。

当 T 取 2、3、4 时，概率分别为 0.875、0.975、0.992，可以明显看出，随着 T 的增加，区间逐渐变小，概率逐渐变大。

读者看到这里，可能会提出一个问题，Δ 虽然可以计算了，但是上面的公式里面我们是根据 Reward 反馈来计算 $\tilde{p}$(平均数)，如果没有足够的历史数据，这个平均数只能采用比如 0.5 这样的中间值，那么有没有更合适的方法呢？此时可以根据物品的特征，使用类似线性岭回归(Linear Ridge Regression)的方法得到更合理的估算。

实际上置信区间上界算法舍弃了随机推荐的概念，是一个确定性(Deterministic)算法。因为根据置信度产生的随机是伪随机。在模型更新前，推荐结果不会改变，无法融合先验知识。极端地说，若每个商品的均值就是真实值，那么每个人看到的都是一样的。如何结合先验知识来改进呢？

16.3　汤普森采样

汤普森采样(Thompson Sampling)先给物品的信息定义先验分布，然后利用每次的观察结果去计算后验分布。从每个商品的后验分布中采样生成随机数，取这些随机数中最大的进行推荐展示，依次循环。由于每轮汤普森采样中，都有根据分布采样随机数的过程，所以汤普森采样是一个随机的过程。为了方便每轮迭代先验概率与后验概率进行转化，可以使用共轭先验，即先验概率根据观察结果更新后验概率时，分布形式不变，只有参数发生变化。对于伯努利分布来说，共轭先验是贝塔分布（Beta Distribution）。

16.3.1 贝塔分布

贝塔分布在机器学习中是一个非常重要的分布，更准确地说，它是一个概率分布。

如果事先不知道某一事件发生的具体概率是多少，假设有一个概率本身的分布（所有可能）可以参考，是否可以先假设一个符合常识的概率，通过观察到的数据，逐步调整这个概率的分布期望值，然后逼近实际概率呢？这不就是贝叶斯公式的现实含义吗？那么这个概率本身的分布应该怎么描述？调整的抓手在哪里？

首先来看贝塔分布的数学表示。贝塔分布是一个定义在[0,1]区间的连续概率分布簇，它有两个正值参数，称为形状参数，一般用 α 和 β 表示，贝塔分布的概率密度函数形式如下：

$$
\begin{aligned}
f(x;\alpha,\beta) &= c \cdot x^{\alpha-1}(1-x)^{\beta-1} \\
&= \frac{x^{\alpha-1}(1-x)^{\beta-1}}{\int_0^1 u^{\alpha-1}(1-u)^{\beta-1}\mathrm{d}u} \\
&= \frac{\Gamma(\alpha+\beta)}{\Gamma(\alpha)\Gamma(\beta)}x^{\alpha-1}(1-x)^{\beta-1} \\
&= \frac{1}{B(\alpha,\beta)}x^{\alpha-1}(1-x)^{\beta-1}
\end{aligned}
$$

这里的 c 是一个常数，Γ 表示 gamma 函数，读者可以先不用考虑 Γ 函数的意义，简单地把它的作用看成为了进行归一化。

贝塔分布的均值是：

$$
\frac{\alpha}{\alpha+\beta}
$$

方差是：

$$
\frac{\alpha\beta}{(\alpha+\beta)^2(\alpha+\beta+1)}
$$

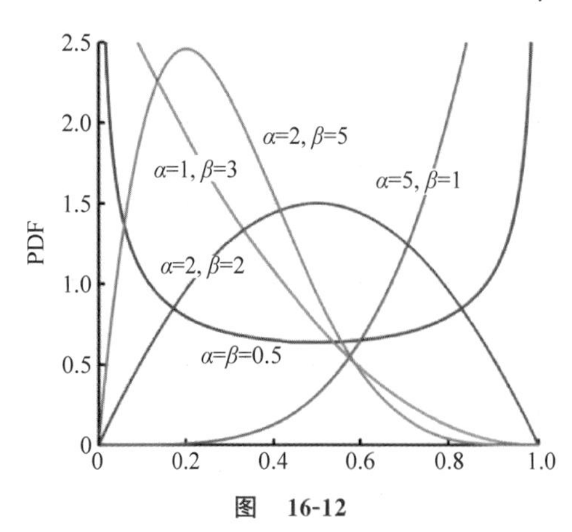

图 16-12

不同参数下的贝塔分布概率密度函数图形如图 16-12 所示。

从贝塔分布概率密度函数的图形可以看出，贝塔分布有很多种形状，但横轴都是在[0,1]区间，也就是概率值范围。因此贝塔分布可以描述各种[0,1]区间的事件概率，纵轴表示对应这个概率产生的概率。因此贝塔分布特别适合为某件事发生或者成功的概率建模。

贝塔分布主要有 α 和 β 两个参数，这两个参数决定了分布的形状，也就是用来调整分布的抓手。从图 16-12 及其均值和方差的公式可以看出：

(1) $\alpha/(\alpha+\beta)$就是均值，值越大，概率密度分布的中心位置越靠近 1($\alpha=5,\beta=1$ 曲线)。依据此概率分布产生的随机数也多数都靠近 1($\alpha=5,\beta=1$ 曲线越靠近 1，其纵轴对应的值就越大)，反之都靠近 0。

(2) $\alpha+\beta$ 越大，则分布越窄，也就是集中度越高。这样产生的随机数更接近中心位置，这从方差公式上也能看出来。

(3) 当 $\alpha=\beta=1$ 时，就是纵轴值为 1 的水平直线，此时就是均匀分布。

那具体怎么运用呢？依然用实际的例子进行说明。

棒球运动的一个指标就是棒球击球率，就是用一个运动员击中的球数除以总的击球数，一般认为 0.27 是一个平均的击球水平，如果击球率达到 0.3，就会认为非常优秀。如果要预测一个棒球运动员在接下来整个赛季的棒球击球率，该怎么做呢？也许有人认为：直接计算他目前的棒球击球率，用击中数除以击球数，不就可以了吗？但是，如果赛季刚开始，那么这样预测是很不合理的。假如这个运动员就打了一次，还中了，那么他的击球率就是 100%；如果没中，就是 0%，甚至打 5、6 次时，也可能运气爆棚全部击中，击球率为 100%，或者运气很糟，击球率是 0%，所以这样计算出来的击球率不合理也不准确。

当运动员首次击球没中时，没人认为他整个赛季会一次不中，所以击球率不可能为 0%。因为我们有先验期望，根据历史信息，我们知道击球率一般会在 0.215～0.36。如果一个运动员一开始打了几次都没中，那么可能最终成绩会比平均稍微差一点，但是一般不可能会偏离上述区间，更不可能为 0%。如何解决这个问题呢？

再次回忆贝叶斯公式，在实际生活中，首先会有一个先验知识，然后根据实际数据进行修正，得到后验知识，不断地进行这个过程，就可以得到接近真相的结果。那么，一个较好的方法来表示这些先验期望就是贝塔分布，在运动员击球之前，就对他的击球率有一个大概范围的预测。假设运动员整个赛季的击球率平均值大概是 0.27，也就是总体的击球率范围是 0.21～0.35，平均值在 0.27。如果用贝塔分布来表示，我们可以取参数 $\alpha=81,\beta=219$，因为 $\alpha/(\alpha+\beta)=0.27$，图 16-13 所示的贝塔分布主要集中在 0.21～0.35，非常符合经验值。也就是在不知道这个运动员真正击球水平的情况下，可以先给一个平均的击球率的分布，这里的 α 对应击中的次数，β 对应所有的击球次数。

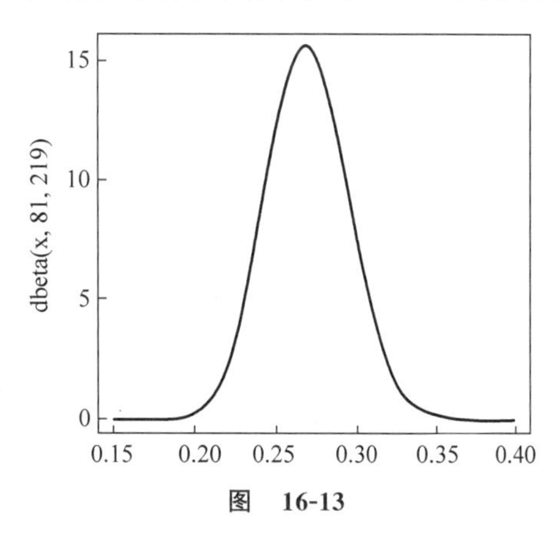

图 16-13

现在假设运动员挥杆一次并且击中了，那么现在在本赛季的记录是：1 次击中，共 1 次打击。这就是观察到的数据，然后利用它来更新，即更新概率分布，让概率曲线通过移动来反映新信息。

$$\mathrm{Beta}(\alpha_0+\mathrm{hits},\beta_0+\mathrm{misses})$$

注： α_0、β_0 是初始化参数，也就是本例中的 81、219。hits 表示击中的次数，misses 表示未击中的次数。

击中一次，则新的贝塔分布为 Beta(81+1,219)。随着整个赛季的进行，这个曲线会逐

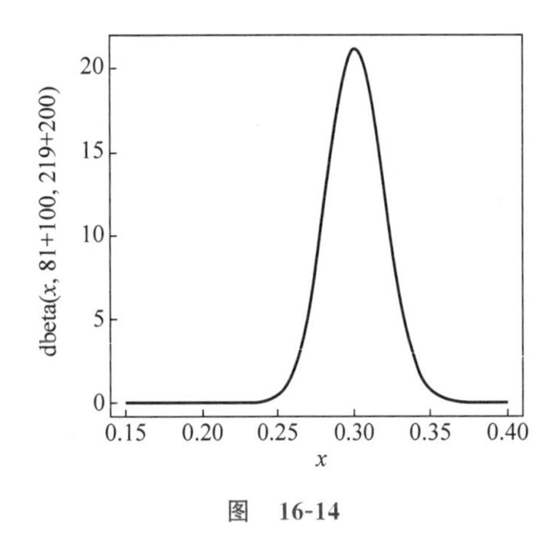

图 16-14

渐移动以匹配最新的数据。由于拥有了更多的数据,因此曲线(击球率范围)会逐渐变窄。假设赛季过半时,运动员一共打了 300 次,其中击中 100 次。那么新的贝塔分布是 Beta(81+100,219+200),如图 16-14 所示。

可以看出,曲线变窄而且往右移动了(击球率更高),因此对该运动员的击球率有了更好的了解。新的贝塔分布的期望值(平均值)为 0.303,比直接计算 100/(100+200)=0.333 要低,比赛季开始时的预计值 0.27 要高,所以贝塔分布能够抛弃一些偶然因素,比直接计算击球率更能客观地反映球员的击球水平。

初始的贝塔分布公式相当于给运动员的击中次数添加了"初始值",等同于在赛季开始前,运动员已经有 81 次击中、219 次不中的记录。因此,在事先不知道概率是什么,但又有一些合理的猜测时,贝塔分布能够很好地表示一个概率的分布。

16.3.2 贝塔分布与二项式分布的共轭先验性质

读者看了上面的例子,可能会有一个疑问,为什么可以这么做呢?理论依据是什么?

先来看看共轭的字面意思,从前在耕田时会在两头牛的背上套一个架子,这个架子使两头牛同步行走,架子就称为轭,如图 16-15 所示。

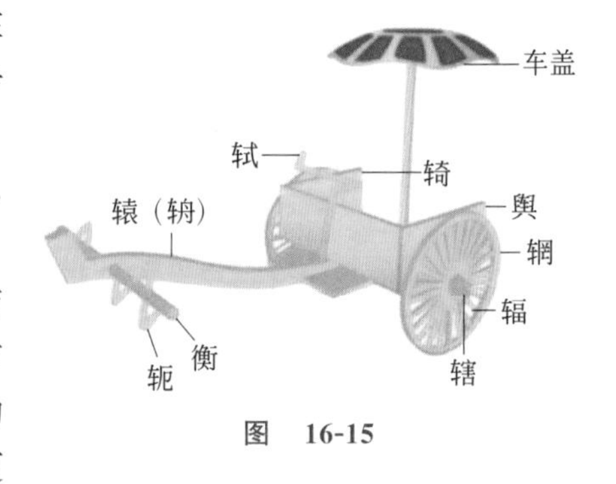

图 16-15

顾名思义,共轭即为按一定的规律相配的一对,通俗来说有点类似孪生。

在贝叶斯概念理论中,如果后验分布 $p(\theta|x)$ 与先验分布 $p(\theta)$ 是相同的概率分布簇,那么后验分布可以称为共轭分布,先验分布可以称为似然函数的共轭先验。再具体而言,先验概率根据观察结果更新后验概率时,分布的形式不变(也就是数学表达不变),只有参数发生变化。对于伯努利分布来说,共轭先验是贝塔分布。在后续迭代中,根据实验结果更新贝塔分布的 α、β 参数即可。

回顾二项式分布,每次事件的结果不是 0 就是 1。那么假设其中一个发生的概率是 θ,那么另一个发生的概率就是 $1-\theta$,表示为贝叶斯公式中的似然函数就是:

$$P(\text{data} \mid \theta) \propto \theta^{z}(1-\theta)^{N-z} \quad (\text{其中} \propto \text{表示服从右边的分布})$$

$$z=\sum_{i=1}^{N} X_i \quad (\text{某个事件发生的次数})$$

也就是已知先验知识 θ,求某个事件发生次数的概率服从右边公式表示的分布。

这里的 θ 服从参数是 (α,β) 的贝塔分布,贝塔分布的公式表达如下:

$$\text{Beta}(\alpha,\beta)=\frac{\theta^{\alpha-1}(1-\theta)^{\beta-1}}{B(\alpha,\beta)} \propto \theta^{\alpha-1}(1-\theta)^{\beta-1}$$

其中 B 函数是一个标准化函数，是为了使这个分布的概率密度积分等于 1。

根据贝叶斯公式，后验概率的表示为：

$$P(\theta \mid \text{data})=\frac{P(\text{data} \mid \theta)P(\theta)}{P(\text{data})} \propto P(\text{data} \mid \theta)P(\theta)$$

式中的 $P(\theta)$，我们无法确切知道是什么，但是可以通过贝塔分布来设置一个，只是不知道其中的 α 和 β 具体是什么而已，把贝塔分布公式代入上式：

$$P(\theta \mid \text{data}) \propto \theta^{z}(1-\theta)^{N-z} \times \theta^{\alpha-1}(1-\theta)^{\beta-1} \propto \theta^{\alpha+z-1}(1-\theta)^{\beta+N-z-1}$$

把上式中的 $\alpha+z$ 表示为 α'，$\beta+N-z$ 表示为 β'，整理后如下：

$$P(\theta \mid \text{data})=\frac{1}{B(\alpha',\beta')}\theta^{\alpha'-1}(1-\theta)^{\beta'-1}$$

可以看到，这个贝叶斯估计服从 $\text{Beta}(\alpha',\beta')$ 分布。只要用 B 函数将它标准化，就会得到后验概率。它的表示形式和贝塔分布是一样的，只是参数不同。这个性质也就是上面计算棒球击中率的理论基础。

实际上，从二项式分布和贝塔分布的共轭可以拓展到多项式分布和狄利克雷（Dirichlet）分布共轭。后者是类似主题模型的隐狄利克雷分配（Latent Dirichlet Allocation，LDA）算法的基础。

16.3.3　汤普森采样的具体过程

把贝塔分布的 α 参数看成投币后老虎机出币的次数，把 β 参数看成未出币的次数，则汤普森采样过程如下。

（1）取出每一个老虎机对应的参数 α 和 β。

（2）为每个老虎机用 α 和 β 作为参数，用贝塔分布产生一个随机数。

（3）按照随机数排序，输出最大值对应的候选老虎机。

（4）观察投币后老虎机的出币情况反馈，如果出币了将对应候选的 α 加 1，否则 β 加 1。

（5）回到步骤（3）继续。

16.4　共性问题

为了说明问题的共同性，我们现在换一个问题：互联网用户登录到网站上，需要在网页上展示广告，广告有很多，希望能最大化广告的点击率。

这两个问题其实是一类问题，一个老虎机等同于一个广告，你推荐的广告就等同于你去拉一个老虎机的臂，客户觉得广告有吸引力点击了，等同于老虎机吐出币，得到一个奖励（Reward）。得到的所有奖励之和就是最终收益。

所以说，强化学习在现实问题的解决上可以发挥很大作用。在第 3 部分中有具体代码，读者可以参考。

第17讲 探索式学习

在英文中有一个单词是heuristic，一般翻译成启发。根据维基百科词条，将heuristic定义为基于经验的技巧(technique)，用于解决问题、学习和探索，而且对该词进行了更详尽的解释，并罗列了多个相关领域。heuristic可以等同于实际经验估计(Rule of Thumb)、有依据的猜测和常识(由经验得来的判断力)。

从上面的定义来看，对应到中文中，其实用探索更为合适。因为启发一般是通过提问、引导让目标对象找到答案，而探索是利用实际经验去思索、猜测新的可能。

人们在解决问题时大多会采取根据经验规则进行探索发现的方法。其特点是在解决问题时，利用过去的经验，选择已经行之有效的方法，而不是系统地、以确定的步骤去寻求答案。

17.1 概述

探索式解决问题的方法与一般算法相比有较大的差别。算法是把各种可能性都一一进行尝试，最终找到问题的答案，但需要在很大的问题空间内花费大量的时间和精力才能求得答案。探索式方法则是在有限的搜索空间内，大幅减少尝试的次数，能迅速地解决问题。由于探索式方法具有尝试错误的特点，所以也有失败的可能性。科学家的许多重大发现，就是利用了极为简单的启发式规则。

可能上面的解释还是很抽象，下面举一个例子来比较一下通过探索式和普通算法解决同一个问题的差别。

问题的提出：如图17-1所示，某男要去看女朋友，女朋友给了他一个地址，那么他如何才能找到女朋友呢？

图 17-1

采用一般算法的话，可以通过地图导航软件，利用比如最短路径算法，找到一条具体的路，如图 17-2 所示。类似这样：沿××高速公路往东行至××出口；从出口出来后往山上开 4.5km；在一个杂物店旁边的红绿灯路口右转，接着在第一个路口左转；从左边褐色大房子的车道进去，就是××路×××号。

如果没有导航软件可用，我们可以使用探索式方法，如图 17-3 所示。其描述可能是这样的：找出女朋友寄的信，按照信上的地址坐车到这个镇；到了之后需要打听一下她的房子在哪里。因为这个镇不大，可能每个人都相互认识——肯定有人会很愿意帮助他的；如果找不到人，那就找个公共电话亭给女朋友打电话，女朋友会出来接他。

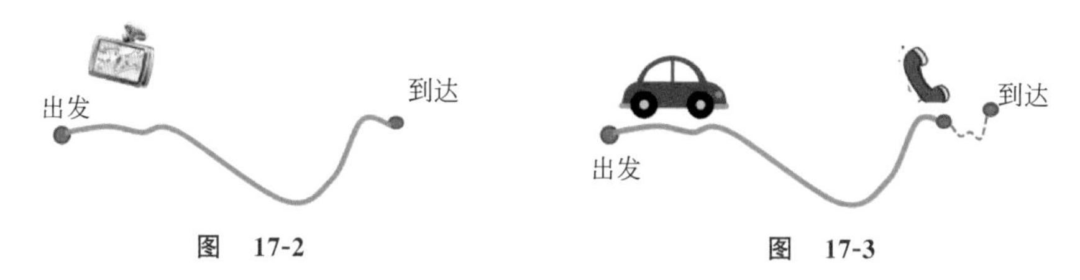

图　17-2　　　　图　17-3

我们会发现一般算法和探索式方法之间的差别很微妙，它们之间的差别就在于其距离最终解决办法的间接程度：算法直接给出解决问题的指导，而探索式方法则是告诉你该如何发现这些指导信息，或者至少知道到哪里去寻找这些指导信息。

从上面对探索式算法的解释可以看出，探索式算法的难点是建立符合实际问题的一系列启发式规则。探索式算法的优点在于它比盲目型的随机搜索法及穷举法要高效，一个经过仔细设计的探索函数，往往在很短的时间内就可得到一个搜索问题的最优解，对于非确定性多项式(Nondeterministic Polynomially，NP)问题，也可在多项式时间内得到一个较优解。因为它具有不断探索的性质在里面，因此称其为探索式算法更为合适。

因此说探索式算法的本质是一种贪心策略，是相对于最优化算法(求得该问题每个实例的最优解)提出的。这也在客观上决定了不符合贪心规则的更好(或者最优)解会错过。防止早熟收敛是启发算法的研究热点。

近几年比较活跃的算法有以下几种。

(1) 仿动物类的算法：包括遗传算法、蚁群算法、粒子群优化算法、鱼群算法、蜂群算法等。

(2) 仿物理学的算法：包括模拟退火算法等。

(3) 仿植物类的算法：包括向光性算法、杂草优化算法等。

(4) 仿人类的算法：包括和声搜索算法等。

本讲主要介绍三种算法：模拟退火算法、遗传算法、蚁群算法。

17.2　模拟退火算法

问题的提出：在如图 17-4 所示的曲线，也就是目标函数 $y=f(x)$中，找到最高点 F(也就是 arg maxf(x))。

在介绍启发式算法之前，我们来思考一下可以采取什么办法。

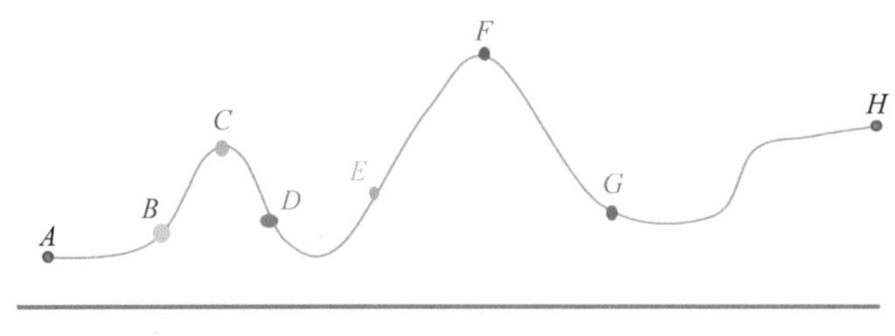

图 17-4

1. 穷举法

列举所有可能,然后一个个地计算目标函数,得到最优的结果。在图 17-4 中,需要从 A 点一直走到 H 点,才能知道 F 是最高点(最优解)。

穷举法虽然能得到最优解,但其效率却极其低下。为了提高效率,也可以不用枚举所有的结果,只枚举结果集中的一部分。如果某个解在这部分解中是最优的,那么就把它当成最优解。显然这样有可能得不到真正的最优解,但效率却比穷举法高很多。只枚举部分解的方法有很多种。

2. 贪心法

在枚举所有解时,当遇到的解在当前情况下最优时,就认为它是最优解。比如当从 A 点到 B 点时,由于 B 点比 A 点的解更优,所以会认为 B 点是最优解。显然这样的效率很高,但得到的最优解质量却很差。

3. 爬山法

贪心法是只和前面的一个比较,为了提高最优解的质量,不仅要和前一个解比较,还要和后一个解比较,如果它比前面和后面的解都优,那么就认为它是最优解。当到 C 点时,发现它比前面的 B 点和后面的 D 点的解都好,所以认为它是最优解。

爬山算法的实现很简单,其主要缺点是有可能陷入局部最优解,不一定能搜索到全局最优解。如图 17-4 所示,搜索到 C 点后就停止搜索。如果能跳出局部最优解,那么得到的最优解的质量相对就会好很多。如当搜索到 C 点时可以一定的概率跳转到另外一个地方,这样就有可能跳出局部最优解 C 点。如果经过一定次数的跳跃,跳转到了 F 点,那么就会找到全局最优解了。

如果跳转概率不变,那么可能会一直跳跃下去,不会结束。可以让跳转概率逐渐变小,到最后趋于稳定。概率逐渐减小类似于金属冶炼的退火过程,所以称之为模拟退火(**Simulated Annealing**,**SA**)算法。

模拟退火算法最早由 Kirk-Patrick 等将其应用于组合优化领域,它是基于蒙特卡罗迭代求解策略的一种随机寻优算法,其出发点是基于物理中固体物质的退火过程与一般组合优化问题之间的相似性。模拟退火算法从某一较高初温出发,伴随温度参数的不断下降,结合概率突跳特性在解空间中随机寻找目标函数的全局最优解,即局部最优解能概率性地跳出并最终趋于全局最优。

模拟退火算法的关键在于控制温度(概率)降低快慢的参数 r,这个参数的范围是 $0<$

$r<1$。如果参数 r 过大，则搜索到全局最优解的可能会较高，但搜索的过程也会较长。若 r 过小，则搜索的过程会很快，但最终可能只能达到一个局部最优值。

模拟退火算法虽然不能保证得到真正的最优解，但它能在效率不错的情况下得到质量较高的最优解。

下面用伪码方式对模拟退火算法进行描述：

X_i：表示当前状态。

$X_{(i+1)}$：表示下一个状态，类似上面的 $A\sim H$ 点。

$J(X)$：表示目标评价函数。

r：用来控制降温的快慢。

T：表示当前温度，一般初始温度设定为比较高的温度。

k：是一个常数。

$T_{\min}$：表示最低温度，达到此温度，停止搜索。

```
while T > T_min:
if(J(X_(i+1))≥J(X_i)):(即移动后得到更优解)
则总是接受该移动 X_(i+1) := X_i
if(J(X_(i+1))< J(X_i)):(即移动后的解比当前解差)
dE = J(X_(i+1)) - J(X_i)
if(exp(dE/kT)> random(0,1)):
则接受移动 X_(i+1) := X_i
T = r * T
i ++
end while
```

补充说明如下。

根据热力学原理，在温度为 T 时，出现能量差为 $\mathrm{d}E$ 的降温的概率为 $P(\mathrm{d}E)$，表示为 $P(\mathrm{d}E)=\exp(\mathrm{d}E/kT)$。其中 k 是一个常数，exp 表示自然指数，且 $\mathrm{d}E<0$。这个公式说明：温度越高，出现一次能量差为 $\mathrm{d}E$ 的降温的概率就越大；温度越低，则出现降温的概率就越小。又由于 $\mathrm{d}E$ 总是小于 0（因为温度必定是下降的，所以叫退火），因此 $\mathrm{d}E/kT<0$，所以 $P(\mathrm{d}E)$ 的函数取值范围是 $(0,1)$。随着温度 T 的降低，$P(\mathrm{d}E)$ 会逐渐降低。将一次向较差解（远离较优解）的移动看作一次温度跳变的过程，以概率 $P(\mathrm{d}E)$ 来接受这样的移动。

17.3　遗传算法

遗传算法（Genetic Algorithm，GA）是一种基本的进化算法，进化算法（Evolutionary Algorithm，EA）是借鉴了进化生物学中的一些现象而发展起来的。生物在繁衍发展的过程中，会通过繁殖发生基因交叉、基因突变，适应度低的个体会被逐步淘汰，而适应度高的个体会越来越多。经过多代的自然选择后，保存下来的个体都是适应度非常高的。

遗传算法最早由 J. Holland 教授于 1975 年提出。遗传算法种群中每个个体都是解空间上的一个可行解，通过模拟生物的进化过程，从而在解空间内搜索最优解。

在介绍具体算法之前，我们先来了解一些遗传学的背景知识和概念。

(1) 种群(Population)：生物的进化以群体的形式进行，这样的一个群体称为种群。

(2) 个体：组成种群的单个生物。

(3) 基因(Gene)：一个遗传因子。

(4) 染色体(Chromosome)：包含一组基因。

(5) 生存竞争，适者生存：对环境适应度高的个体参与繁殖的机会比较多，后代就会越来越多。适应度低的个体参与繁殖的机会比较少，后代就会越来越少。

(6) 适应度(Fitness)：用于评价个体的优劣程度，适应度越高，个体越好，反之适应度越低，则个体越差。根据适应度的高低对个体进行选择，以保证适应性好的个体有更多的机会繁殖后代，使优良特性得以遗传。因此，遗传算法要求适应度函数值必须是非负数，而在许多实际问题中，求解的目标通常是费用最小，而不是效益最大。因此需要将求解的目标根据适应度函数非负原则转换为求最大目标的形式。

(7) 遗传与变异：新个体会遗传父母双方的基因，同时有一定的概率发生基因变异。

简单来说就是，在繁殖过程中会发生基因交叉(Crossover)、基因突变(Mutation)，适应度低的个体会被逐步淘汰，而适应度高的个体会越来越多。经过多代的自然选择后，保存下来的个体都是适应度很高的，其中很可能包含产生的适应度最高的个体。

了解了基本的遗传学知识，我们来描述一下遗传算法的总体流程，如图 17-5 所示。

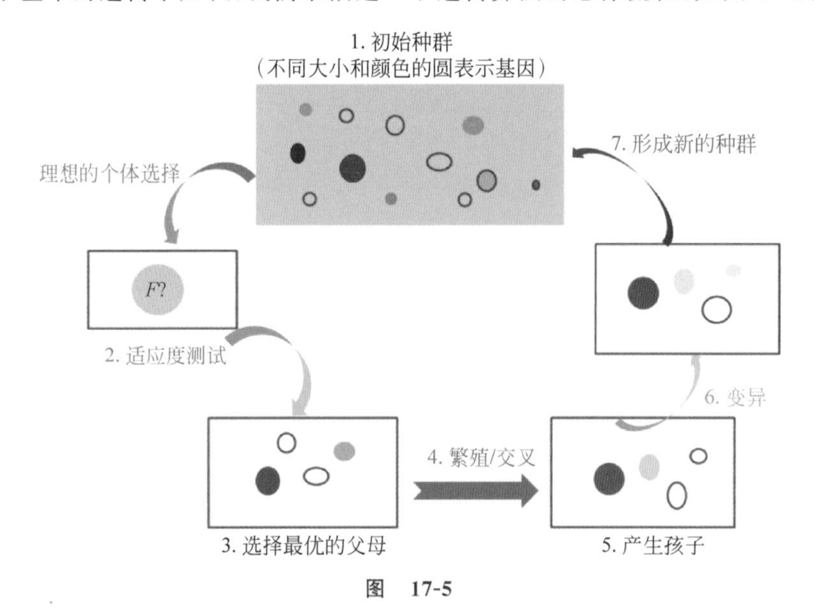

图 17-5

在开始之前，需要确定个体的编码方式。比如要用二进制的每一位来表示基因，需要确定整个染色体需要多少位，以及每位表示的含义等。然后就可以按图 17-5 所示进行处理，具体说明如下。

首先是迭代设置，设置种群最大迭代(iterations)次数，然后循环处理以下过程直到迭代结束。

(1) 种群初始化/形成新种群：如果是首次进行迭代，根据问题特性设计合适的初始化操作(初始化操作应尽量简单,时间复杂度不易过高),即对种群中的 N 个个体进行初始化操作。

(2) 适应度测试/个体评价:根据优化的目标函数计算种群中所有个体的适应值(Fitness Value),其目的是为了选出理想的个体。

(3) 最优父母选择:设计合适的选择算子来对种群(用 $P(g)$表示)中的个体进行选择,被选择的个体将进入交配池中组成父代种群(用 $FP(g)$表示),用于交叉变换以产生新的个体。选择策略要基于个体适应值进行,假如要优化的问题为最小化问题,那么具有较小适应值的个体被选择的概率相应会大一些。常用的选择策略有轮盘赌选择、锦标赛选择等。

(4) 进行繁殖/交叉:根据交叉概率(可预先指定,一般为 0.9)来判断父代个体是否需要进行交叉操作。交叉算子要根据被优化问题的特性来设计,它是整个遗传算法的核心,设计的好坏将直接决定整个算法性能的优劣。

(5) 进行变异:根据变异概率(预先指定,一般为 0.1)来判断新的个体是否需要进行变异操作。变异算子的主要作用是保持种群的多样性,防止种群陷入局部最优,所以一般设计为一种随机变换。

(6) 通过交叉变异操作以后,父代种群 $FP(g)$生成了新的子代种群 $P(g+1)$,令种群迭代次数 $g=g+1$。

依据上面的算法,我们还是以 7.2 节曲线图中求最大值的例子(arg max($f(x)$))来对一些细节实现进行讲解。

首先是 DNA 的定义,假设 x 为[0,255],也就是 8 位,那么将 DNA 的长度定义为 8。然后确定种群中的个体数量,比如为 200 个。

适应度也就是函数 $f(x)$对应的值。不过为了保证按照适应度在被选择时的概率都是非负值,我们需要对此进行标准化,也就是减去所有个体 $f(x)$中的最小值。选择时的概率就是适应度值除以所有适应度值的和。

繁殖就是在选择好的双亲种群中选择两个个体,然后随机设定一个交叉点掩码。比如为[0,1,0,0,1,0,0,1],然后把其中一个双亲个体中对应掩码为 1 的值复制到另一个双亲个体对应的位置上,形成一个孩子个体。比如父亲的值为 00101101,母亲的值为 00111000,那么孩子的值为 00111001(把父亲的第 2、5、8 位复制到母亲对应的位置上去),如图 17-6 所示。

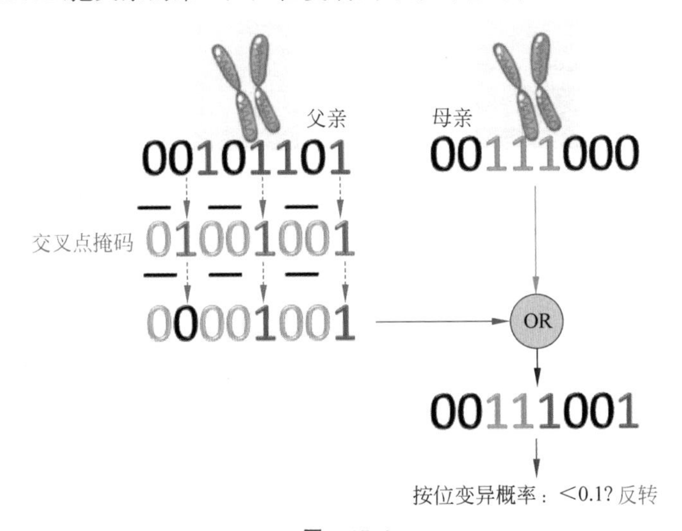

图　17-6

孩子个体的 DNA 变异也依据一个小的概率来确定，针对 DNA 中的每一位，如果概率小于设定的值（比如 0.1），那么就进行变异，1 变成 0，0 变成 1。

在整个过程中，最佳的个体就是在所有初始种群和繁殖变异种群中适应值最高的那个。

17.4 蚁群算法

蚂蚁是一种具备自我组织特征的昆虫。蚁群的智慧体现在搬运食物时，总是沿着最短路径行进。这对于人类来说可能是一个比较简单的问题，当然前提是你已经熟悉了地形。但是对于蚂蚁来说就非常复杂了，这显然不是一只蚂蚁个体凭借自身能够完成的。蚂蚁的体型和大脑容量决定了它们没办法鸟瞰整片区域，无法拥有人类在地图上找最短路径时的全局观。

当一只蚂蚁发现一个体积巨大的食物时，它会回蚁穴找帮手，同时一路留下信息素（Pheromone）。信息素的作用是告诉其他蚂蚁食物在哪里，吸引别的蚂蚁去搬食物。当别的蚂蚁发现了信息素，觉得那里的食物更多时，就会向着信息素指引的方向前进。这些蚂蚁经过这些路时，会继续留下信息素，使得这条路上的信息素被加强。蚂蚁有时不那么听话，会尝试走新的路径，这样可能会发现一条更好的路线。而每条路线上的信息素都会挥发，如果一条路线上走的蚂蚁减少了，那其信息素也就得不到补充，这条路线就渐渐被蚁群忘记。在这样的情况下，更短的路线虽然一开始经过的蚂蚁少，但是因为蚂蚁经过的次数相对更多，留下的信息素有机会吸引更多的蚂蚁。最终蚁群通过这样的方式，逐步找到最短的搬运食物的路线，如图 17-7 所示。

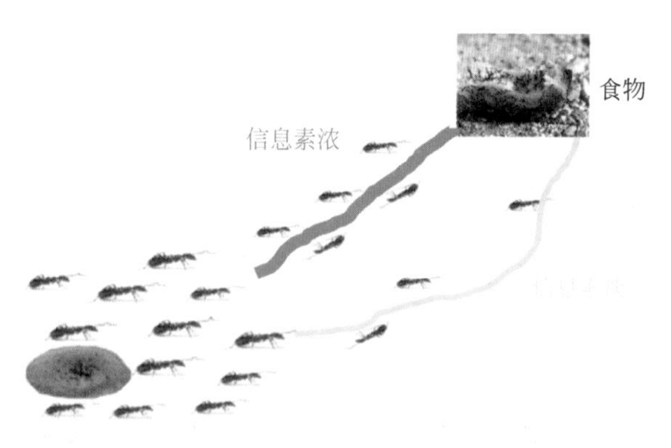

图 17-7

蚁群的智能，就是这种通过简单生物的简单逻辑组成的群体所体现的，这给了我们很好的启示。

虽然蚂蚁找食物的规则很复杂，但是对于蚂蚁来说，它要做的事情却很简单。蚂蚁是短视、无复杂逻辑的动物。假设它只能观察到 3×3 大小的方格。在这有限的视野范围内，蚂蚁按照信息素最强的方向进行移动。信息素是同伴留下的找食物的线索，就好像我们在迷宫里做记号一样。如果没有信息素，蚂蚁会沿着原来的方向移动。在遇到障碍时，蚂蚁会随机选择一个没有走过的方向。当然，蚂蚁有时不是那么聪明，以上的规则会有一定概率被破坏，即蚂蚁偶尔会突然随便选择一个方向走，这种行为使得蚂蚁有时会发现新的路线，类似于遗传过程中的变异一样。不过蚂蚁也不是那么笨，它不会原地绕圈，所以它不会重复走已经走过的路。如果用一句话总结蚂蚁的简单逻辑，那就是朝着信息素最强的方向移动。

信息素是蚁群算法中很重要的因素，它是蚁群所处的环境中最重要的描述。蚂蚁的全部逻辑几乎都是通过信息素来进行的，利用环境中的信息素来指导其行为。在找到食物后，蚂蚁通过释放信息素来改变环境，帮助它的同伴获得更正确的信息。信息素随着时间的流逝会慢慢挥发，这样新发现的路线如果足够优秀，就有机会替代老的路线。而蚂蚁在越靠近食物的地方，释放的信息素就越强，这样在接近目标时，蚂蚁会被更强的信息素吸引，而不是走弯路。信息素分为巢穴信息素和食物信息素，分别代表了对蚂蚁来说最重要的两个地点。

利用信息素作为交流媒介，蚂蚁个体知道了同伴留下的信息，可以选出一条更多蚂蚁走的路。较短的路线可以让蚂蚁有更多的经过次数，更少机会发生偏离路线的可能，更多的信息素将同伴吸引到这条路径上，原来较差的路线就被慢慢抛弃了。

归纳一下，蚁群算法（Ant Colony Optimization，ACO）的实现需要蚂蚁完成下面的任务。

- 检查周围的信息素。
- 如果有障碍，随机选择方向移动。
- 如果没有信息素存在，沿当前路线移动。
- 如果有信息素存在，选择最大浓度方向移动。
- 一定概率下向随机方向移动。
- 如果从食物返回巢穴，留下食物信息素。
- 如果从巢穴去找食物，留下巢穴信息素。

这个算法看上去很不可靠，但是的确能够工作。刚开始时，这些蚂蚁就像是逻辑紊乱的小机器人一样满地乱跑。但是随着信息素的逐渐集中，纷乱的路线慢慢集中到最短的路线附近。算法以信息素作为媒介，使得许多简单的逻辑产生了交互，这个算法也就没那么简单了。

现在假设有一个伟大的蚂蚁旅行家，他手拿世界地图，标记出若干非去不可的地点：北京、伦敦、东京、纽约、悉尼、开罗。他从家乡上海出发，打算找到一条最短路线，不重复地经过标记的每一个地点，最后回到家乡。“不重复”的意思是，伟大的蚂蚁旅行家只去这个地方一次，以后连路过也是不允许的。

伟大的蚂蚁旅行家提出的这个问题，对于他的整天觅食的同伴们来说，难度大了很多。不过原理是类似的。蚂蚁旅行家派出了他的助手们，随机地出现在世界的 6 个目标城市，然后他的助手们开始旅行。选取下一个城市的原则是，与当前城市距离越近越好，两座城市之间道路上留下的信息素越多越好。不过这两个条件很可能不会同时满足，总之，需要权衡一下，然后根据权衡之后的打分来按比例随机出发到下一个城市。也就是说，越满足条件的城市越有可能被选中。比如，最开始时，从上海出发的助手更可能飞去东京；从纽约出发的更可能飞去伦敦。

每个蚂蚁助手都忠实地记录着自己的行程，保证不会路过已经访问过的城市。当他们回到出发地点时，已经完成了一次环球旅行。然后根据行程向经过的路线喷洒信息素。行程越长的，喷洒的越少；行程越短的，喷洒的越多。这样就会使提供了更快旅行方式的道路获得更多的信息素,在下一轮旅行中会更容易吸引蚂蚁助手。比如从上海飞东京这条航线虽然很短,但是由于加上飞往其他城市的里程比较大,所获得的信息素不及上海到悉尼的航线多,那么在之后几轮的探索中,蚂蚁助手可能会选择从上海飞往悉尼,而不是东京。

之后蚂蚁助手们按照新的地图和信息素标记再次进行环球旅行,并不断地向旅行家汇报最新进展,直到蚂蚁旅行家认为可以停止了,或者没有更好的提升了。漫长的等待和无数助手的艰辛劳动,终于为蚂蚁旅行家找到了一条不错的路线。

当然蚂蚁助手们除了帮这位旅行家寻找最短路线之外,还可以做更多的事情,比如我们可以雇佣蚂蚁助手安排工厂里的工序、城市的公交调度等。其方法和安排路线大致相似,也是通过大量蚂蚁不断的尝试和信息素的相互交流来逐步获得更加优秀的解决方案。

了解了蚁群算法的原理,下面再具体讲解旅行者问题(TSP)的算法实现。

1. 选择访问城市

这个过程和前面增强学习中的探索和利用策略类似。其思路是生成一个 0～1 的随机数,将这个随机数和一个预先设定好的 0～1 的参数进行比较,如果随机数小于这个参数,则通过利用策略操作选择下一个访问的城市,否则通过探索策略操作选择下一个城市。

探索策略操作是如何做的呢?下面的公式体现了蚂蚁是如何按照经验值和信息素这两个因素来计算某个城市作为下一个被访问城市的概率:

$$p_{ij}^{k}=\frac{[t_{ij}]^{\alpha}[n_{ij}]^{\beta}}{\sum\limits_{l\in N_{i}^{k}}[t_{il}]^{\alpha}[n_{il}]^{\beta}}$$

其中,k 代表蚂蚁的编号,p_{ij}^{k} 代表如果第 k 个蚂蚁当前位于城市 i,那么它下一个要访问的城市是 j 的概率。t_{ij} 代表第 i 个城市通向第 j 个城市的路径上存储的信息素的值,n_{ij} 代表第 i 个城市通向第 j 个城市的路径上的经验值(Heuristic 与 i 和 j 间的距离成反比),l 指的是与 i 有路径相连且从未访问过的城市。α 和 β 分别是两个超参数,可以根据经验设定。

利用策略操作指的是在和当前节点有路径直接相连的、尚未被访问的候选城市中挑选上面公式中分子部分最大的路径。

2. 信息素的局部更新策略

每只蚂蚁在构造出一条从起点到终点的路径后,蚁群算法还要求根据路径的总长度来更新这条路径所包含的每条路径上信息素的浓度(在旅行者问题中每座城市是图中的一个节点,城市两两间有一条路径相连)。下面给出蚁群算法更新信息素的公式:

$$\Delta\tau_{ij}^{k}=\begin{cases}\dfrac{Q}{C^{k}} & (\text{如果 } i \text{ 和 } j \text{ 之间有路径并且是 } k \text{ 号蚂蚁走过的})\\ 0 & (\text{其他情况})\end{cases}$$

$$\tau_{ij}\leftarrow\tau_{ij}+\sum_{k=1}^{m}\Delta\tau_{ij}^{k}$$

上面的第一个公式体现了信息素的更新值的计算,其中,C^{k} 代表第 k 只蚂蚁所构造的路径的总长度,Q 是凭经验设定的一个参数,通常置为 1。第二个公式表示 i 和 j 相连的路径上的信息素值等于这条路径上原有的信息素加上上一次构造路径活动中所有经过这条路径的蚂蚁贡献的信息素更新值(即第一个公式),其中,m 是蚂蚁的总数。

假设三只蚂蚁构造的路径长度分别是:1 号蚂蚁为 450,2 号蚂蚁为 380,3 号蚂蚁为 460。则它们的信息素的更新值相加结果为 $\Delta\tau = Q/450 + Q/380 + Q/460$,最后把它加到各个蚂蚁的路径中原来的信息素值之上。

3. 信息素的挥发

在自然界中,蚂蚁留下来的信息素经过一段时间就会挥发,我们在算法中也模拟了上述过程,具体公式如下:

$$\tau_{ij} \leftarrow (1-\rho)\tau_{ij}$$

其中,ρ 是一个人为设定的参数,称为挥发率,一般为 0~1 的数。

4. 精英蚂蚁策略

精英蚂蚁策略是对蚁群算法的一种改进,所谓精英蚂蚁是指当全部蚂蚁都构造完各自的路径之后,所有路径中最短的路径所对应的蚂蚁。精英蚂蚁策略的公式如下:

$$\tau_{ij} \leftarrow \tau_{ij} + \sum_{k=1}^{m} \Delta\tau_{ij}^{k} + e\Delta\tau_{ij}^{bs}$$

其中,$\Delta\tau_{ij}^{bs} = Q/C^{bs}$。

该公式和上面的信息素局部更新公式的唯一区别在于,精英蚂蚁在像其他蚂蚁一样更新完自己路径上的信息素后,还要再重复一遍信息素的更新过程,只不过这次要把更新值乘以一个参数 e,e 通常设置为 0~1。

第 18 讲

机器学习模型——人工神经网络

本讲不对具体的某个神经网络模型进行详细介绍，而是主要介绍人工神经网络(Artificial Neural Network，ANN)的发展过程以及背后的核心原理和实质。

18.1 神经网络的起源

我们首先来了解一下人类的大脑是如何工作的。1981 年的诺贝尔医学奖，分布发给了 David Hubel、Torsten Wiesel 和 Roger Sperry。前两位的主要贡献是：发现了人的视觉系统的信息处理是分级，如图 18-1 所示，从视网膜(Retina)出发，经过低级的 V1 区提取边缘特征，到 V2 区的基本形状或目标的局部，再到高层 V4 的整个目标(如判定为一张人脸)，以及到更高层的 PFC(前额叶皮层)进行分类判断等。也就是说，高层特征是低层特征的组合，从低层到高层的特征表达越来越抽象和概念化。

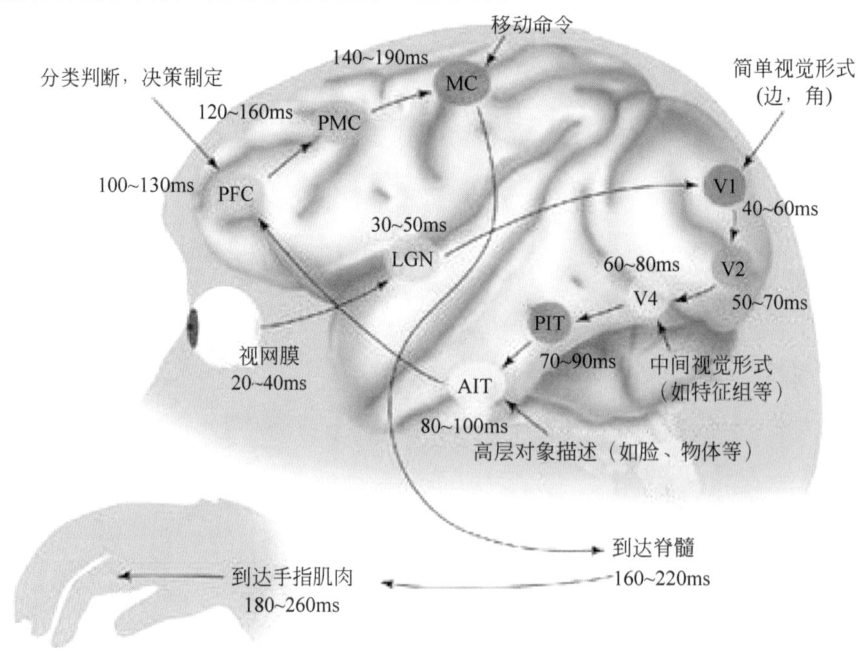

图 18-1

这个发现激发了人们对于神经系统的进一步思考。大脑的工作过程是一个对接收信号不断迭代、不断抽象概念化的过程。如图18-2所示，从原始信号摄入开始(瞳孔摄入像素)，接着做初步处理(大脑皮层某些细胞发现边缘和方向)，然后抽象(大脑判断眼前物体的形状，比如是椭圆形的)，再进一步抽象(大脑进一步判定该物体是张人脸)，最后识别人脸。这个过程其实和常识是相吻合的，因为复杂的图形，往往就是由一些基本结构组合而成的。同时还可以看出：大脑是一个深度架构，认知过程也是深度的。

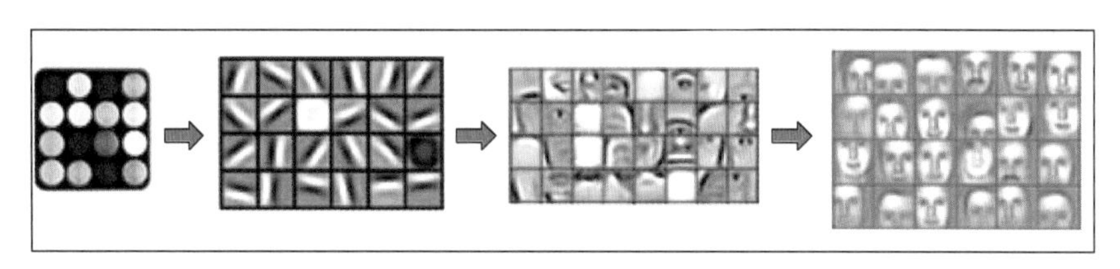

图　18-2

而深度学习，恰恰就是通过组合低层特征形成更加抽象的高层特征(或属性类别)。在计算机视觉领域，深度学习算法从原始图像开始学习，得到一个低层次表达。例如边缘检测器、小波滤波器等。再在低层次表达的基础上，通过线性或者非线性组合，获得一个高层次的表达，如图18-3所示的视觉系统分层处理结构。此外，不仅图像存在这个规律，声音也是类似的。

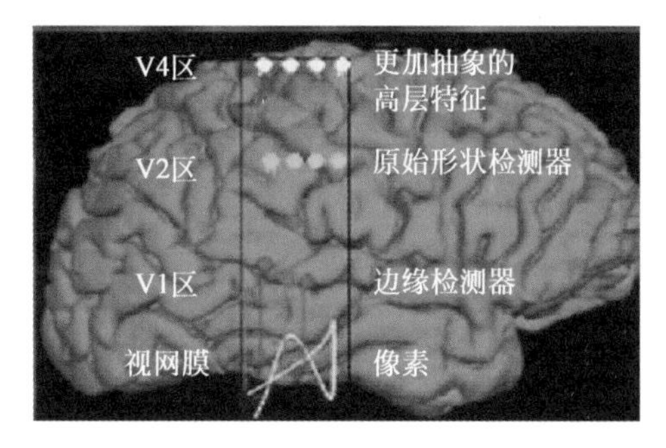

图　18-3

18.2　神经网络的开端

下面简单介绍一下神经网络的开端历程。

18.2.1　最简单的神经网络结构——感知机

1956年，在前人的启发下，心理学家Frank Rosenblatt设计了算法(图18-4)和硬件。1957年，Frank Rosenblatt在*New York Times*上发表文章*Electronic'Brain'Teaches Itself*，首次提出了可以模拟人类感知能力的机器，并称之为感知机(Perceptron)。

感知机是有单层计算单元的神经网络，由线性元件及阈值元件组成。感知机的逻辑图如图18-5所示。感知机最大的作用是对输入的样本分类，故可以作为分类器。

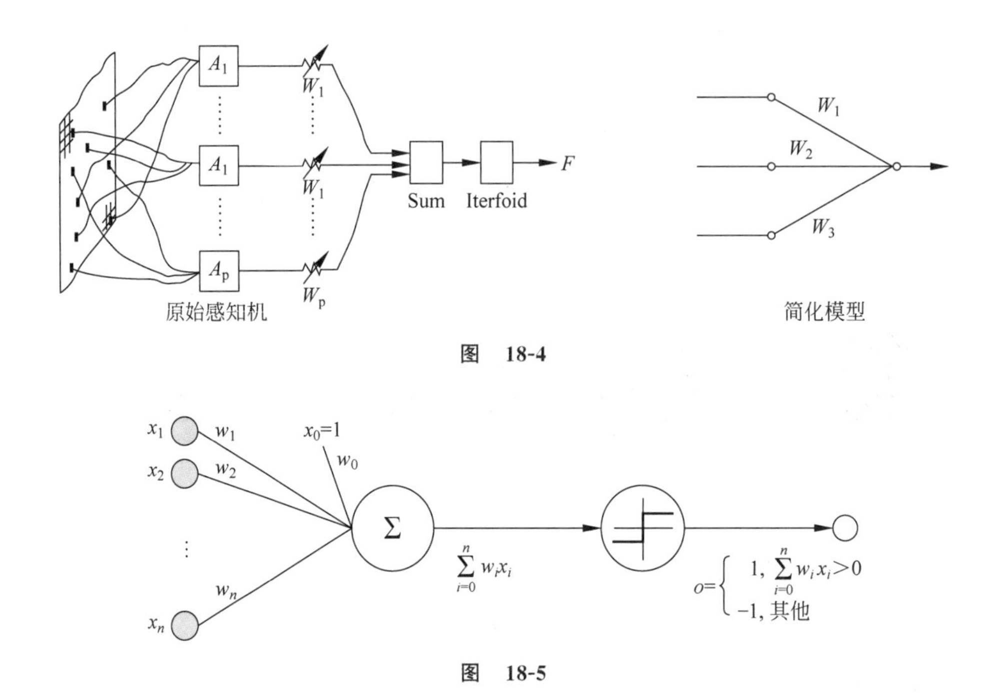

图 18-4

图 18-5

在介绍逻辑回归模型时，也有一张类似的图，只不过采用的激活函数是 Sigmoid。

单层感知机仅对线性问题具有分类能力，即仅用于一条直线可分的图形。还有逻辑“与”或逻辑“或”，采用一条直线分隔 0 和 1。但是，如果让感知机解决非线性问题，单层感知机就无能为力了，例如，“异或”就是非线性运算，无法用一条直线分隔开来。图 18-6 所示是逻辑“与”和“或”的线性划分，以及“异或”的非线性不可分。

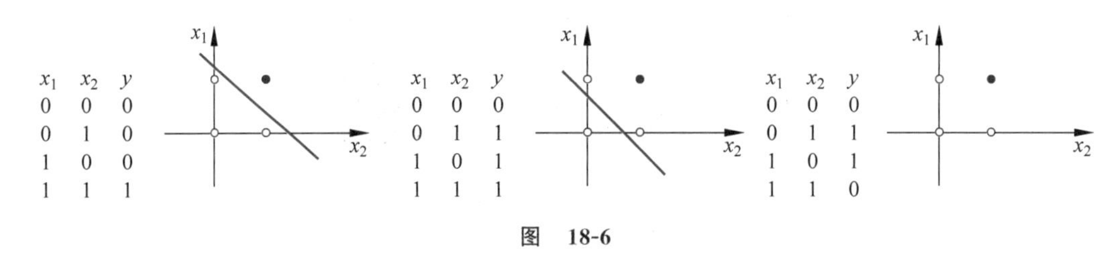

图 18-6

18.2.2 多层感知机

虽然感知机最初被认为有良好的发展潜力，但是最终却被证明不能处理诸多的模式识别问题。1969 年，Marvin Minsky 和 Seymour Papery 在论文中仔细分析了以感知机为代表的单层感知机在计算能力上的局限性，证明感知机不能解决简单的异或（XOR）等线性不可分问题，但 Rosenblatt、Minsky 及 Papery 等在当时已经了解到多层神经网络能够解决线性不可分的问题。

既然一条直线无法解决分类问题，那么有人想到用弯曲的折线来分类样本，因此在单层感知机的输入层和输出层之间加入隐藏层，就构成了多层感知机，其目的是通过凸域能够正确分类样本。多层感知机结构如图 18-7 所示。

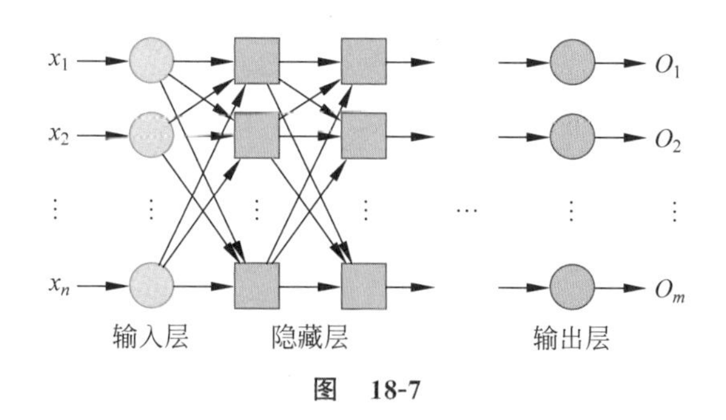

图　18-7

18.3　神经网络的崛起——反向传播神经网络

虽然多层感知机是非常理想的分类器,但是问题也随之而来：隐藏层的权值如何训练？对于各隐藏层的节点来说,它们并不存在期望输出,所以也无法通过感知机的学习规则来训练多层感知机。因此,多层感知机的训练也遇到了瓶颈,人工神经网络的发展进入了低潮期。

尽管人工神经网络的研究陷入了前所未有的低谷,但仍有为数不多的学者致力于此。1982 年,美国加州理工学院的物理学家 John J. Hopfield 博士提出了 Hopfield 网络,David E. Rumelhart 及 James L. McCelland 研究小组出版了《并行分布式处理》一书,两个成果重新激起了人们对人工神经网络的研究兴趣,使人们对模仿脑信息处理的智能计算机的研究重新充满了希望。我们暂不讨论 Hopfield,David E. Rumelhart 及 James L. McCelland 研究小组对具有非线性连续变换函数的多层感知器的误差反向传播(Error Back Propagation)算法进行了详尽的分析,实现了 Minsky 关于多层网络的设想。误差反向传播即反向传播(Back Propagation,BP)算法。

前面曾提到,多层感知机在如何获取隐藏层的权值问题上遇到了瓶颈。既然我们无法直接得到隐藏层的权值,能否通过输出层得到输出结果和期望输出的误差来间接调整隐藏层的权值呢？反向传播算法就是采用这样的思想设计出来的算法,它的基本思想是：学习过程由信号的正向传播与误差的反向传播两个过程组成,如图 18-8 所示。

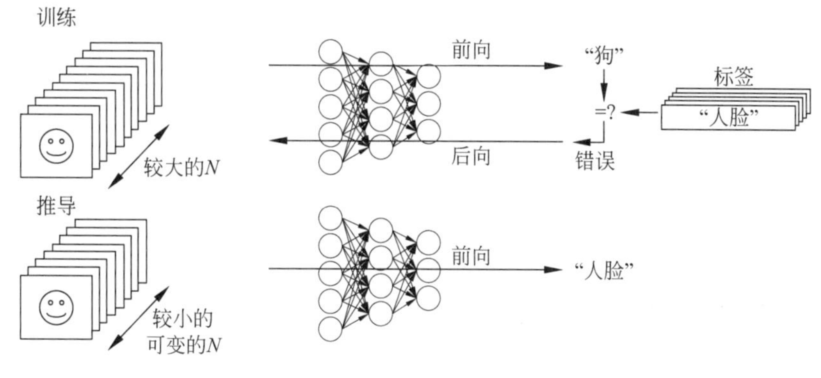

图　18-8

(1) 正向传播时,输入样本从输入层传入,经各隐藏层逐层处理后,传向输出层。若输出层的实际输出与期望的输出不符,则转入误差的反向传播阶段。

(2) 反向传播时,将输出以某种形式通过隐藏层向输入层逐层反传,并将误差分摊给各层的所有单元,从而获得各层单元的误差信号,此误差信号即作为修正各单元权值的依据。

结合了反向传播算法的神经网络称为反向传播神经网络,反向传播神经网络模型中采用反向传播算法带来的问题是:基于局部梯度下降对权值进行调整容易出现梯度弥散(Gradient Diffusion)现象,其根源在于非凸目标代价函数导致求解陷入局部最优,而不是全局最优。而且,随着网络层数的增多,这种情况会越来越严重。这一问题的产生制约了神经网络的发展。

18.4 神经网络的突破——深度学习

直至2006年,加拿大多伦多大学教授 Geoffrey Hinton 对深度学习的提出及模型训练方法的改进终于打破了反向传播神经网络发展的瓶颈。Hinton 在世界顶级学术期刊《科学》上的一篇论文中提出了以下两个观点。

(1) 多层人工神经网络模型有很强的特征学习能力,深度学习模型学习得到的特征数据对原始数据有更本质的代表性,这将大大便于分类和可视化问题。

(2) 对于深度神经网络很难将训练达到最优的问题,可以采用逐层训练的方法解决。将上层训练好的结果作为下层训练过程中的初始化参数。在这篇论文中,深度模型的训练过程采用逐层初始化无监督学习方式。

深度学习中的深度是相对于简单学习而言的。目前多数分类、回归等学习算法都属于简单学习或者浅层结构,浅层结构通常只包含1层或2层的非线性特征转换层。典型的浅层结构有高斯混合模型(GMM)、隐马尔可夫模型(HMM)、条件随机域(CRF)、最大熵模型(MEM)、逻辑回归(LR)、支持向量机(SVM)和多层感知器(MLP)。其中,最成功的分类模型是特殊向量机(SVM),特殊向量机使用一个浅层线性模式分离模型,当不同类别的数据向量在低维空间无法划分时,特殊向量机会将它们通过核函数映射到高维空间中并寻找最优分类超平面。

浅层结构学习模型的相同点是采用一层简单结构将原始输入信号或特征转换到特定问题的特征空间中。浅层模型的局限性是对复杂函数的表示能力有限,针对复杂分类问题其泛化能力受到一定的制约,很难解决一些更加复杂的自然语言处理问题,例如人类语音和自然图像等。而深度学习可通过学习一种深层非线性网络结构,表征输入数据,实现复杂函数逼近,并展现强大的从少数样本集中学习数据集本质特征的能力。

深度学习可以简单地理解为传统神经网络的拓展。深度学习与传统的神经网络之间有相同的地方,二者的相同之处在于,深度学习采用与神经网络相似的分层结构:系统是一个包括输入层、隐藏层(可单层、可多层)、输出层的多层网络,只有相邻层的节点之间有连接,而同一层以及跨层节点之间则相互无连接,如图18-9所示。

深度学习框架将特征和分类器结合到一个框架中,用数据去学习特征,在使用中减少了手工设计特征的巨大工作量。深度学习有一个别名:无监督特征学习,顾名思义,深度学习

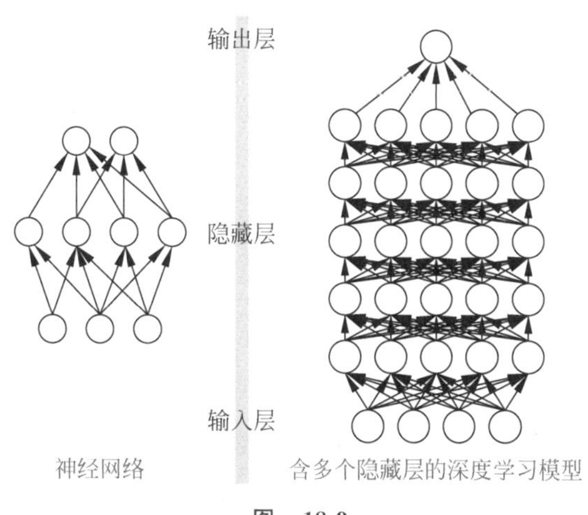

图　18-9

就是一种可以自动学习特征的方法。准确地说,深度学习首先利用无监督学习对每一层进行逐层预训练(Layerwise Pre-Training)来学习特征；每次单独训练一层,并将训练结果作为更高一层的输入；到最上层改用监督学习,从上到下进行微调(Fine Tune)来学习模型。因此可以看到,深度学习的本质是对观察数据进行分层特征表示,实现将低级特征进一步抽象成高级特征表示的目的。

如果大家对深度学习具体模型(CNN、RNN、LSTM、BERT 等)感兴趣,可以参考专门讲述深度学习的书籍。为了让读者更加直观地理解深度学习的处理过程,下面通过一个图片识别的过程进行展示和介绍①。

18.4.1　图像识别的过程展示

利用多层感知器等神经网络也可以进行图片识别,比如识别手写体数字 0～9。但是由于数字在图片中的位置是不固定的,所以需要大量地训练数据,包含不同位置数字的图片,这是非常麻烦并且不稳定的。那么在没有额外训练数据的基础上,有没有办法能够非常智能地识别出图片上任何位置的物品是同一种物品呢？利用深度学习模型之一的卷积神经网络就可以解决这个问题。

如图 18-10 所示,人类立刻能识别出图片的层级：

- 地面是由草和水泥组成的；
- 图中有一个小孩；
- 小孩在骑弹簧木马；
- 弹簧木马在草地上。

图　18-10

现在假设我们的任务是识别出这个小孩。

对于人来说,无论这个小孩所处的环境是怎样的,每一次出现在不同的环境时,人不需要重

① 例子参考自 Adam Geitgey 的 *Machine Learning Is So Fun*。

新学习小孩这个概念。也就是需要让神经网络理解平移不变性(Translation Invariance)这个概念。

计算机科学家和生物学专家们发现,可以通过叫作卷积(Convolution)的方法来达成这个目标。

一整张图片被作为一串数字输入神经网络。不同的是,这次会利用"位移物相同"的概念来把这件事做得更智能。

第一步:把图片分解成部分重合的小图块。

使用一个滑框来滑过整个图片,这个滑框类似于一个搜索框,并存储每个框里面的小图块,这个过程就是卷积的前序部分,如图 18-11 所示。

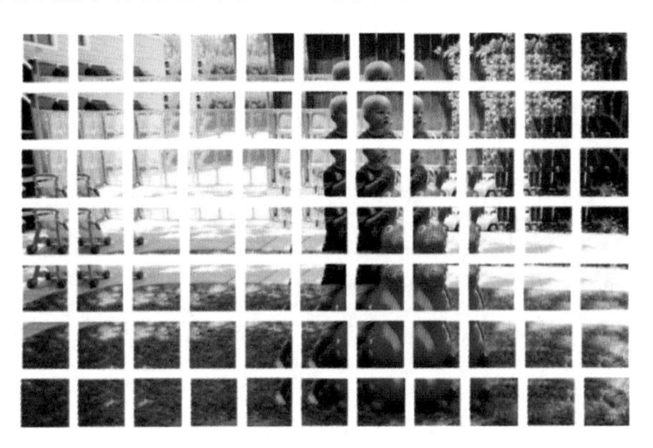

图 18-11

这么做之后,图片被分解成 77 块同样大小的小图块。

第二步:把每个小图块输入小型神经网络中。

类似于之前识别手写体数字那样,把单张图片输入神经网络中,来判断它是否为 0～9 中的数字。这一次还做同样的事情,只不过输入的是一个个小图块,如图 18-12 所示。

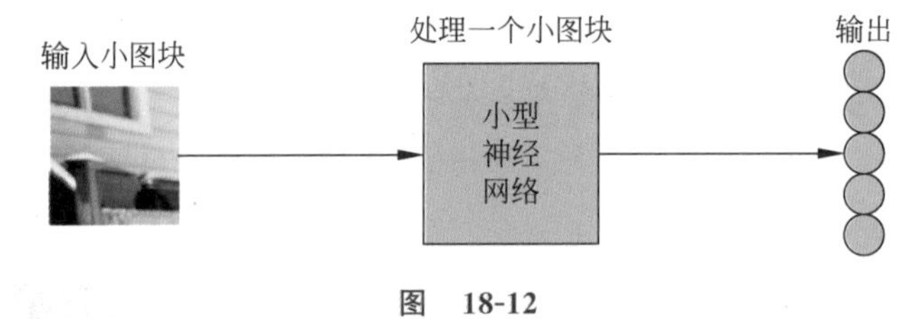

图 18-12

重复这个步骤 77 次,每次判断一个小图块。

有一个非常重要的地方是:对于每个小图块,会使用同样的神经网络权重,也就是平等地对待每个小图块。这样做可以大大减少模型的参数数量,非常关键!这个步骤也是卷积的核心步骤。

第三步:把每个小图块的结果都保存到一个新的数组中。

这里并不打乱小图块的顺序。所以,把每个小图块按照图片上的顺序输入并保存结果,如图 18-13 所示。

处理后的结果是一个稍小一点的数组,里面存储着图片中有异常的部分(有区分性的特别的地方)。

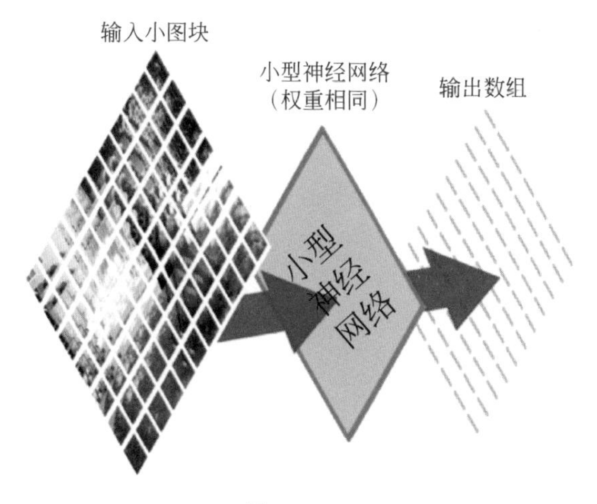

图　18-13

第四步：缩减像素采样。

第三步的结果是一个数组，这个数组对应着原始图片中异常的部分，但是这个数组依然很大。图 18-14 所示是原始图片和通过卷积生成的数组。

图　18-14

为了减小这个数组的大小，利用一种叫作最大池化（Max Pooling）的函数来降采样（Down Sample），如图 18-15 所示。让我们先来看每个 2×2 的方阵数组，并且留下最大的数。

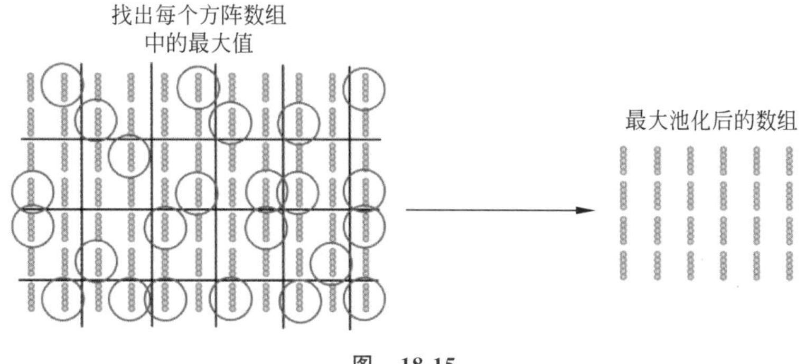

图　18-15

这里一旦找到组成 2×2 方阵的 4 个输入中任何异常的部分（比如最大的那个），就只保留这一个数。这样一来数组大小就缩减了，同时最重要的部分也保留了。

第五步：做出预测。

到现在为止，已经把一个很大的图片缩减到了一个相对较小的数组。数组就是一串数字而已，所以可以把这个数组输入另外一个神经网络中。最后的这个神经网络会决定这个图片有一个小孩子。为了区分它和卷积的不同，我们把它称作"全连接"网络（Fully Connected Network），也就是之前介绍的类似多层感知机那样的网络。

所以从开始到结束，这五步就像管道一样被连接起来，如图 18-16 所示。

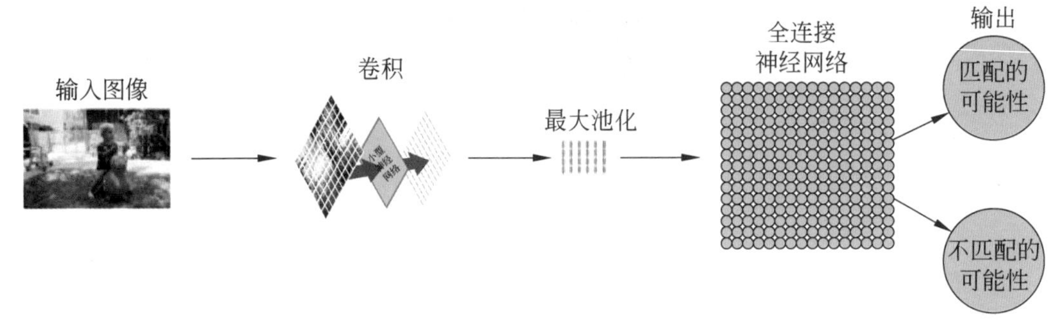

图 18-16

图片处理管道是一系列的步骤：卷积、最大池化，还有最后的全连接网络。

可以把上面这些步骤任意组合、堆叠多次，来解决真实世界中的问题。可以有两层、三层甚至数十层卷积层。当你想要缩小数据大小时，可以随时调用最大池化函数。

解决问题的基本方法是，从一整张图片开始，一步一步地逐渐分解它，直到找到一个单一的结论。卷积层越多，网络就越能识别出复杂的特征。

比如，第一个卷积的步骤可能是尝试去识别尖锐的东西，第二个卷积步骤则是通过找到的尖锐物体来寻找鸟类的喙，最后一步是通过鸟喙来识别整只鸟，以此类推。

图 18-17 是一个更实际的深层卷积网络的样子。

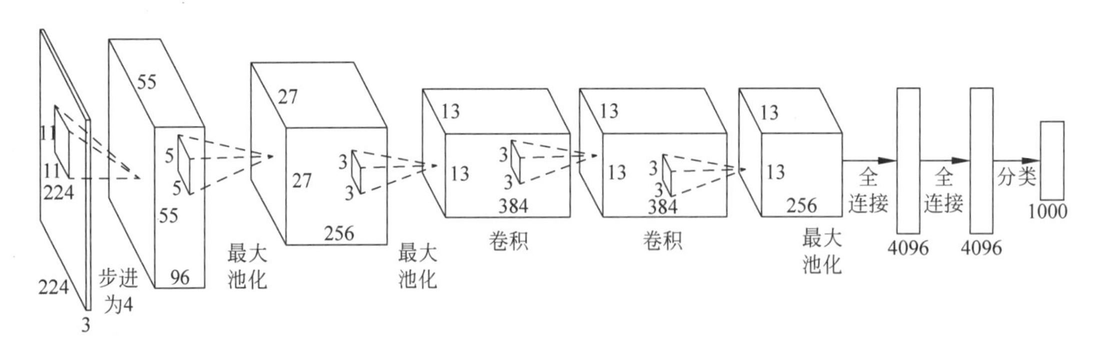

图 18-17

图 18-17 从一个 224×224 像素的图片开始，先使用了两次卷积和最大池化，再使用三次卷积和一次最大池化；最后使用两个全连接层。最终的结果是这张图片能被分类到 1000 种不同类别当中的某一种。

在深度学习出现之前，类似的识别主要是通过人工构造卷积的方法进行的，比如采用梯度直方图（HOG），需要分成很多分离的步骤，而不是这种端到端的方式。

18.4.2　深度学习成功的关键

我们总结一下深度学习的典型特点，或者说其成功的三个关键要素[①]。

(1) 有逐层的处理。

(2) 有特征的内部变化。

(3) 有足够的模型复杂度。

首先是逐层处理，这其实是一个基础的特征。以前有很多逐层处理的例子，比如决策树就是非常典型的逐层处理的模型，已经有超过五、六十年的历史，但为什么没有深度神经网络好用呢？首先是因为它的复杂度不够。决策树的深度，在只考虑离散特征的情况下，其最深的深度不会超过特征的个数，所以它的模型复杂度有上限；其次是在整个决策树的学习过程中，内部没有进行特征变化，始终是在一个特征空间里面进行。在前面特征的组合和构造内容中，我们了解到如果能将更加丰富的特征用于模型，其效果将会更加突出，而深度学习模型每一层的处理，也就是特征的组合过程。

另外，一个机器学习模型的复杂度实际上和它的容量有关，而这个容量直接决定了它的学习能力，所以说学习能力和复杂度是相关的。如果能够增加模型的复杂度，其学习能力就能够提升，那么我们怎样去提高复杂度呢？

对神经网络这样的模型来说有两条很明显的途径。一是把模型变深，二是把模型变宽。如果从提升复杂度的角度，变深会更有效。当模型变宽时，只不过增加了一些计算单元和函数的个数。而在变深时，不仅增加了单元个数，其实还增加了嵌入的层次，也因此泛化函数的表达能力会更强。从这个角度来说，更应该尝试变深。实际上残差网络(ResNet)的诞生就是基于这个思想。

而随着几个条件的成熟，比如有更多的数据、更强算力的计算设备、更有效的训练技巧，会促使我们用高复杂度的模型。而深度神经网络恰恰就是一种便于实现的高复杂度的模型。

18.4.3　深度学习的缺陷

第一个缺陷：调参困难。

深度神经网络需要花费大量的时间精力来调它的参数。这是一个巨大的系统，会带来很多问题。首先调参数的经验其实是很难共享的。有人可能会说，我在第一个图像数据集上调数据的经验，当用第二个图像数据集时，这个经验肯定是可以重用的。但是如果是在图像方面做了一个很大的神经网络，现在要去做语音识别，在图像上面调参的经验，在语音识别上基本没有借鉴作用。所以当有跨任务的需要时，经验可能就很难有成效。

第二个缺陷：可重复性弱。

不管是科学研究、技术发展，都希望研究其结果的可重复性。而在整个机器学习领域，深度学习的可重复性是最弱的。经常会碰到这样的情况，有一组研究人员发表文章公布了一个结果，而这个结果却是其他研究人员很难重复的。因为哪怕用同样的数据、同样的方

---

① 周志华《关于深度学习的一点思考》。

法，只要超参数的设计不一样，结果就会不一样。

在使用深度神经网络时，模型的复杂度必须要事先指定。因为在训练模型之前，神经网络必须先确定，然后才能用后向传播算法等进行训练。其实这会带来很大问题，因为在没有解决这个任务之前，如何知道这个复杂度应该有多大呢？因此实际上大家通常会设置更大的复杂度。很多前沿的深度学习领域的进展都是在有效地缩减网络的复杂度。比如 ResNet 网络，以及经常应用的模型压缩等，都是先用了一个比较大的复杂度模型，然后再通过各种手段把复杂度降低。

第三个缺陷：可解释性和适用性差。

神经网络的优势往往是在图像、视频、声音这几类典型任务上，而在涉及混合建模、离散建模、符号建模的任务上，神经网络的性能比其他模型还要差一些。特别是在可解释性方面，只能说对于任务处理有效果，但是对于产生这个结果的原因需要有强可解释性的场景下，就无法达到要求。按照可解释性、预测准确度作为坐标来衡量，几个代表性模型的位置分别如图 18-18 所示。

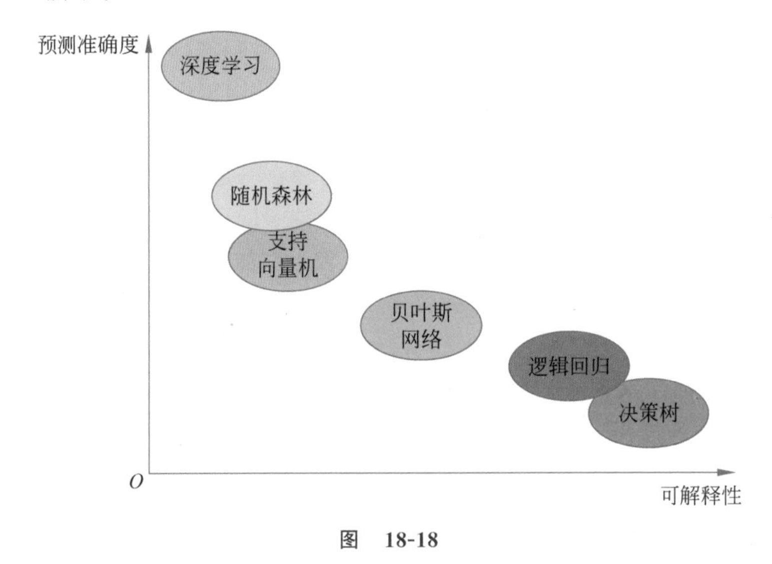

图 18-18

深度神经网络是多层可参数化的、可微分的非线性模块组成的模型，而这个模型可以用后向传播算法来训练。这里涉及两个问题：第一，现实世界遇到的各种各样的问题的性质，并非绝对都是可微的，或者能够用可微的模型做最佳建模；第二，过去几十年里，机器学习界研究出了很多模型，都可以作为构建一个系统的基石，而中间有相当一部分模块是不可微的。因此深度神经网络的适用性也就有了一定限制。

18.5 神经网络的实质——通用逼近定理

为什么可以通过逼近的方式解决非线性可分问题呢？如何通过弯曲的折线进行分类呢？回顾我们在前面特征数据处理中对于连续变量的离散化处理，通过非常多的线性决策界面组合成一个非线性的决策界面，每个隐藏层的神经元负责对一个范围内的数据进行决策,也就是"通用逼近定理",图 18-19 所示是通过分割水平线来拟合抛物线。

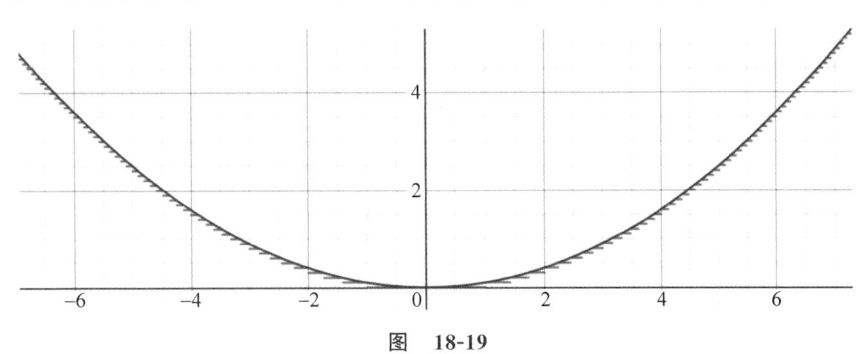

图　18-19

一条类似抛物线的图形,可以用有限数量的水平直线段来逼近,直线段数越多,就越逼近。而这条水平直线段在一定范围内输出为 1,其他区间输出为 0,再通过权重对应到纵轴相应的位置。也就是说,对于落入神经元委托区域的输入,通过将权重分配一个巨大的值,最终值将接近 1(使用类似 Sigmoid 函数进行评估)。如果未落入该部分,则将权重移向负无穷大,产生接近 0 的最终结果。使用 S 形函数作为各种"处理器"来确定神经元的存在程度,几乎可以近似任何函数,完美地给出了丰富的神经元。

通用逼近定理是神经网络的理论基础。它声明了一个神经网络,其中具有一个包含足够但有限数量的神经元的隐藏层,可以在激活函数的某些条件下(即它们必须像 S 形一样)以合理的精度近似任何连续函数。

通用逼近定理的关键在于其在输入和输出之间创建复杂的数学关系,不如使用简单的线性操作,将复杂的功能划分为许多小的、较简单的部分,每个部分都由一个神经元获取。

从通用逼近定理中可以感觉到神经网络根本不是真正的智能,而只是隐藏在多维伪装下的良好估计量,不过它在一些实际场景下的效果依然令人印象深刻。

第 19 讲

基于机器学习的推荐技术

基于机器学习的推荐技术在互联网上的应用场景非常多,其核心场景可以用三个字体现:“搜、广、推”,分别代表搜索、广告、推荐。围绕着这三个场景的知名公司,如谷歌、百度、雅虎、亚马逊、阿里巴巴等,推动了如大规模分布式并行计算、机器学习、计算广告等前沿技术的发展。“搜、广、推”里最先出现的是搜索,然后是广告(主要指效果广告),最后是推荐。和机器学习最相关的是推荐,这一讲我们就针对实现推荐的机器学习方法来进行讲解。当然这一讲肯定无法把推荐相关的技术进行全面呈现[①],更多聚焦于机器学习在推荐技术中的应用。不夸张地说,机器学习的方法都可以应用到推荐场景中去。

19.1 推荐的作用

推荐场景下的核心逻辑非常简单,即把用户需求和内容供给做最佳匹配,搜索、广告、推荐实质上是相互披着不同外衣的变种,这个不变的东西就是推荐。

推荐有以下几方面的作用。

- 提升用户体验。通过个性化推荐,帮助用户快速定位感兴趣的信息。
- 提高产品销售。帮助用户和产品建立精准连接,从而提高产品转换率。
- 发掘长尾价值。根据用户兴趣,提供不是很热门的商品销售给特定人群。
- 方便移动互联网交互。减少用户操作,主动帮助用户找到感兴趣的内容。

19.2 推荐采用的方法

推荐系统的目的是联系用户的兴趣和物品,这种联系需要依赖不同的媒介。目前流行的推荐系统基本上通过三种方式联系用户的兴趣和物品,如图 19-1 所示。第一种方式是利用用户喜欢过的物品,给用户推荐与他喜欢的物品相似的物品,也称为基于物品的推荐。第二种方式是利用和用户兴趣相似的其他用户,给用户推荐那些和他们兴趣爱好相似的其他用户喜欢的物品,即基于用户的推荐。第三种重要的方式是通过一些特征(feature)联系用

---

① 可以通过项亮编写的《推荐系统实践》学习推荐相关的技术。

户和物品，为用户推荐具有用户喜欢的特征的物品。这里的特征有不同的表现方式，比如可以表现为物品的属性集合（如对于图书，属性集合包括作者、出版社、主题和关键词等），也可以表现为隐语义向量（Latent Factor Vector），这种向量类似于前面中提到的嵌入（Embedding），通过隐语义模型学习得到。

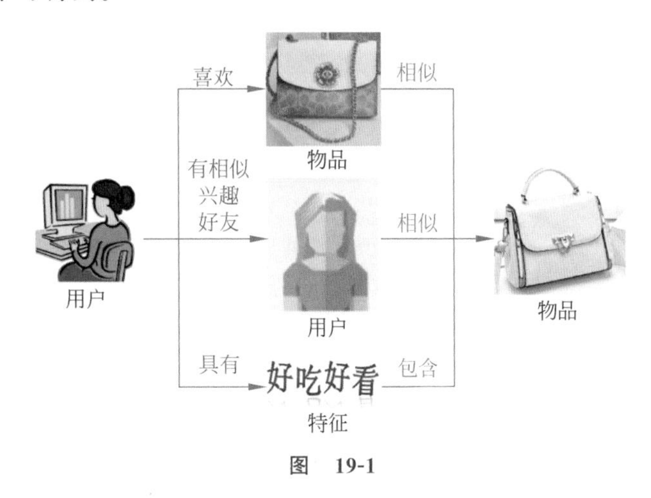

图　19-1

下面介绍的几种方法基本围绕这三种途径实现。

19.2.1　基于邻域的推荐方法

基于邻域的方法也就是协同过滤（Collaborative Filtering）算法，包括基于用户的协同过滤（User-Based CF）和基于物品的协同过滤（Item-Based CF）。邻域的含义是根据最接近的关系（邻居）来进行推荐的方法。

两个算法简单来说分为两步，基于用户的协同过滤算法如下。

（1）计算用户之间的兴趣相似度。

（2）找到和目标用户最接近的用户（一个或者多个），从这些用户中找到他们喜欢的并且目标用户没有接触过的物品，把这些物品推荐给目标用户。

类似地，基于物品的协同过滤算法的步骤如下。

（1）计算物品之间的相似度。

（2）根据目标用户接触过的物品找到和这些物品相似度高的物品，并把这些物品推荐给目标用户。

从上面的算法步骤来看，都需要计算相似度。如何来计算相似度呢？这个有非常多的方法，比如根据数据类型选择在第 4 讲介绍过的方法，如常用的余弦相似度、皮尔逊相关系数等。要用数学的方法计算相似度，就必须有代表用户和物品的数据，这些数据主要来源于用户在系统中的行为记录，比如用户点击购买了哪些商品等。把这些行为记录表现为向量方式，就可以计算相似度。

下面通过一个例子来说明。首先假设有 5 个用户对某个网站上的 5 个商品进行了打分评价，如表 19-1 所示。

表 19-1

	商品 1	商品 2	商品 3	商品 4	商品 5
用户 A	3.3	6.5	2.8	3.4	5.5
用户 B	3.5	5.8	3.1	3.6	5.1
用户 C	5.6	3.3	4.5	5.2	3.2
用户 D	5.4	2.8	4.1	4.9	2.8
用户 E	5.2	3.1	4.7	5.3	3.1

当评分数据不规范时，皮尔逊相关度评价能够给出更好的结果，所以用皮尔逊相关度公式来计算用户之间的相似度。

$$\rho_{X,Y}=\operatorname{corr}(X,Y)=\frac{\operatorname{Cov}(X,Y)}{\sigma_X\sigma_Y}=\frac{E[(X-\bar{X})(Y-\bar{Y})]}{\sigma_X\sigma_Y}$$

表 19-2 所示为用户之间的皮尔逊相关度。

表 19-2

用户对	皮尔逊相关度	用户对	皮尔逊相关度
用户 A&B	0.9998	用户 B&D	−0.8353
用户 A&C	−0.8478	用户 B&E	−0.9100
用户 A&D	−0.8418	用户 C&D	0.9990
用户 A&E	−0.9152	用户 C&E	0.9763
用户 B&C	−0.8417	用户 D&E	0.9698

现在就可以进行商品推荐了。当需要对用户 C 推荐商品时，首先根据表 19-2 检查用户间的相似度列表，发现用户 C 和用户 D 及用户 E 的相似度较高，可以认为这三个用户是一个群体，拥有相同的偏好。因此，可以对用户 C 推荐用户 D 和用户 E 的商品，但是不能直接推荐商品 1～5。因为这些商品用户 C 已经浏览或者购买过了，不能重复推荐。因此推荐给用户 C 的是用户 D 和用户 E 购买过但是用户 C 还没有浏览或购买过的商品。

当然，上面是一个比较简单的例子，实际情况下物品很多，因此表 19-1 中，用户对应的物品的评价是 0，如果采用类似余弦距离或者雅可比矩阵等算法，会导致计算中很多的相似度为 0，没有太多用处而且浪费资源。所以一般采取一些优化策略来提高计算效率，包括针对一些大众商品通过惩罚项来降低在计算相关度中的权重等。

表 19-3 所示为基于用户的协同过滤和基于物品的协同过滤的差别和适用场合。

表 19-3

维度	基于用户的协同过滤	基于物品的协同过滤
性能	适用于用户较少的场合，如果用户很多，计算用户相似度矩阵代价很大	适用于物品数明显小于用户数的场合，如果物品很多(网页)，计算物品相似度矩阵代价很大
领域	时效性较强、用户个性化兴趣不太明显的领域，如新闻、博客、社交网络等	长尾物品丰富、用户个性化需求强烈的领域，如购物网站等
实时性	用户有新行为，不一定造成推荐结果的立即变化	用户有新行为，一定会导致推荐结果的实时变化
推荐理由	很难提供令用户信服的推荐解释	利用用户的历史行为给用户做推荐解释，可以令用户比较信服

严格来说，以上两种算法并不真正体现机器学习的特性，它们没有构造对应的模型和参数，而基于模型的协同过滤方法就是在用户行为数据的基础上，采用机器学习建模的方式来进行推荐，比如下面介绍的隐语义模型。

19.2.2　隐语义模型推荐方法

区别于基于用户的协同过滤和基于物品的协同过滤这两种方法，我们还可以根据用户对物品的兴趣进行分类。对于某个用户，首先得到他的兴趣分类，从分类中挑选出他可能喜欢的物品。基于兴趣分类的方法需要解决三个问题。

- 如何给物品进行分类?
- 如何确定用户对哪些类的物品感兴趣，以及感兴趣的程度?
- 对于一个给定的类，选择哪些属于这个类的物品推荐给用户，以及如何确定这些物品在一个类中的权重?

为了解决上面的问题，是否可以通过数据自动地找到那些类，然后进行个性化推荐呢?**隐含语义分析技术就可以做到，其核心思想是通过隐含特征(Latent Factor)来联系物品与用户兴趣**。隐含语义分析技术采取基于用户行为统计的自动聚类，通过对用户行为的统计，代表了用户对物品分类的看法。隐含语义分析技术允许指定最终有多少分类，这个数越大，分类的粒度越细，反之分类粒度越粗。同时隐含语义分析技术会计算物品属于每个类的权重，因此每个物品都不是硬性地被分到某一个类中。隐含语义分析技术给出的每个分类都不是同一个维度的，它是基于用户的共同兴趣计算出来的，如果用户的共同兴趣是某一个维度，那么隐含特征模型给出的类也是相同的维度。隐含语义分析技术可以通过统计用户行为决定物品在每个类中的权重，如果喜欢某类的用户都喜欢某个物品，那么这个物品在这个类中的权重就会比较高。

隐含语义分析技术诞生至今已经产生了很多著名的模型和方法，其中和该技术相关的有隐含语义索引(LSI)、概率隐含语义分析(PLSA)、隐含狄利克雷分配(LDA)、隐含类别模型(Latent Class Model)、隐含主题模型(Latent Topic Model)、矩阵分解(Matrix Factorization)以及协同主题回归模型(Collaborative Topic Model Regression)。这些技术和方法在本质上是相通的，例如，隐含语义索引和矩阵分解其实和我们在降维技术中采用的奇异值分解(SVD)的原理一致，通过设定的隐含维度 K，把原始的、基于用户行为的稀疏矩阵转换为 K 维的特征矩阵，然后就可以方便地计算相似度，从而完成推荐。

隐语义模型方法和基于邻域的推荐方法各自的优劣是什么?我们可以通过表 19-4 进行比较。

表　19-4

比较维度	隐语义模型	基于邻域方法
理论基础	较好的理论基础的学习方法，通过优化一个设定的指标建立最优的模型	基于统计的方法，实质上没有学习的过程
计算空间复杂度	因为设定的隐类数量一般不大，相对节省内存。复杂度：$O(F\times(M+N))$，其中 F 为隐含数量，M、N 为用户或物品规模	如果用户或物品很多，将占据很大内存空间。复杂度：$O(N^2)$，其中 N 为用户或物品规模

续表

比较维度	隐语义模型	基于邻域方法
计算时间复杂度	一般情况下,时间复杂度高于基于邻域方法,因为需要多次迭代	时间复杂度与用户或物品以及对应行为记录规模相关
在线实时推荐	无法直接实时推荐,需要首先获取一个较小的列表,然后经过计算排名	通过把相关表放入内存中,特别是基于物品的协同过滤算法,可以实时推荐新的物品
推荐的可解释性	比较难解释,除非对隐含分类进行精确描述	基于物品的协同过滤算法可以进行较好的解释(基于用户历史行为)

19.2.3 利用标签的推荐方法

图 19-1 中还有根据特征进行推荐的方法。这里的特征包括根据内容产生的特征以及利用标签进行推荐的方法。标签是用户描述、整理、分享的一种新的形式,同时也反映了用户自身的兴趣和态度,标签为创建用户兴趣模型提供了一种全新的途径,而且标签是一种非常容易理解和使用的特征,本节就重点围绕标签介绍如何进行推荐。

当用户看到一个物品时,我们希望其标签是能够准确描述物品内容属性的关键词,所用标签的分类可以根据每个行业、网站、人群进行设计,一般来说,可以分为以下几种类型。

- 标识对象的内容。此类标签一般为名词,如“IBM”“音乐”“房产销售”等。
- 标识对象的类别。例如,“文章”“日志”“书籍”等。
- 标识对象的创建者或所有者。例如,博客文章的作者署名、论文的作者署名等。
- 标识对象的品质和特征。例如,“有趣”“幽默”等。
- 用户参考用的标签。例如,“我的相册”“我最喜欢的”等。
- 分类提炼用的标签。用数字化标签对现有分类进一步细化,如一个人收藏的技术博客,按照难度等级分为 1、2、3、4 等。
- 用于任务组织的标签。例如,“未阅读”“IT 博客”等。

既然用户用标签描述对物品的看法,那么标签就是联系用户和物品的纽带,也是反映用户兴趣的重要数据源,拿大家熟悉的“豆瓣”为例。豆瓣很好地利用了标签数据,将标签系统地融入整个产品线。首先,在每本图书的页面上,豆瓣都提供一个叫作“豆瓣成员常用标签”的应用,给出这本图书用户最常打的标签。同时,在用户给图书做评价时,豆瓣也会让用户给图书打标签。最后,在最终的个性化推荐结果里,豆瓣利用标签将用户的推荐结果做聚类,显示不同标签下用户的推荐结果,从而增加推荐的多样性和可解释性。

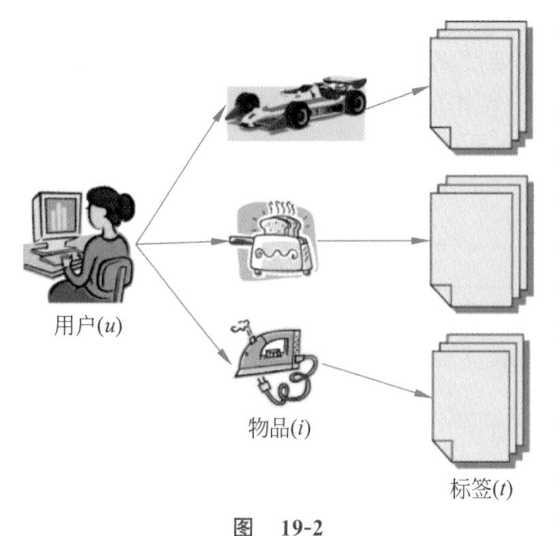

图 19-2

一个用户标签行为的数据集一般由一个三元组的集合表示,其中记录(u,i,t)表示用户 u 给物品 i 打上了标签 t,如图 19-2 所示。当然,用户的真实标签行为数据远远比三元组表示的要复杂，比如用户打标签的时间、用户的属性数据、物品的属性数据、用户对物品的喜爱程度等。这里从原理上来解释标签推荐技术，只考虑上面定义的三元组形式的数据，即用户的每一次打标签行为都用一个三元组(用户、物品、标签)表示。

根据用户标签行为数据，得到一个比较简单的推荐算法：

(1) 统计每个用户最常用的标签；

(2) 对于每个标签，统计被打过这个标签次数最多的物品；

(3) 对于一个用户，首先找到他常用的标签，然后找到具有这些标签的最热门物品，推荐给此用户。

上面算法中用户 u 对物品 i 的兴趣公式如下：

$$\text{Preference}(u,i)=\sum_{t\sim T(u)\cap T(i)} N_{ut}N_{it}$$

式中，$T(u)$表示用户 u 打过的标签集合，$T(i)$表示物品被打过的标签集合，N_{ut} 表示用户 u 打过标签 t 的次数，N_{it} 表示物品 i 被打过标签 t 的次数。根据计算出来的用户对物品的兴趣值排序后进行推荐。

如果考虑到降低大众热门物品和大众热门标签的影响，可以利用 TF-IDF 方法，加入惩罚项到公式中，即

$$\text{Preference}(u,i)=\sum_{t\sim T(u)\cap T(i)} \frac{N_{ut}}{\log(1+N_t^{(u)})}\frac{N_{it}}{\log(1+N_i^{(u)})}$$

其中，$N_t^{(u)}$ 表示标签 t 被多少个不同的用户 u 打过，$N_i^{(u)}$ 表示物品 i 被多少个不同的用户 u 打过标签。

上面的算法直观、简单、容易实现，但是不够系统化，因此也可以基于图模型来进行标签推荐。实际上只要能通过图表示的关系，都可以采用图算法进行推荐，下面举例说明。

假设我们有三个用户(u_1,u_2,u_3)，三个物品(i_1,i_2,i_3)，三个标签(t_1,t_2,t_3)，有几个用户-物品-标签数据：$(u_1,i_2,t_2)(u_1,i_3,t_2)(u_2,i_1,t_1)(u_3,i_2,t_3)(u_3,i_1,t_2)$。按照基于标签的推荐规则，用户和物品之间通过标签连接，如图 19-3 所示。

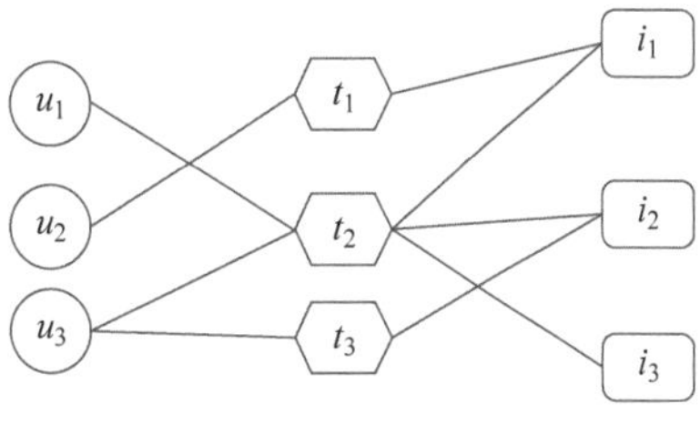

通过随机游走的 PageRank 算法对图 19-3 进行迭代，收敛后，就可以得到每个节点的概率值(类似 PR 值)。然后我们就可以根据标签来推荐和用户之前没有产生联系的物品，在图 19-3 中就可以把 i_1 推荐给 u_1。

图　19-3

19.2.4　利用上下文信息推荐方法

前面的几种推荐算法主要集中在如何把用户兴趣联系到物品上，将最符合用户兴趣的物品推荐给用户。不过按照我们日常的体验，如果能够根据用户所处的上下文(Context)来进行推荐，会更为有效。这里的上下文包括用户访问系统的时间、地点、心情等。这一点非常容易理解，比如对于服装电商系统来说，不能够因为用户在夏天喜欢过某款 T 恤，就在冬天也推荐给他类似的 T 恤。用户在上班时段和下班时段的兴趣也会有区别。在周末和非周末时间亦然。因此准确了解用户的上下文信息，并将该信息用于推荐算法是设计优秀的

推荐系统的关键步骤。

这一节主要讨论时间上下文。当考虑上下文之后，推荐系统就从一个静态系统变成了一个时变系统，而用户行为数据也变成了时间序列。也就是说，从原先的比如用户-物品二元信息变成了三元信息(u,i,t)，表示用户 u 在时刻 t 对物品 i 产生了行为。

某电影网站通过实际对比以下三种推荐算法得出结论：结合了时间多样性的推荐更加有效。

(1) 给用户推荐最热门的 10 部电影。

(2) 从最热门的 100 部电影中推荐 10 部给用户，并保证时间多样性，每周都有 7 部电影推荐结果不在上周的推荐列表中。

(3) 每次都从所有电影中随机推荐 10 部。

下面主要介绍几种基于时间上下文的推荐算法。

1. 最近最热门

在没有时间信息的数据集中，可以给用户推荐历史上最热门的物品。在获得用户行为的时间信息后，最简单的非个性化推荐算法就是给用户推荐最近最热门的物品。也就是给物品加上流行度的表示，这个流行度的公式如下：

$$\text{popular}_i(T) = \sum_{(u,i,t)\in \text{TrainSet}, t<T} \frac{1}{1+\alpha(T-t)}$$

式中的 T 是给定的某个时间点，t 是用户物品行为的时间记录，α 是时间衰减参数。可以看到，T 和 t 之间越接近，衰减越小，流行度越大，反之，衰减就越大，流行度越小。

2. 时间上下文的协同过滤算法

以基于物品的协同过滤算法为例，加上了时间信息的基于物品的协同过滤算法在以下两方面体现出时间效应。

- 物品相似度方面：在相隔很短的时间内喜欢的物品具有更高的相似度。比如今天看的电影和昨天看的电影，其相似度在统计意义上应该大于用户今天看的电影和用户一年前看的电影的相似度。
- 在线推荐方面：用户近期行为相比用户很久之前的行为，更能体现用户现在的兴趣。因此在预测用户现在的兴趣时，应该加大用户近期行为的权重，优先为用户推荐和他近期喜欢的物品相似的物品。

因此，思路也是在之前计算相似度的公式之上加上时间衰减函数，函数公式如下：

$$f(|t_{ui}-t_{uj}|) = \frac{1}{1+\alpha|t_{ui}-t_{uj}|}$$

其中，t_{ui} 和 t_{uj} 分别是用户 u 针对物品 i、j 产生行为的时间。α 是时间衰减参数，它的取值在不同系统中不同，如果用户兴趣变化比较快，就取比较大的值，否则就取小一点的值。

除了在计算相似度上加上衰减函数，也应该考虑时间信息对兴趣度公式的影响。一般来说，用户现在的行为和用户最近的行为关系更大，因此可以通过以下方式修正兴趣度公式：

$$\text{Preference}(u,i) = \sum \text{sim}(i,j)\frac{1}{1+\beta|t_0-t_{uj}|}$$

其中，t_0 表示当前时间，t_{uj} 表示用户针对物品 j 的行为时间，两者越接近，和物品 j 相似的物品在推荐列表中会获得更高的排名，β 是时间衰减参数。

19.2.5　深度学习推荐方法

把协同过滤算法及隐语义模型用神经网络表示，如图 19-4 所示。

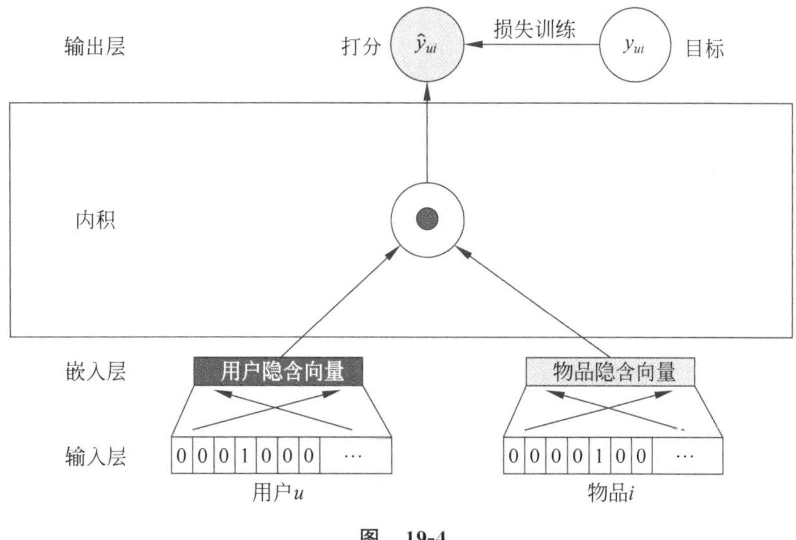

图　19-4

图 19-4 中，最下面是通过稀疏矩阵进行嵌入形成嵌入层的向量，作为特征进行交叉运算，然后得到打分后的结果，再和目标值进行损失计算后调整参数。

特征交叉运算采用的是点积，而点积方式过于简单，在样本数据比较复杂的情况下，容易欠拟合。而深度学习可以大大提高模型的拟合能力，那么是否可以把点积层替换为多层神经网络呢？理论上多层神经网络具备拟合任意函数的能力，因此可以通过增加神经网络层的方式来解决欠拟合的问题。深度神经网络协同过滤模型如图 19-5 所示。

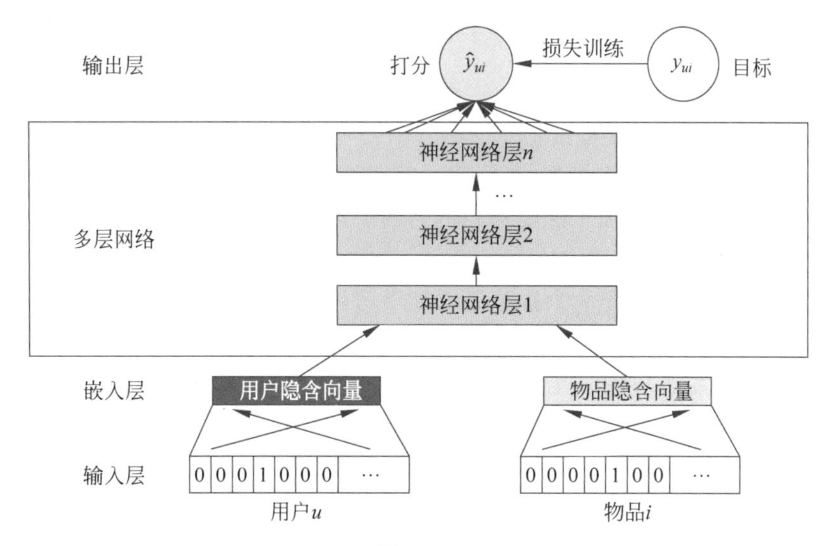

图　19-5

按照类似思路，衍生出很多基于深度学习用于推荐的模型，如 AutoRec、NeuralCF、DeepCrossing、Wide & Deep、DCN、DeepFM、DIN 等。图 19-6 完整展示了深度学习推荐模型的演化趋势[①]。这些深度学习推荐模型的演进思路如下。

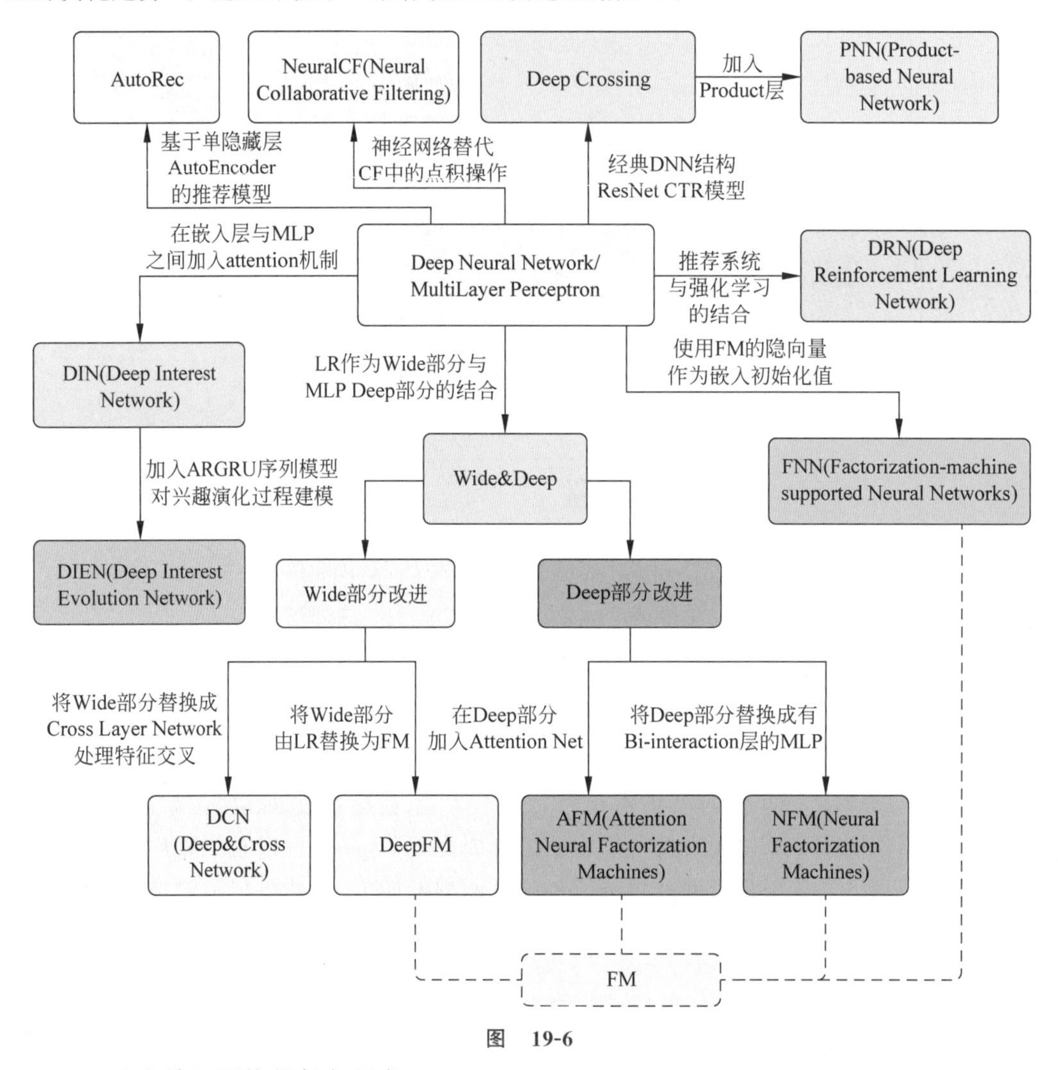

图 19-6

(1) 改变神经网络的复杂程度。

从最简单的单层神经网络模型 AutoRec，到经典的深度神经网络结构 Deep Crossing，它们主要的进化方式在于增加了深度神经网络的层数和结构复杂度。

(2) 改变特征交叉方式。

这种演进方式的要点在于大大提高了深度学习网络中特征交叉的能力。比如改变了用户向量和物品向量互操作方式的 NeuralCF，定义了多种特征向量交叉操作的 PNN 等。

(3) 把多种模型组合应用。

组合模型主要指以 Wide&Deep 模型为代表的一系列把不同结构组合在一起的改进思路。它通过组合两种甚至多种不同特点、优势互补的深度学习网络，来提升模型的综合能力。

---

① 引自王喆编写的《深度学习推荐系统》。

（4）让深度推荐模型和其他领域进行交叉。

从 DIN、DIEN、DRN 等模型中可以看出，深度推荐模型无时无刻不在从其他研究领域汲取新的知识。包括 NLP 领域的著名模型 Bert 与推荐模型结合，产生了非常好的效果。一般来说，自然语言处理、图像处理、强化学习领域都是推荐系统汲取新知识的地方。

19.3　推荐效果评测指标和维度

以下是推荐效果的评测指标和维度，对更详细的内容，读者可以参考其他文献①。

（1）用户满意度。用户满意度是推荐系统评测最重要的指标。不过用户满意度没有办法进行离线计算，一般通过用户调查或者在线实验获得。

（2）预测准确度。预测准确度用来评测推荐系统或者算法预测用户行为的能力。也就是机器学习准确度评估的方法，一般通过离线实验计算得到。它把数据集通过时间划分为训练集和测试集，然后通过在训练集上建立用户的行为和兴趣模型来预测用户在测试集上的行为，并计算预测行为和测试集上实际行为的重合度，将其作为预测准确度。

（3）覆盖度。覆盖度描述一个推荐系统对物品长尾的发掘能力。覆盖度有不同的定义方法，最简单的定义是推荐系统能够推荐出来的物品数量占总物品集合的比例。

（4）多样性。推荐应能够覆盖用户不同的兴趣领域，也就是要尽可能地发现用户的兴趣。

（5）新颖性。新颖的推荐是给用户推荐那些他们之前没有听说过的物品，不仅是在当前系统中没听说过的物品，甚至是在别的地方也没有听说过的。一般通过牺牲推荐的精度来提高多样性和新颖性容易实现，难的是如何在不牺牲精度的情况下提高多样性和新颖性。

（6）惊喜度。惊喜度和新颖性的区别在于，用户之前没有听说过这个物品，当系统推荐后，用户对这个推荐很满意，有一种惊喜的感觉。

（7）信任度。和人与人之间的信任一样，是让用户对推荐产生信任，相信推荐的结果是让自己满意的，至少不反感。提高推荐系统的信任度主要有两种方式，首先需要增加推荐系统的透明度，提供清晰的推荐解释，其次是要考虑用户的社交网络信息，利用好友信息给用户进行推荐，并用好友进行推荐解释。

（8）实时性。实时性包括两方面，一个是需要实时更新推荐列表来满足用户新的行为变化，第二个是需要能够将新加入系统的物品推荐给用户，这主要考验推荐系统处理物品冷启动的能力。

（9）健壮性。和搜索引擎一样，健壮性也就是反作弊的能力，需要能抗击针对推荐系统的攻击或者提高作弊的成本和代价。

（10）商业目标。也就是企业通过推荐系统能否达成商业目标，不同的公司会根据自己的盈利模式设计不同的商业目标。

---

① 项亮编写的《推荐系统实践》。

第 20 讲

激活函数

本讲主要对激活函数的作用及常用的激活函数进行详细讲解。

20.1　激活函数的作用

在关于神经网络模型的介绍中，读者已经知道了神经网络本质上是通过包含足够但是有限的神经元，并在激活函数的某些条件下以合理的精度近似任何连续函数。连续函数对应的是任意形状的决策边界曲线。因此激活函数的作用就是做非线性变换，否则无论有多少个神经元，最后均是线性变化。逻辑回归、支持向量机（SVM）都是加入了非线性的处理后才有了比较好的效果。

最简单的例子就是常用的异或操作（XOR），如图 20-1 所示。

线性模型无法针对黑点和白点进行区分，必须采用非线性模型（哪怕是比较简单的二层神经网络加上普通的激活函数，见图 20-2），最右侧节点就是激活函数。

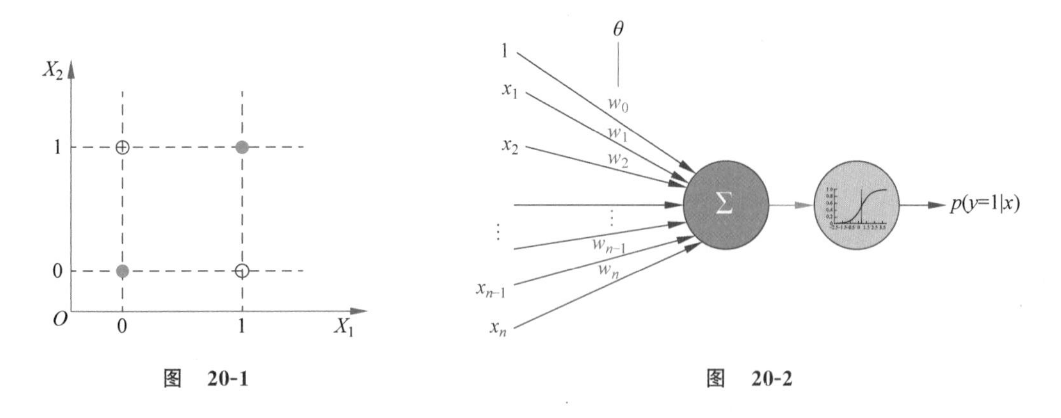

图　20-1　　　　图　20-2

20.2　激活函数的要求

非线性函数是否都可以作为激活函数呢？当然这只是一个条件，还需要满足以下要求。

（1）非线性。这个是必需的条件，保证数据非线性可分。

（2）可微性。因为进行模型训练时，一般采取的优化方式是基于梯度的，这个梯度其实就是一阶、二阶等导数，所以计算梯度时必须要有此性质。

（3）单调性。这个特性很重要，也就是函数要求是凸函数，可以保证优化方向的一致性。

（4）接近恒等变换，也就是要求输入值和输出值接近相等。因为大多数激活函数都是非线性的，不符合这个要求，所以看起来是矛盾的。这个性质的好处是使得输出的幅值不会随着网络深度的增加而发生显著的增加，从而使网络更稳定，同时梯度也能够更容易回传，因此只有部分激活函数会满足这个要求。

（5）求导尽可能容易。因为在进行参数求解的过程中大部分情况需要用到梯度，也就是求导，所以求导方式越容易，对于计算来说效率越高。

（6）非饱和性。饱和指的是在某些区间梯度接近零（即梯度消失），使得参数无法继续更新。

（7）输出范围有限：有限的输出范围使得网络对于一些比较大的输入也会比较稳定。

符合以上五个条件的激活函数较多，下面介绍几种常用的激活函数。

20.3　常用激活函数介绍

本节不仅介绍激活函数的数学形式，还对激活函数进行比较，从而让读者明白什么情况下选择什么样的激活函数比较合适。

20.3.1　Sigmoid 函数

Sigmoid 函数在前面讲得非常多了，在逻辑回归、对数损失等内容中都曾提到过。这里就不过多地进行讲解，只进行结论性的描述。

（1）输入的连续实值会“压缩”并输出在 0～1。对于分类概率来说，是最好的性质。

（2）微分形式简单，可以用自身表示：$\sigma'(x)=\sigma(x)(1-\sigma(x))$。

（3）因为梯度中存在 e^x 的形式，因此计算量比较大。

（4）Sigmoid 函数饱和会使梯度消失。神经元的激活在接近 0 或 1 时会饱和，在这些区域梯度几乎为 0，这会导致梯度消失，进而导致没有信号通过神经元传回上一层，如图 20-3 所示的 Sigmoid 函数及对应梯度。

（5）Sigmoid 函数的输出不是以 0 为中心的（以 0.5 为中心）。因为如果输入神经元的数据总是正数，那么关于 w 的梯度在反向传播的过程中，要么全部是正数，要么全部是负数，这将导致梯度下降、权重更新时出现 Z 字形的下降。

因此需要找到一种可以克服 Sigmoid 函数缺点的更合适的激活函数。也就是：①能否把中心变成 0；②能否解决梯度消失的问题；③计算量能否比较少。

对于第一个问题，就是下面介绍的 tanh 函数要解决的。

20.3.2　tanh 函数

首先来看 tanh 函数的数学公式：

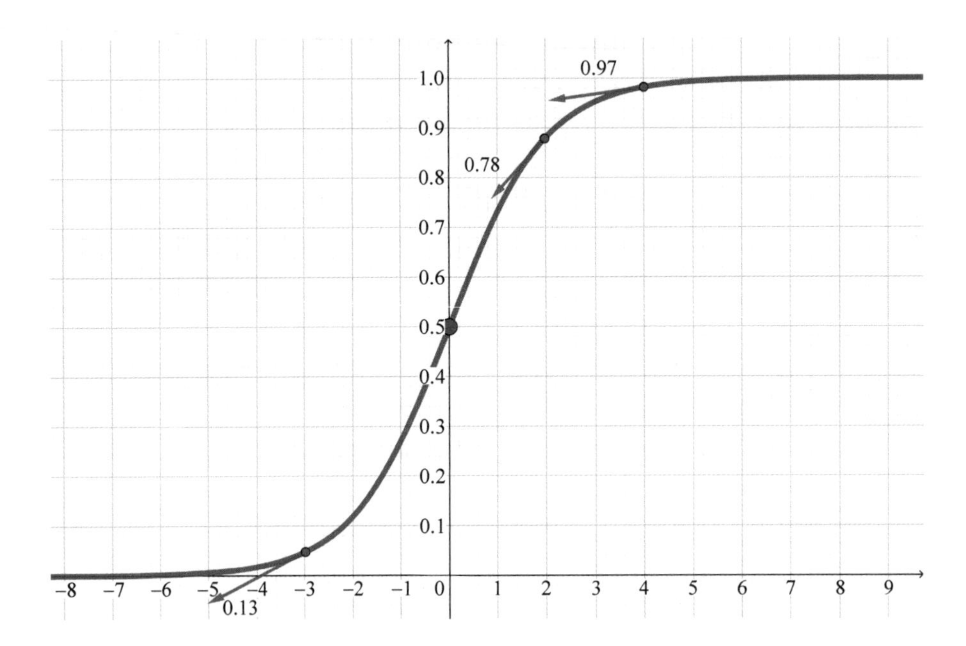

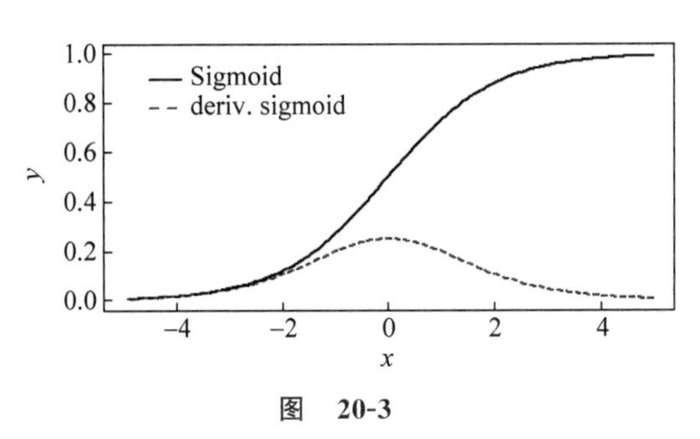

图 20-3

$$\tanh(x)=\frac{e^{x}-e^{-x}}{e^{x}+e^{-x}}=\frac{1-e^{-2x}}{1+e^{-2x}}$$

可以看到，当 $x=0$ 时，$\tanh(0)=0$，也就是中心变成了 0，而且单调性也没有改变。tanh 函数图形如图 20-4 所示。

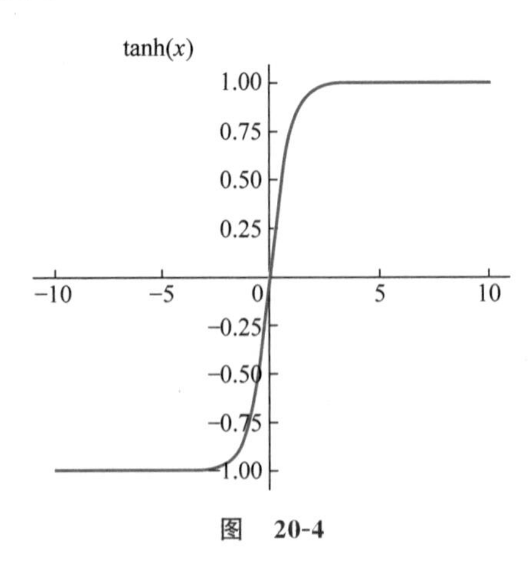

图 20-4

从图 20-4 可以看到,虽然解决了 Sigmoid 函数存在的第一个问题,但是第二个和第三个问题依然存在。只不过相对 Sigmoid 函数来说,tanh 函数作为激活函数好了一点。

有没有更合适的激活函数呢? 那就是 ReLU 函数了。

20.3.3　ReLU 函数

ReLU 函数叫作线性整流单元(Rectified Linear Unit),又称修正线性单元,通常指以斜坡函数及其变种为代表的非线性函数。

ReLU 函数的数学公式非常简单:

$$\mathrm{ReLU}(x)=\max(0,x)$$

图 20-5 所示是 ReLU 函数及梯度图形。

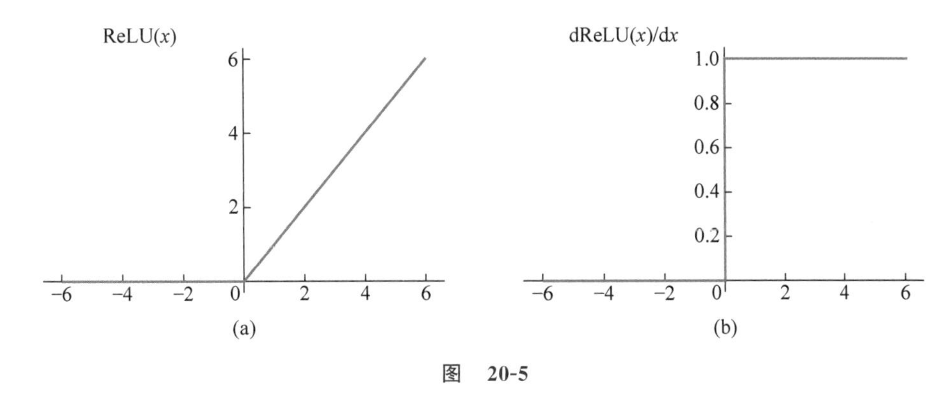

图　20-5

ReLU 函数其实是一个取最大值的函数,不过需要注意的是,它并不是全区间可微的,在其值为 0 时是不可微的。虽然存在某个点不可微,但是因为模型训练是可以分段进行的,所以也可以通过次梯度(sub-gradient)来解决,如图 20-5(b)所示。

ReLU 函数虽然简单,却是近几年的重要成果,它有以下几大优点[①]。

(1) 解决了梯度消失(Gradient Vanishing)问题(在正区间)。

(2) 计算速度非常快,只需要判断输入是否大于 0,不涉及复杂的指数计算。

(3) 收敛速度远快于 Sigmoid 函数和 tanh 函数。

ReLU 函数有几个需要特别注意的问题。

(1) ReLU 函数的输出不是以 0 为中心的。

(2) 死亡 ReLU 问题(Dead ReLU)指的是某些神经元可能永远不会被激活,导致相应的参数永远不能被更新。有两个主要原因可能会导致这种情况产生:①糟糕的参数初始化,这种情况比较少见;②学习率太高导致在训练过程中参数更新太大,从而让很大一部分神经元进入了 0 的部分(也就是死了)。当然在实际操作中,如果设置一个合适的较小的学习率,那么这个问题发生的可能性很小。

尽管存在这两个问题,但由于 ReLU 函数的突出优点,目前仍是最常用的激活函数,而且针对其问题有了衍生函数:Leaky ReLU 及 ELU(Exponential Linear Units)函数。

---

① Jarrett,K.,Kavukcuoglu,K.,Ranzato,M.,and LeCun,Y.(2009a). *What is the best multi-stage architecture for object recognition?*。

20.3.4 LeakyReLU 函数

ReLU 函数在 $x<0$ 时会直接变成 0,造成死亡 ReLU 问题,LeakyReLU 函数让 0 的部分不变成 0,而是变成一个小斜率的直线。

LeakyRelu 函数的数学公式:

$$\mathrm{LeakyReLU}(x)=\max(\varepsilon x, x), \quad \varepsilon<1$$

图 20-6 所示是 LeakyReLU 函数及梯度图形。

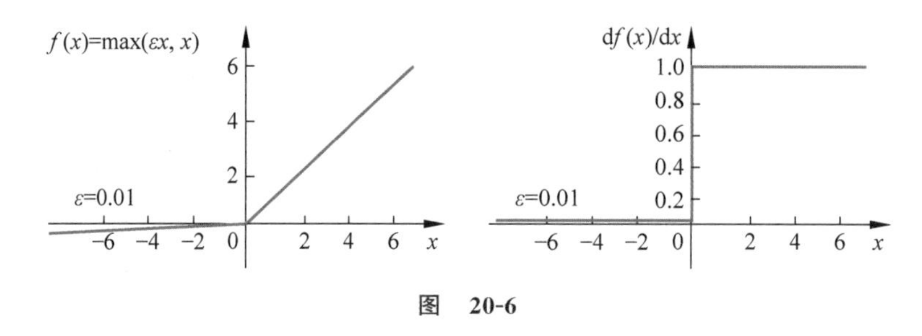

图 20-6

图 20-6 中的 ε 取值 0.01,为了让左边的直线看起来明显,图中斜线的斜率比 0.01 大。

理论上来讲,Leaky ReLU 函数具有 ReLU 函数的所有优点,且不会有死亡 ReLU 问题,但是在实际操作当中,并没有完全证明 Leaky ReLU 函数总是好于 ReLU 函数。

20.3.5 ELU 函数

ELU(指数线性单元)函数也是 ReLU 函数的变种之一,其对应的公式如下:

$$f(x)=\begin{cases} x, & x>0 \\ \alpha(\mathrm{e}^{x}-1), & \text{其他} \end{cases}$$

图 20-7 所示是 ELU 函数及梯度图形。

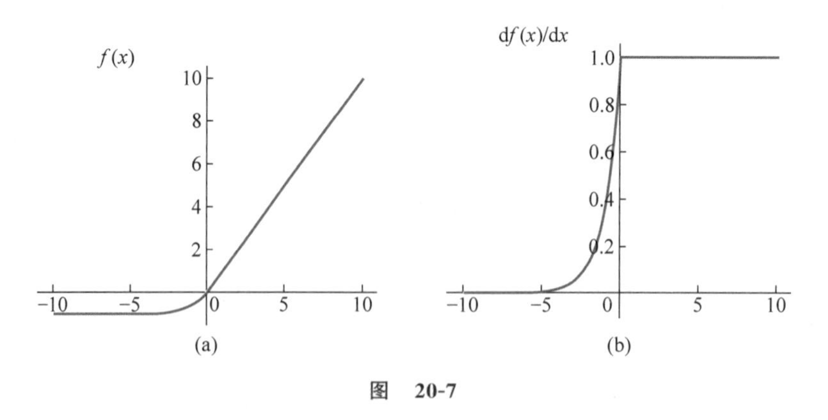

图 20-7

ELU 函数也是为解决 ReLU 函数的问题提出的。ELU 函数具有 ReLU 函数的所有优点,并且不会有死亡 ReLU 问题;输出的均值接近 0,也就是零值中心。

它的一个小问题在于计算量稍大(里面存在指数计算)。类似于 LeakyReLU 函数,理论上虽然好于 ReLU 函数,但目前在实际使用中并没有证据证明 ELU 函数总是优于 ReLU 函数。

20.3.6　softmax 函数

上面提到的激活函数可以用在一般的神经元中，如果最后的任务是进行多分类，而不仅是二分类，这时便需要一种激活函数来进行多分类的概率计算，也就是常用的 softmax 函数，亦可作为激活函数。在一些书中也把它看作模型的一层，称为 softmax 层。

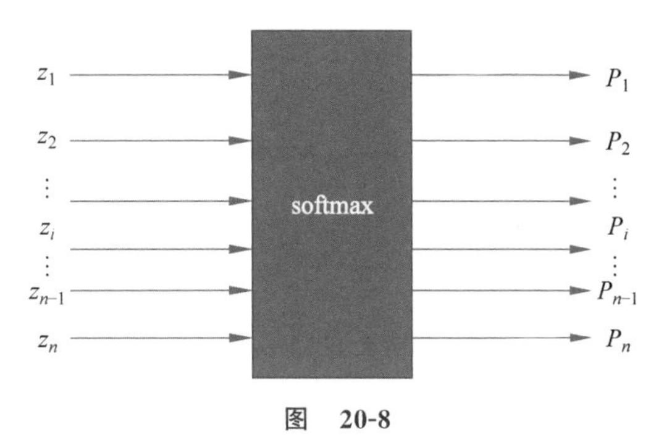

图　20-8

softmax 函数是输入和输出个数相同的函数，如图 20-8 所示。

因为 P_i 的值均需要在[0，1]，所以 softmax 其实是一种归一化处理。因为 e^x 的求导方式比较简单，所以 softmax 也采用自然指数的形式，公式如下：

$$P_i=\frac{e^{z_i}}{\sum_j e^{z_j}}$$

那么为什么称为 softmax 呢？参考《深度学习》[①]中的说法：softmax 函数更接近 argmax 函数（也可以称为 hardmax）而不是 max 函数。前缀 soft 源于 softmax 函数是连续可微的。argmax 函数的结果可以表示为一个独热向量，它不是连续和可微的。softmax 函数提供了 argmax 的软化版本。

用一个更形象的图来展示，图 20-9 为 softmax 函数内部展示。

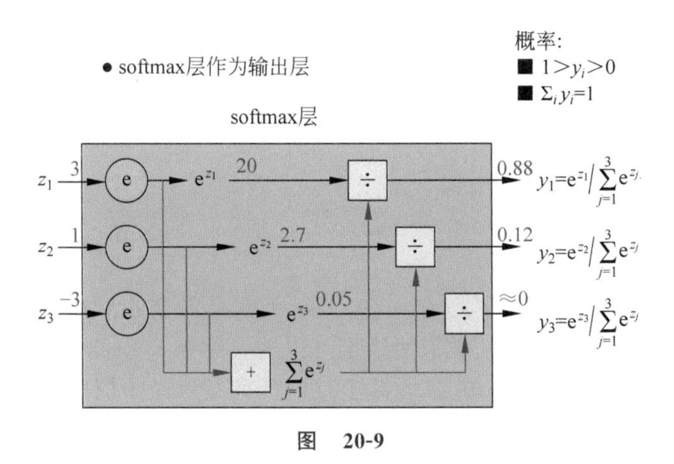

图　20-9

图 20-9 的输入 z_1、z_2、z_3 分别是 3、1、−3，经过 softmax 处理后，将原来的输出 3、1、−3 映射成（0，1）的值（图 20-9 中的 0.88、0.12、0），而这些值的和为 1（满足概率的性质）。我们可以将它理解成概率，在最后选取输出节点时，可以选取概率最大（也就是值对应最大的）的节点作为预测目标。同时 softmax 在求导时也比较简单，因此它是一个非常好的多分类的激活函数。

① Ian Goodfellow 等编写的《深度学习》。

20.3.7 常用激活函数的选择建议

一般情况下，使用 ReLU 函数效果会比较好，但是要注意以下几点。

(1) 使用 ReLU 函数要注意设置学习率，不要让网络训练过程中出现很多“死”神经元。

(2) 如果“死”神经元无法很好地解决，可以尝试用 LeakyReLU 函数、ELU 函数等 ReLU 变体来代替 ReLU 函数。

(3) 不建议使用 Sigmoid 函数，如果一定要使用，也可以用 tanh 函数代替。

(4) Softmax 函数主要作为多分类输出层使用的激活函数。

20.3.8 高斯函数

在深度学习网络流行之前，也有一些简单的神经网络对一些问题有比较好的解决效果，比如径向基函数(Radial Basis Function，RBF)网络。其原理就是前面介绍的混合高斯模型。相对来说，高斯函数作为激活函数被应用得并不多，所以本节做简单介绍。

径向基函数网络是一种三层网络结构，如图 20-10 所示。

最下面一层是输入层，中间隐藏层使用高斯函数作为激活函数，输出层采用线性函数进行输出。

图 20-11 所示是可用混合高斯图形拟合的曲线。

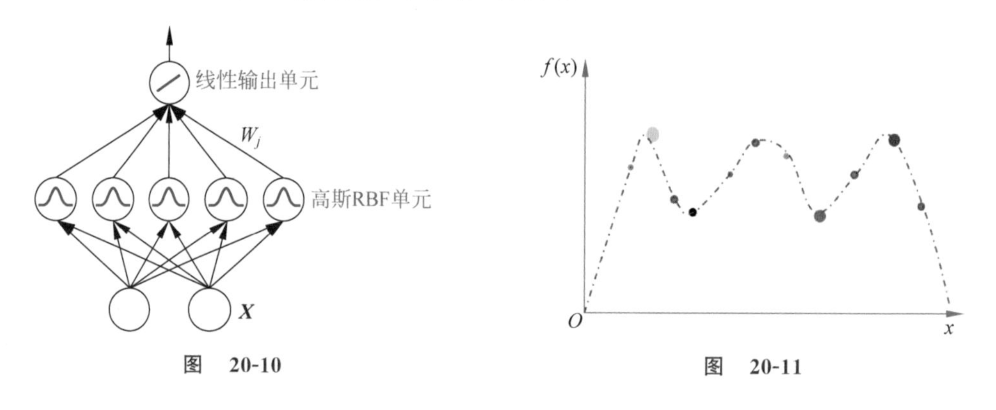

图 20-10　　图 20-11

图 20-11 中的黑点表示每个$(x, f(x))$，实际上就是需要找到虚线所示的曲线进行拟合。在混合高斯分布中曾提到过，类似曲线也可以通过多条高斯曲线的不同权重下的叠加进行构造。反映到中间层的每个单元，实际上反映的就是对某个值周围的不同程度的响应：高斯函数对于中心点的响应是最大的，越到两边响应越小。每个单元负责一个区域，最后合成一个可以拟合目标值的曲线。

下面以异或分类问题(见表 20-1)为例进行讲解。

表 20-1

X_1	X_2	y	X_1	X_2	y
0	0	0	1	0	1
0	1	1	1	1	0

对应这个问题的径向基函数网络如图 20-12 所示。

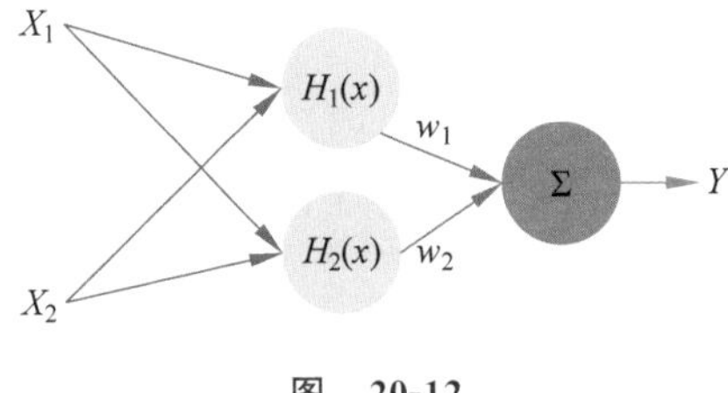

图　20-12

输出层对应的公式如下：

$$y_j=\sum_{i=1}^{h} w_{ij}\exp\left(-\frac{1}{2\sigma^2}\|x_p-c_i\|^2\right),\quad j=1,2,\cdots,n$$

这里只有两个中间层单元，设定标准差为 1，然后将一个中心点设为(0,0)，另一个中心点设为(1,1)，最后对 $H(x)$求解后，可以得到如表 20-2 所示的值。

表　20-2

X_1	X_2	$H_1(x)$	$H_2(x)$
0	0	0.3678	0.3678
0	1	0.3678	0.3678
1	0	0.1353	1
1	1	1	0.1353

经过径向基函数网络转换后的值如图 20-13 所示。

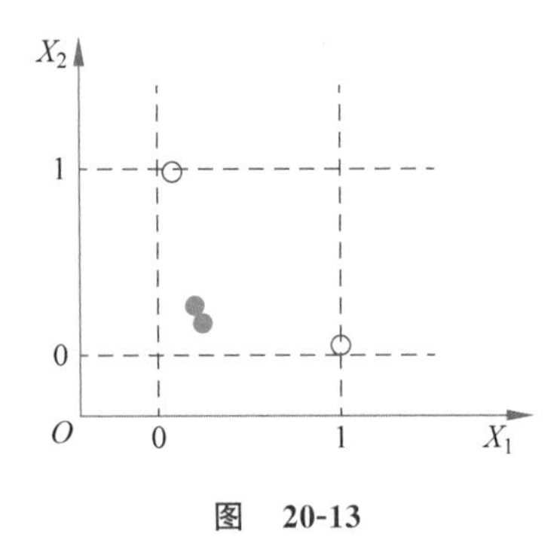

图　20-13

经过转换后的点就比较好分类了，通过一条直线(线性组合)就可以了，也就是最后的输出节点用一个线性函数即可。

使用 Sigmoid 函数、tanh 函数、ReLU 函数都可以完成异或分类问题。相对而言，因为高斯函数不具有单调性，所以有时不太稳定，一般用在相对简单的网络中。

第 21 讲

代价函数

回顾前面讲过的建模分析的一般步骤，在确定了机器学习模型之后，还需要确定一个对应的代价函数，然后最优化这个函数、得到对应的参数，才可以应用模型，如图 21-1 所示。

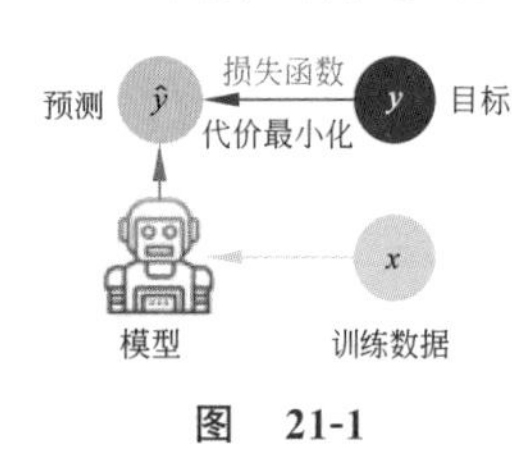

图 21-1

更严谨地说，机器学习中的监督学习本质上是给定一系列训练样本(x_i, y_i)，尝试学习映射关系$(x->y)$，使得给定一个 x，即便这个 x 不在训练样本中，也能够输出 $\hat{y}$，尽量与真实的 y 接近。

接下来讲解几个概念，在很多资料中，经常可以看到它们。

21.1 损失函数、代价函数和目标函数

损失函数(Loss Function)一般采用 $L(\theta)=f(y_i, \hat{y}_i)$表示，式中 y_i 通常是针对单个训练样本而言。给定一个模型输出和一个真实值，损失函数输出一个实值损失。

比如，线性回归中的均方差损失为 $L(y_i, f(x_i, \theta))=(f(x_i, \theta)-y_i)^2$。

定义了损失函数，然后把所有训练集上的样本的损失函数进行汇总(数据量非常大时，也可以是一定数量或批次的训练样本，称为 mini-batch)，或者取平均值(其实是否取平均值区别不大)，称为代价函数(Cost Function)。其公式表示为 $J(\theta)=\sum_{i=1}^{N} f(y_i, \hat{y}_i)$。

比如，线性回归中的均方差代价函数如下：

$$J(\theta)=\frac{1}{N}\sum_{i=1}^{N} L(\theta)=\frac{1}{N}\sum_{i=1}^{N}(f(x_i, \theta)-y_i)^2$$

为什么代价函数用 J 表示呢？可能是因为代价函数一般和梯度有关系，而在迭代优化过程中梯度用 Jacobin(一阶导数)表示，所以一般用 J 表示代价函数。

再来看目标函数(Objective Function)，目标函数是一个更通用的术语，表示任意希望被优化的函数，用于机器学习领域和非机器学习领域(比如运筹优化)。比如，前面介绍的最大似然估计中的似然函数就是一个优化的目标函数。

最后用一句话总结三者的关系：损失函数是代价函数的一部分，代价函数是目标函数中的一种。

理解了代价函数的概念，就知道损失函数或者代价函数越小，越能拟合到真实值。那么

是不是我们的目的就是代价函数最小就最好呢？

21.2　经验风险、期望风险和结构风险

所谓经验风险，就是以所选择的经验数据（样本数据）作为输入，再选择模型，然后对训练集中的所有样本点损失函数的值平均后进行最小化。经验风险越小，说明模型对训练集的拟合程度越好，即代价函数最优化。

而期望风险是对所有样本（包含未知样本和已知的训练样本）的预测能力，是全局概念。相比而言，经验风险则是局部概念，因为针对的只是训练样本，因此经验风险仅仅表示决策函数对训练数据集里的样本的预测能力。

理想模型应该是让所有样本的损失函数最小（期望风险最小化）。但是用户不可能得到所有的样本，因此期望风险函数往往不可得，所以用局部最优代替全局最优。这就是经验风险最小化的理论基础。

只考虑经验风险会出现过拟合现象，即模型对训练集中的所有样本点都有最好的预测能力，但是对于非训练集中的样本数据，模型的预测能力非常不好。怎么办？这就需要结构风险。

结构风险是对经验风险和期望风险的折中，在经验风险函数后面加一个正则化项（惩罚项），是一个大于 0 的系数 λ，公式如下：

$$\theta = \underset{\theta}{\operatorname{argmin}} \frac{1}{N}\sum_{i=1}^{N} L(y_i, f(x_i, \theta)) + \lambda \Phi(\theta)$$

式中，前面的均值函数为经验风险，后面的项为结构风险，用来衡量模型的复杂度。这也是为什么需要加入正则化项的理论依据。

一般来说，经验风险越小，模型越复杂，其包含的参数越多。当经验风险函数小到一定程度，就出现了过拟合现象。也可以理解为模型的复杂程度是过拟合的必要条件。

图 21-2 所示是不同复杂度模型的拟合情况，可以用来说明拟合和模型复杂度的联系。

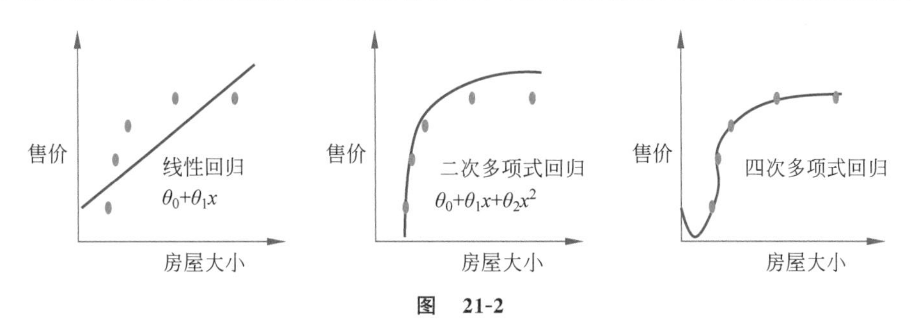

图　21-2

可以看到，随着模型越来越复杂，经验风险会越来越小，拟合程度也越来越高；结构风险随之也越来越高，这不是模型整体要达到的目标。

图 21-3 所示是不同复杂度模型的错误情况，可以看到对应的训练错误和检验错误。

模型越复杂，虽然经验风险会减小，但是检验错误会比较大，也就是结构风险会变大。

要想防止过拟合现象的发生，就要破坏这个必要条件，即降低决策函数的复杂度。也就

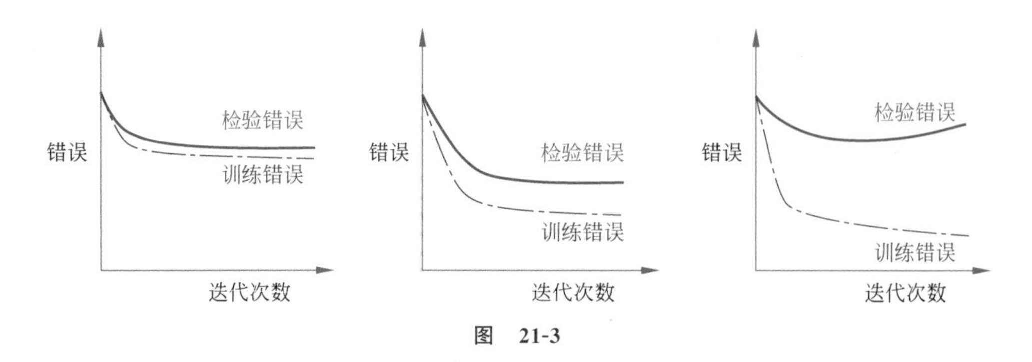

图 21-3

是让惩罚项(结构风险)最小化。

要同时保证经验风险函数和结构风险函数都达到最小化,一个简单的办法就是把两个式子融合成一个式子,得到结构风险函数(也就是上面的公式表示),然后对这个结构风险函数进行最小化。

21.3 正则化的本质

最小化结构风险可以通过正则化达到,其原理是限制参数过多或者过大,避免模型更复杂。例如图 21-2 中房屋大小和售价关系的例子,如果使用四次多项式模型,已经有点复杂了,如果使用十次多项式,只会更复杂,非常容易发生过拟合。为了防止过拟合,可以将高阶部分的权重 w 限制为 0,这样就相当于从高阶的形式转换为低阶。为了达到这一目的,最直观的方法就是限制 w 的个数,但是这类条件属于 NP 难度问题(NP-hard Problem),求解非常困难。所以,一般的做法是寻找更宽松的限定条件,即

$$\sum_j |w_j| \leqslant C \quad 或者 \quad \sum_j w_j^2 \leqslant C$$

式中对 w 的绝对值之和或者平方和进行数值上界限定,目标就转换为最小化训练样本误差,但是要遵循 w 绝对值之和或者平方和小于 C 的条件。

上面的两种限制对应的就是 L1 和 L2 正则化(范数)。

为了进一步方便理解 L1 和 L2 正则化,现在把参数限定在两个条件下,即 w_1、w_2。那么 L1 正则化对应的代价函数就是:

$$J = J_0 + \alpha(|w_1| + |w_2|)$$

其中,J_0 是原始损失函数,$\alpha(|w_1|+|w_2|)$是 L1 正则化项,α 是正则化系数。L1 正则化是权值的绝对值之和,J 是带有绝对值符号的函数,因此 J 是不完全可微的。机器学习的任务就是要通过一些方法(比如梯度下降)求出损失函数的最小值。当我们在原始损失函数 J_0 后添加 L1 正则化项时,相当于对 J_0 做了一个约束。令 $L=\alpha(|w_1|+|w_2|)$,则 $J=J_0+L$,此时任务变成在 L 约束下求出 J_0 取最小值的解。对于梯度下降法,求解 J_0 的过程可以在 w_1、w_2 为轴线的坐标上画等值线,同时 L 也可以画出来,如图 21-4 所示。

图 21-4 中等值线是 J_0 的等值线,方形是 L 的图形(也就是这个区域里面都满足 $L \leqslant C$)。

在图21-4中，J_0 等值线与 L 的图形首次相交的地方就是最优解。J_0 与 L 的图形在一个顶点处相交，这个顶点就是最优解。注意到这个顶点的值是 $(w_1, w_2)=(0, w_2)$。可以直观想象，因为 L 的图形有很多“突出的角”（二维情况下四个，多维情况下更多），J_0 与这些角接触的概率远大于与其他部位接触的概率。而在这些角上，会有很多 w 等于0，这就是为什么L1正则化可以产生稀疏模型，进而可以用于特征选择。

正则化系数 α 可以控制 L 图形的大小。α 越小，L 的图形越大；α 越大，L 的图形就越小，可以小到只超出原点范围一点点，这时最优点值中的 w 可以取到很小的值。

对于L2正则式：

$$J = J_0 + \alpha(w_1^2 + w_2^2)$$

同样可以画出它们在二维平面上的图形，如图21-5所示。

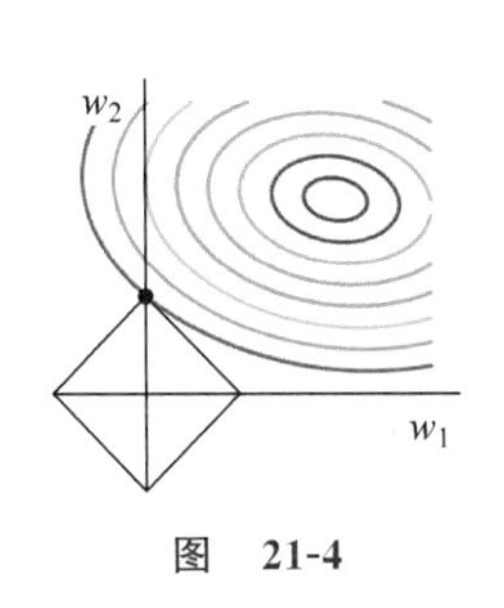

图 21-4

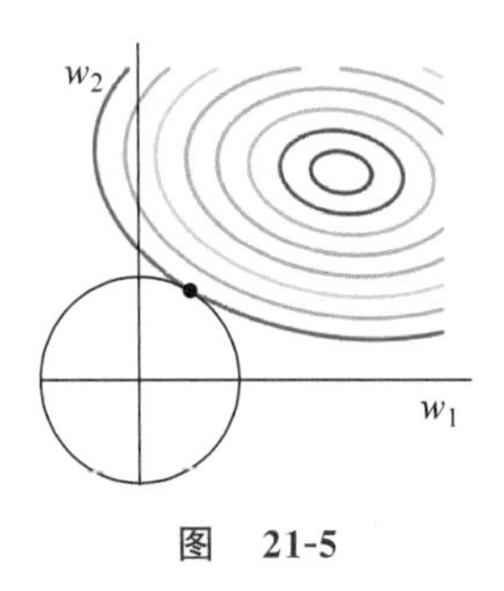

图 21-5

二维平面上，L2正则化的函数图形是个圆。与方形相比，被磨去了棱角。因此 J_0 与 L 相交时使得 w_1 或 w_2 等于零的概率小了很多（这也是一个很直观的想象），这就是为什么L2正则化不具有稀疏性的原因，因为不太可能出现多数 w 都为0的情况。

因为在利用梯度下降等方法求解时，需要用到求导，而L2的求导比L1更方便，所以如果没有特别的考虑，一般正则式选用L2会比较多。

21.4 常用损失函数

图21-6列举了分类模型和回归模型中常用的损失函数。

下面介绍比较常用的几种损失函数，以及它们适合用在什么场合。

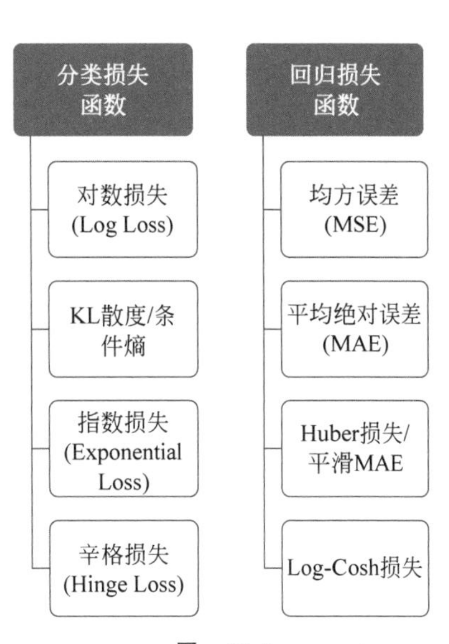

图 21-6

21.4.1 平均绝对误差和均方误差

平均绝对误差（MAE）是主要用于回归模型的损失函数，如图21-7所示。平均绝对误差是目标和预测变量之间的绝对差异的总和，因此也称为L1损失。它测量一组预测中误差的平均大小，而不考虑它们的方向。

$$\text{MAE}=\frac{1}{m}\sum_{i=1}^{m}|y_i-\hat{y}_i|$$

其中，y_i 是真实值，$\hat{y}_i$ 是预测值。

均方误差(MSE)也是常用的回归损失函数，如图 21-8 所示。均方误差是目标变量与预测值之间距离的平方，因此也称为 L2 损失函数。

$$\text{MSE}=\frac{1}{m}\sum_{i=1}^{m}(y_i-\hat{y}_i)^2$$

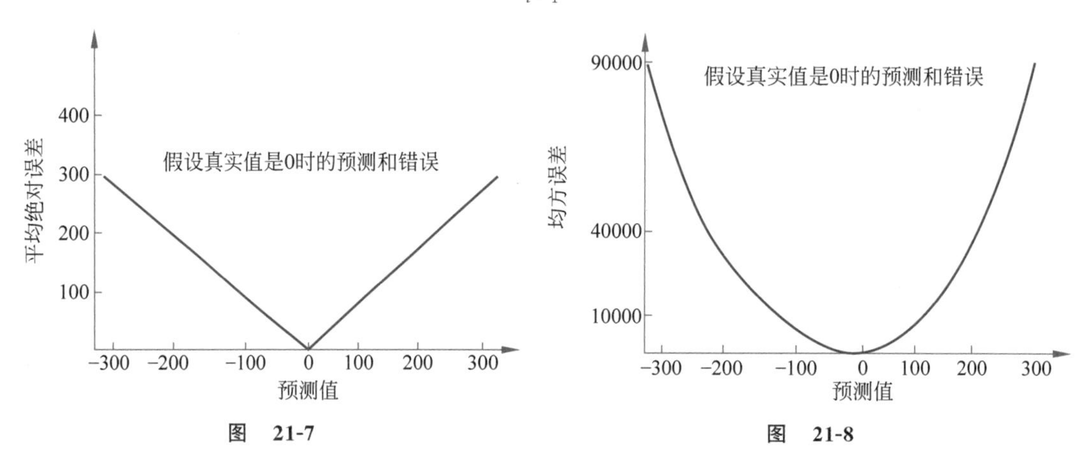

图 21-7　　图 21-8

根均方误差(Root MSE，RMSE)就是在均方误差的平方根。这样，根均方误差在数值上就可以和平均绝对误差进行比较了。

那么平均绝对误差和均方误差分别适合什么情况呢？

首先来看两组数据，表 21-1 和表 21-2 是平均绝对误差和均方误差的比较。

表 21-1

编号	错误	平均绝对误差(MAE)	均方误差(MSE)
1	−2	2	4
2	−0.5	0.5	0.25
3	0	0	0
4	1	1	1
5	1.5	1.5	2.25

注：MAE：1；RMSE：1.22

表 21-2

编号	错误	平均绝对误差(MAE)	均方误差(MSE)
1	−2	2	4
2	0	0	0
3	1	1	1
4	1	1	1
5	15	15	225

注：MAE：3.8；RMSE：6.79

在表21-1所示的情况下，预测值接近真值(误差在2以内)，而且观测值之间误差较小。在表21-2所示的情况下，有一个异常观察(误差为15)，误差很大。

由于均方误差对误差进行平方，如果错误 $e>1$，误差值将会增加很多。如果数据中有一个异常值，e 的值将会很高，e^2 会远远大于其绝对值。这将使具有均方误差的模型比具有平均绝对误差的模型更重视异常值。在表21-2所示的情况下，均方误差作为损失的模型将更重视处理这个异常值，参数会更加偏向于减少这个异常值带来的整体错误，当预测目标偏向异常值时，必定以牺牲其他常见实例值为代价，这会降低其整体性能。

如果训练数据被异常值破坏，例如，在训练环境中错误地接收了不切实际的巨大负值或正值，则平均绝对误差相对更有用。

另外一个很重要的考量是，使用平均绝对误差(特别是对神经网络)的一个大问题是它的梯度始终是相同的(斜率不变)，这意味着即使是小的损失值，其梯度也是很大的。这对学习过程不太友好。为了解决这个问题，可采用随着接近最小值而减小的动态学习率。均方误差在这种情况下的表现很好，即使采用固定的学习率也会收敛。对于较大的损失值，均方误差损失的梯度较高(对应曲线上面碗口的部分)，并且随着损失接近0而下降(接近到碗底部分)，从而在训练结束时更加精确。

结论：如果异常值表示对业务很重要且是应该被检测到的异常，那么应该使用均方误差作为损失，因为其梯度随损失大小而变化，因此均方误差也相对更为常用。如果认为异常值仅代表数据损坏，那么应该选择平均绝对误差作为损失函数，它对异常值的表现更加稳健。

在某些情况下，两种损失函数都不能提供理想的预测。例如，如果数据中90%的观测值的真实目标值为100，剩下的10%的目标值为0～30。一个以平均绝对误差为损失的模型可能会预测所有观测值为100，而忽略10%的异常值，因为它将试图接近中值。在同样的情况下，使用均方误差的模型会给出许多在0～30的预测，因为它会偏向离群值，这两个结果在许多商业案例中都是不可取的。在这种情况下该怎么办呢？一个简单的解决方案就是转换目标变量，另一种方法是尝试不同的损失函数。这就是Huber损失背后的动机。

21.4.2 Huber损失

$$L_\delta(y,f(x))=\begin{cases}\frac{1}{2}(y-f(x))^2, & |y-f(x)|\leqslant\delta\\ \delta|y-f(x)|-\frac{1}{2}\delta^2, & \text{其他}\end{cases}$$

Huber损失是绝对误差，只是在误差很小时，就变为了均方误差。

当Huber损失在$[-\delta,\delta]$时等价为均方误差，在$(-\infty,-\delta]$和$[\delta,\infty)$时等价为平均绝对误差。

使用平均绝对误差训练神经网络最大的问题就是不变的大梯度，这可能导致在使用梯度下降快要结束时，错过最小点。而对于均方误差，梯度会随着损失的减小而减小，使结果更加精确。

在这种情况下，Huber损失就非常有用。它会由于梯度的减小而落在最小值附近。比起均方误差，它对异常点更健壮。因此，Huber损失结合了均方误差和平均绝对误差的优点。但是，Huber损失的缺点是可能需要不断地调整超参数 δ。

图21-9所示是Huber损失跟随δ的变化曲线。当δ很大时，等价为均方误差曲线，当δ很小时，等价为平均绝对误差曲线。δ的选择非常关键，因为它决定了用户如何看待异常值。

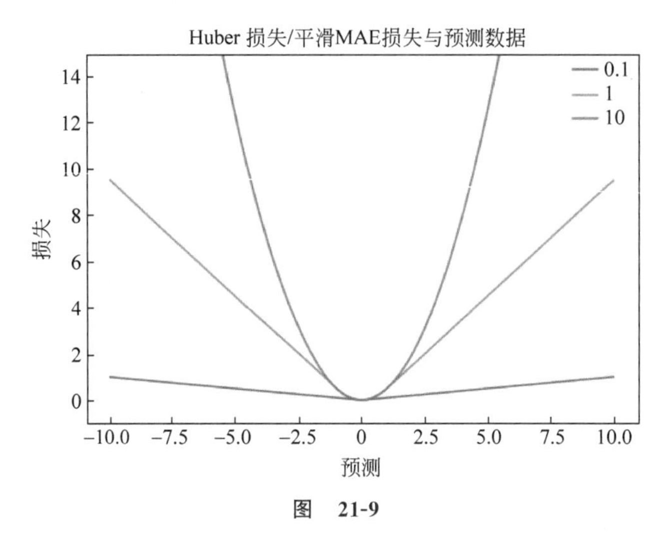

图 21-9

21.4.3 对数损失

在逻辑回归模型中，是以最大似然函数作为代价函数。因为中间有乘号，所以为了计算方便，一般通过取对数的方式转变为求和的方式，称为对数损失(Log Loss)，其实就是交叉熵。

$$J(\theta)=-\frac{1}{m}\sum_{i=1}^{m}Y^{(i)}\log(h(x^{(i)}))+(1-Y^{(i)})\log(1-h(x^{(i)}))$$

交叉熵在前面曾介绍过，本节主要讲解相对于其他损失函数，交叉熵在用于分类时有哪些优点。

假设现在有两个三分类模型，它们对于各分类的预测概率和正确性如表21-3和表21-4所示。

表 21-3

预测概率	实际分类结果	是否正确
0.3 0.3 0.4	0 0 1	正确
0.3 0.4 0.3	0 1 0	正确
0.1 0.2 0.7	1 0 0	错误

表 21-4

预测概率	实际分类结果	是否正确
0.1 0.2 0.7	0 0 1	正确
0.1 0.7 0.2	0 1 0	正确
0.3 0.4 0.3	1 0 0	错误

表 21-3 中，样本 1 和样本 2 的预测勉强正确，样本 3 的预测错误。

表 21-4 中，样本 1 和样本 2 的预测正确，样本 3 的预测错误，不过不算太离谱。

如果用最简单的错误率：预测错误样本数/总样本数，上面两个模型的错误率均为 1/3，也就是分不出更细致的模型效果。

如果用均方误差(MSE)，那么表 21-3 所示模型的均方误差为 0.8，表 21-4 所示模型的均方误差为 0.332，因此表 21-4 所示模型的效果要好于表 21-3 所示模型。

现在使用对数损失/交叉熵作为损失函数，表 21-3 所示模型的损失为：

样本 1 的损失：$-(0\times\log0.3+0\times\log0.3+1\times\log0.4)=0.91$。

样本 2 的损失：$-(0\times\log0.3+1\times\log0.4+0\times\log0.3)=0.91$。

样本 3 的损失：$-(1\times\log0.1+0\times\log0.2+0\times\log0.7)=2.3$。

平均损失：1.37。

表 21-4 所示模型的损失为：

样本 1 的损失：$-(0\times\log0.1+0\times\log0.2+1\times\log0.7)=0.35$。

样本 2 的损失：$-(0\times\log0.1+1\times\log0.7+0\times\log0.2)=0.35$。

样本 3 的损失：$-(1\times\log0.3+0\times\log0.4+0\times\log0.3)=1.2$。

平均损失：0.63。

比较两者可以发现，交叉熵损失函数可以捕捉到表 21-3 所示模型和表 21-4 所示模型预测效果的差异，而且它还有一个特性，通过图 21-10 所示的预测概率和对数错误的关系可以看到对数损失的函数性质。

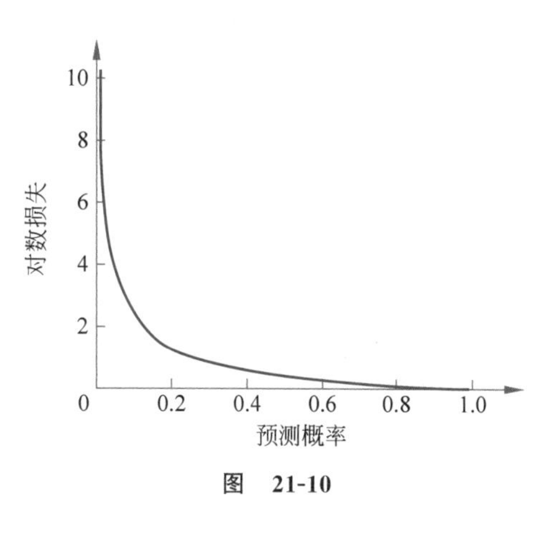

图　21-10

从图中可以看出，该函数是凸函数，求导时能够得到全局最优值。因此交叉熵在针对概率预测进行多分类时，是非常好的选择。

因为对数损失/交叉熵需要以概率值作为输入，所以一般在模型输出时需要经过 Sigmoid 函数或者 softmax 函数。

到这里读者可能还有一个疑问，到底均方误差和对数损失哪个更合适？笔者认为最主要的一点是：因为模型输出一般经过 Sigmoid 函数或者 softmax 函数，所以采用梯度下降法进行学习时，如果采用均方误差，会出现模型开始训练时，因为错误率比较大，会导致学习速率非常低。我们省略推导来看结论部分。

如果在 Sigmoid(用 σ 表示)函数输出后采用均方误差作为损失函数，最后得到的偏导方程如下：

$$\frac{\partial J}{\partial w}=(\hat{y}-y)\sigma'(z)x$$

$$\frac{\partial J}{\partial b}=(\hat{y}-y)\sigma'(z)$$

从以上公式可以看出，w 和 b 的梯度与激活函数的梯度成正比，激活函数的梯度越大，w 和 b 的大小调整得越快，训练收敛得就越快。而 Sigmoid 函数的梯度变化如图 21-11 所示。

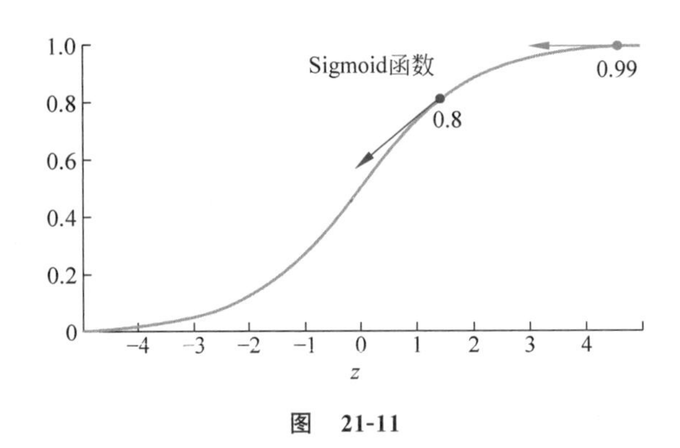

图 21-11

通过图 21-11 可以看到，当错误率比较大时，处于 Sigmoid 曲线的顶部，由于顶部曲线一般非常平坦，梯度非常小，因此学习率非常低。随着错误率的降低，学习率反而提高。这对于有着大量样本的复杂模型而言，是不太适合的。

如果采用交叉熵，那么对应的偏导方程为：

$$\frac{\partial J}{\partial w}=\frac{1}{n}\sum x(\sigma(z)-y)$$

从结果可以看出，梯度中不再含有 Sigmoid 函数的导数，使用的是 Sigmoid 函数的值和实际值之间的差，也就满足了之前所说的错误越大，下降越快。这就是在分类问题中常用交叉熵而不是均方差的原因了。

21.4.4 对比损失/三元组损失(Triplet Loss)

Triplet Loss 是由 Florian Schroff 等人在 FaceNet(2015)中提出的，其目的是在有限的小数据集(如办公室中的人脸识别系统)上构建一个人脸识别系统。传统的卷积神经网络人脸识别架构在这种情况下总是失败。

Florian Schroff 等人关注的事实是，在人脸识别的小样本空间中，不仅要正确地识别匹配的人脸，还要准确地区分两个不同的人脸。为了解决这个问题，FaceNet 的论文中引入了一个名为"Siamese 网络"的概念。

如图 21-12 所示，在 Siamese 网络中，通过网络传递一个图像 A，并将其转换成一个更小的表示，称为嵌入(Embedding)。现在，在不更新网络的任何权值或偏差的情况下，对不同的图像 B 重复这个过程并提取其嵌入。如果图像 B 与图像 A 中的人是同一个，那么它们相应的嵌入必须非常相似。如果它们属于不同的人，那么它们相应的嵌入一定是非常不同的。

Siamese 网络的目标是确保一个特定的人的图像(锚点)与同一个人的所有其他图像(positive)的距离要比与任何其他人的图像(negative)的距离更近。

为了训练这样一个网络，他们引入了三元组损失函数：[anchor，positive，negative]。三元组损失定义为：

(1) 定义距离度量 d=L2 范数。

(2) 计算 anchor 图像与 positive 图像的嵌入距离=$d(a,p)$。

(3) 计算 anchor 图像与 negative 图像的嵌入距离=$d(a,n)$。

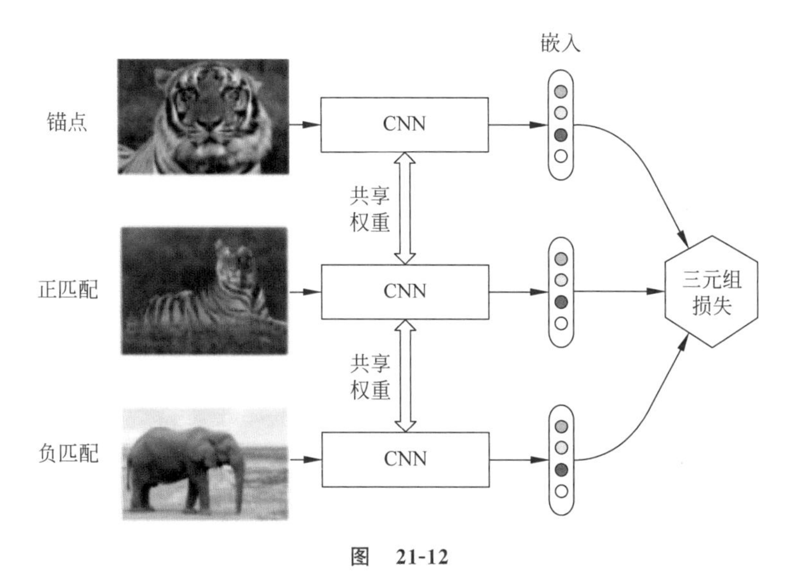

图　21-12

(4) 三元组损失$=d(a,p)-d(a,n)+\text{offset}$。

三元组的数学表示如下：

$$\text{TripletLoss}=\sum_{i=1}^{n}\left[\| f(x_i^a)-f(x_i^p)\|_2^2-\| f(x_i^a)-f(x_i^n)\|_2^2+\alpha\right]$$

其中，x_i^a 对应锚点(anchor)，x_i^p 对应正匹配(positive)，x_i^n 对应负匹配(negative)。

为了快速收敛，必须选取正确的三元组进行损失计算。FaceNet 的论文讨论了实现这一目标的两种方法——离线三元组生成和在线三元组生成。关于这个问题的详细讨论不在这里进行讲解。

21.5　本讲小结

损失函数有很多种，因此需要了解在什么情况下采取什么损失函数合适。同时对正则化的本质也做了介绍。结合前面的优化方法，希望能帮助读者清晰地认识如何达到代价函数最优化的效果。

第 22 讲

模型效果的衡量方法

有这么一句话:“所有模型都是坏的,但有些模型是有用的。”用户在建立模型之后,接下来就要去评估模型,确定这个模型是否“有用”。在实际情况中,用户会用不同的度量评估模型。而度量的选择,完全取决于模型的类型和模型以后要做的事情。另外,用于模型评估的数据和用于模型训练的数据最好是两套,否则用模型训练的数据来评估模型的性能,可能会高估模型在数据未知情况下的性能表现。通常情况下,可以从样本数据中按照一定比例来切分数据。比如取三分之二的数据用于建模,剩下三分之一的数据用于模型评估。在有多个候选模型的情况下,还可以将数据进一步分为三部分:一部分作为训练数据进行模型的训练,另一部分作为验证数据评比候选模型性能,选出冠军模型,最后一部分作为测试数据评估冠军模型的错误率。模型一般分为回归模型和分类模型两种,用于评价这两种模型的度量是不同的。下面就针对这两种不同的模型介绍其效果的衡量方法。

22.1 分类问题的模型效果衡量方法

本节主要讲解如何衡量分类模型的效果,方法包括混淆矩阵、F-Score、ROC、AUC 及 K-S 值。

22.1.1 混淆矩阵

通过混淆矩阵(Confusion Matrix)可以刻画一个分类器的分类准确程度。“混淆”一词感觉翻译成“混乱”更加贴切,因为它可以形象地表达分类器面对多个分类时可能造成的“混乱”程度。

假设现在进行二分类,其中一种分类称为正类(Positive),另外一种分类称为负类(Negative),两者是相对而言,没有绝对性。一般正类也称为阳性,负类称为阴性,这个可以和大家去医院进行化验的结果做个类比,一般正常的结果称为阴性,而表现出来一些症状的结果称为阳性。对应的有一些名称也体现了类似的特性。

二元分类的混淆矩阵形式如表 22-1 所示。

表　22-1

混淆矩阵		实际结果值		精确度指标
		阳性类(Positive)	**阴性类(Negative)**	
模型预测值	阳性类(Positive)	真阳值(True Positvie,TP),预测值和实际值一致	假阳值(False Positive,FP),预测为正,实际为负	正类预测精确度 TPR=TP/(TP+FP)
	阴性类(Negative)	假阴值(False Negative,FN),预测为负,实际为正	真阴值(True Negative,TN),预测为负,实际也为负	负类预测精确度 NPR=TN/(TN+FN)
准确度指标		灵敏度或召回率=(Sensitivity/Recall)=TP/(TP+FN)	特异度 Specificity=TN/(FP+TN)	准确度 Accuracy=(TP+TN)/(TP+TN+FP+FN)

有了 TP、FP、FN、TN 后,可以构造出其他的指标,从不同角度反映分类器的分类准确程度,常用的指标如下。

(1) 准确度(Accuracy):既然叫准确度,那必定是一个分类正确数和总数的对比,描述了分类器总体分类的准确程度。正确分类数为 TP+TN,$\text{Accuracy}=(\text{TP}+\text{TN})/N$,$N=\text{TP}+\text{FP}+\text{FN}+\text{TN}$。

(2) 预测精确度(Precise):也称为查准率。精确度一般指的是仪器(模型)本身的指标,比如游标卡尺的精度是多少微米,描述的是其本身的能力。在这里指的是模型预测为正类时实际有多少是正类的:$P=\text{TP}/(\text{TP}+\text{FP})$。分母是模型本身预测为正类的数量。

(3) 召回率(Recall):也称为灵敏度(Sensitivity)或者查全率,描述了分类器对正类的灵敏程度。召回的意思就是从实际为正类的目标中找出多少预测正确的正类。也就是找到的正类占实际正类的比例是多少。$R=\text{TP}/(\text{TP}+\text{FN})$。

(4) 假阳性率(False Positive Rate,FPR):从字面意思上理解就是这个阳性是假的,也就是预测是阳性,实际却是阴性。这个指标也叫错检率(fallout),也就是说我们的目的是要检出阴性(大多数情况),现在却检测出阳性,但是实际是阴性的。FPR=FP/(FP+TN)。

(5) 特异度(Specificity):在很多医学文章里经常会提到这个词,实际这个值和错检率成反比关系,两者相加等于 1,高特异度意味着低错检率。

针对以上几个指标,我们用一个实际的例子来计算一下。假设有 100 个病人需要检测是否患有癌症,检测结果如表 22-2 所示。

表　22-2

项　　目		实际结果值	
		癌症(Positive)	**正常(Negative)**
模型预测值	癌症(Positive)	8	5
	正常(Negative)	2	85

计算上面的四个指标:

准确度(Accuracy)=(8+85)/100=93%;精确度 $P=8/(8+5)\approx61.54\%$。

召回率/灵敏度 $R=8/(8+2)=80\%$；错检率 $\mathrm{FPR}=5/(5+85)\approx5.6\%$。

特异度 $=1-\mathrm{FPR}=94.4\%$。

通过上面的指标，能否判断这个模型是好还是坏呢？答案是需要依据我们的目标来决定。

在上面的例子中，假设在癌症检测中，每 100 个去检测的人中就有 10 个人患有癌症。在这种情况下，即使是一个非常差的模型也可以提供 95%的准确度。但是，为了捕获所有癌症病例，当一个人实际上没有患癌症时，也可能先要将其归类为癌症。因为这种情况比漏识别癌症患者的危险要小，然后可以进一步检查。但是，错过癌症患者将是一个巨大的错误，因为不会对其再进一步检查，会导致病情延误。所以这时需要降低的是假阴(FN)，也就是需要提高召回率(Recall)，可以适当提高错检率(FPR)，但是提高了假阳就会导致精确度下降。

再比如在垃圾邮件的分类任务中，垃圾邮件为正样本。如果我们收到一个正常的邮件，假如是某个公司或学校的 offer，模型却将它识别为垃圾邮件(FP)，那将会损失非常大。所以在这种任务中，需要尽可能降低假正例，也就是要减少 FP，从而增大精确度。这就需要放过一些实际是垃圾邮件的邮件(增加了 FN)，从而降低召回率。

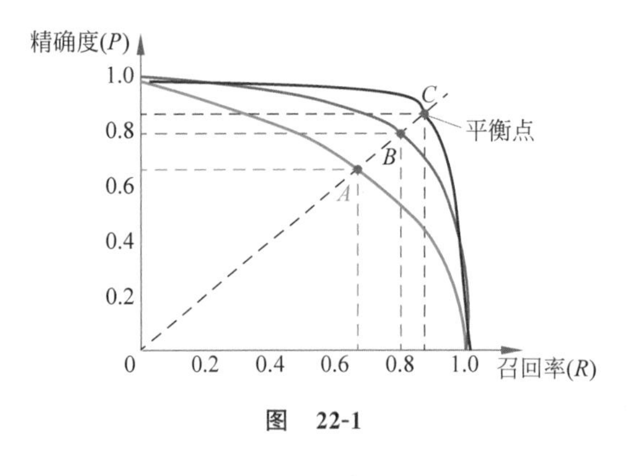

图 22-1

从以上两个例子可以看出，在精确度和召回率之间其实存在着矛盾的情况。通过选择不同的阈值来进行正负值划分，得到召回率(R)和精确度(P)，以召回率为横坐标、精确度为纵坐标绘制曲线图，可以得到如图 22-1 所示的 P-R 曲线。

P-R 曲线的性质如下。

(1) 如果一个模型的 P-R 曲线被另一个模型的曲线完全包住，后者性能将优于前者。

(2) 如果两个学习器的曲线相交，可以通过平衡点来度量性能，平衡点是“精确度(P)＝召回率(R)”时的取值。

(3) 设定一个阈值，把大于阈值的划分为正例，小于阈值的划分为负例。阈值为 1 时：全部被判断为负例或阴性，所以 $\mathrm{TP}=\mathrm{FP}=0$，召回率为 0，精准度因为分母为 0，所以 P-R 曲线经过(0,1)点。

(4) 随着阈值下降，召回率或查全率不断增加。因为越来越多的样本被划分为正例，假设阈值为 0，全都划分为正例了，此时召回率为 1。

此时精确度或查准率振荡下降。正例被判为正例的变多，但负例被判为正例的也变多了，因此精确度或查准率会振荡下降，但不是严格递减。

(5) 如果有一个点可以把正负样本完全区分开，那么 P-R 曲线面积是 1。

通过上面的 P-R 曲线可知，在实际中常常需要根据具体情况做出取舍。例如一般的搜索情况，在保证召回率的条件下，尽量提升精确度。而像癌症检测、地震检测、金融欺诈等，则在保证精确度的条件下，尽量提升召回率。所以很多时候需要综合权衡这两个指标，这就引出了一个新的指标 F-Score。

再补充一点，在使用混淆矩阵时发现了一些缺点：在一些阳性事件发生概率极小的不平衡数据集中，混淆矩阵可能效果不好。比如对信用卡交易是否异常做分类的情形，很可能1万笔交易中只有1笔交易是异常的。一个将所有交易都判定为正常的分类器，准确率是99.99%。这个数字虽然很高，但是没有任何现实意义。

22.1.2 F-Score

沿着上面的思路，我们需要综合考虑精确度(Precision)和召回率(Recall)的调和值。

$$\text{F-Score}=(1+\beta^2)\frac{\text{Precision}\times\text{Recall}}{\beta^2\times\text{Precision}+\text{Recall}}$$

当 $\beta=1$ 时，称为F1-Score，也称为平均调和。这时精确度和召回率都很重要，权重相同。

在有些情况下，我们认为精确度更重要，那就使 β 的值小于1，因为式中为 β^2，所以只有Precision大大提升后，整体F-Score才会有好的表现。如果我们认为召回率更重要，那就使 β 的值大于1，这样需要Recall的变化比Precision更快才有好的F-Score表现。当设定 $\beta=2$ 时，称为F2-Score。

继续以癌症检查为例：癌症检查数据样本有100个，其中10个是真的有癌症。假设分类模型在90个无癌症数据中预测正确了85个，在10个癌症数据中预测正确了8个，此时真阳=8，真阴=85，假阳=5，假阴=2。那么：

精确度 $P=8/(8+5)\approx61.54\%$。

召回率/灵敏度 $R=8/(8+2)=80\%$。

F1-Score=2×(61.54%×80%)/(1×61.54%+80%)≈69.57%($\beta=1$)。

F2-Score=5×(61.54%×80%)/(4×61.54%+80%)≈75.47%($\beta=2$)。

对于癌症检查，我们希望召回率更高，所以F2-Score相对于F1-Score会更高。

22.1.3 ROC 及 AUC

从前面混淆矩阵、*P*-*R* 图、F-Score的介绍，我们知道通过它们可以判断模型的性能。不过当测试集中正负样本的分布变化时，上面的这些指标变动将会比较大。而在实际的数据集中也经常会出现这类不平衡现象，即负样本比正样本多很多(或者相反)，而且测试数据中的正负样本的分布也可能随着时间变化。

那么能不能找到一种相对稳定的衡量方法呢，其实ROC和AUC就可以做到。ROC即Receiver Operating Characteristic Curve，字面意思是“受试者操作特征曲线”。ROC曲线上每个点反映着对同一信号刺激的感受性。和 *P*-*R* 图类似，ROC只不过把坐标变成了敏感性和特异性，是反映敏感性和特异性连续变量的综合指标。

ROC曲线的横坐标为假阳率或检错率(FPR)，也就是1－特异度；纵坐标为真阳率(True Positive Rate，TPR)，也就是敏感度、召回率，如图22-2所示。

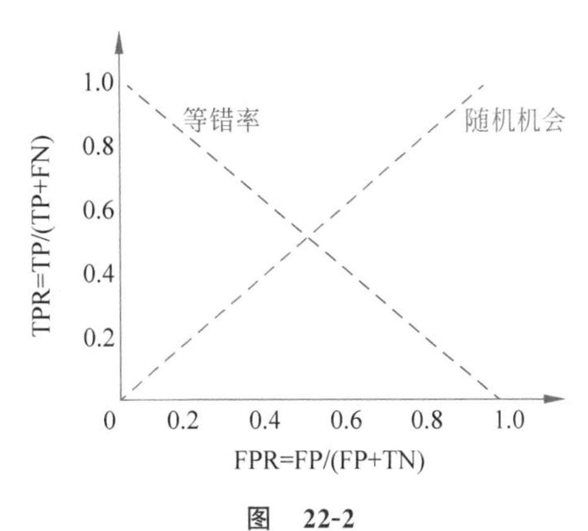

图 22-2

对应的指标公式如表 22-3 所示。

表 22-3

混淆矩阵		实际结果值	
		正类(Positive)	负类(Negative)
模型预测值	正类(Positive)	TP	FP
	负类(Negative)	FN	TN
		TPR=TP/(TP+FN)=TP/P P:实际为正类的数量	FPR=1-Specificity=FP/(FP+TN)=FP/N N:实际为负类的数量

需要重点关注 ROC 曲线图中的四个点和一条线。

- 第一个点(0,1),即 FPR=0,TPR=1。这意味着 FN=0,FP=0。这是一个完美的分类器,它将所有的样本都正确分类了。
- 第二个点(1,0),即 FPR=1,TPR=0。这意味着 TP=0,TN=0,这是一个最糟糕的分类器,因为它成功地避开了所有的正确答案。
- 第三个点(0,0),即 FPR=TPR=0。这意味着 FP=0,TP=0,可以发现,该分类器预测所有的样本都为负样本。
- 第四个点(1,1),即 FPR=TPR=1。意味着分类器实际上预测所有的样本都为正样本。

经过以上分析,可以断言,ROC 曲线越接近左上角,该分类器的性能越好。考虑 ROC 曲线中的虚线 $y=x$ 上的点,这条对角线上的点其实表示的是一个采用随机猜测策略的分类器的结果,例如(0.5,0.5),表示该分类器随机对于一半的样本猜测其为正样本,另外一半的样本为负样本。

下面讲解如何绘制 ROC 曲线。对于一个特定的分类器和测试数据集,显然只能得到一个分类结果,即一组 FPR 和 TPR 结果,而要得到一条曲线,实际上需要一系列 FPR 和 TPR 的值,这又如何得到呢?

很多分类器有一个重要功能:概率输出,即分类器认为某个样本具有多大的概率属于正样本(或负样本)。通常来说,是将一个实数范围通过变换映射到(0,1)区间。

假如我们已经得到了所有样本的概率输出(比如通过 LR 计算出来属于正样本的概率),根据每个测试样本属于正样本的概率值从大到小排序。表 22-4 所示是一个示例,共有 20 个测试样本,"分类"一栏表示每个测试样本真正的标签(p 表示正样本,n 表示负样本),"预测概率"表示每个测试样本属于正样本的概率。

表 22-4

#	分类	预测概率	#	分类	预测概率
1	p	0.9	6	p	0.54
2	p	0.8	7	n	0.53
3	n	0.7	8	n	0.52
4	p	0.6	9	p	0.51
5	p	0.55	10	n	0.505

续表

#	分 类	预测概率	#	分 类	预测概率
11	p	0.4	16	n	0.35
12	n	0.39	17	p	0.34
13	p	0.38	18	n	0.33
14	n	0.37	19	p	0.30
15	n	0.36	20	n	0.1

表22-4中的第一行数据是样本1,实际是正样本,分类器认为它属于正样本的概率是0.9。$P=10$(实际分类为正的数量),$N=10$(实际分类为负的数量)。

按照下面的方法进行ROC图的绘制:设定一个阈值,和预测概率比较,预测值大于或等于阈值的判断为p,如表22-5所示。

表 22-5

阈值	判断为p	正确判断为p—TP	错误判断为p—FP	TPR=TP/P	FPR=FP/N	坐标(FPR,TPR)
1.0	0	0	0	0	0	(0,0)
0.9	1	1	0	0.1	0	(0,0.1)
0.8	2	2	0	0.2	0	(0,0.2)
0.7	3	2	1	0.2	0.1	(0.1,0.2)
0.6	4	3	1	0.3	0.1	(0.1,0.3)
0.55	5	4	1	0.4	0.1	(0.1,0.4)
⋮	⋮	⋮	⋮	⋮	⋮	⋮
0.3	19	10	9	1.0	0.9	(0.9,1.0)
0.1	20	10	10	1.0	1.0	(1.0,1.0)

一共得到了20组FPR和TPR的值,将这些(FPR,TPR)对连接起来,就得到了ROC曲线。阈值取值越多,ROC曲线就越平滑。

有了曲线,如何来比较分类的性能呢,主要通过AUC来进行比较。

AUC(Area Under Curve)被定义为ROC曲线下的面积,显然这个面积的值不会大于1。又由于ROC曲线一般处于$y=x$直线的上方,所以AUC的取值范围为0.5~1,如图22-3所示。使用AUC值作为评价标准,是因为很多时候ROC曲线并不能清晰地说明哪个分类器的效果更好,而作为一个数值,对应AUC值更大的分类器则效果更好。

可以想象:如果是一个完美的分类器,那么任意一个"预测概率"下,TPR均为1.0,因此最终AUC=1.0。

22.1.4 K-S值

除了通过混淆矩阵、ROC进行模型表现的判断外,还可以通过K-S图(Kolmogorov-Smirnov Chart)以及对应的K-S值来进行判断。

K-S值的理论基础来自K-S检验,K-S检验主要用来检测两组样本分布的一致程度。我们把模型能够区分的好客户样本(正样本)和不能区分的坏客户样本(负样本)作为两个分

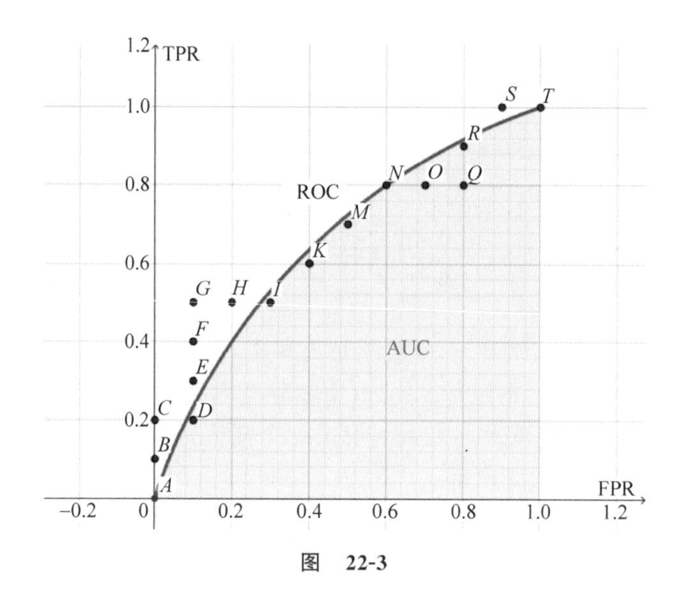

图 22-3

布。所以 K-S 可以用来衡量区分度,包括衡量模型和变量。

一般来说,K-S 值越高,表示模型的区分度越好。不过太高的 K-S 值(比如超过 80)可能意味着过度拟合,从而导致模型不稳定。通常超过 40 以上的模型性能就不错了,在某些样本数据较差时,K-S 值为 20 的模型勉强也可以用。表 22-6 所示的值可以作为一个经验参考。

表 22-6

K-S(%)	好坏样本的区别能力	K-S(%)	好坏样本的区别能力
<20	不建议采用	51～60	很强
20～40	较好	61～75	非常强
41～50	良好	>75	能力高但存疑

要得到 K-S 值的大小,一般可以通过 K-S 图来观察(图 22-4)。K-S 图可以按照以下步骤进行绘制。

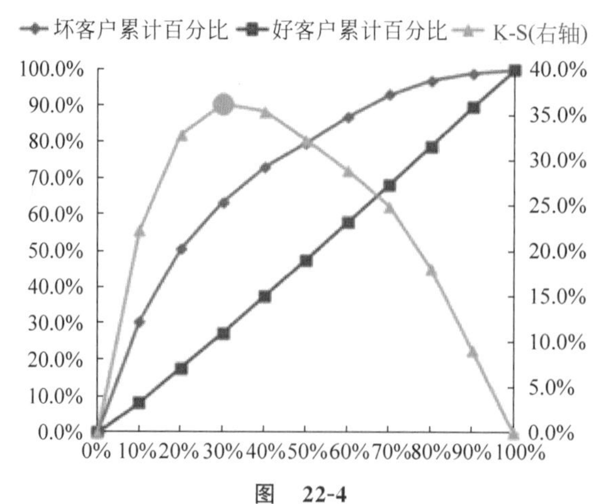

图 22-4

(1) 按照模型的结果对每个账户进行打分(比如 LR 的概率、评分卡上的分数)。

(2) 所有账户按照评分排序,从小到大分为 N 组(N 越大,K-S 值会相对更大)。

(3) 计算每个评分区间的好坏账户数。

(4) 计算每个评分区间的累计好账户数占总好账户数的比率(good%)和累计坏账户数占总坏账户数的比率(bad%)。

(5) 计算每个评分区间累计坏账户占比与累计好账户占比差的绝对值(累计 bad%－累计 good%),然后对这些绝对值取最大值,即得此评分模型的 K-S 值。

表 22-7 所示为对应图 22-4 的数据。

表　22-7

评分	样本数	好客户数	坏客户数	好客户数累计百分比	坏客户数累计百分比	差值(K-S 值)
888～801	1002	812	190	8.6	32.3	23.7
800～732	1000	890	110	18	51	32.9
731～667	1010	929	81	27.9	64.7	36.8
666～601	1000	950	50	37.9	73.1	35.2
600～532	1003	963	40	48.1	79.9	31.8
531～461	1004	963	41	58.3	86.9	28.6
460～398	1000	963	37	68.6	93.2	24.6
397～310	1000	978	22	78.9	96.9	18.0
309～234	1008	997	11	89.5	98.8	9.3
233～172	1000	993	7	100	100	0

实际上,每一个区间好样本数量其实就是 TP,坏样本数量其实就是 FP,因此累计占比就是类似 ROC 计算中的 TPR、FPR,差值就是 TPR－FPR:

$$\text{K-S} = \max_{s} |\text{TPR} - \text{FPR}| \rightarrow \text{TPR} = \text{FPR} + \text{K-S} \rightarrow y = x + \text{K-S}$$

也就是说,K-S 是斜率为 1 的直线的截距,对应到 ROC 曲线上,就是平行于随机线并且与 ROC 线相切的直线的截距。这样两者就统一起来了。

在实际应用中,模型评价一般需要将 ROC 曲线、K-S 曲线、K-S 值、AUC 指标结合起来综合考虑运用。

22.2　回归模型中的效果衡量方法

回归模型中的效果衡量方法,有几种和回归模型中采用的代价函数本质上是相同的,所以在第 21 讲讲解过的 MAE、MSE、RMSE 等在本节不再赘述。本节主要讲解 R 平方。

R 平方也称为决定系数(Coefficient of Determination),被称为最好的衡量线性回归法的指标。公式如下:

$$R^2 = 1 - \frac{\sum_i (\hat{y}_i - y_i)^2}{\sum_i (\bar{y} - y_i)^2}$$

为什么是这么一个公式呢？代表的含义是什么？比如有一组人(样本量为 n)的腰围数据(也就是上面提到的 y)，除此以外没有其他数据。如何给出一个拟合直线，让所有的 y 到拟合直线的距离的平方和尽可能小。鉴于没有其他的参数(比如说体重 x)，也就无法得到 $\hat{y}$，因此最好的选择就是使用样本均值 $\bar{y}$ 进行计算，我们记为 SS_{mean}：

$$SS_{\text{mean}} = \sum(\bar{y} - y)^2$$

如果数据集里增加了体重参数 x，可以考虑根据 x 对 y 进行预测，也就是可以根据线性回归来拟合，比如 $\hat{y}=\beta_0+\beta_1 x$。用新的 $\hat{y}$ 代替 $\bar{y}$ 来计算差距，记为 SS_{fit}：

$$SS_{\text{fit}} = \sum(\hat{y} - y)^2$$

SS_{mean} 代表什么呢？也就是没有任何其他信息时，单纯从腰围变量可以得到的最小的误差平方和。而 SS_{fit} 代表什么呢？它代表的是加入了 x 变量，已经做了最优化的设置(比如使用最小二乘法)之后，还会残留的误差的平方和。于是有：

$$R^2 = \frac{SS_{\text{mean}} - SS_{\text{fit}}}{SS_{\text{mean}}}$$

式中分子代表加入了 x 变量以后，可以消除多少误差(原有的全部误差－剩下的误差)，分母就是原有的全部误差。所以 R^2 代表的是加入 x 变量以后，可以消除的误差的比例。当 R^2 接近 0 时，说明新加入的变量没什么用，而接近 1 时，说明新加入的变量大幅度地减少了预测的误差。

实际上，经过推导，可以得到：

$$R^2 = \frac{\sum_i(\hat{y}_i - \bar{y})^2}{\sum_i(y_i - \bar{y})^2}$$

计算也将更加快速，而且 $R^2=\rho(x,y)^2$，即 R^2 就是皮尔森系数的平方。

为什么 R^2 称为决定系数呢？如果使用同一个算法模型来解决不同的问题，由于不同的数据集的量纲不同，MSE、RMSE 等指标不能体现此模型针对不同问题所表现的优劣，也就无法判断模型更适合预测哪个问题。而 R^2 得到的性能度量都在[0,1]，所以可以判断此模型更适合预测哪个问题。

22.3 模型的选择要素——偏差和方差

下面来看模型对应的偏差和方差的含义。以一个靶子为例，存在如图 22-5 所示的四种情况。

数据的方差可以直观衡量数据离平均数的离散程度。针对模型的预测能力而言，偏差就是模型预测值和实际值之间的差距。而模型方差是模型预测值之间的散度(不是和真实值比较，而是不同数据集之间比较)。从图 22-5 来看，左上角的模型是低偏差低方差的，也就是最理想的模型，右下角的模型是高偏差高方差的模型。

因此对模型而言，其错误也主要由偏差和方差构成，再加上系统本身的噪声。

假设机器学习模型如下：$y=f(x)+\varepsilon$，y 是标签(label)，其中 ε 表示噪声对应的错误是：

$$E[(y-\hat{f}(x))^2]=[\mathrm{Bias}(\hat{f}(x))]^2+\mathrm{Var}(\hat{f}(x))+\sigma^2$$

我们的目的是要最小化偏差和方差(类似于第 21 讲代价函数中提到的经验风险和结构风险)。一般而言偏差主要是由模型本身的复杂度引起的,越复杂偏差就越小(越拟合训练数据),而方差是由采样的数据变化引起的(不同批次的采样数据存在差异)。

两者的关系一般如图 22-6 所示。可以看到,最优的模型复杂度也是两个因素的综合选择,和代价函数的经验风险和结构风险的综合选择是同样的道理。

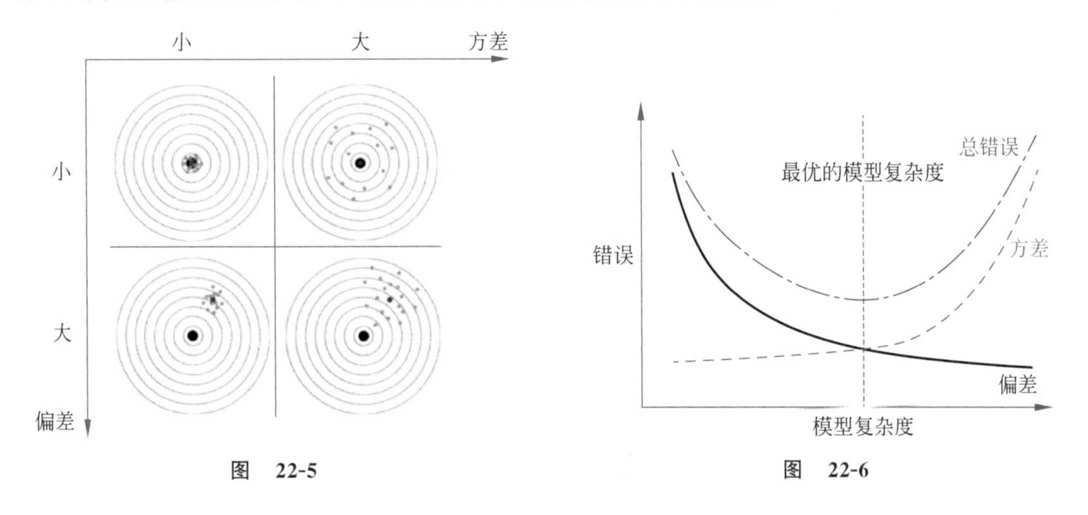

图　22-5　　　　图　22-6

下面举一个具体的例子来看看模型的偏差和方差的计算和含义。

假设算法表现如下：训练错误率＝1%；预测错误率＝11%。那么偏差为 1%,方差为 10%(11%−1%)。因此,它有一个很高的方差。虽然分类器的训练误差非常低,但是并没有成功泛化到测试集上,过拟合了。

接下来考虑如下情况：训练错误率＝15%；预测错误率＝16%。那么偏差为 15%,方差为 1%。该分类器的错误率为 15%,没有很好地拟合训练集,但是在测试集上的误差不比在训练集上的误差高多少。因此,该分类器偏差较高,而方差较低,该算法是欠拟合的。

再考虑如下情况：训练错误率＝15%；预测错误率＝30%。那么偏差为 15%,方差为 15%。该分类器有较高的偏差和方差,它在训练集上表现得很差,因为有较高的偏差,而在测试集上表现得更差,因为方差同样较高。该分类器同时过拟合和欠拟合。

最后考虑如下情况：训练错误率＝0.5%；预测错误率＝1%。该分类器效果很好,它具有较低的偏差和较低的方差,这就是好的模型。

22.4　交叉验证

现在的训练可能很少用到交叉验证(Cross Validation),因为如果处理的数据集规模庞大,使用交叉验证会花费很长时间。但是交叉验证的重要性却是有目共睹的,无论使用小数据集做算法的改进,还是在 Kaggle 上打比赛,交叉验证都能够帮助我们防止过拟合。交叉验证的重要性已经不止一次在 Kaggle 的比赛中被证明了。

为什么要进行交叉验证呢？如果不使用交叉验证，我们在训练时会将数据拆分为单个训练集和测试集。模型从训练数据中学习，然后通过预测测试集中所谓看不见的数据来测试其性能。如果对分数不满意，则可以使用相同的集合对模型进行调优，直到达到某个要求为止。

以下是此过程可能出现严重错误的多种方式中的两种。

(1) 过拟合。这些集合不能很好地代表整体数据。作为一个极端的例子，在具有三个类别(a、b、c)的行中，所有 a、b 类别可能最终都在训练集中，而所有 c 类别都在测试集中。或者一个数值变量被拆分，使得某个阈值左侧和右侧的值在训练和测试集合中分布不均匀。或者接近于两个集合中变量的新分布与原始分布不同，以致模型从不正确的信息中学习。

(2) 数据泄露。在超参数调整期间，可能会将测试集的信息泄露到模型中。也就是使用了已知数据进行了训练，那么结果肯定会非常好，但是在模型应用到真正的未知数据时就会变得很差，这也是过拟合的一种表现。

交叉检验的方法有很多，比如针对独立同分布数据的有：KFold、StratifiedKFold、LeaveOneOut、LeavePOut、ShuffleSplit 等，针对非独立分布数据的有：GroupKFold、StratifiedGroupKFold、LeaveOneGroupOut、LeavePGroupsOut、GroupShuffleSplit 等。这里只介绍 KFold 交叉检验方法，其他的都是变种。

KFold(K 折叠交叉检验)：把数据集 D 平均分成 K 份，图 22-7 所示的例子中 $K=10$，然后依次把 $D_1 \sim D_{10}$ 作为测试集，其他的作为训练集，最终求得每个模型的错误，求出平均值作为最终的评价。

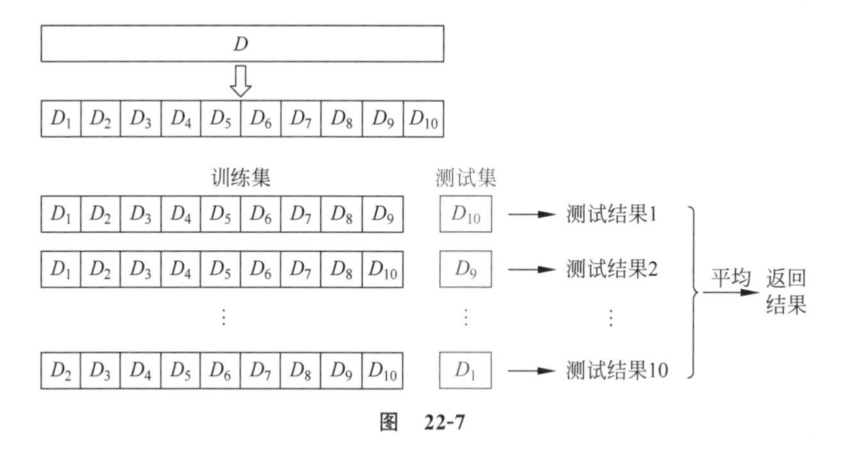

图 22-7

22.5 本讲小结

模型效果的衡量是检验模型性能的重要手段，本讲针对不同的模型和场景介绍了不同的检验方法。至此，关于机器学习建模方法方面的内容将告一段落。

第 23 讲

机器学习和人工智能展望

通过前面内容的学习，读者对机器学习已经有了一个比较全面的认识。在机器学习模型的最后一讲，谈谈对人工智能技术本质的认识以及一些展望，如图 23-1 所示。人工智能技术是一项非常有革命性的技术，其发展也将是长期的。

图 23-1

23.1 当前对人工智能技术本质的认识

先从人工智能和机器学习的关系说起，再从信息技术产业链条层面来看看人工智能处于什么位置。

23.1.1 人工智能和机器学习的关系

机器学习和人工智能、深度学习的关系如图 23-2 所示。

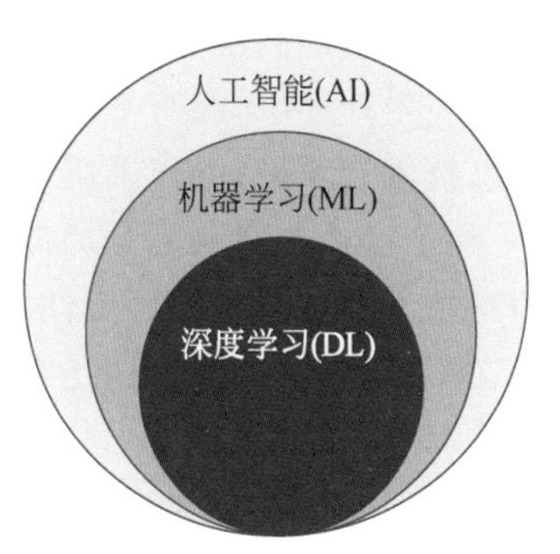

图 23-2

人工智能（AI）就是为各种非人设备赋予智能，范围相对比较广，比如生产线上的机械臂、各种机器人等；机器学习（ML）主要指通过从原始数据中抽取特征和模式，然后用算法进行判断、决策和预测，属于人工智能的子集，而深度学习（DL）又属于机器学习的子集，参照多层神经网络，通过机器自行去抽取高层特征进行决策。

23.1.2 信息技术产业链条

我们再扩大范围，看一下信息技术产业中的不同要素，在从科学原理到应用的这个链条上，各自处于什么位置。可以大致将这个链条分为四个环节，如图 23-3 所示。

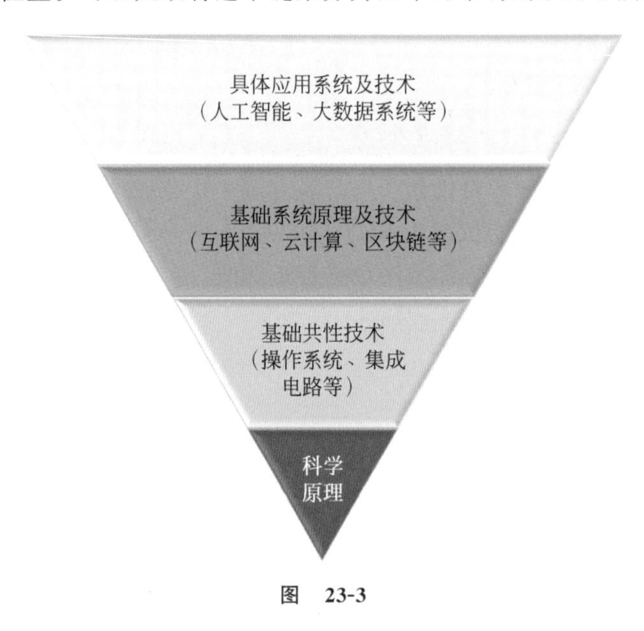

图 23-3

科学原理是对基本运动规律的认识和总结，而技术是对规律的运用。所以新的科学原理的提出，常常会对社会产生深刻而广泛的影响。正因为科学原理的意义如此之大，所以“科学”也常常被盗用。许多技术性的产出，也被戴上了“科学”的帽子。在计算机领域，图灵机与计算复杂性理论基本上属于科学原理的范畴。也正因为如此，计算机才被冠以“科学”的称谓。

从根本上看，人工智能热潮在 20 世纪 90 年代的冷却，是因为人们在人工智能领域经过几十年的努力，没有能够理解一般意义上的智能过程的本质，因而也就没有取得科学意义上的原理性突破，无法在理论上抽象出类似数字基本计算那样的基本智能操作，用以支撑更为高级复杂的智能过程。所以人工智能领域的产出，虽然丰富而且影响巨大，但是却始终没有达到科学原理的高度。

在一个产业中，会有一些基础共性技术，有时也会成为核心技术，它们支撑着整个产业。在信息技术产业中，操作系统、数据库、集成电路等就属于这个层面的技术。这些技术的进步，对整个产业的影响是全局性的。正是由于集成电路技术的进步，促成了 2010 年前后整个信息技术产业发生的历史性的转折[①]。

在基础共性技术之上，还有面向不同问题的具体应用技术。在这个层面才看到了人工智能的踪影。当人们意识到自己没有能力用一些普适的基本逻辑化规则或机制去有效地解

---

① 参见谢耘的《转折：眺望 IT 巅峰》。

决各种“智能问题”时，人工智能的研究便深入到各种具体的问题之中。针对不同类型的问题，发展出了很多的解决方法，也取得了很大的进展。也正因为如此，人工智能目前更多地是被当成了一些具体的应用工具方法，融入到不同类型的应用之中，以自己具体的技术性名称出现，默默无闻地发挥作用。其实，用智能体的概念整合与人工智能相关的技术方法，也是没有办法的办法，显示了这个领域的一种无奈的现实：**只有一些具体实用的技术方法，缺少科学原理或基础共性技术的支撑，也没有基础性系统级的有效理论**。这些年被热捧的“深度学习”，也是这个层面的技术。

“深度学习”的概念包括深度信念网络、卷积神经网络、循环与递归网络等多种不同的具体网络模型与相应算法，用来解决不同类型的问题。它们实际上是借助计算机的“暴力”计算能力，用大规模的、含有高达千万以上的可调参数的非线性人工神经网络，使用特定的“学习和训练”算法，通过对大量样本的统计处理，调整这些参数，实现非线性拟合（变换），从而实现对输入数据特征的提取与后续的分类等功能。它是解决特定类型问题的一些具体的方法，而不是具有像人那样的一般意义上的学习的能力。其实，信息技术领域内的绝大部分技术属于这个层面，包括与大数据相关的技术，而且它们也属于辅助智能性质的技术。所以，大数据、人工智能与其他的技术彼此的界限日益模糊。

这些具体的实用性技术，包括“深度学习”（人工神经网络），常常是实验性技术，在应用于一个新的具体问题之前，我们无法确定它是否能够有效地解决这个问题，或者能够将问题解决到什么程度。

正因为如此，以深度学习为例，在《深度学习》[①]这本被认为是“深度学习”领域奠基性的经典教材中，作者为了阐述深度学习的这种实验性特征，专门在第 11 章来讨论这个问题，题目为“实践方法论”。在这一章的开头，作者写了这样一段话：“要成功地使用深度学习技术，仅仅知道存在哪些算法和解释它们为何有效的原理是不够的。一个优秀的机器学习实践者还需要知道如何针对具体应用挑选一个合适的算法以及如何监控，并根据实验反馈改进机器学习系统。在机器学习系统的日常开发中，实践者需要决定是否收集更多的数据、增加或减少模型容量、添加或删除正则化项、改进模型的优化、改进模型的近似推断或调整模型的软件实现。尝试这些操作都需要大量的时间，因此确定正确的做法而不盲目猜测尤为重要。”这段话比较完整地揭示了深度学习这个具体技术的实验性特征。

人工智能的这种状态有点像传统领域在现代科学出现以前，人们通过经验摸索，也能够设计制造出很多不同类型的精巧工具来解决各种具体的问题的状况。而具体的实用技术再丰富精妙，也未必能够产生更深一层的原理性、普适性的成果。中国历史上无数的能工巧匠都没有能够让中国赶上现代科技发展的潮流，就说明了这个问题。

特别需要指出的是，由于人工智能等技术属于具体应用技术，而不是系统级技术，所以事实上它们自己无法成为构造实际应用系统或产品的基础，必须依附于系统级原理与相关技术才能发挥作用。虽然当初有过主要基于人工智能技术构造系统的努力，比如日本的第五代计算机，今后这种努力也不会完全消失。但是，从人工智能技术的客观本质来看，将其作为具体层面的应用技术来使用，才是合理的选择。

对底层技术发挥自身价值起决定性作用的，是基础系统原理及相关技术。比如冯·诺

---

① 伊恩·古德费洛等著。

依曼架构就属于这个范畴。它之所以成为了计算机领域的核心成就,就是因为这个架构使得我们能够利用相关的具体技术设计制造出实际可以使用的计算机系统产品,借助计算机系统产品让相关的具体技术在各个领域里发挥自己应有的价值。

基础系统原理及相关的技术与具体的应用领域相对独立,所以其影响也是全局性的。它们不仅包括独立基础性系统的原理与相关技术,还包括大量独立系统之间的交互链接组成更宏观的基础性大系统的原理与相关技术。互联网、云计算就属于这个类别。在网络化的信息技术领域,组成宏观大系统的原理与技术起到日益重要的作用。当然独立基础性系统的创新,是大规模互联系统的前提,其作用更为基础。

基础系统原理与相关技术层面的创新的重要性,远远超过了具体应用技术,至少可以与基础共性技术比肩,有些甚至接近科学原理,所以冯·诺依曼架构在计算机领域才有了如此崇高的地位。而人脑的强大功能,不仅仅体现在具体的智力能力上,还体现在系统层面,它不仅仅是在大量神经元之间的、分布式联接形成的高度分布的网络,还有其在系统层面的重要的、没有被充分重视的特征①。

23.2 第三代人工智能的发展方向②

在这一节来谈谈如果人工智能要成为类似第三层基础系统原理及技术需要具备什么因素。

23.2.1 第一代和第二代人工智能的历史

第一代人工智能的代表是专家系统、IBM 的深蓝计算机国际象棋冠军,这一代人工智能的优势在于能够模仿人类的推理、思考的过程,因此是可解释的,与人类的思考问题过程很一致。利用这个办法进行机器学习,就能够举一反三。但是第一代人工智能存在着非常严重的缺陷,例如,这些知识都来自于专家。专家的知识十分稀缺,也非常昂贵。而且通常要通过人工编程来输进计算机,非常费时费力。同时有很多知识是很难表达的,比如那些不确定的知识、常识等,因此第一代人工智能的应用范围非常有限。

第二代人工智能,就是大家非常熟悉的深度学习。所谓深度学习,就是通过深度神经网络的模型模拟人类的感知,如视觉、听觉、触觉等行为。我们用图像识别作为例子,看看计算机是怎样模拟人类的感知的。比如我们想让计算机识别不同的动物,怎么办呢?因为我们没办法把什么叫马,什么叫牛告诉计算机。我们只好采用人类学习的办法,即先收集大量有关动物的图片,并把图片分成两类。一类作为训练图片,去训练计算机识别马和其他动物,这叫作分类学习。把图像输入并训练计算机,让它能够正确地分出马、牛等动物的种类,叫作学习与训练阶段。

学习用的是多层次神经网络,训练以后,为了验证机器是不是学好了,我们再把另一部分图片(没有学习过的图片)让它识别。如果 90%识别正确,就说明其识别率是 90%,误识

① 参见谢耘的《人工智能技术的本质与系统性创新的意义》。

② 张钹院士的《第三代人工智能的特点、发展现状及未来趋势》。

率为 10%。用这种办法进行图像和语音识别，在给定的图像(语音)库下，可以做到达到或超过人类的识别水平。

我们来看看深度学习的优点。第一是不需要领域知识，技术门槛比较低。换句话讲，只要把原始图片、原始语音输进去就可以了，不需要告诉计算机怎样去识别图片或者语音，即不需要领域知识，所以任何人都可以使用这种工具。第二是由于神经网络规模很大，所以可以处理大数据。利用这个办法可以达到人类的图像识别的水平，甚至超过人类。ImageNet 的图像库有 2 万种类别，一共 1400 万张图片，这是一个标准图像库。2011 年计算机识别 ImageNet 图像库里的图，误识率高达 50%，也就是说一半认错了。4 年以后，2015 年微软用深度学习的办法进行识别，误识率降到 3.57%，比人类的误识率 5.1%还要低，因此深度学习受到广大用户的关注。

关于深度学习的应用，一个最典型的例子是围棋程序。在 2015 年 10 月之前，我们用第一代知识驱动的方法做出来的围棋程序 AlphaGo，最高达到业余 5 段的水平。2015 年 10 月，围棋程序 AlphaGo 打败了欧洲的冠军，2016 年 3 月打败了世界冠军。2017 年 10 月，AlphaZero 打败了 AlphaGo，说明在两年时间里，由于利用了深度学习，使得围棋程序的水平实现了三级跳，从业余跳到专业水平，从专业水平跳到世界冠军，又从世界冠军跳到超过世界冠军。AlphaGo 的成功来自何处？其主要来自三方面：大数据、算法和算力。它一共学习了 3000 万盘已有的棋局，自己跟自己又下了 3000 万盘，一共 6000 万盘棋局，这个数据量是很大的。采用的算法有蒙特卡罗树搜索、强化学习、深度学习等。利用巨大的计算能力，一共有几千个 CPU 和几百个 GPU。但是，第二代人工智能也有很大的局限性，比如不可解释性、不安全性、易受攻击、不易推广、需要大量的样本等。

23.2.2　第三代人工智能要求

从第一代和第二代人工智能的成就来看，只能算刚刚拉开了序幕。第一代和第二代人工智能都有很大的缺陷，其应用范围也非常有限，那么如何突破这些障碍呢？也就是第三代人工智能必须解决第一代和第二代人工智能存在的缺陷。这个缺陷有以下几方面：**不可解释、健壮性很差、不安全、不可信、不可靠、不可扩展等**。所以，我们必须建立一个可解释和健壮的人工智能理论，必须发展安全、可信、可靠和可扩展的人工智能技术，只有这样才能实现技术上的突破。有了技术上的突破，才能推动人工智能的创新应用。那么可以用的办法是什么呢？最直接的就是把第一代知识驱动的方法和第二代数据驱动的方法结合起来，即要综合地利用四个要素：知识、数据、算法和算力。

(1) 环境感知。人工智能的图像识别系统虽然识别率很高，但是由于其识别的办法和人类不一样，所以非常不可靠、不安全，很容易受到攻击。比如深度学习识别马，只是把每匹马的局部特征分析出来，然后跟其他动物作比较，根据局部特征进行区别，属于黑箱学习方法。也就是说，它只能学习局部的底层特征，学习不了高层的语义特征，因此只能分辨马和牛，但并不真正认识马和牛。那么，我们怎么来做这个工作呢？首先要借鉴人脑的工作机制，我们知道人脑的视觉神经也是多层的神经网络，人工神经网络与人脑视觉神经网络相比则太简单了，只有下一层跟上层的联系(前向连接)。人脑里的视觉神经网络比这个要复杂得多，其中有反馈连接、横向连接、稀疏放电、注意机制、多模态和记忆等。如果能把人类视神经网络的这些特点加到现有的人工神经网络，就可以改善现在图像识别或者语音识别的性能,这就是今天需要做的一项工作。

(2) 关于安全性的问题。人工智能模式识别系统或其他机器识别系统都非常不安全,很容易受到攻击,可以从数据和模型上进行改进。

(3) 关于推理和决策。人工智能在棋类上打败了人类,包括围棋和象棋,这些都是完全信息博弈,对计算机来讲是比较简单的。牌类是不完全信息博弈,计算机打牌就困难得多,2017年,人工智能才在6人无限注德州扑克牌上战胜人类。再比如电子游戏的环境是变化的、不确定的、有防卫和进攻的,通常采用强化学习的办法,目前只能在少数特定的游戏上可以打败人类。

(4) 如何适应环境变化,即解决随机应变的问题。从1991年就开始研究自动驾驶了,现在采用的办法是,把物体识别出来,建立模型,在此基础上做驾驶规划。这些步骤现在都已经做到实时了。那是否能够使用?如果路况比较复杂,这种方案就不够用了,它难以应对突发事件。为了应对突发事件,需要驾驶的知识与经验,需要在与环境的不断交互过程中学习这些经验,这就是所谓的强化学习。

最后总结一下:人工智能刚刚拉开序幕,第一代和第二代人工智能都存在着很大的局限性,只能够解决完全信息和结构化环境下确定性的问题,解决的问题也非常有限。第二代人工智能主要依靠数据和计算机的计算能力,只是传统信息处理的延伸。第三代人工智能的目标是要真正模拟人类的智能行为。人类智能行为的主要表现是随机应变、举一反三。为了做到这一点,必须利用知识、数据、算法和算力,把四个因素充分地利用起来,这样才能够解决不完全信息、不确定性环境和动态变化环境下的问题,才能达到真正的人工智能。

23.3 人工智能的小数据、大任务范式

这方面笔者比较认同朱松纯教授的研究成果,下面是笔者整理的部分内容。

23.3.1 一只乌鸦给我们的启示

同属自然界的鸟类,对比一下体型大小差不多的乌鸦和鹦鹉。鹦鹉有很强的语言模仿能力,你说一个短句,多说几遍,它就能重复,这就类似于当前由数据驱动的聊天机器人。二者都可以说话,但鹦鹉和聊天机器人都不明白说话的语境和语义,也就是它们不能把说的话对应到物理世界和社会中的物体、场景、人物,不符合因果与逻辑。

可是,乌鸦就远比鹦鹉聪明,它们能够制造工具,懂得各种物理常识和人的社会活动的常识。

乌鸦是野生的,它必须靠自己的观察、感知、认知、学习、推理、执行,完全自主生活。假如把它看成机器人,它就在我们的现实生活中活下来了。

首先,乌鸦面临一个任务——寻找食物。它找到坚果,需要砸碎。可是这个任务超出它的物理动作的能力。其他动物,如大猩猩会使用工具,找几块石头,将一块大的垫在底下,一块中等的拿在手上来砸。乌鸦怎么试都不行,它把坚果从天上往下抛,发现完成不了这个任务。在这个过程中,它发现一个诀窍,把果子放到路上让车轧过去,这就是"鸟机交互"。后来进一步发现,虽然坚果被轧碎了,但它到路中间去吃是一件很危险的事。因为在一个车水

马龙的路面上，它随时会牺牲。这里要强调一点，这个过程是没有大数据训练的，也没有所谓的监督学习，乌鸦的生命没有第二次机会。这是与当前很多机器学习，特别是深度学习完全不同的机制。

然后乌鸦又开始观察。它发现在靠近红绿灯的路口，车子和人有时会停下。这时，它必须进一步领悟红绿灯、斑马线、行人指示灯、车子、人流之间复杂的因果链。甚至哪个灯在哪个方向管用、对什么对象管用。搞清楚之后，乌鸦就选择了在斑马线上方的一根电线上蹲下来，如图 23-4 所示。这里要强调一点，也许它观察和学习的是其他地点，没有这些蹲点的条件。它必须相信，同样的因果关系，可以搬到当前的地点来用。这一点，当前很多机器学习方法是做不到的。比如一些增强学习方法，让机器人抓取一些固定物体，如积木玩具，换一换位置都不行；打游戏的人工智能算法，换一换画面，又得重新学习。

图　23-4

乌鸦把坚果抛到斑马线上，等车子轧过去，然后等到行人灯亮了。此时车子都停在斑马线外面，它终于可以从容不迫地走过去，吃到了地上的果肉。你说这只乌鸦有多聪明，这就是我们期望的真正的智能。

乌鸦给我们的启示，至少有以下三点。

(1) 它是一个完全自主的智能。感知、认知、推理、学习和执行几方面都有。世界上一批顶级的科学家解决不了的问题，乌鸦向我们证明了，这个解存在。

(2) 它有大数据学习吗？没有！ 乌鸦有几百万人工标注好的训练数据进行学习吗？显然没有，它自己把这个事通过少量数据想清楚了，没人教。

(3) 乌鸦头有多大？不到人脑的 1%。人脑功耗是 10～25W，乌鸦只有 0.1～0.2W，就实现了上述功能。这给硬件芯片设计者也提出了挑战和思路。

因此我们要寻找“乌鸦”模式的智能，而不要“鹦鹉”模式的智能。当然，“鹦鹉”模式的智能在商业上，针对某些垂直应用或许有效。这里不是说要把所有智能问题都解决了，才能做商业应用。单项技术如果成熟落地，也可以有巨大的商业价值。这里谈的是科学研究的目标。

23.3.2　小数据、大任务范式

智能是一种现象，它表现在个体和社会群体的行为过程中。回到前面乌鸦的例子，笔者认为智能系统的根源可以追溯到两个基本前提条件。

(1) 物理环境的客观现实与因果链条。这是外部物理环境给乌鸦提供的生活的边界条件。在不同的环境条件下，智能的形式是不一样的。任何智能的机器必须理解物理世界及其因果链条，适应这个世界。

(2) 智能物种与生俱来的任务与价值链条。这个任务是一个生物进化的“刚需”。如个体的生存，要解决吃饭和安全问题，而物种的传承需要交配和社会活动。这些基本任务会衍生出大量的其他“任务”。动物的行为都是被各种任务驱动的。任务代表了价值函数和决策函数，这些价值函数很多在进化过程中就已经形成了，包括人脑中发现的各种化学成分的奖惩调制，如多巴胺(快乐)、血清素(痛苦)、乙酰胆碱(焦虑、不确定性)、去甲肾上腺素(新奇、兴奋)等。

有了物理环境的因果链和智能物种的任务与价值链，那么一切都是可以推导出来的。要构造一个智能系统，如机器人或者游戏环境中的虚拟人物，我们先给它们定义身体的基本行动的功能，再设定一个模型的空间(包括价值函数)。其实，生物的基因也就给了每个智能的个体这两点。然后，它就降临在某个环境和社会群体之中，能自主地生存，就像乌鸦那样找到一条活路：认识世界，利用世界，改造世界。

这里说的模型的空间是一个数学的概念，我们人脑时刻都在改变之中，也就是一个抽象的点，在这个空间中移动。模型的空间通过价值函数、决策函数、感知、认知、任务计划等来表达。通俗来说，一个脑模型就是世界观、人生观、价值观的一个数学表达。这个空间的复杂度决定了个体的智商和成就。

有了这个先天的基本条件(设计)后，下一个重要问题，是什么驱动了模型在空间的运动？也就是学习的过程，还是涉及以下两点。

(1) 外来的数据。外部世界通过各种感知信号传递到人脑，塑造我们的模型。数据来源于观察(observation)和实践(experimentation)。观察的数据一般用于学习各种统计模型，这种模型就是某种时间和空间的联合分布，也就是统计的关联与相关性。实践的数据用于学习各种因果模型，将行为与结果联系在一起。因果与统计相关是不同的概念。

(2) 内在的任务。这是由内在的价值函数驱动的行为，以期达到某种目的。价值函数是在生物进化过程中形成的。因为任务不同，我们往往对环境中有些变量非常敏感，而对其他变量却不关心。由此形成不同的模型。

机器人的大脑、人脑都可被看成一个模型。模型由数据与任务共同塑造。

同样是在概率统计的框架下，当前的很多深度学习方法，属于“大数据、小任务”(big data for small task)范式。针对某个特定的任务，如人脸识别和物体识别，设计一个简单的价值函数，用大量数据训练特定的模型。这种方法在某些问题上很有效。但是造成的后果是，这个模型不能泛化和解释。所谓泛化就是把模型用到其他任务，解释其实也是一种复杂的任务。这是必然的结果：你种的是瓜，怎么希望得到豆呢？

考虑一种相反的思路：人工智能的发展，需要进入一个“小数据、大任务”(small data for big task)范式，要用大量的任务而不是大量的数据来塑造智能系统和模型。在哲学思想上，必须有一个思路上的大的转变和颠覆。人的各种感知和行为，时时刻刻都是被任务驱动的。这也是为什么总体上不太认可深度学习做法的原因。

如果我们把整个发展的过程都考虑进来，智能系统的影响可以分为以下三个阶段。

(1) 亿万年的进化，被达尔文理论的一个客观的适者生存的表型景观(phenotype landscape)驱动。

(2) 千年的文化形成与传承。

(3) 几十年个体的学习与适应。

人工智能研究通常考虑的是第三阶段。

朱松纯教授认为要找到“乌鸦”这个解，涉及计算机视觉、认知推理、博弈伦理、机器人学以及智能科学等，这里不再引用具体内容，读者可以参考相应的内容。

第3部分 机器学习实例展示

前面两部分更多地偏重理论及方法论，不过毕竟我们的目的是解决问题，特别是对于企业的从业人员，需要解决在商业实战环境中出现的问题。这一部分就针对实际的场景进行实例展示。

第 24 讲

垃圾邮件判断(朴素贝叶斯分类)

作为机器学习中非常重要的一个给予统计的理论：贝叶斯公式，具有非常广泛的影响。所以作为第一个实际的例子来进行演示。

如图 24-1 所示，黑色的概率函数表示已有的经验，也叫先验概率；蓝色的部分表示可能性，也叫似然概率；棕色的部分是更新后的经验，也叫后验概率。先验概率和似然概率可以通过统计得到，比较容易。我们的目的是得到后验概率，这个无法直观地得到，但是可以通过前两者获得。

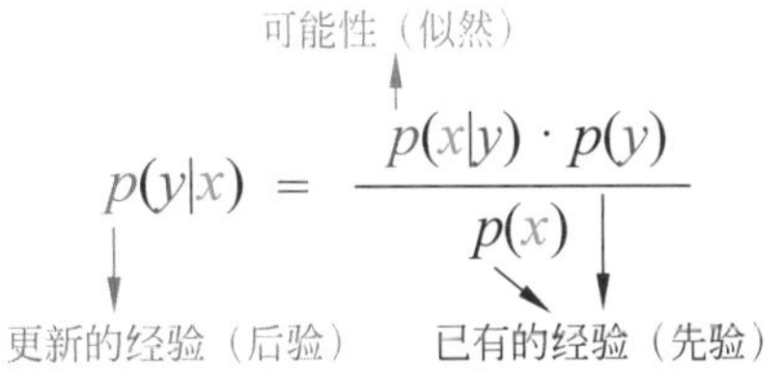

可能性（似然）

$$p(y|x) = \frac{p(x|y)\cdot p(y)}{p(x)}$$

更新的经验（后验）　已有的经验（先验）

图　24-1

24.1　问题描述

现在的邮件系统有一个自动判断邮件是否属于垃圾邮件(Spam E-mail)的功能，如图 24-2 所示。下面来看具体实现。

图　24-2

首先来看人脑如何判别某个邮件是否是垃圾邮件。简单地说：首先会看邮件内容，如果邮件的内容不是自己感兴趣的，比如赌博、化妆品推销等，那么就会作为垃圾邮件处理。人是如何判断邮件内容是关于赌博的呢？即使邮件内容里面没有明确的“赌博”字样，但必定会有一些词汇和赌博有很强的关联，也就是说有一些关键词会相对频繁地出现在邮件内容中。即使一开始并不知道赌博是什么，但是通过里面的内容判断，或者通过搜索引擎的学习，或者通过邮件中的链接看到了很多与赌博相关的介绍及图片等，也能判断邮件是否和赌博相关，从而形成经验。下次收到类似邮件，根据里面关键词出现的频率就可以判断其是否关于赌博的邮件的概率，如果概率比较大，那么就可以认为是垃圾邮件。

实际上，早在 1787 年发生的一个事件就采用了类似方式。

《联邦党人文集》作者公案

1787 年 5 月，美国各州(当时为 13 个)代表在费城召开制宪会议。1787 年 9 月，美国的宪法草案被分发到各州进行讨论。一批反对派以“反联邦主义者”为笔名，发表了大量文章对该草案提出批评。宪法起草人之一亚历山大·汉密尔顿着急了，他找到曾任外交国务秘书（即后来的国务卿）的约翰·杰伊，以及纽约市国会议员麦迪逊，一同以普布利乌斯（Publius）的笔名发表文章，向公众解释为什么美国需要一部宪法。他们笔走如飞，通常在一周之内就会发表三四篇评论。1788 年，他们将所写的 85 篇文章结集出版，这就是美国历史上著名的《联邦党人文集》。

《联邦党人文集》出版时，汉密尔顿坚持匿名发表，于是，这些文章到底出自谁人之手，成了一桩公案。1810 年，汉密尔顿接受了一个政敌的决斗挑战，但出于基督徒的宗教信仰，他决意不向对方开枪。在决斗之前数日，汉密尔顿自知时日不多，他列出了一份《联邦党人文集》的作者名单。1818 年，麦迪逊又提出了另一份作者名单。这两份名单并不一致。在 85 篇文章中，有 73 篇文章的作者身份较为明确，其余 12 篇文章的作者存在争议。

1955 年，哈佛大学统计学教授 Fredrick Mosteller 找到芝加哥大学的年轻统计学家 David Wallance，建议他跟自己一起做一个小课题，他想用统计学的方法，鉴定出《联邦党人文集》的作者身份。

但这根本就不是一个小课题。汉密尔顿和麦迪逊都是文章高手，他们的文风非常接近。从已经确定作者身份的那部分文本来看，汉密尔顿写了 9.4 万字，麦迪逊写了 11.4 万字。汉密尔顿每个句子的平均长度是 34.55 字，而麦迪逊是 34.59 字。就写作风格而论，汉密尔顿和麦迪逊简直就是一对双胞胎。汉密尔顿和麦迪逊写这些文章，用了大约一年的时间，而 Mosteller 和 Wallance 甄别出作者的身份花了十多年的时间。

如何分辨两人写作风格的细微差别，并据此判断每篇文章的作者是问题的关键。他们所采用的方法就是以贝叶斯公式为核心的包含两个类别的分类算法。先挑选一些能够反映作者写作风格的词汇，在已经确定了作者的文本中，对这些特征词汇的出现频率进行统计，然后再统计这些词汇在那些不确定作者的文本中的出现频率，从而根据词频的差别推断其作者归属。这其实和我们现在使用的垃圾邮件过滤器的原理是一样的。

他们是在没有计算机帮助的条件下用手工方式处理“大数据”，这一工程的耗时耗力可想而知。将近 100 个哈佛大学的学生帮助他们处理数据。学生们用最原始的方式，用打字机把《联邦党人文集》的文本打印出来，然后把每个单词剪下来，按照字母表的顺序，把这些单词分门别类地汇集在一起。

Mosteller 和 Wallance 做的事情类似于在干草垛里找绣花针。他们首先剔除用不上的词汇。比如，《联邦党人文集》里经常谈到“战争”“立法权”“行政权”等，这些词汇是随主题出现，并不反映不同作者的写作风格。只有像 in、an、of、upon 这些介词、连词等才能显示出作者风格的微妙差异。一位历史学家好心地告诉他们，有一篇 1916 年的论文提到，汉密尔顿总是用 while，而麦迪逊则总是用 whilst。但仅有这一条线索是不够的。while 和 whilst 在这 12 篇作者身份待定的文章里出现的次数不够多。况且，汉密尔顿和麦迪逊有时候会合写一篇文章，也说不定他们会互相修改文章，要是汉密尔顿把麦迪逊的 whilst 改成了 while 呢？

当学生们把每个单词的小纸条归类、粘好之后，他们发现，汉密尔顿的文章里平均每一页纸会出现两次 upon，而麦迪逊几乎一次也不用。汉密尔顿更喜欢用 enough，麦迪逊则很少用。其他一些有用的词汇包括 there、on 等。1964 年，Mosteller 和 Wallance 发表了他们的研究成果。他们的结论是，这 12 篇文章的作者很可能都是麦迪逊。他们最拿不准的是第 55 篇，麦迪逊是作者的概率是 240：1。

这个研究引起了极大的轰动，但最受震撼的不是宪法研究者，而是统计学家。Mosteller 和 Wallance 的研究，把贝叶斯公式这个被统计学界禁锢了 200 年的幽灵从瓶子中释放了出来。

24.2 算法详述

在上一节分析的基础上，我们来归纳一下基于朴素贝叶斯分类算法以及对应的代码。

朴素贝叶斯分类算法如下。

(1) 设 $x=\{a_1,a_2,\cdots,a_m\}$为一个待分类的内容，每个 a_i 为 x 的一个特征属性，比如一个新邮件中的关键词。

(2) 有类别集合 $C=\{y_1,y_2,\cdots,y_n\}$。如果只是垃圾邮件分类，那么只有两个类别：是(1)和否(0)。

(3) 计算 $P(y_1 \mid x),P(y_2 \mid x),\cdots,P(y_n \mid x)$。

(4) 若其中某个 $P(y_k \mid x)$是所有 $P(y_i \mid x)$中最大的，则分类为 y_k。

现在的关键是如何计算第(3)步中的各条件概率。这需要通过贝叶斯公式来进行计算。

(1) 找到一个已知分类的待分类项集合，这个集合叫作训练样本集。也就是我们之前收集到的已知的垃圾邮件。

(2) 统计得到在各类别下各特征属性的条件概率估计。即

$$
\begin{gathered}
P(a_1 \mid y_1),\quad P(a_2 \mid y_1),\cdots,\quad P(a_m \mid y_1) \\
P(a_1 \mid y_2),\quad P(a_2 \mid y_2),\cdots,\quad P(a_m \mid y_2) \\
\vdots \\
P(a_1 \mid y_n),\quad P(a_2 \mid y_n),\cdots,\quad P(a_m \mid y_n)
\end{gathered}
$$

针对垃圾邮件分类，就是统计正常邮件及垃圾邮件中的各关键词的频率。

(3) 这里假设各特征属性是条件独立的，则根据贝叶斯定理有如下推导：

$$
P(y_i \mid x)=\frac{P(x \mid y_i)P(y_i)}{P(x)}
$$

因为分母对于所有类别为常数，所以只要将分子最大化即可。又因为各特征属性是条件独立的，所以有：

$$
P(x \mid y_i)P(y_i)=P(a_1 \mid y_i)P(a_2 \mid y_i)\cdots P(a_m \mid y_i)P(y_i)=P(y_i)\prod_{j=1}^{m}P(a_j \mid y_i)
$$

根据上述分析，朴素贝叶斯分类的流程可以用图 24-3 来表示（暂时不考虑验证）。

整个朴素贝叶斯分类分为以下三个阶段。

(1) 准备阶段。

这个阶段的任务是为朴素贝叶斯分类做必要的准备，主要工作是根据具体情况确定特征属性，并对每个特征属性进行适当划分，然后由人工对一部分待分类项进行分类，形成训练样本集合。这一阶段的输入是所有待分类数据，输出是特征属性和训练样本。这一阶段

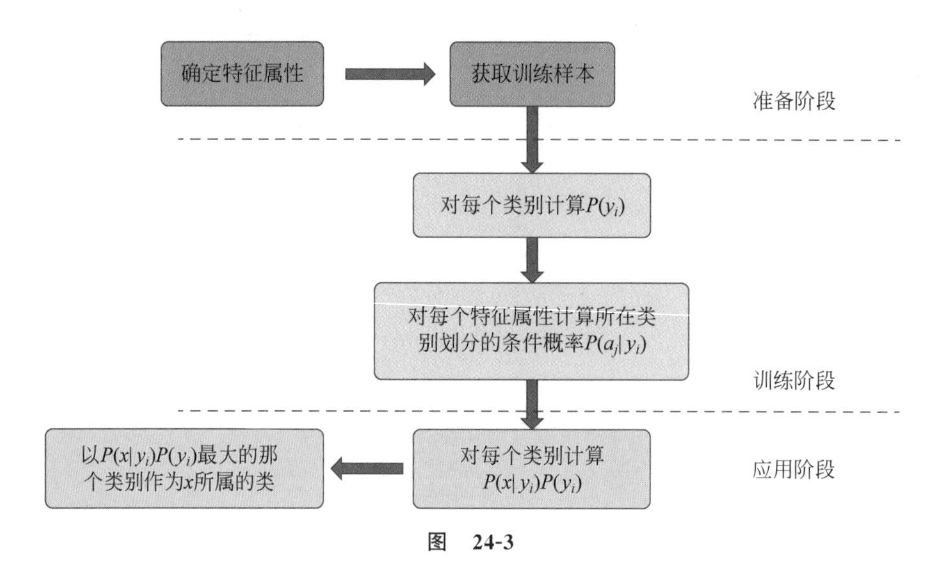

图 24-3

是整个朴素贝叶斯分类中唯一需要人工完成的阶段，其质量对整个过程有重要影响，分类器的质量很大程度上由特征属性、特征属性划分及训练样本质量决定。

(2) 训练阶段。

这个阶段的任务是生成分类器，主要工作是计算每个类别在训练样本中的出现频率及每个特征属性划分对每个类别的条件概率估计，并记录结果。其输入是特征属性和训练样本，输出是分类器。这一阶段是机械性阶段，根据前面的公式可以由程序自动计算完成。

(3) 应用阶段。

这个阶段的任务是使用分类器对待分类项进行分类，其输入是分类器和待分类项，输出是待分类项与类别的映射关系。这一阶段也是机械性阶段，由程序完成。

24.3 代码详述

本例采用的代码在开源代码[①]的基础上进行了注解和部分修改。代码采用 Python 语言。

```
import numpy as np
import random
import re
"""
函数说明:接收一个大字符串并将其解析为分割好后的词列表
"""
def textParse(bigString):
    #将特殊符号作为切分标志进行字符串切分,即非字母、非数字
    listOfTokens = re.split(r'\W*', bigString)
```

① https://github.com/Jack-Cherish/Machine-Learning/tree/master/Naive%20Bayes。

```
    #除了单个字母,例如大写的 I,其他单词变成小写
    return [tok.lower() for tok in listOfTokens if len(tok) > 2]


"""
函数说明:将切分的训练样本词条整理成不重复的词条列表,也就是词汇表
Parameters:
 dataSet - 整理的样本数据集
Returns:
 vocabSet - 返回不重复的词条列表,也就是词汇表
"""
def createVocabList(dataSet):
    #创建一个空的集合(不重复列表)
    vocabSet = set([])
    for document in dataSet:
        vocabSet = vocabSet | set(document) #取并集
    return list(vocabSet)

"""
函数说明:根据 vocabList 词汇表,将 inputSet 向量化,向量的每个元素为 1 或 0
Parameters:
  vocabList - createVocabList 返回的列表
  inputSet - 切分的词条列表
Returns:
  returnVec - 文档向量,词集模型
"""
def setOfWords2Vec(vocabList, inputSet):
    returnVec = [0] * len(vocabList)    #创建一个其中所含元素都为 0 的向量
    for word in inputSet:               #遍历每个词条
        if word in vocabList:           #如果词条存在于词汇表中,则置 1
            returnVec[vocabList.index(word)] = 1
        else: print("the word: %s is not in my Vocabulary!" % word)
    return returnVec


"""
函数说明:根据 vocabList 词汇表构建词袋模型
Parameters:
  vocabList - createVocabList 返回的列表
  inputSet - 切分的词条列表
Returns:
  returnVec - 文档向量,词袋模型
"""
def bagOfWords2VecMN(vocabList, inputSet):
    returnVec = [0] * len(vocabList)            #创建一个其中所含元素都为 0 的向量
    for word in inputSet:                       #遍历每个词条
        if word in vocabList:                   #如果词条存在于词汇表中,则计数加 1
            returnVec[vocabList.index(word)] += 1
    return returnVec                            #返回词袋模型
```

```
"""
函数说明:朴素贝叶斯分类器训练函数
Parameters:
    trainMatrix - 训练文档矩阵,即 setOfWords2Vec 返回的 returnVec 构成的矩阵
    trainCategory - 训练类别标签向量,即 loadDataSet 返回的 classVec
Returns:
    p0Vect - 正常邮件类的条件概率数组
    p1Vect - 垃圾邮件类的条件概率数组
    pSpam - 文档属于垃圾邮件类的概率
"""
def trainNB0(trainMatrix,trainCategory):
    numTrainDocs = len(trainMatrix)                     #计算训练的文档数目
    numWords = len(trainMatrix[0])                      #计算每篇文档的词条数
    pSpam = sum(trainCategory)/float(numTrainDocs)      #文档属于侮辱类的概率
    #创建 numpy.ones 数组,词条出现数初始化为 1,拉普拉斯平滑
    p0Num = np.ones(numWords); p1Num = np.ones(numWords)
    p0Denom = 2.0; p1Denom = 2.0                        #分母初始化为 2,拉普拉斯平滑


    for i in range(numTrainDocs):
        #统计属于垃圾邮件类和正常邮件类的条件概率所需的数据,即 P(w0|1),P(w1|1),P(w2|1),…
        if trainCategory[i] == 1:
            p1Num += trainMatrix[i]
            p1Denom += sum(trainMatrix[i])
        else:
            p0Num += trainMatrix[i]
            p0Denom += sum(trainMatrix[i])
    p1Vect = np.log(p1Num/p1Denom)                      #取对数,防止下溢出
    p0Vect = np.log(p0Num/p0Denom)
    #返回属于垃圾邮件类的条件概率数组,属于正常邮件类的条件概率数组,属于垃圾邮件类的概率
    return, p0Vect,p1Vect, pSpam

"""
函数说明:朴素贝叶斯分类器分类函数
Parameters:
    vec2Classify - 待分类的词条数组
    p0Vec - 正常邮件类的条件概率数组
    p1Vec - 垃圾邮件类的条件概率数组
    pClass1 - 文档属于垃圾邮件类的概率
Returns:
    0 - 属于正常邮件类
    1 - 属于垃圾邮件类
"""
def classifyNB(vec2Classify, p0Vec, p1Vec, pClass1):
      #对应元素相乘。logA * B = logA + logB,所以这里加上 log(pClass1)
    p1 = sum(vec2Classify * p1Vec) + np.log(pClass1)
    p0 = sum(vec2Classify * p0Vec) + np.log(1.0 - pClass1)
    if p1 > p0:
```

```
            return 1
        else:
            return 0

# 此处理函数完成整体处理流程
    def spamEmailTrainingAndTest():
        docList = []; classList = []; fullText = []
        for i in range(1, 26):                      # 遍历 25 个 txt 文件
                print("processing spam: # %d file" % i)
                wordList = textParse(open('email/spam/%d.txt' % i, 'r').read())
                docList.append(wordList)
                fullText.append(wordList)
                classList.append(1)                 # 标记垃圾邮件,1 表示垃圾文件
                print("processing ham: # %d file" % i)
                # 读取每个非垃圾邮件,并将字符串转换成字符串列表
                wordList = textParse(open('email/ham/%d.txt' % i, 'r').read())
                docList.append(wordList)
                fullText.append(wordList)
                classList.append(0)                 # 标记非垃圾邮件,1 表示垃圾文件
    vocabList = createVocabList(docList)            # 创建词汇表,不重复
    # 创建存储训练集的索引值的列表和测试集的索引值的列表
    trainingSet = list(range(50)); testSet = []
    for i in range(10):           # 从 50 个邮件中,随机挑选出 40 个作为训练集,10 个作为测试集
        randIndex = int(random.uniform(0, len(trainingSet)))      # 随机选取索引值
        testSet.append(trainingSet[randIndex])                      # 添加测试集的索引值
        del(trainingSet[randIndex])                 # 在训练集列表中删除添加到测试集的索引值
    trainMat = []; trainClasses = []                # 创建训练集矩阵和训练集类别标签系向量
    for docIndex in trainingSet:                    # 遍历训练集
        # 将生成的词集模型添加到训练矩阵中
        trainMat.append(setOfWords2Vec(vocabList, docList[docIndex]))
        trainClasses.append(classList[docIndex]) # 将类别添加到训练集类别标签系向量中
    p0V, p1V, pSpam = trainNB0(np.array(trainMat), np.array(trainClasses))
                                                    # 训练朴素贝叶斯模型
    errorCount = 0                                  # 错误分类计数
    for docIndex in testSet:                        # 遍历测试集
       wordVector = setOfWords2Vec(vocabList, docList[docIndex])    # 测试集的词集模型
       if classifyNB(np.array(wordVector), p0V, p1V, pSpam) != classList[docIndex]:
                                                    # 如果分类错误
           errorCount += 1                          # 错误计数加 1
           print("分类错误的测试集:",docList[docIndex])
    print('错误率: %.2f%%' % (float(errorCount) / len(testSet) * 100))


# 主程序入口
if __name__ == '__main__':
spamEmailTrainingAndTest()
```

第 25 讲

客户流失预测(高斯贝叶斯分类)

在第 24 讲的例子中,文章中的单词、词语等可以看作离散型变量,因此可以直接通过计算各种概率来得到值,如图 25-1 所示。那么涉及的特征变量如果是连续性的,就很难直接把各个概率计算出来,这时就会想到通过连续随机变量的概率密度函数来计算对应的先验概率。如果概率密度是服从高斯分布的,那么对应的就是高斯贝叶斯分类问题了。这个例子不只展示模型部分,而是从原始数据开始,完整地展示了数据处理、建模、效果评估的过程。值得读者从头到尾细细看来。

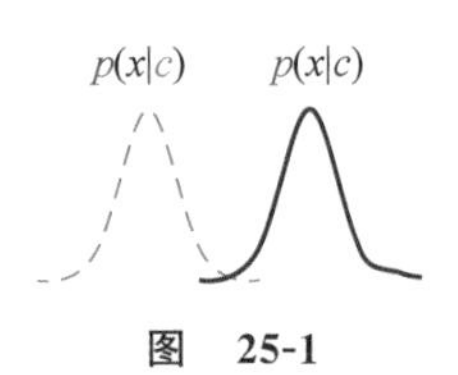

图　25-1

25.1　问题描述

贝叶斯分类原理虽然简单,但是却非常有用。为了让读者更多地了解它的用途,本讲将针对运营过程中客户流失预测的必要场景来讲解如何解决。这个问题所对应的代码处理部分完整地包含数据探索、数据处理、特征相关性分析、特征编码、建模、效果评估等。值得读者仔细学习。

如图 25-2 所示,客户流失是所有与消费者挂钩行业都会关注的点。因为发展一个新客户是需要一定成本的,一旦客户流失,成本浪费不说,挽回一个客户的成本会更大。

图　25-2

下面以电信行业为例。电信行业在竞争日益激烈的当下,如何挽留更多用户成为一项关键业务指标。为了更好地运营用户,就要了解流失用户的特征,分析流失原因,预测用户流失,确定挽留目标用户并制订有效方案。涉及的问题如下。

(1) 哪些用户可能会流失?

(2) 流失概率更高的用户有什么共同特征?

数据集字段(特征)说明如表 25-1 所示。

表　25-1

序号	字　段　名	数 据 类 型	字 段 描 述
1	customerID	Integer	用户 ID
2	gender	String	性别
3	SeniorCitizen	Integer	老年人
4	Partner	String	配偶
5	Dependents	String	家属
6	tenure	Integer	职位
7	PhoneService	String	电话服务
8	MultipleLines	String	多线
9	InternetService	String	互联网服务
10	OnlineSecurity	String	在线安全
11	OnlineBackup	String	在线备份
12	DeviceProtection	String	设备保护
13	TechSupport	String	技术支持
14	StreamingTV	String	流媒体电视
15	Contract	String	合同
16	PaperlessBilling	String	无纸账单
17	PaymentMethod	String	付款方式
18	MonthlyCharges	Integer	月费用
19	TotalCharges	Integer	总费用
20	Churn	String	流失

25.2　算法详述

算法主体部分如第 24 讲所述,这里仅对不同的地方做一些说明。

在这个例子中,核心的算法依然是贝叶斯分类,不过在概率密度方面采用的是高斯分布,因此也叫高斯贝叶斯分类。

贝叶斯的公式我们再回顾一下(重要的事情要多强调):

$$P(c \mid x)=\frac{P(x \mid c)P(c)}{P(x)}$$

$P(x)$、$P(c)$以及 $P(x|c)$都是先验概率,它们分别是 x 特征出现的概率、c 类出现的概率、c 类中出现 x 的概率。而 $P(x)$对于多类分类是一样,都是当前观察到的特征,所以此项可以略去。最终的结果就是计算 $P(x|c)P(c)$这一项,$P(c)$可以通过观察来解决。重点就落在了 $P(x|c)$上,前面对此项的解释是在 c 类中 x 特征出现的概率,其实简单来讲,就是 x 的概率密度。

提到概率密度,最常见的就是高斯密度函数。下面展示一下简单的高斯密度函数分类。

在同一幅图像中画出两个均值不同、标准差也不一样的高斯密度函数。图 25-3 所示虚线是均值为 4、标准差为 1 时的高斯分布图像。实线是均值为 10、标准差为 1 时的高斯分布图像。

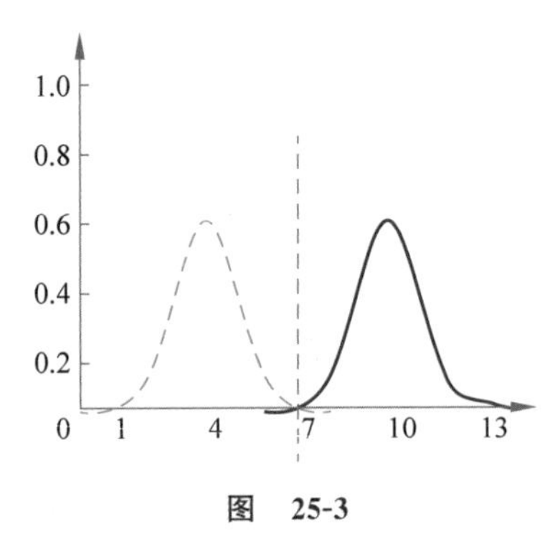

图 25-3

可以明显看到,如果有一条垂直于 X 轴且经过 7 的直线,那么可以把两个分布区分开。

此刻分类就可以实现了。即一个点如果在竖线的左边,它离虚线高斯曲线更近,可以认为是属于左边的类别,相反则属于右边的类别。

整个贝叶斯分类器的框架如下。

(1) 提取当前各类别的特征,利用高斯密度函数建立每个类别的概率密度函数。此为先验概率密度函数。

(2) 在预测时提取同样的特征,但特征值可能不一样。将这些特征代入各个类别的高斯密度函数中进行计算。

(3) 最终选择一个此项值最大的情况。

25.3 代码详述

为了让大家对实际工程有一个完整的了解,通过 Jupyter Notebook 的方式把代码和运行结果一并放在这一节,不过最好的学习方式还是自己运行一下代码。

这个例子的完整代码包含以下几部分。

- 数据整体情况展示。
- 异常值、控制的处理。
- 特征类型的转换。
- 特征的归一化处理。
- 数据的探索性分析:样本是否均衡。
- 特征的相关性分析。
- 特征编码。
- 样本数据分割(K-折叠方式)。
- 建模和验证。

代码采用 Python 语言及 Jupyter Notebook 作为探索和运行工具。

```
#第一部分是引入需要的包,主要是 numpy、pandas、Seaborn(可视化)、Sklearn

import numpy as np
import pandas as pd
import os
# 导入相关的包
import matplotlib.pyplot as plt
import seaborn as sns
from pylab import rcParams
import matplotlib.cm as cm

import sklearn
```

```
from sklearn import preprocessing
from sklearn.preprocessing import LabelEncoder              # 编码转换
from sklearn.preprocessing import StandardScaler
from sklearn.model_selection import StratifiedShuffleSplit

from sklearn.naive_bayes import GaussianNB                  # 高斯贝叶斯

from sklearn.metrics import classification_report, precision_score, recall_score, f1_score
from sklearn.metrics import confusion_matrix
from sklearn.model_selection import GridSearchCV
from sklearn.metrics import make_scorer
from sklearn.ensemble import VotingClassifier

from sklearn.decomposition import PCA
from sklearn.cluster import KMeans
from sklearn.metrics import silhouette_score
# 读取数据文件
telcom = pd.read_csv("Telco - Customer - Churn.csv")

## 2. 查看数据集信息
telcom.iloc[10:20]
```

图 25-4 显示了部分样本的部分字段的内容,字段的意思见表 25-1 中的介绍。

```
# 查看数据集大小
telcom.shape
```

ineSecurity	...	DeviceProtection	TechSupport	StreamingTV	StreamingMovies	Contract	PaperlessBilling	PaymentMethod	MonthlyCharges	TotalCharges	Churn
Yes	...	No	No	No	No	Month-to-month	Yes	Mailed check	49.95	587.45	No
No internet service	...	No internet service	No internet service	No internet service	No internet service	Two year	No	Credit card (automatic)	18.95	326.8	No
No	...	Yes	No	Yes	Yes	One year	No	Credit card (automatic)	100.35	5681.1	No
No	...	Yes	No	Yes	Yes	Month-to-month	Yes	Bank transfer (automatic)	103.70	5036.3	Yes
Yes	...	Yes	Yes	Yes	Yes	Month-to-month	Yes	Electronic check	105.50	2686.05	No
Yes	...	Yes	Yes	Yes	Yes	Two year	No	Credit card (automatic)	113.25	7895.15	No
No internet service	...	No internet service	No internet service	No internet service	No internet service	One year	No	Mailed check	20.65	1022.95	No
Yes	...	Yes	No	Yes	Yes	Two year	No	Bank transfer (automatic)	106.70	7382.25	No
No	...	Yes	Yes	No	No	Month-to-month	No	Credit card (automatic)	55.20	528.35	Yes
No	...	Yes	No	No	Yes	Month-to-month	Yes	Electronic check	90.05	1862.9	No

图　25-4

如图 25-5 所示,数据共有 7043 行,21 个字段。

```
#数据清洗

# 查找缺失值
pd.isnull(telcom).sum()
```

如图25-6所示,可以看到数据中没有空值。

```
#数据清洗

# 查找缺失值
pd.isnull(telcom).sum()
```

如图25-7所示,数据集中有5174名用户没流失,有1869名客户流失,数据集不均衡。

```
telcom.info()
```

```
(7043, 21)
```

图 25-5

```
customerID          0
gender              0
SeniorCitizen       0
Partner             0
Dependents          0
tenure              0
PhoneService        0
MultipleLines       0
InternetService     0
OnlineSecurity      0
OnlineBackup        0
DeviceProtection    0
TechSupport         0
StreamingTV         0
StreamingMovies     0
Contract            0
PaperlessBilling    0
PaymentMethod       0
MonthlyCharges      0
TotalCharges        0
Churn               0
dtype: int64
```

图 25-6

```
No     5174
Yes    1869
Name: Churn, dtype: int64
```

图 25-7

如图25-8所示,TotalCharges表示总费用,这里为对象(Object)类型,需要将其转换为float类型。

```
telcom['TotalCharges'] = pd.to_numeric(telcom['TotalCharges'],errors = 'coerce')
telcom["TotalCharges"].dtypes #dtype('float64')

# 再次查找是否存在缺失值
pd.isnull(telcom["TotalCharges"]).sum()
```

如图25-9所示,结果显示存在21个缺失值,由于数量不多,可以直接删除这些行。

```
# 删除缺失值所在的行
telcom.dropna(inplace = True)
telcom.shape
# 数据归一化处理
# 对 Churn 列中的值 Yes 和 No 分别用 1 和 0 替换,方便后续处理
telcom['Churn'].replace(to_replace = 'Yes', value = 1,inplace = True)
```

```
telcom['Churn'].replace(to_replace = 'No', value = 0,inplace = True)
telcom['Churn'].head()
```

```
RangeIndex: 7043 entries, 0 to 7042
Data columns (total 21 columns):
 #   Column            Non-Null Count  Dtype
---  ------            --------------  -----
 0   customerID        7043 non-null   object
 1   gender            7043 non-null   object
 2   SeniorCitizen     7043 non-null   int64
 3   Partner           7043 non-null   object
 4   Dependents        7043 non-null   object
 5   tenure            7043 non-null   int64
 6   PhoneService      7043 non-null   object
 7   MultipleLines     7043 non-null   object
 8   InternetService   7043 non-null   object
 9   OnlineSecurity    7043 non-null   object
 10  OnlineBackup      7043 non-null   object
 11  DeviceProtection  7043 non-null   object
 12  TechSupport       7043 non-null   object
 13  StreamingTV       7043 non-null   object
 14  StreamingMovies   7043 non-null   object
 15  Contract          7043 non-null   object
 16  PaperlessBilling  7043 non-null   object
 17  PaymentMethod     7043 non-null   object
 18  MonthlyCharges    7043 non-null   float64
 19  TotalCharges      7043 non-null   object
 20  Churn             7043 non-null   object
dtypes: float64(1), int64(2), object(18)
```

图　25-8

```
(7032, 21)
```

图　25-9

图 25-10 所示为数据归一化处理。

```
# 数据可视化呈现
# 查看流失客户占比
"""
画饼图参数:
labels  (每一块)饼图外侧显示的说明文字
explode  (每一块)离开中心距离
startangle  起始绘制角度,默认图是从 x 轴正方向逆时针画起,如设定为 90°,则从 y 轴正方向
            画起
shadow  是否阴影
labeldistance label  绘制位置,相对于半径的比例,若<1,则绘制在饼图内侧
autopct  控制饼图内百分比设置,可以使用 format 字符串或者 format function
     '%1.1f'指小数点前后位数(没有用空格补齐)
pctdistance  类似于 labeldistance,指定 autopct 的位置刻度
radius  控制饼图半径
"""
churnvalue = telcom["Churn"].value_counts()
labels = telcom["Churn"].value_counts().index

rcParams["figure.figsize"] = 6,6
plt.pie(churnvalue, labels = labels, colors = ["whitesmoke","yellow"], explode = (0.1,0),
    autopct = '%1.1f%%', shadow = True)
```

```
plt.title("Proportions of Customer Churn")
plt.show()
```

图 25-11 所示为数据可视化呈现饼图。

```
# 探索性别、老年人、配偶、亲属对流失客户的流失率影响
f, axes = plt.subplots(nrows = 2, ncols = 2, figsize = (10,10))

plt.subplot(2,2,1)
# palette 参数表示设置颜色,这里设置为主题色 Pastel2
gender = sns.countplot(x = "gender", hue = "Churn", data = telcom, palette = "Pastel2")
plt.xlabel("gender")
plt.title("Churn by Gender")

plt.subplot(2,2,2)
seniorcitizen = sns.countplot(x = "SeniorCitizen", hue = "Churn", data = telcom, palette =
    "Pastel2")
plt.xlabel("senior citizen")
plt.title("Churn by Senior Citizen")

plt.subplot(2,2,3)
partner = sns.countplot(x = "Partner", hue = "Churn", data = telcom, palette = "Pastel2")
plt.xlabel("partner")
plt.title("Churn by Partner")

plt.subplot(2,2,4)
dependents = sns.countplot(x = "Dependents", hue = "Churn", data = telcom, palette = "Pastel2")
plt.xlabel("dependents")
plt.title("Churn by Dependents")
```

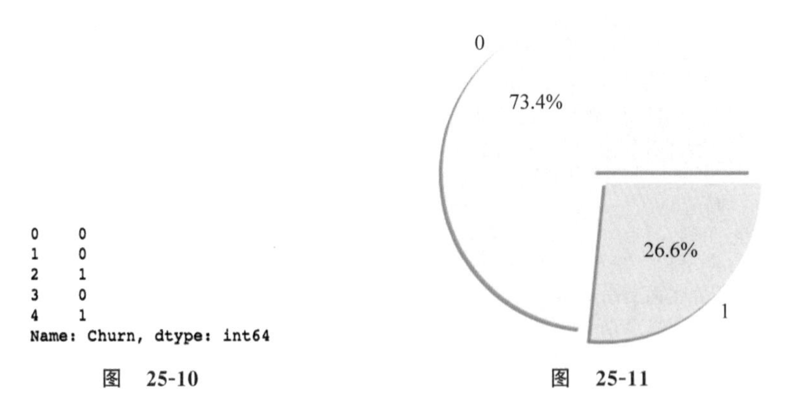

```
0    0
1    0
2    1
3    0
4    1
Name: Churn, dtype: int64
```


图 25-10　　图 25-11

从图 25-12 看来,性别(Gender)对于是否流失好像没有太大关系,比例基本一致。其他还是能看到区分度的。

```
# 针对特征相关性分析提取特征
features = telcom.iloc[:,1:20]
```

```
# 对特征进行编码
"""
离散特征的编码分为两种情况:
1. 离散特征的值大小没有意义,比如 color: [red,blue],就使用独热编码
2. 离散特征的值大小有意义,比如 size:[X,XL,XXL],使用了数值的映射{X:1,XL:2,XXL:3}
"""
corrDf = features.apply(lambda x:pd.factorize(x)[0])
corrDf.head()
```

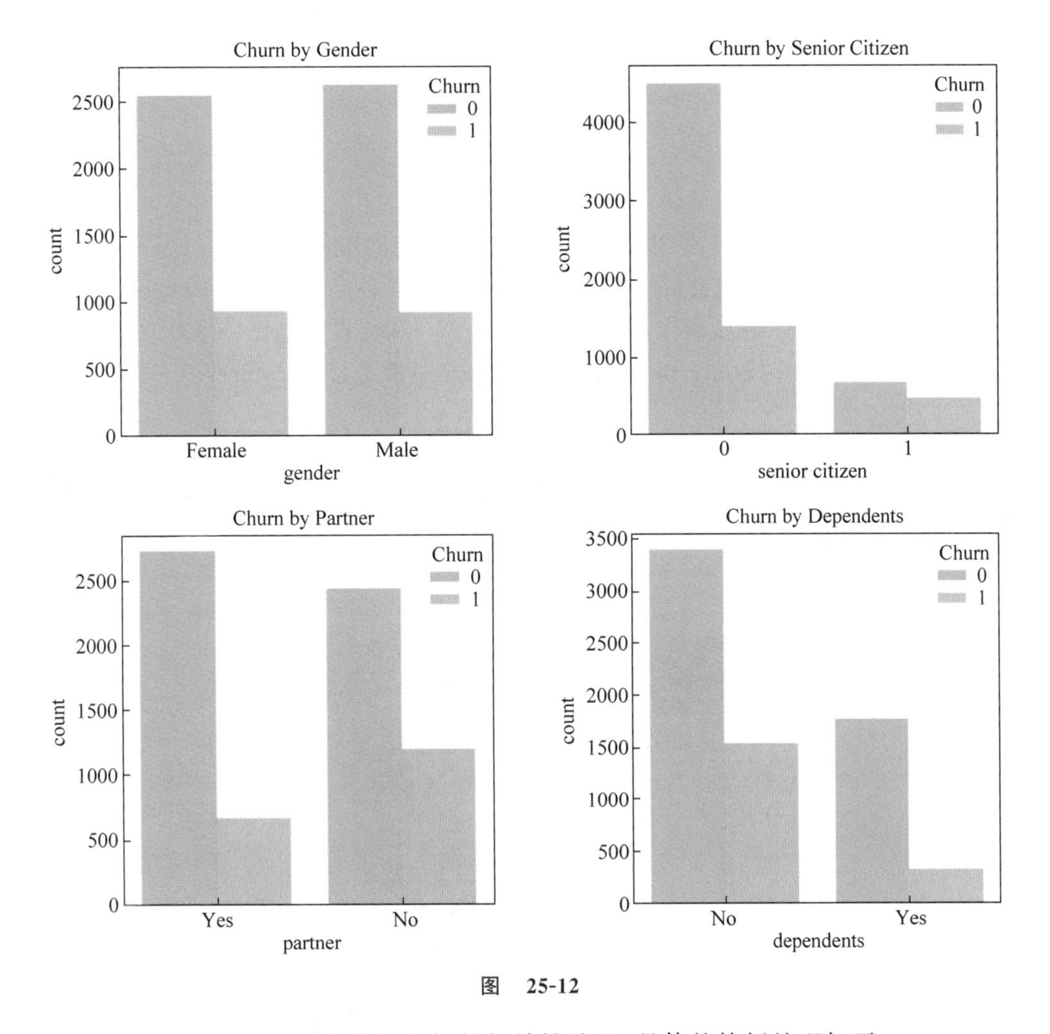

图　25-12

图 25-13 主要是为了进行特征之间的相关性处理,具体的特征处理如下。

```
# 构造相关性矩阵
corr = corrDf.corr()
# 使用热地图显示相关系数
'''
heatmap      使用热地图展示系数矩阵情况
linewidths   热力图矩阵之间的间隔大小
```

```
annot         设定是否显示每个色块的系数值
'''
plt.figure(figsize = (20,16))
ax = sns.heatmap(corr, xticklabels = corr.columns, yticklabels = corr.columns,
     linewidths = 0.2, cmap = "YlGnBu",annot = True)
plt.title("Correlation between variables")
```

OnlineBackup	DeviceProtection	TechSupport	StreamingTV	StreamingMovies	Contract	PaperlessBilling	PaymentMethod	MonthlyCharges	TotalCharges
0	0	0	0	0	0	0	0	0	0
1	1	0	0	0	1	1	1	1	1
0	0	0	0	0	0	0	1	2	2
1	1	1	0	0	1	1	2	3	3
1	0	0	0	0	0	0	0	4	4

图 25-13

结论：从图 25-14 可以看出，中间部分的特征：互联网服务(Internet Service)、在线安全(Online Security)服务、在线备份(Online Backup)服务、设备保护(Device Protection)服务、技术支持(Tech Support)服务、流媒体电视(Streaming TV)和流媒体电影(Streaming Movies)之间存在较强的相关性，多线(Multiple Lines)服务和电话服务(Phone Service)之间也有很强

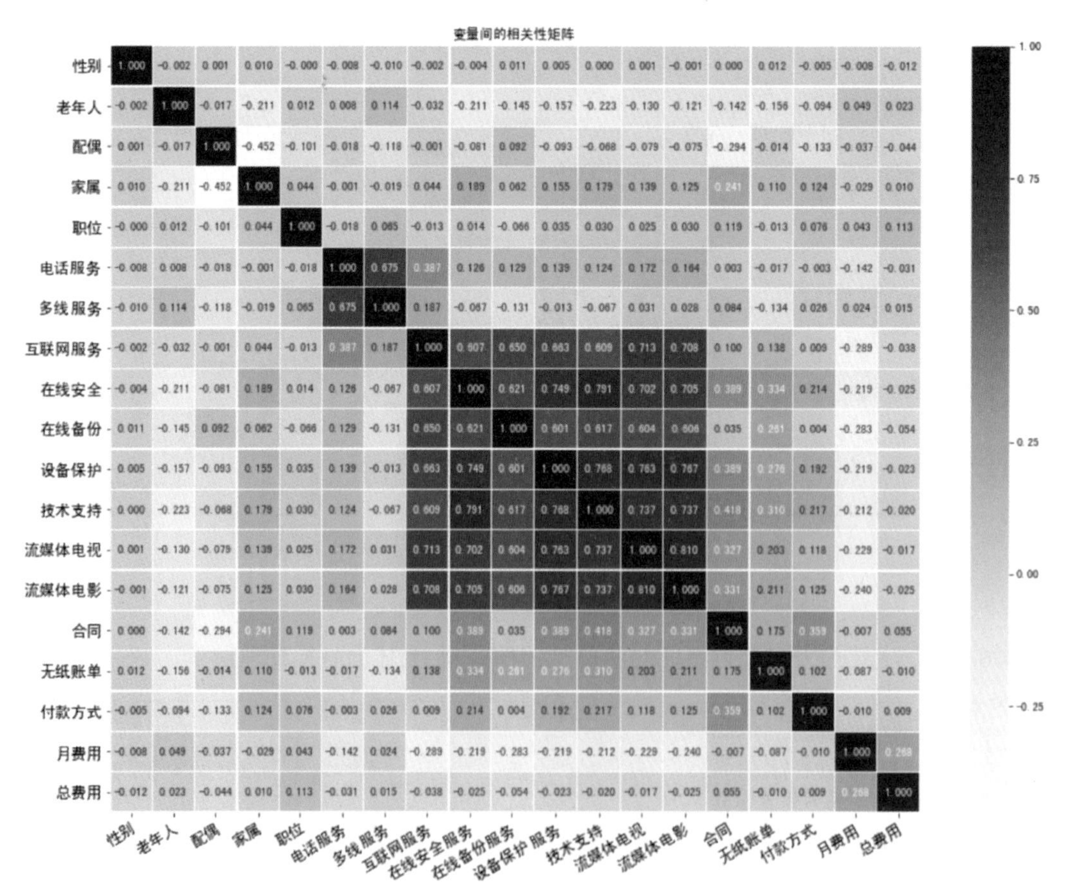

图 25-14

的相关性，并且都呈强正相关关系。

```
# 使用独热编码，把离散型变量根据值转换到特征维度上
tel_dummies = pd.get_dummies(telcom.iloc[:,1:21])
tel_dummies.head()
```

针对所有离散型变量进行独热编码，可以看到特征增长到 46 个，如图 25-15 和图 25-16 所示。

	SeniorCitizen	tenure	MonthlyCharges	TotalCharges	Churn	gender_Female	gender_Male	Partner_No	Partner_Yes	Dependents_No	...
0	0	1	29.85	29.85	0	1	0	0	1	1	...
1	0	34	56.95	1889.50	0	0	1	1	0	1	...
2	0	2	53.85	108.15	1	0	1	1	0	1	...
3	0	45	42.30	1840.75	0	0	1	1	0	1	...
4	0	2	70.70	151.65	1	1	0	1	0	1	...

5 rows × 46 columns

图　25-15

```
 #   Column                                   Non-Null Count  Dtype
---  ------                                   --------------  -----
 0   SeniorCitizen                            7032 non-null   int64
 1   tenure                                   7032 non-null   int64
 2   MonthlyCharges                           7032 non-null   float64
 3   TotalCharges                             7032 non-null   float64
 4   Churn                                    7032 non-null   int64
 5   gender_Female                            7032 non-null   uint8
 6   gender_Male                              7032 non-null   uint8
 7   Partner_No                               7032 non-null   uint8
 8   Partner_Yes                              7032 non-null   uint8
 9   Dependents_No                            7032 non-null   uint8
 10  Dependents_Yes                           7032 non-null   uint8
 11  PhoneService_No                          7032 non-null   uint8
 12  PhoneService_Yes                         7032 non-null   uint8
 13  MultipleLines_No                         7032 non-null   uint8
 14  MultipleLines_No phone service           7032 non-null   uint8
 15  MultipleLines_Yes                        7032 non-null   uint8
 16  InternetService_DSL                      7032 non-null   uint8
 17  InternetService_Fiber optic              7032 non-null   uint8
 18  InternetService_No                       7032 non-null   uint8
 19  OnlineSecurity_No                        7032 non-null   uint8
 20  OnlineSecurity_No internet service       7032 non-null   uint8
 21  OnlineSecurity_Yes                       7032 non-null   uint8
 22  OnlineBackup_No                          7032 non-null   uint8
 23  OnlineBackup_No internet service         7032 non-null   uint8
 24  OnlineBackup_Yes                         7032 non-null   uint8
 25  DeviceProtection_No                      7032 non-null   uint8
 26  DeviceProtection_No internet service     7032 non-null   uint8
 27  DeviceProtection_Yes                     7032 non-null   uint8
 28  TechSupport_No                           7032 non-null   uint8
 29  TechSupport_No internet service          7032 non-null   uint8
 30  TechSupport_Yes                          7032 non-null   uint8
 31  StreamingTV_No                           7032 non-null   uint8
 32  StreamingTV_No internet service          7032 non-null   uint8
 33  StreamingTV_Yes                          7032 non-null   uint8
 34  StreamingMovies_No                       7032 non-null   uint8
 35  StreamingMovies_No internet service      7032 non-null   uint8
 36  StreamingMovies_Yes                      7032 non-null   uint8
 37  Contract_Month-to-month                  7032 non-null   uint8
 38  Contract_One year                        7032 non-null   uint8
 39  Contract_Two year                        7032 non-null   uint8
 40  PaperlessBilling_No                      7032 non-null   uint8
 41  PaperlessBilling_Yes                     7032 non-null   uint8
 42  PaymentMethod_Bank transfer (automatic)  7032 non-null   uint8
 43  PaymentMethod_Credit card (automatic)    7032 non-null   uint8
 44  PaymentMethod_Electronic check           7032 non-null   uint8
 45  PaymentMethod_Mailed check               7032 non-null   uint8
```

图　25-16

```
# 电信用户是否流失与各变量之间的相关性
plt.figure(figsize = (15,8))
tel_dummies.corr()['Churn'].sort_values(ascending = False).plot(kind = 'bar')
plt.title("Correlations between Churn and variables")
```

由图 25-17 可以看出,变量 gender 和 PhoneService 处于图形中间,其值接近 0,这两个变量对电信客户流失预测影响非常小,可以直接舍弃。带有不同值的在线安全服务、在线备份服务、设备保护服务、技术支持服务、流媒体电视、流媒体电影等的特征和流失有正相关也有负相关。

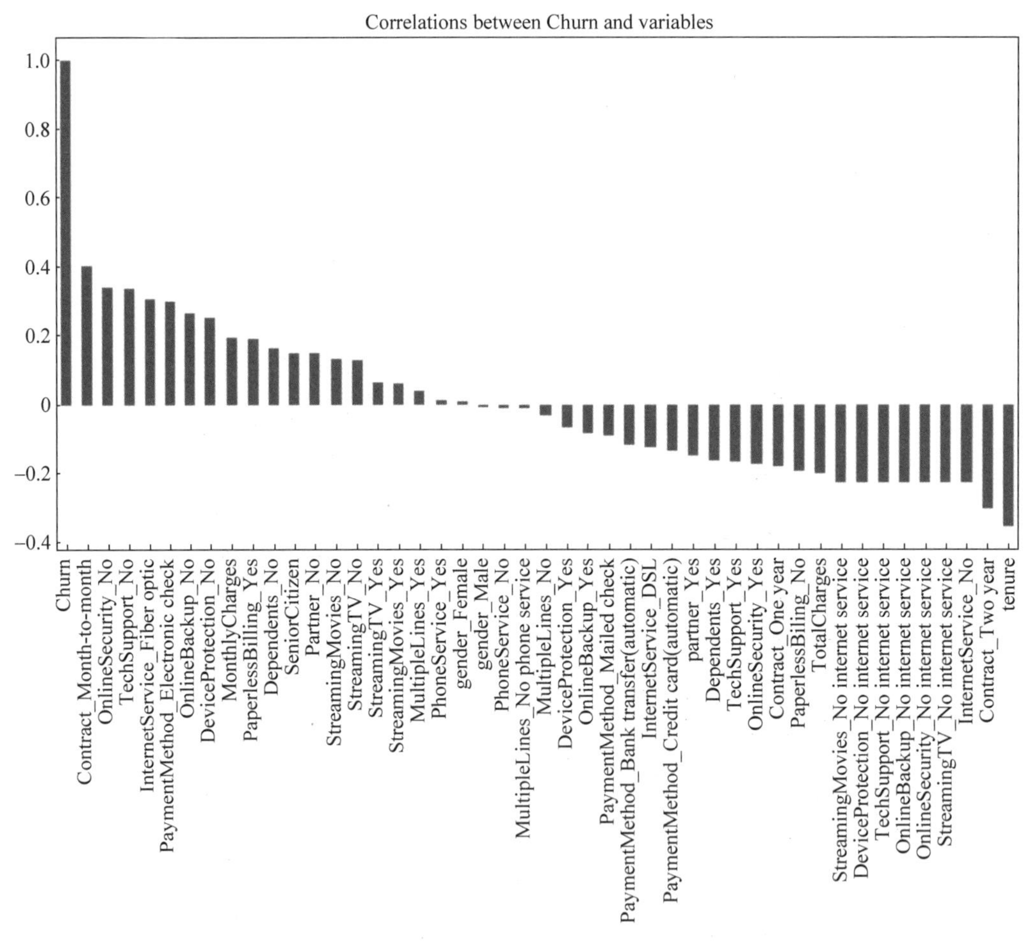

图 25-17

```
#在线安全服务、在线备份服务、设备保护服务、技术支持服务、流媒体电视、流媒体电影和无互联
#网服务对客户流失率的影响

covariables = [ " OnlineSecurity", " OnlineBackup", " DeviceProtection", " TechSupport",
    "StreamingTV", "StreamingMovies"]
fig,axes = plt.subplots(nrows = 2,ncols = 3,figsize = (16,10))
```

```
for i, item in enumerate(covariables):
    plt.subplot(2,3,(i+1))
    ax = sns.countplot(x = item, hue = "Churn", data = telcom, palette = "Pastel2", order =
        ["Yes","No","No internet service"])
    plt.xlabel(str(item))
    plt.title("Churn by " + str(item))
    i=i+1
plt.show()
```

由图 25-18 可以看出,在在线安全服务、在线备份服务、设备保护服务、技术支持服务、流媒体电视和流媒体电影六个变量中,无互联网服务的客户流失率值是相同的,都相对较低。

以上六个变量只有在客户使用互联网服务时才会影响客户的决策,这六个变量不会对不使用互联网服务的客户决定流失产生推动效应。

```
# 签订合同方式对客户流失率的影响

sns.barplot(x="Contract", y="Churn", data=telcom, palette="Pastel1",
order= ['Month-to-month', 'One year', 'Two year'])
plt.title("Churn by Contract type")
```

由图 25-19 可以看出,签订合同方式对客户流失率影响为:按月签订>按一年签订>按两年签订,表明设定长期合同对留住现有客户更有效。

```
# 付款方式对客户流失率的影响
plt.figure(figsize=(10,5))
sns.barplot(x="PaymentMethod",y="Churn", data=telcom, palette="Pastel1",
    order= ['Bank transfer (automatic)', 'Credit card (automatic)', 'Electronic check',
'Mailed check'])
plt.title("Churn by PaymentMethod type")
```

由图 25-20 可以看出,在四种支付方式中,使用 Electronic check 的用户流失率最高,其他三种支付方式基本持平,因此可以推断电子账单在设计上影响用户体验。

```
# 数据预处理

# 由前面结果可知,CustomerID 表示每个客户的随机字符,对后续建模不影响,这里选择删除
# CustomerID 列
# gender 和 PhoneService 与流失率的相关性低,可直接忽略
telcomvar=telcom.iloc[:,2:20]
telcomvar.drop("PhoneService",axis=1, inplace=True)

# 对客户的职位、月费用和总费用进行去均值和方差缩放,对数据进行标准化
"""
标准化数据保证每个维度的特征数据方差为 1、均值为 0,使得预测结果不会被某些维度过大的特
征值主导
"""
```

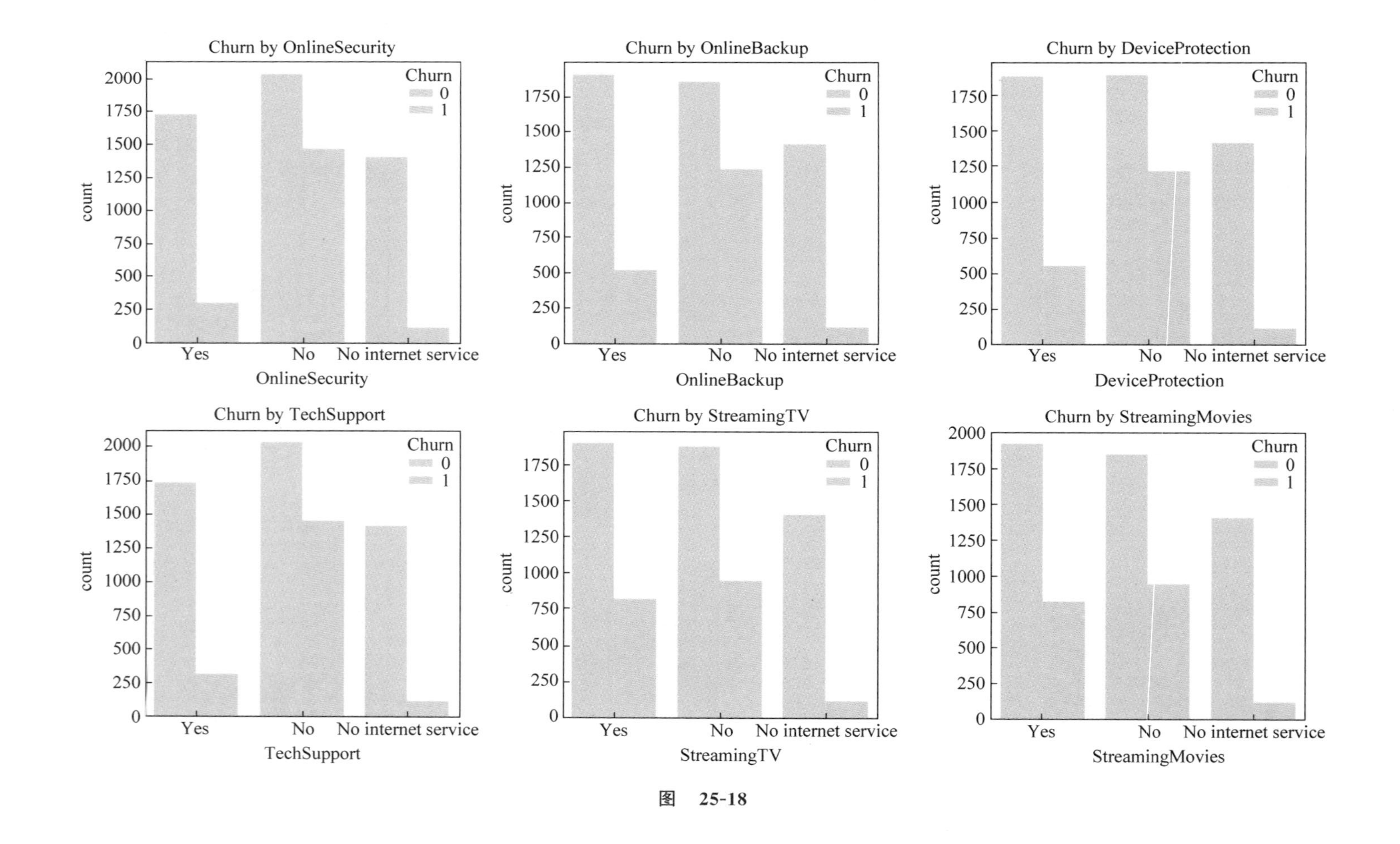
Churn by OnlineSecurity
Churn
0
1
count
Yes
No
No internet service
OnlineSecurity
Churn by OnlineBackup
OnlineBackup
Churn by DeviceProtection
DeviceProtection
Churn by TechSupport
TechSupport
Churn by StreamingTV
StreamingTV
Churn by StreamingMovies
StreamingMovies
0
250
500
750
1000
1250
1500
1750
2000

图 25-18

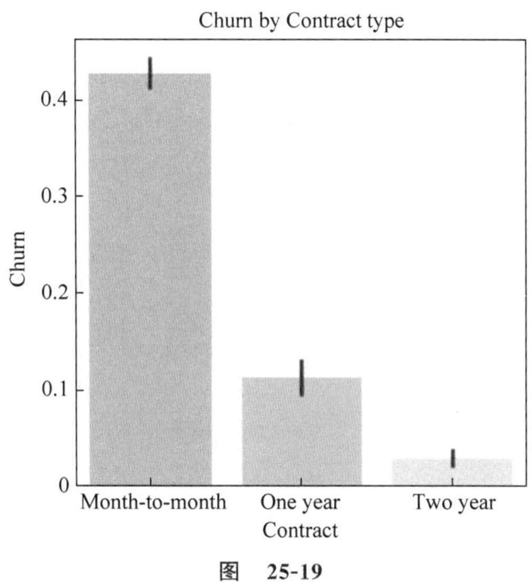

图　25-19

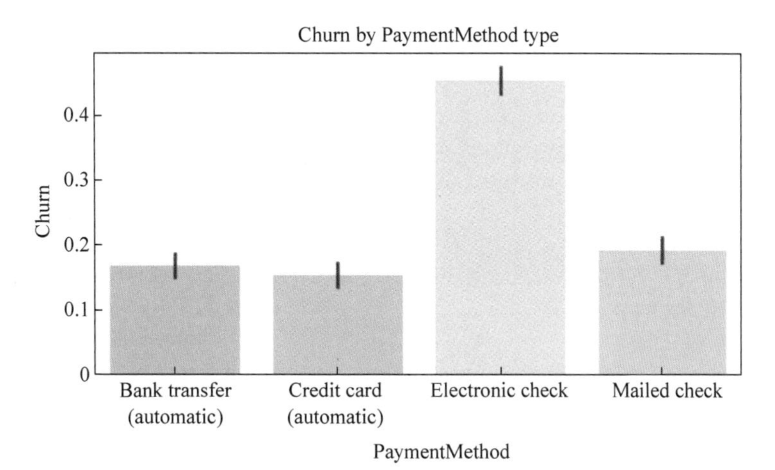

图　25-20

```
scaler = StandardScaler(copy = False)
# fit_transform()的作用就是先拟合数据,然后将它转换为标准形式
scaler.fit_transform(telcomvar[['tenure','MonthlyCharges','TotalCharges']])

# tranform()的作用是通过找中心和缩放等实现标准化
telcomvar[['tenure','MonthlyCharges','TotalCharges']] = scaler.transform(telcomvar
    [['tenure','MonthlyCharges','TotalCharges']])

# 使用箱线图查看数据是否存在异常值
plt.figure(figsize = (8,4))
numbox = sns.boxplot(data = telcomvar[['tenure','MonthlyCharges','TotalCharges']],
    palette = "Set2")
plt.title("Check outliers of standardized tenure, MonthlyCharges and TotalCharges")
```

由图 25-21 所示的结果可以看出,在三个变量中不存在明显的异常值。

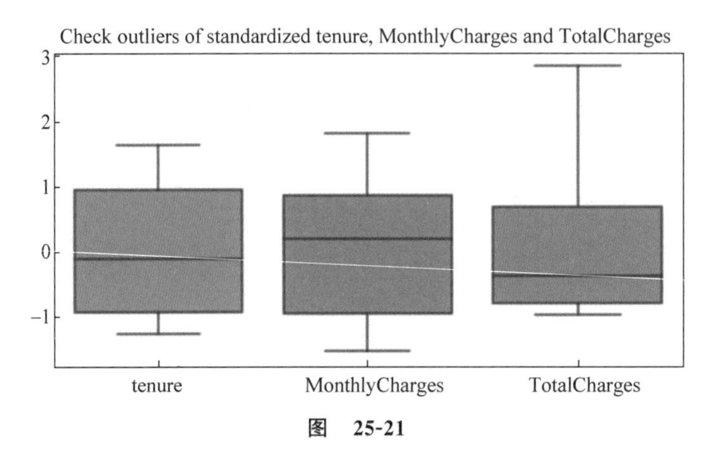

图 25-21

```
# 查看对象类型字段中存在的值
def uni(columnlabel):
    print(columnlabel,"--" ,telcomvar[columnlabel].unique())
      # unique 函数去除其中重复的元素,返回唯一值

telcomobject = telcomvar.select_dtypes(['object'])
for i in range(0,len(telcomobject.columns)):
     uni(telcomobject.columns[i])

# 综合之前的结果来看,在六个变量中存在 No Internet service,即无互联网服务对客户流失率影
# 响很小,这些客户不使用任何互联网产品,因此 No Internet service 和 No 是一样的效果,可以
# 使用 No 代替 No Internet service

telcomvar.replace(to_replace = 'No internet service', value = 'No', inplace = True)
telcomvar.replace(to_replace = 'No phone service', value = 'No', inplace = True)
for i in range(0,len(telcomobject.columns)):
     uni(telcomobject.columns[i])

 # 使用 Scikit-learn 标签编码,将分类数据转换为整数编码
def labelencode(columnlabel):
     telcomvar[columnlabel] = LabelEncoder().fit_transform(telcomvar[columnlabel])

for i in range(0,len(telcomobject.columns)):
     labelencode(telcomobject.columns[i])

for i in range(0,len(telcomobject.columns)):
     uni(telcomobject.columns[i])
# 构建模型

# 建立训练数据集和测试数据集

"""
需要将数据集拆分为训练集和测试集以进行验证。
```

```
由于拥有的数据集是不平衡的,所以最好使用分层交叉验证来确保训练集和测试集包含每个类样本的保留人数。
交叉验证函数 StratifiedShuffleSplit 的功能是从样本数据中随机按比例选取训练数据(train)和测试数据(test)。
参数 n_splits 是将训练数据分成 train/test 对的组数,可根据需要进行设置,默认为 10。
参数 test_size 和 train_size 是用来设置 train/test 样本的比例,其中 train_size 是隐含数据,与 test_size 的和为 1。
参数 random_state 控制将样本随机打乱
"""
X = telcomvar
y = telcom["Churn"].values

sss = StratifiedShuffleSplit(n_splits = 5, test_size = 0.2, random_state = 0)
print(sss)
print("训练数据和测试数据被分成的组数：",sss.get_n_splits(X,y))

# 建立训练数据和测试数据
for train_index, test_index in sss.split(X, y):
    print("train:", train_index, "test:", test_index)
    X_train,X_test = X.iloc[train_index], X.iloc[test_index]
    y_train,y_test = y[train_index], y[test_index]

 # 输出数据集大小
print('原始数据特征：', X.shape,
      '训练数据特征：',X_train.shape,
      '测试数据特征：',X_test.shape)

print('原始数据标签：', y.shape,
      '训练数据标签：',y_train.shape,
      '测试数据标签：',y_test.shape)
```

建立训练数据集和测试数据集的程序运行结果如图 25-22 所示。

```
StratifiedShuffleSplit(n_splits=5, random_state=0, test_size=0.2,
            train_size=None)
训练数据和测试数据被分成的组数:  5
train: [3780 1588 2927 ... 3956 6130 6814] test: [5126 2423 2498 ... 6703 6618 6010]
train: [6916 6953 5388 ... 6156 3262 3471] test: [4097 4734 2309 ... 1278 1724 5508]
train: [1218 2877 3756 ...  848 4568 6967] test: [ 133 1822 5303 ... 3150 5611 4569]
train: [2552 4723 2055 ... 4030 2165 1994] test: [ 233  438 4434 ... 4625 1121 3422]
train: [4040 1561 6463 ... 2550 6727 4009] test: [4581 3898 3153 ... 2095 1765 2249]
原始数据特征:  (7032, 17) 训练数据特征:  (5625, 17) 测试数据特征:  (1407, 17)
原始数据标签:  (7032,)    训练数据标签:  (5625,)    测试数据标签:  (1407,)
```

图　25-22

```
# 实施方案

# 使用高斯朴素贝叶斯方法,对预测数据集中的生存情况进行预测
model = GaussianNB()
model.fit(X_train,y_train)
#pred_y = model.predict(pred_X)
```

```
y_pred = model.predict(X_test)

# 评估效果
recall = recall_score(y_test, y_pred)
precision = precision_score(y_test, y_pred)
f1 = f1_score(y_test, y_pred)

print( " Result Evaluation: (Recall:  % f) (Precision: % f) (F1 Score: % f)"  % (recall,
    precision, f1))
```

评估效果如图 25-23 所示。

```
Result Evaluation: (Recall: 0.740642)(Precision:0.552894)(F1 Score:0.633143)
```

图 25-23

就这个数据集而言,高斯贝叶斯分类效果相对其他的分类器性能较好。读者可以采用其他的分类器进行比较。

第 26 讲

两个特殊硬币的投掷概率（期望最大化方法）

第 8 讲讲过期望最大化方法，这个方法对具有隐含变量的问题是一个常用的方法。第 8 讲用一个如何区分男女身高的例子粗略介绍了这个方法的思路，不过并没有详细讲解。下面用一个具体的问题来一步一步地讲解期望最大化方法。

26.1 问题描述

虽然这个问题相对我们实际要解决的问题来说，好像不是那么有用，不过好处是它的直观和易于理解。理解了这个例子，那么其他的类似下面的问题也就比较容易解决了。

- 混合高斯模型。
- K-平均算法。
- 基于上面算法的现实问题（比如很多包含隐含变量的计算生物学方面的问题）。

下面来看两个特殊硬币的投掷概率求解问题。

有两枚硬币 A 和 B，这两枚硬币是用特殊材质制作的。硬币 A 抛出正面（Head）和反面（Tail）的概率为 θ_A 和 $1-\theta_A$，硬币 B 抛出正面和反面的概率为 θ_B 和 $1-\theta_B$。θ_A 和 θ_B 不确定，因此想通过不断地抛硬币来推测 θ_A 和 θ_B，如图 26-1 所示。为了方便，写成向量形式：$\theta=(\theta_A,\theta_B)$。

图 26-1

因为有两枚硬币，我们随机地在硬币 A 和硬币 B 中挑一个（概率相等，各为 50%），然后再用选中的硬币独立地抛 10 次，为了使整个事件更具说服力，我们将抛硬币的整个过程重复 5 轮。因此，选了 5 次硬币，抛了 $5\times10=50$ 次。

选了 5 次硬币，每次记为 $Z_i\in\{A,B\}$，包含 10 次投掷的结果。将 5 轮结果合到一起记为 $Z=(Z_1,Z_2,Z_3,Z_4,Z_5)$；每选 1 次硬币（抛 10 次）后，记录其中正面出现的次数 $X_i\in\{0,1,\cdots,10\}$，5 轮合到一起记为 $X=(X_1,X_2,X_3,X_4,X_5)$。

如果我们已经知道硬币是什么，也就是记录了每次硬币的类型，那么采用极大似然评估（通过观测来评估模型参数的方法），很容易可以评估出 θ_A 以及 θ_B：

$$\theta_A = \frac{\text{通过硬币 A 投出正面的次数}}{\text{通过硬币 A 投出的所有次数}}$$

$$\theta_B = \frac{\text{通过硬币 B 投出正面的次数}}{\text{通过硬币 B 投出的所有次数}}$$

上面这个例子比较简单，是一个完备问题。现在我们假设记录 Z 信息的那张纸被不小心烧掉了，而记录投出来正面的那张纸还在，也就是已知 X 向量，但是不知道 Z 向量，这时再来评估 θ_A 以及 θ_B。仔细一想，这个问题其实还是挺难的，这类问题在数学上属于不完备问题(NP)。我们称未知的 Z 向量为隐变量(Hidden Variables)或者潜在因素(Latent Factors)。

26.2 算法详述

我们把介绍期望最大化算法(EM)的那张图拿过来，如图 26-2 所示。

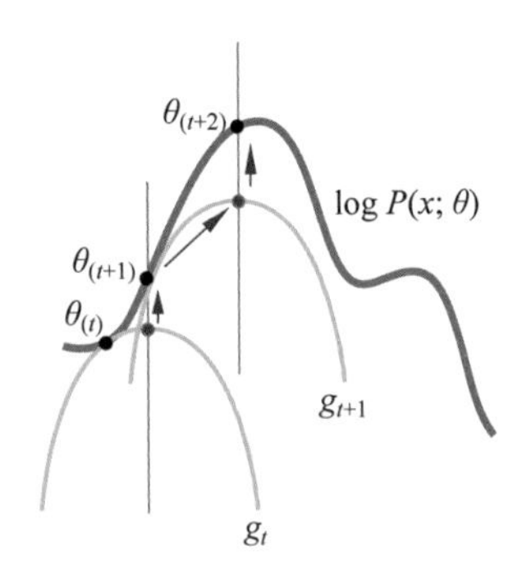

图 26-2

期望最大化算法要解决的问题实质是求 $\log P(x;\theta)$ 最大时对应的参数值 θ。这个值一般情况下比较难求。那么我们就把问题变成一个个子问题，也就是图中的 g_t 任务，我们通过求 g_t 的最优值可以得到参数 θ_{t+1}，然后再构造下一个子问题 g_{t+1}，最后可以逼近全局最优解。

对应到硬币问题上，要求的 θ 就是 $\theta=(\theta_A,\theta_B)$，这个参数是让 X 出现的概率最大。现在来构造子问题 g_t。

假设已经知道 θ_t，它在 g_t 里面不是最优参数，我们的目的是要找到最优参数。先来通过计算在这两个硬币正反面概率之下投掷出正面的概率，然后通过贝叶斯公式再计算在此正面情况下的两个硬币正反面最优的概率，根据这两个概率计算整体出现的正面次数，那么根据最大似然方法，就可以求出 θ_{t+1}。有了 θ_{t+1}，我们就可以继续构造 g_{t+1} 问题，一直可以逼近最优解 $\hat{\theta}$。

描述如图 26-3 所示。详细步骤如下。

(1) 在 $i=0$ 时，令

$$\hat{\theta}_A^{(0)} = 0.60$$

$$\hat{\theta}_B^{(0)} = 0.50$$

(2) 期望阶段(E-Step)。

① 计算第一次选硬币，且投出的结果为 H-T-T-T-H-H-T-H-T-H 时，这个硬币是 A 的概率。

根据二项分布定义，如果第一次选的是 A 硬币，投 10 次有 5 次是正面的概率为：

$$P(\text{HTTTHHTHTH} \mid \text{A}) = C_{10}^5(0.6)^5(1-0.6)^5$$

同理，可计算出如果第一次选的是 B 硬币，投 10 次有 5 次是正面的概率为：

$$P(\text{HTTTHHTHTH} \mid \text{B}) = C_{10}^5(0.5)^5(1-0.5)^5$$

再由贝叶斯定律可计算出，投币结果为 H-T-T-T-H-H-T-H-T-H，且这一结果是硬币

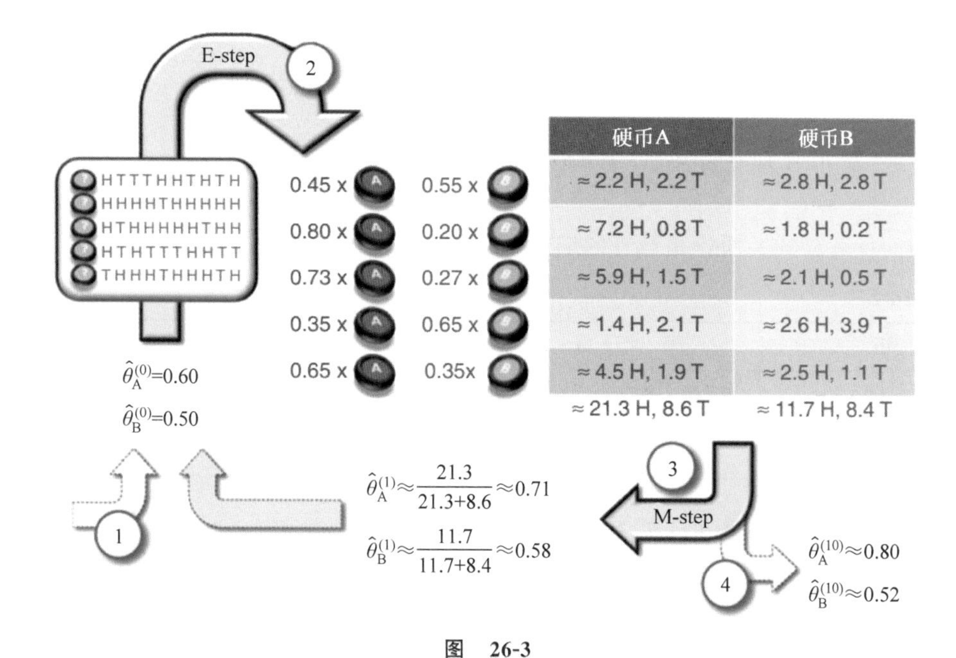

图　26-3

A 投出的概率为：

$$
\begin{aligned}
&P(\mathrm{A} \mid \mathrm{HTTTHHTHTH}) \\
&=\frac{P(\mathrm{HTTTHHTHTH} \mid \mathrm{A}) \times P(\mathrm{A})}{P(\mathrm{HTTTHHTHTH})} \\
&=\frac{P(\mathrm{HTTTHHTHTH} \mid \mathrm{A}) \times P(\mathrm{A})}{P(\mathrm{HTTTHHTHTH} \mid \mathrm{A}) \times P(\mathrm{A})+P(\mathrm{HTTTHHTHTH} \mid \mathrm{B}) \times P(\mathrm{B})} \\
&=\frac{C_{10}^{5}(0.6)^{5}(1-0.6)^{5} \times 0.5}{C_{10}^{5}(0.6)^{5}(1-0.6)^{5} \times 0.5+C_{10}^{5}(0.5)^{5}(1-0.5)^{5} \times 0.5} \approx 0.45
\end{aligned}
$$

(上式中选择 A 和 B 的概率是一样的，所以都是 0.5)

同理，投币结果为 H-T-T-T-H-H-T-H-T-H，且这一结果是硬币 B 投出的概率为：

$$P(\mathrm{B} \mid \mathrm{HTTTHHTHTH})=1-P(\mathrm{A} \mid \mathrm{HTTTHHTHTH}) \approx 0.55$$

② 再依次计算第二次到第五次选硬币时，抽取到 A、B 硬币的概率。所有结果汇总如表 26-1 所示。

表　26-1

观察结果	硬　币　A	硬　币　B
HTTTHHTHTH	0.45	0.55
HHHHTHHHHH	0.80	0.20
HTHHHHHTHH	0.73	0.27
HTHTTTHHTT	0.35	0.65
THHHTHHHTH	0.65	0.35
Total	2.98	2.02
Score	21.24	11.76

其中,硬币 A 列表示投出该行硬币正、反面情况时,推测是用 A 硬币来投的概率。

Total 行是计算的 5 次试验的总和,而 Score 行的计算如下:

$$\text{硬币 A 对应的 Score A} = (0.45\times5)+(0.8\times9)+(0.73\times8)+(0.35\times4)+(0.65\times7)\approx21.2$$

$$\text{硬币 B 对应的 Score B} = (0.55\times5)+(0.2\times9)+(0.27\times8)+(0.65\times4)+(0.35\times7)\approx11.8$$

上面的计算公式实质就是计算的期望。表 26-2 所示是每次的期望。

表 26-2

硬币 A	硬币 B	硬币 A	硬币 B
≈2.2H,2.2T	≈2.8H,2.8T	≈1.4H,2.1T	≈2.6H,3.9T
≈7.2H,0.8T	≈1.8H,0.2T	≈4.5H,1.9T	≈2.5H,1.1T
≈5.9H,1.5T	≈2.1H,0.5T	≈21.2H,8.5T	≈11.8H,8.5T

整个计算过程也正是在计算 $P(Z_i|X_i;\theta)$,即

① 每次观测(Observation)索引:i

② 当前 θ 参数条件:$\hat{\theta}_A^{(1)}, \hat{\theta}_B^{(1)}$

③ 每次的观测,如 H-T-T-T-H-H-T-H-T-H:X_i

④ 挑选的硬币(Coin A, Coin B):Z_i 的概率 $P(Z_i|X_i;\theta)$

(3) M-Step 阶段。

E-Step 阶段已经计算出了期望,那么根据最大似然概率公式,要求出这一子问题的极大参数,可以直接用下式进行计算:

$$\hat{\theta}_A^{(1)} = \frac{\text{Score A}}{\text{Coin A\_Total}} = \frac{21.2}{21.2+8.5} \approx 0.71$$

$$\hat{\theta}_B^{(1)} = \frac{\text{Score B}}{\text{Coin B\_Total}} = \frac{11.8}{11.8+8.5} \approx 0.58$$

可以看到:每次迭代过程从 $\hat{\theta}_i$ 到 $\hat{\theta}_{i+1}$,都会使 $P(Z_i|X_i;\theta)$ 增大。

再将 θ_{i+1} 作为参数,不断地重复 E-Step 和 M-Step 步骤,直到结果收敛。

按照上面的步骤经过 10 次重复,结果如下:

$$\hat{\theta}_A^{(10)} \approx 0.80$$

$$\hat{\theta}_B^{(10)} \approx 0.52$$

需要强调的是,期望最大法方法也有自身的缺陷。

(1) 最终的结果与初始值的选取有关,不同的初始值可能得到不同的参数估计值。

(2) 很可能会陷入局部最优解,而无法达到全局最优解。

不过这两个缺陷也难以掩饰期望最大化方法的魅力。

26.3 代码详述

代码采用 Python 语言。

```
import numpy as np
import pandas as pd
import math
import os

CoinData = pd.DataFrame(
    {
        'COIN' : ["B", "A", "A", "B", "A"],
        'FLIPS': ["HTTTHHTHTH", "HHHHTHHHHH", "HTHHHHHTHH", "HTHTTTHHTT", "THHHTHHHTH"]
    }
)

# 统计每次硬币中的正面和反面的数量,添加到 CoinData 中
def BuildHeadsAndTails():
    HeadsArray = []
    TailsArray = []
    for flip in CoinData['FLIPS']:
        flip_array = [fp for fp in flip]
        data_serie = pd.Series(flip_array).value_counts()
        HeadsArray.append( data_serie['H'])
        TailsArray.append( data_serie['T'])
    CoinData['HEADS'] = HeadsArray
    CoinData['TAILS'] = TailsArray
```

在后面的代码中,执行 BuildHeadsAndTails 后,CoinData 内容如图 26-4 所示。

```
#
# 下面的函数主要用来计算硬币 10 次投掷对应的两个硬币的概率
# 这里的二项式分布直接采用了 numpy 中的函数,没有通过公式进行计算,但结果是接近的
#
def  ComputeProbabilites( no, θ1, θ2 ):
    succ = CoinData['HEADS'][no]
    trials = CoinData['HEADS'][no] + CoinData['TAILS'][no]
    A_likelihood = sum(np.random.binomial(trials,θ1,10000) == succ)/10000
    B_likelihood = sum(np.random.binomial(trials,θ2,10000) == succ)/10000
    total_likelihood = A_likelihood + B_likelihood
    A_likelihood = A_likelihood / total_likelihood
    B_likelihood = B_likelihood / total_likelihood
    return (A_likelihood,B_likelihood)

#
# 一次性把全部 50 次的情况进行处理,最终形成 5 条硬币 A 和 B 的概率记录
#
def BuildProbData(θA,θB):
    ProbAArray = []
    ProbBArray = []
    for i in range(0, len(CoinData)):
        A_prob, B_prob = ComputeProbabilites(i, θA, θB)
```

```
            ProbAArray.append( A_prob)
            ProbBArray.append( B_prob)
    ProbData = pd.DataFrame()
    ProbData['ProbA'] = ProbAArray
    ProbData['ProbB'] = ProbBArray
    return ProbData
```

比如第一轮计算下来,结果如图 26-5 所示。

	COIN	FLIPS	HEADS	TAILS
0	B	HTTTHHTHTH	5	5
1	A	HHHHTHHHHH	9	1
2	A	HTHHHHHTHH	8	2
3	B	HTHTTTHHTT	4	6
4	A	THHHTHHHTH	7	3

图 26-4

	ProbA	ProbB
0	0.451255	0.548745
1	0.761194	0.238806
2	0.748022	0.251978
3	0.358368	0.641632
4	0.644555	0.355445

图 26-5

最后我们把全部过程串起来,并进行 10 次迭代:

```
θA_new = 0.6;
θB_new = 0.5;
BuildHeadsAndTails()
θA_list=[]
θB_list=[]

for i in range(0,10):
    probData = BuildProbData(θA_new,θB_new)
    Aheads = CoinData['HEADS'] * probData['ProbA']
    Atails = CoinData['TAILS'] * probData['ProbA']
    Bheads = CoinData['HEADS'] * probData['ProbB']
    Btails = CoinData['TAILS'] * probData['ProbB']

    θA_new = sum(Aheads)/sum(Aheads + Atails)
    θB_new = sum(Bheads)/sum(Bheads + Btails)
    θA_list.append(θA_new)
    θB_list.append(θB_new)

θMatrix = pd.DataFrame()
θMatrix['θA'] = θA_list
θMatrix['θB'] = θB_list


θMatrix
```

迭代 10 次后的结果如图 26-6 所示。

取小数点两位,就是 0.80 和 0.52。

在初始数据中,实际上知道每一次选择的是哪个硬币。那么在这种情况下,用最大似然估计方法,是可以计算出最大概率的,也就是用次数进行直接计算,如图 26-7 所示。

	θ_A	θ_B
0	0.712540	0.582841
1	0.744213	0.570354
2	0.767735	0.549024
3	0.783343	0.534624
4	0.792050	0.526462
5	0.795565	0.522140
6	0.795925	0.522703
7	0.798027	0.519913
8	0.797309	0.519726
9	0.797648	0.520262

图　26-6

硬币A	硬币B
	5 H, 5 T
9 H, 1 T	
8 H, 2 T	
	4 H, 6 T
7 H, 3 T	
24 H, 6 T	9 H, 11 T

$$\hat{\theta}_A=\frac{24}{24+6}=0.80$$

$$\hat{\theta}_B=\frac{9}{9+11}=0.45$$

图　26-7

两个硬币的正面投掷概率根据 50 次的投掷结果计算出来是 0.80 和 0.45。当然 50 次不是那么足够,如果次数足够,会更接近实际概率。

这个结果和通过上面程序的计算有一点差异,这也说明 EM 算法和初始参数是有关系的,读者可以在此代码基础上进行一个初始参数以及迭代次数的修改,看看变化如何。

第 27 讲

信用卡申请评分卡模型（WOE/IV 逻辑回归）

逻辑回归作为机器学习中一个重要的、里程碑式的方法，在很长一段时间内被广泛运用。特别是在金融风控领域，因为其效果突出，再结合证据权重（WOE）和信息值（IV）等，兼具非常好的可解释性，因此值得独立成章进行讲解。

27.1　问题描述

1. 什么是信用评分

信用评分是指根据银行客户的各种历史信用资料，利用一定的信用评分模型，得到不同等级的信用分数，根据客户的信用分数，授信者可以通过分析客户按时还款的可能性，据此决定是否给予授信以及授信的额度和利率。

2. 引进信用评分卡的目的及意义

（1）由于零售信贷业务具有笔数多、单笔金额小、数据丰富的特征，决定了需要对其进行智能化、概率化的管理。信用评分模型运用现代数理统计模型技术，通过对借款人历史信用记录和业务活动记录的深度数据挖掘、分析和提炼，发现蕴藏在纷繁复杂的数据中、反映消费者风险特征和预期信贷表现的知识和规律，并通过评分的方式总结出来，作为管理决策的科学依据。

（2）目前国内大多数银行其信用卡部门采取人工审批作业形式，审批依据是审批政策、客户提供的资料及审批人员的个人经验，存在以下问题。

① 信用卡审批人员对申请人所提交申请资料的真实性的认定基本依赖受理申请资料的信贷业务员的职业操守和业务素质，审批人员对申请人资料的核实手段基本依赖电话核查，对申请核准与否基本依赖自己的信用卡审批业务经验，授信审查成本高、效率低，并且面临很大的欺诈风险，这种状况很难满足年末所谓的“行业旺季”中大规模且集中的小额贷款业务的需要。

② 审批决策容易受主观因素影响，审批结果不一致，审批政策调控能力相对薄弱。

③ 不利于量化风险级别，无法进行风险分级管理，影响风险控制的能力及灵活度，难以

在风险与市场收益之间寻求合适的平衡点。

④ 审批效率还有较大的提升空间。

(3) 信用评分卡具有客观性,它是根据大量数据中提炼出来的预测信息和行为模式制定的,反映了借款人信用表现的普遍性规律。在实施过程中不会因审批人员的主观感受、个人偏见、个人好恶和情绪等改变,减少了过去审批人员单凭人工经验进行审批的随意性和不合理性。

(4) 信用评分卡具有一致性,在实施过程中前后一致,无论是哪个审批人员,只要用同一个评分卡,其评估和决策的标准都是一样的。

(5) 信用评分卡具有准确性,它是依据大数据原理,运用统计技术科学地发展起来的,预测客户各方面表现的概率,使银行能比较准确地衡量风险、收益等各方面的交换关系,找出适合自己的风险和收益的最佳平衡点。

(6) 运用信用评分卡可以极大地提高审批效率。由于信用评分卡是在申请处理系统中自动实施的,只要输入相关信息,就可以在几秒钟内自动评估新客户的信用风险程度,给出推荐意见,帮助审批部门更好地管理申请表的批核工作,对于业务批量巨大、单笔业务金额较小的产品特别适合。

3. 信用评分的优势

技术的进步使人们使用统计和机器学习,分析可用数据,并将其归结为一个单一的值,这个值可以帮助指导决策过程,也就是可以用来作为信用评分。信用评分越高,贷款人对客户信用的信心越强。信用评分是人工智能的一种形式,基于预测模型,评估客户信用责任违约的可能性,称为违约或者破产。预测模型通过利用客户的历史数据和同行的数据及其他数据来“预测”客户未来已定义行为的可能性。由此产生的决策速度和准确性使得信用评级成为银行、电信、保险和零售等行业风险的管理基石。

4. 信用评分卡的分类

(1) 申请评分卡(A 卡):在做出是否接受或者拒绝申请人时评估申请人违约的风险,适用于个人和机构融资主体。

(2) 行为评分卡(B 卡):在做出有关账户管理决策,例如信用额度、超额管理、新产品等,以评估与现有客户相关的违约,仅适用于个人融资主体。

(3) 催收评分卡(C 卡):用于催收策略,用于评估催收中的顾客偿还债务的可能性,仅适用于个人融资主体。

(4) 欺诈评分卡(F 卡):用于相关融资类业务中新客户可能存在的欺诈行为的预测管理,适用于个人和机构融资主体。

A 卡、B 卡和 C 卡三种评分机制的区别如下。

(1) 使用的时间不同。分别侧重贷前、贷中、贷后。

(2) 数据要求不同。A 卡一般可做贷款 0～12 个月的信用分析,B 卡则是在申请人有了一定行为,有了较大数据后进行的分析,一般为 3～5 年,C 卡则对数据要求更大,需加入催收后客户反映等属性数据。

(3) 每种评分卡的模型不一样。在 A 卡中常用的有逻辑回归、AHP 等,而在 B 卡和 C

卡两种卡中,常使用多因素逻辑回归,精度等方面更好。

下面以 A 卡为例讲解算法和实施步骤。

27.2 算法详述

算法流程如图 27-1 所示。

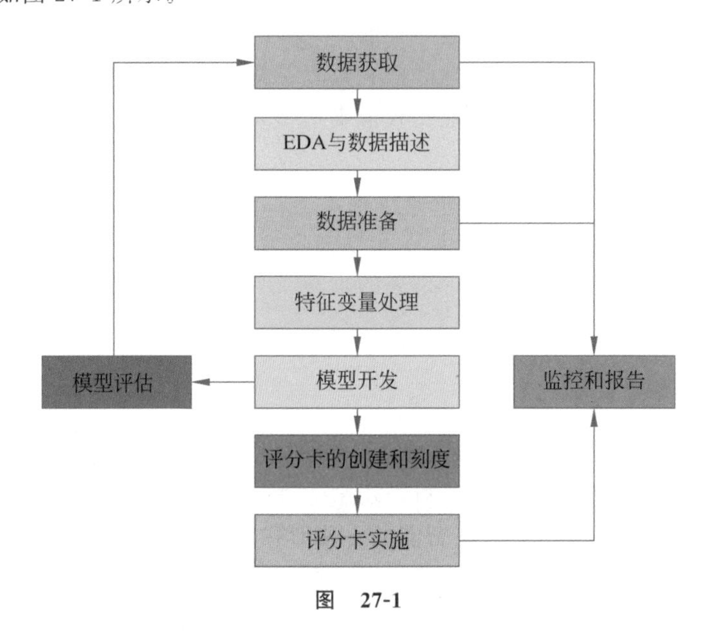

图 27-1

数据获取:一般数据来源于金融机构,或者客户注册时填写的信息。

探索数据分析(EDA)与数据描述:主要是数据缺失值、异常值、中位数的分析,以及具体分布情况的分析等。

数据准备:主要是进行数据预处理,包括缺失值的填补、异常值的处理等。为模型开发准备干净的数据。

特征变量处理:进行特征的相关性计算,去掉多重共线性变量(通过协方差计算的相关性大于 0.7 的变量一般只保留 IV 值最高的那个),也可以根据逻辑回归模型的系数来确定变量的权重,最终保留权重比较高的。对于评分卡来说,特征一般在 8~14 个比较适宜。

监控和报告:主要包括对于数据源的监控、客源数据稳定性监控以及模型稳定性监控。

上面的内容在之前的例子中都有涉及,所以不再进行详细讲解,这里主要针对模型开发、评分卡创建和刻度以及模型稳定性监测三方面进行详细介绍。

1. 模型开发

在之前的理论部分已经提到,针对评分卡的连续变量需要进行分箱操作。要将 logistic 模型转换为标准评分卡的形式,这一环节是必须完成的。信用评分卡开发中一般常用的有等距分段、等深分段和最优分段。

这里采用单因子分析,用来检测各变量的预测强度,方法为 WOE、IV。

分箱操作的另外一个重要目的是使变量的 IV 值尽可能最大,从而保证分箱的效果最好。IV 的取值和预测能力按照经验可以参考表 27-1。

分箱的一般原则如下。

- 组间差异大。
- 组内差异小。
- 每组占比不低于 5%。
- 必须有好、坏两种分类。
- 分箱数应当适中,不宜过多或过少,一般为 3～6 个。
- 结合目标变量,分箱应该能表现出明显的趋势特征,趋势可以单调上升(或下降),也可表现出中间低(或高),两头高(或低)的 U(或倒 U)型趋势。

表　27-1

IV 值	预测能力
<0.03	差
0.03～0.09	低
0.1～0.29	中
0.3～0.49	高
≥0.5	极高

变量离散化处理一般有两种方式:合并和切割。

- 合并:先把变量分为 N 份,然后两两合并,看是否满足停止合并的条件。
- 切割:先把变量一分为二,看切割前后是否满足某个条件,满足则再进行切割。

所谓的条件,一般有两种方法。

- 卡方检验。
- 信息增益。

卡方检验和信息增益在第 1 部分已经介绍过。

流程总结如表 27-2 所示。

表　27-2

	信息增益	卡方检验
切割	① 将变量排序,选择一个切割点,将数据一分为二; ② 计算分割前后信息增益的变化,如果差值(分裂前－分裂后信息熵)超过阈值,则分裂; ③ 对有较大的信息熵的区间重新进行前两步,直到小于阈值或达到分组数量	① 将变量排序,选择一个切割点,将数据一分为二; ② 两个组别进行卡方检验,如果呈现显著差异,则保留分裂,不显著则合并回来; ③ 将新的组别进行以上两个步骤,直到所有组别两两之间都能在卡方检验中有显著差异
合并	① 将变量排序,等距离切割成 n 组; ② 计算第 i 组和整体的信息增益(i 从 1 开始),若小于阈值则合并,大于阈值则保留; ③ 下一组重复前两个步骤,直到组件大于阈值或达到分组数量	① 将变量排序,等距离切割成 n 组; ② 计算第 i 组和第 $i+1$ 组进行卡方检验整体的信息增益(i 从 1 开始),若不显著则合并,有显著差异则保留; ③ 下一组重复前面两个步骤,直到所有组别中两两组之间有显著差异

变量分箱处理结束后,需要利用模型进行参数计算。建模的算法有很多,比如神经网络、决策树、逻辑回归等,本节选用的是逻辑回归。逻辑回归常用于预测离散型目标变量,它的优点是稳定,广泛用于评分卡开发,其解释性强,评分卡易于理解。

这里涉及建立回归模型的几种不同方法。

(1) 直接用原始自变量进行回归。

(2) 从原始数据生成 0、1 哑变量(Dummy Variable)进行回归。

(3) 从原始数据生成 WOE 进行回归。

第一种方法建模速度较快,但模型相对粗糙,并不能生成评分卡。也有信任这种方法的,通过它先将客户细分为很多小群体,每个群体再单独建模,不断地使用最新数据更新模型。

第二种方法 FICO 早期用得比较多,现在已经不是主流了。

第三种方法在业界使用最为普遍,建模时间稍长,但模型更稳定,需要更新频率大大降低。生成的评分卡通俗易懂,便于实施。

同时为了保证最终分数大于 0,对于模型计算出来的参数小于零的,对应的特征就需要被放弃。

2. 评分卡的创建和刻度

真正进行逻辑回归的是 WOE,假定通过数据拟合后的回归方程为:

$$\text{logit}(P_i) = \log(\text{odds}) = \alpha + \sum_{i=1}^{n} \beta_i \text{WOE}_i$$

如果把上面公式计算出的值当作最终评分,在实际使用中并不那么友好(一般日常中要求评分值为 0~999)。因此,真正最终使用的总评分(Score)是上面公式计算的值的一个适当的线性变换。

$$\text{Score} = \text{factor} \times \log(\text{odds}) + \text{offset}$$

其中 log(odds)由回归方程计算获得,factor 和 offset 为事先设定好的参数,那么设置什么样的参数合适呢?一般行业规则,设定 odds=50 时,score=600;odds 翻倍时,Score 增加 20。也就是基础分 base=600,基础分对应的 odds=50,当 odds 翻倍时的增加分 pdo(points double the odds)=20。对应的 factor 和 offset 为:

$$\text{factor} = \frac{\text{pdo}}{\log 2}, \quad \text{offset} = \text{base} - \text{pdo}\,\frac{\log(\text{odds})}{\log 2}$$

对于一个变量而言,对应的分数是:

$$\text{Score}_i = \text{factor} \times \left(\frac{\alpha}{n} + \beta_i \text{WOE}_i\right) + \frac{\text{offset}}{n}$$

把一个样本中所有选择的变量对应的分数加起来就是最终的分数。

3. 模型稳定性监测

在风控中,稳定性压倒一切。其原因在于,一套风控模型正式上线运行后往往需要很久(通常一年以上)才会被替换下线。如果模型不稳定,意味着模型不可控,对于业务本身而言就是一种不确定性风险,直接影响决策的合理性,这是不可接受的。在机器学习建模时,我们基于假设"历史样本分布等于未来样本分布"。因此,通常认为:**"模型或变量稳定"意味着"未来样本分布与历史样本分布之间的偏差小"**。

然而,实际中由于受到客群变化(互联网金融市场用户群体变化快)、数据源采集变化(比如爬虫接口被封控了)等因素影响,实际样本分布将会发生偏移,导致模型不稳定。

一般可以使用群体稳定性指标(Population Stability Index,PSI)来进行稳定性判断,如表 27-3 所示。在第 1 部分介绍 WOE/IV 时提到,PSI 和 WOE/IV 以及相对熵的含义是一样的。因此 PSI 反映了验证样本在各分数段的分布与建模样本分布的稳定性。在建模中,我们可以用它来筛选特征变量(也就是通过 IV 进行)、评估模型的稳定性。

同理,在模型上线部署后,也将通过 PSI 曲线报表来观察模型的稳定性。可以对变量和模型都进行监控。变量监控主要是监控入模变量的稳定性,模型监控主要监控模型分数的稳定性。

PSI 和 IV 在取值范围与业务含义的对应上也是统一的,只是应用场景不同:PSI 用来判断变量的稳定性,IV 用来判断变量的预测能力。

表　27-3

PSI 值	稳　定　性
<0.1	稳定
0.1～0.25	略不稳定
>0.25	不稳定

27.3　代码详述

代码采用 Python 语言。由于篇幅原因,这里只展示上面详细介绍的后面两项的代码。

```
# 评分卡刻度
#     odds: 设定的坏好比
#     score: 在这个 odds 时的分数
#     pdo: 好坏翻倍比
#     model: 逻辑回归模型
# 返回: offset(A), factor (B), base_score
#
def cal_scale(score,odds,pdo,model):
    factor = pdo/(np.log(odds) - np.log(2 * odds))
    offset = score - factor * np.log(odds)
    base_score = offset + factor * model.intercept_[0]
    return offset,factor,base_score


# 变量得分表
#     woe_df: WOE 结果表
#     model:逻辑回归模型
#     return:变量得分结果表
def score_df_concat(woe_df,model,B):
    coe = list(model.coef_[0])
    columns = list(woe_df.col.unique())
    scores = []
    for c,col in zip(coe,columns):
        score = []
        for w in list(woe_df[woe_df.col == col].woe):
            s = round(c * w * B,0)
            score.append(s)
```

```
            scores.extend(score)
        woe_df['score'] = scores
        score_df = woe_df.copy()
        return score_df

# 分数转换
#     df:数据集
#     target:目标变量的字段名
#     df_score:得分结果表
#     return:得分转换之后的数据集
def score_transform(df,target,df_score):
     df2 = df.copy()
     for col in df2.drop([target],axis = 1).columns:
          x = df2[col]
          bin_map = df_score[df_score.col == col]
          bin_res = np.array([0] * x.shape[0],dtype = float)
          for i in bin_map.index:
               lower = bin_map['min_bin'][i]
               upper = bin_map['max_bin'][i]
               if lower == upper:
                   x1 = x[np.where(x == lower)[0]]
               else:
                   x1 = x[np.where((x >= lower)&(x <= upper))[0]]
               mask = np.in1d(x,x1)
               bin_res[mask] = bin_map['score'][i]
          bin_res = pd.Series(bin_res,index = x.index)
          bin_res.name = x.name
          df2[col] = bin_res
     return df2


    """ 计算评分的 PSI
    df1:建模样本的得分,包含用户 id、得分
    df2:上线样本的得分,包含用户 id、得分
    id_col:用户 id 字段名
    score_col:得分的字段名
    x:划分得分区间的 left 值
    y:划分得分区间的 right 值
    step:步长
    return: 得分 PSI 表
    """
def score_psi(df1,df2,id_col,score_col,x,y,step = None):
    df1['score_bin'] = pd.cut(df1[score_col],bins = np.arange(x,y,step))
    model_score_group = df1.groupby('score_bin',as_index = False)[id_col].count().assign
       (pct = lambda x:x[id_col]/x[id_col].sum()).rename(columns = {id_col:'建模样本户数', 'pct':
       '建模户数占比'})
    df2['score_bin'] = pd.cut(df2[score_col],bins = np.arange(x,y,step))
    online_score_group = df2.groupby('score_bin',as_index = False)[id_col].count().assign
       (pct = lambda x:x[id_col]/x[id_col].sum()).rename(columns = {id_col:'线上样本户数',
       'pct':'线上户数占比'})
```

```
    score_compare = pd.merge(model_score_group,online_score_group,on = 'score_bin',how =
        'inner')
    score_compare['占比差异'] = score_compare['线上户数占比'] - score_compare['建模户数
        占比']
    score_compare['占比权重'] = np.log(score_compare['线上户数占比']/score_compare['建模
        户数占比'])
    score_compare['Index'] = score_compare['占比差异'] * score_compare['占比权重']
    score_compare['PSI'] = score_compare['Index'].sum()
    return score_compare

"""变量稳定度分析
    score_result:评分卡的 score 明细表,包含区间、用户数、用户占比、得分
    var: 分析的变量名
    df:上线样本变量的得分,包含用户 id、变量的 value、变量的 score
    id_col:df 的用户 id 字段名
    score_col:df 的得分字段名
    bins:变量划分的区间
    return :变量的稳定性分析表
    """
def var_stable(score_result,df,var,id_col,score_col,bins):
    model_var_group = score_result.loc[score_result.col == var, ['bin','total','totalrate',
        'score']].reset_index(drop = True). rename(columns = {'total':'建模用户数', 'totalrate':'建
        模用户占比', 'score':'得分'})
    df['bin'] = pd.cut(df[score_col],bins = bins)
    online_var_group = df.groupby('bin',as_index = False)[id_col].count() .assign(pct =
        lambda x:x[id_col]/x[id_col].sum()) .rename(columns = {id_col:'线上用户数', 'pct':
        '线上用户占比'})
    var_stable_df = pd.merge(model_var_group,online_var_group,on = 'bin',how = 'inner')
    var_stable_df = var_stable_df.iloc[:,[0,3,1,2,4,5]]
    var_stable_df['得分'] = var_stable_df['得分'].astype('int64')
    var_stable_df['建模样本权重'] = np.abs(var_stable_df['得分'] * var_stable_df['建模用
        户占比'])
    var_stable_df['线上样本权重'] = np.abs(var_stable_df['得分'] * var_stable_df['线上用
        户占比'])
    var_stable_df['权重差距'] = var_stable_df['线上样本权重'] - var_stable_df['建模样本
        权重']
    return var_stable_df
```

第 28 讲 用户忠诚度变化轨迹预测(隐马尔可夫模型)

第 2 部分第 15 讲的概率图模型,我们用了单独一讲来进行讲解,说明了其重要程度,特别是隐马尔可夫模型以及条件随机场。本讲将用一个预测用户忠诚度变化轨迹的问题来展示隐马尔可夫模型的使用。

28.1 问题描述

在之前的例子中讲解了客户流失可能的预测,不过那更多的是侧重结果的预测,在运营中我们可能需要更多地去关注客户忠诚度变化的轨迹,然后从中找到一些影响客户忠诚度的因素并加以介入。

客户忠诚度是客户与企业之间关系的强度,表现为客户购买次数和频率。与客户参与业务有关的各种信号或事件,例如交易、客户服务电话和社交媒体评论,表明了客户对企业的忠诚度。忠诚是一种内在状态,它不能被直接观察和测量,但可以从概率上推断出来。

这种分析结果可以在许多方面提供有价值和可操作的洞察。它允许识别忠诚度下降的客户,以便采取积极主动的行动来恢复这些客户与企业之间日渐衰退的关系。这对于高价值客户尤其重要。它也可以用来衡量营销活动的有效性,在活动之后,可以对忠诚度轨迹进行一段时间的分析,以确定总体上是否有显著的上升趋势。

由于客户忠诚度是一种内在状态,所以要推断这种隐含的状态,就需要通过可以观察的事件来进行。因为我们需要知道的是变化轨迹,也就是一个状态序列,回顾之前介绍的机器学习模型,哪个符合这种特性呢?答案就是隐马尔可夫模型(HMM)。

对于我们的问题,假设目前可以观察的事件是客户交易相关的数据,为简单起见仅包括以下几项。

- 客户 ID;
- 客户的交易时间;
- 客户的交易金额。

28.2 算法详述

隐马尔可夫模型如图 28-1 所示。

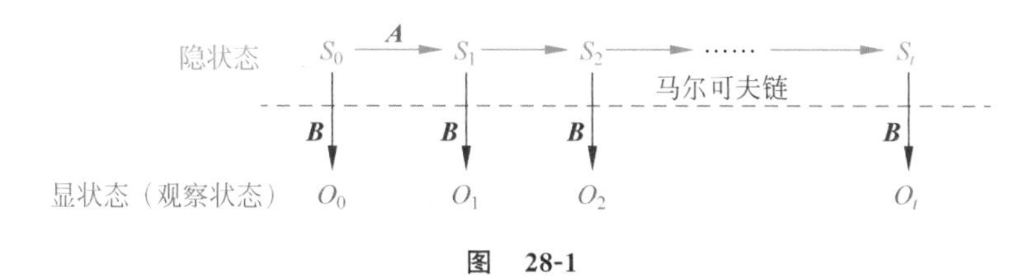

图 28-1

我们需要根据客户的交易数据来梳理出模型需要的内容。

1. 隐状态(*S*)

隐状态就是需要预测的忠诚度,它是可以进行主观设定的,可设为{高(H),中(M),低(L)}。

2. 设定可观察状态(*O*)

事件与客户交易相关。我们需要通过已有的交易数据来构建可观察状态。首先是每个客户自上次交易以来时间的间隔长短,分为短(S)、中(M)和长(L),以及花费的金额与上次交易中花费的金额相比,分为少(L)、大致相同(S)和超过(M)。

因此有 9 种可能的组合,将产生 9 个事件。例如,事件 SM 表示一个交易：自上次交易以来经过的时间很短,客户花费的金额比上次多。

客户交易的数据格式参考如下：

```
客户 ID,交易时间 1,交易金额 1,交易时间 2,交易金额 2,…,交易日期 n,交易金额 n
```

每个客户自上次交易以来时间的间隔长短及状态如表 28-1 所示。

表 28-1

前后交易时间间隔	时间状态
≤7 天	短(S)
≤30 天	中(M)
>30 天	长(L)

花费的金额与上次交易中花费的金额相比,其金额状态如表 28-2。

表 28-2

前后交易金额比较(后次金额－前次金额)	金额状态
差额<0 且绝对值>100	少(L)
差额绝对值≤100	大致相同(S)
差额>100	超过(M)

以上 3 种状态组合起来就可以形成 9 种观察状态：SL、SS、SM、ML、MS、MM、LL、LS、LM。比如事件 SM 表示一个交易：自上次交易以来经过的时间很短，客户花费的金额比上次多。

3. 起始状态(π)

起始状态可以根据训练数据进行统计，也可以大致设定一个起始状态，比如{H：0.38，M：0.36，L：0.36}。

4. 转移概率矩阵($\boldsymbol{A}$)

未知。

5. 发射概率矩阵($\boldsymbol{B}$)

未知。

由于转移概率矩阵和发射概率矩阵都未知，所以首先需要求出关于模型的这些参数，然后根据一个客户的事件序列再去得到概率最大的忠诚度序列。求模型参数可以采用前向后向算法，也可以采用维持比算法(利用动态规划找到有向无环图的一条最大路径)。

6. 前向后向算法

在很多实际情况下，隐马尔可夫模型无法直接判断，这就变成了一个学习问题，因为对于给定的可观察状态序列 O 来说，没有任何一种方法可以精确地找到一组最优的隐马尔可夫参数 λ，使 $P(O|\lambda)$最大，于是人们寻求使其局部最优的解决办法，而前向后向算法(也称为 Baum-Welch 算法)就成了隐马尔可夫模型学习问题的一个近似的解决方法。

前向后向算法首先对隐马尔可夫模型的参数进行一个初始的估计，但这很可能是一个错误的猜测，然后通过给定的数据评估这些参数的有效性，并减少它们所引起的错误来更新隐马尔可夫模型参数，使其和给定的训练数据的误差变小，这其实就是机器学习中的梯度下降的思想。

对于网格中的每一个状态，前向后向算法既计算到达此状态的“前向”概率，又计算生成此模型最终状态的“后向”概率，这些概率都可以通过前面介绍的递归进行高效计算。可以利用近似的隐马尔可夫模型参数来提高这些中间概率，从而进行调整，而这些调整又形成了前向后向算法迭代的基础。

另外，前向后向算法是最大期望算法的一个特例，它避免了期望最大算法的暴力计算，而采用动态规划思想来解决问题。

7. 维特比算法(Viterbi Algorithm)

维特比算法是一种动态规划算法。维特比算法由安德鲁·维特比(Andrew J. Viterbi)于 1967 年提出，用于在数字通信链路中解卷积以消除噪声。此算法被广泛应用于 CDMA 和 GSM 数字蜂窝网络、拨号调制解调器、卫星、深空通信和 802.11 无线网络中。如今也常常用于语音识别、关键字识别、计算语言学和生物信息学中。

我们的问题是，需要根据观察到的事件状态，利用上面的算法计算出的概率矩阵，来找到最大概率的隐含状态(类似最短路径)。

最后把整个算法过程总结一下,如图 28-2 所示。

(1) 获取客户的交易数据。

(2) 因为交易数据是根据每个客户以时间先后、消费价格等形成的序列数据,所以需要按照模型要求转换成可观察的状态,在这里将其转换成 9 种状态(参见前面的观察状态生成)。

(3) 对于忠诚度事先也需要确定三个状态。

(4) 有了以上信息,采用前向后向算法进行模型训练,训练的结果是得到两个概率转移矩阵。

(5) 根据给定的客户交易信息,得到其忠诚度(隐含状态)的序列。

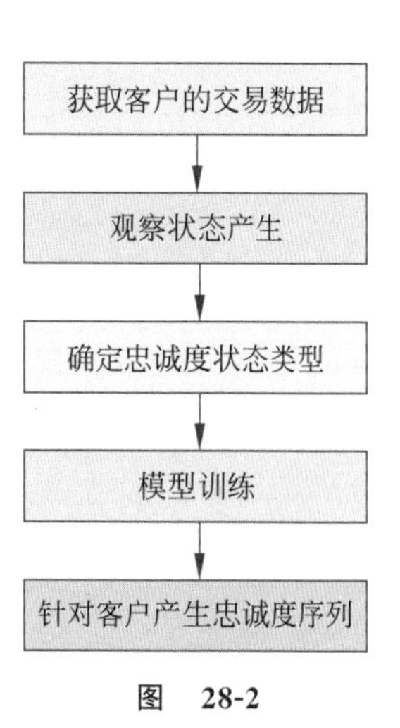

图 28-2

28.3 代码详述

代码采用 Python 语言。

```
import numpy as np
from math import pi,sqrt,exp,pow,log
from numpy.linalg import det, inv
from abc import ABCMeta, abstractmethod
from sklearn import cluster

#
# 定义离散类型的 HMM 模型,这里不介绍连续型变量的 HMM 模型
#
class DiscreteHMM:
    """
    以下是类中的变量定义
    n_state : 隐藏状态的数目
    n_iter : 迭代次数
    start_prob : 初始概率
    transmat_prob : 状态转换概率矩阵
    emit_prob : 发射概率矩阵
    o_num: 表示观测值的种类
    """
    def __init__(self, n_state = 3, o_num = 9, iter = 20):
        self.n_state = n_state
        self.o_num = o_num
        # 初始状态概率,默认为平均值
        self.start_prob = np.ones(n_state) * (1.0 / n_state)
        # 状态转换概率矩阵,初始为平均值
        self.transmat_prob = np.ones((n_state, n_state)) * (1.0 / n_state)
        # 是否需要重新训练
        self.trained = False
```

```
        # EM 训练的迭代次数
        self.n_iter = iter
        # 初始化发射概率,采用随机数并且进行归一化
        self.emission_prob = np.random.random(size = (self.n_state,self.o_num))
        for k in range(self.n_state):
            self.emission_prob[k] = self.emission_prob[k]/np.sum(self.emission_prob[k])
# 此函数就是利用维特比算法,通过观察序列求其隐藏状态序列
#
#        param O: 观测值序列
#        param istrain: 是否根据该序列进行训练
#        return: 隐藏状态序列
#

    def decode(self, O, istrain = True):
        if self.trained == False or istrain == False:    # 需要根据该序列重新训练
            self.train(O)
        O_length = len(O)                                # 序列长度
        state = np.zeros(O_length)                       # 隐藏状态

        # 保存转换到当前隐藏状态的最可能的前一状态
        pre_state = np.zeros((X_length, self.n_state))
        # 保存传递到序列某位置当前状态的最大概率
        max_pro_state = np.zeros((O_length, self.n_state))
        _,c = self.forward(X,np.ones((O_length, self.n_state)))
        max_pro_state[0] = self.emit_prob(O[0]) * self.start_prob * (1/c[0])
        # 初始概率

        # 前向过程
        for i in range(O_length):
            if i == 0: continue
            for k in range(self.n_state):
                prob_state = self.emit_prob(O[i])[k] * self.transmat_prob[:,k] *
                    max_pro_state[i-1]
                max_pro_state[i][k] = np.max(prob_state) * (1/c[i])
                pre_state[i][k] = np.argmax(prob_state)

        # 后向过程
        state[O_length - 1] = np.argmax(max_pro_state[O_length - 1,:])
        for i in reversed(range(O_length)):
            if i == O_length - 1: continue
            state[i] = pre_state[i + 1][int(state[i + 1])]

        return state

# 针对单个长序列进行隐马尔可夫模型训练
# 采用前向后向算法
# 输入 O 类型: array,数组的形式
# 输入 S 类型: array,一维数组的形式,默认为空列表(即未知隐藏状态情况)
```

```
    def train(self, O,S_seq = np.array([])):
        self.trained = True
        O_length = len(O)
        # 状态序列预处理,判断是否已知隐藏状态
        if S_seq.any():
            S = np.zeros((O_length, self.n_state))
            for i in range(O_length):
                S[i][int(S_seq[i])] = 1
        else:
            S = np.ones((O_length, self.n_state))
        # 下面进行 EM 步骤迭代
        for e in range(self.n_iter):
            # E 步骤
            # 向前向后传递因子
            alpha, c = self.forward(O, S) # P(o,s)
            beta = self.backward(O, S, c) # P(o|s)

            post_state = alpha * beta
            # 相邻状态的联合后验概率
            post_adj_state = np.zeros((self.n_state, self.n_state))
              for i in range(O_length):
                if i == 0: continue
                if c[i] == 0: continue
                post_adj_state += (1 / c[i]) * np.outer(alpha[i - 1],beta[i] *
                    self.emit_prob(X[i])) * self.transmat_prob

            # M 步骤,估计参数
            self.start_prob = post_state[0] / np.sum(post_state[0])
            for k in range(self.n_state):
              self.transmat_prob[k] = post_adj_state[k] / np.sum(post_adj_state[k])

            self.emit_prob_updated(O, post_state)

# 求向前传递因子
def forward(self, O, S):
    O_length = len(O)
    alpha = np.zeros((O_length, self.n_state))                        # P(o,s)
    alpha[0] = self.emit_prob(O[0]) * self.start_prob * S[0]   # 初始值
    # 归一化因子
    c = np.zeros(O_length)
    c[0] = np.sum(alpha[0])
    alpha[0] = alpha[0] / c[0]
    # 递归传递
    for i in range(O_length):
        if i == 0: continue
        alpha[i] = self.emit_prob(O[i]) * np.dot(alpha[i - 1], self.transmat_
           prob) * S[i]
        c[i] = np.sum(alpha[i])
        if c[i] == 0: continue
        alpha[i] = alpha[i] / c[i]
```

```
        return alpha, c

    # 求向后传递因子
    def backward(self, O, S, c):
        O_length = len(O)
        beta = np.zeros((O_length, self.n_state)) # P(o|s)
        beta[O_length - 1] = np.ones((self.n_state))
        # 递归传递
        for i in reversed(range(O_length)):
            if i == O_length - 1: continue
            beta[i] = np.dot(beta[i + 1] * self.emit_prob(O[i + 1]), self.transmat_
              prob.T) * S[i]
            if c[i+1] == 0: continue
            beta[i] = beta[i] / c[i + 1]

        return beta

    # 获得观测值 o 在状态 k 下的发射概率
    def emit_prob(self, o):
        prob = np.zeros(self.n_state)
        for i in range(self.n_state):
            prob[i] = self.emission_prob[i][int(o[0])]
        return prob

    # 根据状态 s 生成 o,也就是得到 p(o|s)
    def generate_o(self, s):
        return np.random.choice(self.o_num, 1, p=self.emission_prob[s][0])

    # 更新发射概率值
    def emit_prob_updated(self, O, post_state):
        self.emission_prob = np.zeros((self.n_state, self.o_num))
        O_length = len(O)
        for n in range(O_length):
            self.emission_prob[:,int(O[n])] += post_state[n]

        self.emission_prob += 0.1/self.o_num
        for k in range(self.n_state):
            if np.sum(post_state[:,k]) == 0: continue
          self.emission_prob[k] = self.emission_prob[k]/np.sum(post_state[:,k])
```

第 29 讲

产品的价格设定(强化学习)

在第 2 部分第 16 讲用一讲单独介绍了强化学习,因此本讲也用一个具体的例子来进行详细讲解。

29.1 问题描述

在销售产品时,如何选择最优价格,以最大限度地实现利润,这是任何一个销售人员都面临的普遍问题。如果价格太低,由于单位利润率低,净利润可能会很低。而如果价格太高,可能会因为销量较低,导致净利润也会偏低。介于两者之间的某个价格,才是最优价。

假设有一家电子商务公司,销售数百种产品,公司有时很难决定什么是最优价。大多数情况下最优价格是动态的,会随时间的变化而变化。

如表 29-1 所示的数据,由五个字段构成。

其中一个产品会设定多个售价,字段 3～5 是这个售价下的销售和利润数据。

我们要解决的问题是,每个产品选择什么样的价格可以让我们的利润比较合理(当然目标是利润最大化,但是一般会趋于一个比较合理的点)。

表 29-1

字段号	字段描述
1	产品编号
2	售价
3	此价格下测试的数量
4	总利润
5	平均利润

29.2 算法详述

针对上面问题的整体解决方案如下。

(1) 每个产品都有一组候选价格,算法在每一轮中都会选择一个或者多个(根据参数控制)。

(2) 定价策略优化器的调整周期为两周,即每两周调整一次产品的价格,根据迄今可用的利润数据来确定所有产品在未来两周内有效的最佳价格。

(3) 在为下一轮产品推荐价格时,优化器将考虑过去两周的利润数据,也就是利润数据会被作为输入信息进入定价策略优化器。

(4) 价格优化器可以设置具体的算法(如随机贪婪、UCB 等)。

(5) 每一轮都会根据设定的策略来平衡探索(例如,尝试一个在之前没有尝试过或尝试不够的价格)和开发(例如,选择一个最近的试验中获得最大利润的价格)的比例,也就是探索和利用(EE)的过程。

(6) 经过充分的尝试后,将会收敛到产品的最优价格,开发与探索的比率在这个过程中会上升(开发逐渐增多、探索逐渐下降)。随着时间的推移,由于市场条件、经济或竞争产品的变化,当前的最优价格可能不再有效。在这种情况下,就需要运行参数的调整,以诱导更多的探索来处理变化,并找到一个新的最优价格。

(7) 采用利润的降低作为触发器,让算法自动地倾向于探索,并找到一个新的最优价格。对于其中的一些算法,需要改变一些参数,以推动算法的进一步探索。例如,对于 ε-贪婪算法,可以增加随机选择概率的阈值。

在整体框架确定后,主要就是具体价格优化器算法之间的差异了。下面主要针对算法进行具体说明。

1. ε 贪婪算法

ε 贪婪算法针对每一个产品,基于其成本、利润期望、行业基准以及特殊考虑,首先需要设定一个价格区间,这个过程一般可以人工介入,然后就是价格优化器的工作了。

价格优化器所获得的输入数据包含表 29-1 中的五个字段的数据,当然开始时利润等数据是 0。

优化器首先需要获得一个随机概率,根据设定的概率阈值进行不同的处理。如果随机概率小于设定的阈值,就从价格区间中随机选择一个价格。这个价格可能以前被尝试过,也可能没有被尝试过。如果为了尝试得更加充分,也可以从没有尝试过的价格中挑选候选价格,如果都尝试过了,那么就随机选择。如果随机概率高于指定阈值,就不采取随机选择的策略,而是根据产品的利润数据来选择迄今为止的最佳价格(一般采取带来最大利润的那个价格)。

为了能够平衡探索和利用,在每轮过后都要使概率阈值降低,降低概率阈值的策略有多种,包括线性降低策略和对数降低策略等。对数降低策略在初期会下降得更快,越到后面相对来说下降越慢,从而使探索阶段更加充分,也可以根据实际表现采用合适的下降策略。

根据选择的产品价格,从实际的业务系统中得到被购买的数量以及利润,然后得到统计数据。需要定期把利润数据合并到优化器,作为输入的产品价格及利润,然后进入下一轮的价格优化。

如果发现整体产品的利润出现下降的情况,就需要重新加大探索的过程,可以通过调整策略相关的参数进行探索。既可以人工介入,也可以通过设定的策略自动进行。

这个算法主要通过代码详述中的 RandomGreedyLearner 类实现。

2. UCB 算法

UCB 算法的原理在前面机器学习模型和算法中已经介绍过,下面把核心的内容再描述一下。

设真实的候选项被选中的概率为 p,根据策略选出的选项的估计概率为 $\tilde{p}$,则 $\tilde{p}=\frac{\sum_i \text{Reward}_i}{n}$。因为很难直接得到真实概率 p,所以需要通过计算两者之间的差值 Δ 的范围进行大致估算。差值 Δ 按照 Chernoff-Hoeffding Bound 算法可以计算出来,也就是 Δ 可取值为 $\sqrt{2\ln T/n}$,其中 T 表示当前共为多少次选择,n 表示某物品被选中多少次,p 可以用 $\tilde{p}+\Delta$ 代替。最后选择所有候选项中 p 最大的那个。

代码实现也沿着这个方向进行,读者可以对照代码详述中的 UpperConfidenceBound-OneLearner 类来查看具体细节,特别是 nextAction()方法。

3. 汤普森采样算法

汤普森采样算法的原理在前面机器学习模型和算法中也曾介绍过,下面把核心内容再描述一下。汤普森采样算法过程如下。

(1) 取出每一个产品对应的参数 α 和 β。

(2) 为每个产品用 α 和 β 作为参数,用贝塔分布产生一个随机数。

(3) 按照随机数排序,输出最大值对应的候选产品。

(4) 观察设定后销售的情况反馈,如果销售出去,将对应候选的 α 加 1,否则 β 加 1。

(5) 回到步骤(3)继续。

读者可以对照代码详述中的 ThompsonSamplerLearner 类来查看具体细节,特别是 nextAction()方法、setReward()方法。

29.3　代码详述

代码采用 Java 语言。

```
#
# 所有学习器均定义有相同的基础行为,因此首先定义一个抽象类
# 具体算法实现的学习器类均继承于这个抽象类
# 下面介绍主要的属性和方法
#
public abstract class MultiArmBanditLearner implements Serializable {
    protected String id;
    # actions 定义的是每项(item)的 id、尝试次数、平均奖励信息,见下面具体类定义
    # 比如一个产品中的每个价格就为一项,也抽象地称为一个行动
    protected List<Action> actions = new ArrayList<Action>();
    # 每次选择多少项
    protected int batchSize = 1;
    # 当前是策略实施的第几轮
    protected int roundNum;
    # 被选择的项列表
    protected Action[] selActions;
```

```
    protected int totalTrialCount;
    protected int minTrial;
    # 每个项对应的奖励统计信息,见下面具体类定义
    protected Map<String, SimpleStat> rewardStats = new HashMap<String, SimpleStat>();
    # 每个项对应的平均奖励统计信息,见下面具体类定义
    protected Map<String, MeanStat> meanRewardStats = new HashMap<String, MeanStat>();
    …

    #
    # 这个是核心的方法,用来确定一轮中要选择的项(可多个)
    # nextAction()需要在各个子类中去实现
    #
    public Action[] nextActions() {
      for (int i = 0; i < batchSize; ++i) {
        selActions[i] = nextAction();
      }
      return selActions;
    }
    public abstract Action nextAction();


    # 根据最小尝试次数来选择行动
    public Action selectActionBasedOnMinTrial() {
      Action action = null;
      if (minTrial > 0) {
          action = findActionWithMinTrial();
          if (action.getTrialCount() > minTrial) {
                action = null;
          }
      }
      return action;
    }

    /**
      * 根据最大平均收益来寻找行动
      */
    public Action findBestAction() {
      String actionId = null;
      double maxReward = -1.0;
      for (String thisActionId : rewardStats.keySet()) {
          if (rewardStats.get(thisActionId).getMean() > maxReward) {
              actionId = thisActionId;
              maxReward = rewardStats.get(thisActionId).getMean();
          }
      }
      return findAction(actionId);
    }
    …
}
```

```
#
# 下面是 Action(选择项需要的主要数据和方法)的定义
#

public class Action implements Serializable {
    # 每个项的 id
    private String id;
    # 此项被尝试过的次数
    private long trialCount;
    # 总的收益
    private double totalReward;


    public void select() {
       ++trialCount;                              # 被选择即尝试次数加 1
    }

    public void select(int numTrial) {          #尝试次数加上参数值
      trialCount += numTrial;
    }

    # 此行动被选择并且有收益
    public void reward(double reward) {
       totalReward += reward;
       ++trialCount;
    }
    …
}

# 进行平均数统计的类

public class MeanStat implements AverageValue, Serializable {
    protected double sum;
    protected int count;
    protected double mean = - 1.0D;

    …

    public void add(double value) {
        this.sum += value;
        ++this.count;
        this.processed = false;
    }

    public double getMean() {
        if (!this.processed) {
             this.mean = this.sum / (double)this.count;
             this.processed = true;
```

```
        }

        return this.mean;
    }
    ...
}

# 在平均统计数之上,增加了标准方差、中位数、中位数绝对差等统计指标
public class SimpleStat extends MeanStat {
    protected double sumSq;
    protected double stdDev;
    protected double min = 1.7976931348623157E308D;
    protected double max = 4.9E-324D;
    protected double median;
    protected double medianAbsDev;
    protected List<Double> values = new ArrayList();

     ...

    public void add(double value) {
        super.add(value);
        this.sumSq += value * value;
        if (value < this.min) {
            this.min = value;
        }
        if (value > this.max) {
            this.max = value;
        }
        this.values.add(value);
    }

    private void process() {
        if (!this.processed) {
            super.getMean();
            this.calculateStdDev();
            this.median = this.calculateMedian(this.values);
            this.calculateMedianAbsDev();
        }

    }

    private void calculateStdDev() {
        double var = this.sumSq / (double)this.count - this.mean * this.mean;
        var = var * (double)(this.count - 1) / (double)this.count;
        this.stdDev = Math.sqrt(var);
    }
    ...
}
```

```
#
# 此学习器是随机贪婪算法的具体实现
#
public class RandomGreedyLearner extends MultiArmBanditLearner {
    private double randomSelectionProb;
    private String probRedAlgorithm;
    private double probReductionConstant;
    private double minProb;

    private static final String PROB_RED_NONE = "none";
    private static final String PROB_RED_LINEAR = "linear";      # ε的下降策略为“线性”
    private static final String PROB_RED_LOG_LINEAR = "logLinear";     #策略为“对数线性”

    public Action nextAction() {
       double curProb = 0.0;
       Action action = null;
       ++totalTrialCount;

       action = selectActionBasedOnMinTrial();
       if (null == action) {                              #如果没有之前没有被选择过的
         if (probRedAlgorithm.equals(PROB_RED_NONE )) {
             curProb = randomSelectionProb;               #采用常数作为ε
         } else if (probRedAlgorithm.equals(PROB_RED_LINEAR )) {
             // 根据尝试的次数来减少选择概率阈值(线性方法)
             curProb = randomSelectionProb * probReductionConstant / totalTrialCount ;
         } else if (probRedAlgorithm.equals(PROB_RED_LOG_LINEAR )){
             // 根据尝试的次数来减少选择概率阈值(对数线性方法)
             curProb  =  randomSelectionProb  *  probReductionConstant  *  Math. log
                 (totalTrialCount) / totalTrialCount;
         } else {
             throw new IllegalArgumentException("Invalid reduction algorithms");
         }
         curProb = curProb <= randomSelectionProb ? curProb : randomSelectionProb;
         if (minProb > 0 && curProb < minProb) {
             curProb = minProb;
         }

         if (curProb < Math.random()) {
           // 如果随机概率大于当前选择概率阈值,那么就使用探索(Exploration)策略
           action = Utility.selectRandom(actions);
         }
         else {                   // 使用“利用(Exploitation)”策略


           //选择报酬最大的项
           int bestReward = 0;
             for (Action thisAction : actions) {
                int thisReward = (int)(rewardStats.get(thisAction.getId()).getMean());
                if (thisReward > bestReward) {
```

```
                    bestReward = thisReward;
                    action = thisAction;
                }
            }
        }
    }
    # 进行选择设置
    action.select();
    return action;
  }

  #
  # 当被选择的项最终反馈有奖励后，就进行奖励的设置
  #
  public void setReward(String actionId, double reward) {
     meanRewardStats.get(actionId).add(reward);
     findAction(actionId).reward(reward);
  }

  ...
}


#
# 此学习器是 UCB-1 算法的具体实现
#
public class UpperConfidenceBoundOneLearner extends MultiArmBanditLearner {
    ...
    public Action nextAction() {
        Action action = null;
        double score = 0;
        ++totalTrialCount;

        action = selectActionBasedOnMinTrial();
        if (null == action) {
            for (Action thisAction : actions) {
                # 根据每一个项的平均收益，然后使用 C-H 边界算法计算分数
                double thisReward = (meanRewardStats.get(thisAction.getId()).getMean());
                double thisScore = thisReward + Math.sqrt(2.0 * Math.log(totalTrialCount) /
                        thisAction.getTrialCount());
                if (thisScore > score) {          // 选择分数最高的那个
                    score = thisScore;
                    action = thisAction;
                }
            }
        }
        action.select();
        return action;
    }
```

```
    #
    # 当被选择的项最终反馈有奖励后，就进行奖励的设置
    #
     public void setReward(String actionId, double reward) {
           double scaledReward = reward / rewardScale;
           meanRewardStats.get(actionId).add(scaledReward);
           findAction(actionId).reward(scaledReward);
     }
     …
}

#
# 此学习器是汤普森采样算法的具体实现
#
public class ThompsonSamplerLearner extends MultiArmBanditLearner {
     #nonParamDistr 保存的是每个项的比如贝塔分布参数
     protected Map<String, NonParametricDistrRejectionSampler<IntRange>> nonParamDistr =
     new HashMap<String, NonParametricDistrRejectionSampler<IntRange>>();
     protected Map<String, Integer> trialCounts = new HashMap<String, Integer>();
     private int minSampleSize;
     private int maxReward;
     private int binWidth;
     …
     public Action nextAction() {
        String slectedActionID = null;
        int maxRewardCurrent = 0, reward = 0;
        ++totalTrialCount;

        for (String actionID : trialCounts.keySet()) {
          if (trialCounts.get(actionID) > minSampleSize) {
               # 进行范围的采样
               IntRange range = nonParamDistr.get(actionID).sample();
               # 收益取平均数，一般来说越被选择多的项，平均数变化就相对越小
               reward = (range.getLeft() + range.getRight()) / 2;
               reward = enforce(actionID, reward);
          } else {
              # 如果当前项的采样次数小于最小采样数，那么采用最大收益和随机数的乘积，
              # 其实也是一个随机的收益
              reward = (int)(Math.random() * maxReward);
          }

          if (reward > maxRewardCurrent) {         // 判断是否是收益最大的项
            slectedActionID = actionID;
            maxRewardCurrent = reward;
          }
      }

     Action selAction = findAction(slectedActionID);
```

```
        selAction.select();
        return selAction;
    }



    #
    # 相对于上面两个优化器中的 setReward(),汤普森取样的这个函数相对比较复杂
    #
    public void setReward(String actionID, double reward) {
        // 首先获取此项对应的分布参数
        NonParametricDistrRejectionSampler<IntRange> distr = nonParamDistr.get(actionID);
        # 得到奖励值对应的分箱范围
        int binIndex = (int)(reward / binWidth);
        int binBeg = binIndex * binWidth;
        int binEnd = binBeg + binWidth - 1;
        IntRange range = new IntRange(binBeg, binEnd);
        # 加入到分布数据中,用于下次采样
        distr.add(range);
        trialCounts.put(actionID, trialCounts.get(actionID) + 1);
        findAction(actionID).reward(reward);
    }

    …

}
```

第30讲 数据智能平台

数据智能[①](Data Intelligence)由数据和智能两个词组成,也是笔者所从事工作的领域。结合机器学习,本讲将简要介绍围绕数据智能有哪些内容,一个服务于数据智能业务的平台如图30-1所示。

图 30-1

30.1 数据智能包含哪些内容

机器学习作为一种技术,并不能完整地解决业务问题,特别是对于数据智能而言,机器学习只是很小的一部分,虽然很重要,但远远不够。

那么什么是数据智能呢?其定义是:数据智能是以数据作为生产资料,通过结合大规模数据处理、数据挖掘、机器学习、人机交互、可视化等多种技术,从大量的数据中提炼、发掘、获取知识,为人们基于数据制定决策时提供有效的智能支持,减少或者消除不确定性。

经过近十年的发展,越来越印证了《大数据时代》一书中总结的几个核心观点:

- 改变操作方式,使用收集到的所有数据,而不是样本。
- 不把精确性作为重心。

① 参见笔者参与编写的《云计算和大数据服务——技术架构、运营管理与智能实践》第8章。

- 接受混乱和错误的存在。
- 侧重于分析相关关系,而不是预测背后的原因。
- 数据的选择价值意味着无限可能。
- 数智时代要求我们对待数据有别于传统资产。
- 数据的创新意味着很大的不确定性。

概括下来,我们需要关注的核心点是如何面对数据创新的不确定性。

我国明确把数据定义为生产要素,然而这个生产要素和其他生产要素有明显不同,特别是以下几方面。

(1) 数据不可知:用户不知道大数据平台中有哪些数据,也不知道这些数据和业务的关系是什么,虽然意识到大数据的重要性,但不知道平台中有没有能够解决自己所面临业务问题的关键数据,以及该到哪里寻找这些数据?

(2) 数据不可控:数据不可控是从传统数据平台开始就一直存在的问题,在大数据时代表现得更为明显。没有统一的数据标准导致数据难以集成和统一,没有质量控制导致海量数据因质量太低难以被利用,也没有能有效管理整个大数据平台的管理流程。

(3) 数据不可取:用户即使知道业务所需要的是哪些数据,也不能便捷自助地拿到数据,相反,获取数据需要很长的开发过程,导致业务分析的需求难以被快速满足,而在大数据时代,业务追求的是针对某个业务问题的快速分析,这样漫长的需求响应时间是难以满足业务需求的。

(4) 数据不可联:大数据时代,企业拥有海量数据,但企业数据知识之间的关联还比较弱,没有把数据和知识体系关联起来,企业员工难以做到数据与知识之间的快速转换,不能对数据进行自主的探索和挖掘,数据的深层价值难以体现。

笔者所在公司处于数据智能的赛道,公司围绕数据智能需要达到的总体目标如下。

- 敏捷地支撑业务部门的业务创新需求,打造快速服务商业需求的服务能力。
- 把不同域的数据实时打通,体现数据的最大价值。
- 把数据作为资产进行管理。
- 直接的价值体现是成本节约、效率提升和质量提升。

公司的建设思路和原则如下。

- 充分利用互联网、云计算、大数据、人工智能(机器学习)技术。
- 主要面向内部客户,特别是研发人员及建模人员,以提高业务开发效率为目标。
- 做好元数据、血缘关系管理,提高数据治理程度,保证数据的质量和安全。
- 提炼公共服务能力,复用程度高的能力优先建设。
- 数据能力原则上由相应领域业务熟悉、技术积累强团队一起参与建设。
- 能力建设需要重点考虑稳定、易运维、可运营、可审计。

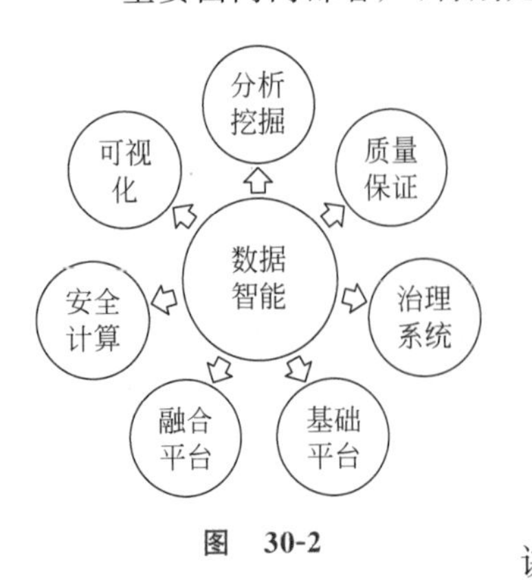

图 30-2

数据智能的技术体系,如图 30-2 所示。

下面对数据智能技术体系的几个构成部分进行讲解。

30.1.1　基础平台

基础平台是包含能实时处理各种任务的大数据平台。特别需要强调的是实时性，包括数据获取的实时性、数据计算的实时性以及数据利用的实时性，越实时就越能体现数据的价值和使用效率。

30.1.2　融合平台

企业内部有不同类型的数据，同时也会从企业外部获取数据，这些数据的格式、定义、语意、编码等方式都不同，如何有效地整理、融合多样且繁杂的数据对于数据智能领域非常重要。数据融合的相关技术在整体上需要解决以下关键问题。

(1) 在机器从数据中获取智能之前，机器能够正确地读懂各种各样的数据。对于机器友好的数据是类似关系数据库的结构化数据。然而，现实世界中存在着大量的非结构化数据，比如自然语言的文本。还有介于结构化数据和非结构化数据之间的半结构化数据，比如电子表格。目前机器还很难理解这些非结构化的数据，需要将数据处理成对机器友好的结构化数据，机器才能发挥其特长，从数据中获取智能。非结构化数据尤其是半结构化数据向结构化数据的转换，是实现数据智能不可或缺的先决任务。

(2) 数据并不是孤立的，数据智能需要充分利用数据之间存在的关联，把其他数据源或数据集涵盖的信息传递并整合过来，可以为数据分析任务提供更丰富的信息和角度。

(3) 数据并不是完美的，提前检测并修复数据中存在的缺失或错误，是保障数据智能得出正确结论的重要环节。

而这些功能如果都需要人工完成，工作量将是非常繁重的，但这又是一项非常基础而重要的工作，这时就要求融合智能化、自动化，这也是机器学习能够发挥巨大作用的地方。

30.1.3　治理系统

在数据智能中需要把数据作为核心资产和生产资料来看待，那么对于数据的治理即是重中之重。什么是数据治理呢？我们经常听到公司治理这个词，公司治理在经济学上主要解决以下几个问题。

- 所有权和经营权分离。
- 公司所有者如何向职业经理人进行科学的授权及监督。

相应地，数据治理也要解决类似的几个问题。

- 有什么数据(资产)。
- 如何确定数据的质量指标并保证数据的质量。
- 如何让业务使用方快速地获取数据服务。
- 数据资产所有者如何向数据使用者进行科学的授权及监督。

再细化一下，就是从以下几方面给其他系统提供支持。

- 治理结构方面，管理企业拥有的数据目录、数据类型，对应组织结构设置相应的权限。
- 治理策略方面，能确定分类数据的敏感度水平、定义数据质量和数据标准要求、能设定对敏感数据进行脱敏(去标识化)的策略,明确定义数据共享等过程。

- 隐私和安全方面,能让用户控制隐私数据的授权,提供和管理对数据的访问,防止未经授权的访问,提供审计手段。
- 数据质量保证方面,通过构造数据地图和数据血缘图谱,在每一个数据结果上都可以回溯数据产生的各个细节,并准确地定位问题所在。这在数据量、数据种类变得繁多时会体现出绝对的必要性。

综上所述,数据治理是数据智能的基础,治理的好坏决定了数据智能的发展高度。

30.1.4 质量保证

数据的质量决定了数据产品和服务的质量,所以数据质量保证系统是在数据治理系统基础上另外一个重要的环。数据质量保证可以从图 30-3 所示的几方面进行。

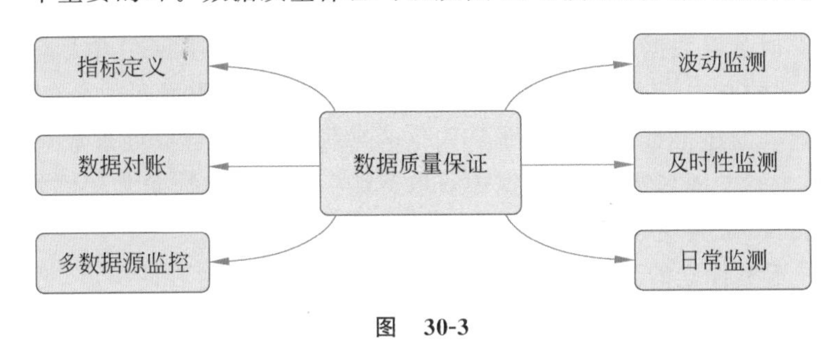

图 30-3

(1) 需要明确几个指标,包括数据本身的指标、监控的指标,也就是定义尺子。只有尺子合理了,衡量结果才是稳定的,才能确定数据是否一致,是否出现异常波动,及时性是否达到要求。监控结果以可视化的方法进行呈现,可以全面展示信息。

(2) 要结合数据治理系统中的数据血缘关系、上下游关系,在监测到问题后,能及时进行问题定位,并快速采取措施纠正数据质量问题。

30.1.5 安全计算

除了数据治理,还需要考虑如何让数据发挥更大的价值,如何能联合其他合作者创造价值,但是数据不同于别的资产,具有可复制、难确权的性质,这就需要我们来解决这个核心问题,也就是目前行业内比较关注的安全计算技术。这方面的内容涉及多种加密技术、多方安全计算、同态加密、可信计算环境、数据隐私保护技术以及区块链技术。

30.1.6 分析挖掘

数据分析是数据智能中的核心部分,大致可以分为描述性分析、诊断性分析、预测性分析、指导性分析四个类别,每个类别基于数据回答不同的问题,难度越来越大,所能带来的价值就越来越高,所使用的技术也越来越复杂。机器学习则更多在这方面进行体现。

30.1.7 数据可视化

数据可视化本质上是为了感知和沟通数据而存在的,涉及不同的领域,如人机交互、图形设计、心理学等。在当前大数据盛行的时代，数据可视化逐渐崭露头角，扮演着越来越重要的角色。

可视化技术用于分析，已成为数据智能系统不可或缺的部分。这些技术通常会集成在一个图形界面上，展示一个或多个可视化视图。用户直接在这些视图上进行搜索、挑选、过滤等交互操作，对数据进行探索和分析。可视化工具进一步趋于简单化、大众化，使一些高阶的分析变得更加简单。在决策过程中，可视化也发挥着重要的作用，它能将信息展示得更准确、更丰富、更容易理解，从而极大地提高人与人之间的沟通效率。可视化叙事(visual storytelling)就是研究如何将可视化用于信息的展示和交流。

30.2 产品化的数智平台

一个产品化的数智平台不但需要具备 30.1 节提到的技术体系，而且要具有能够实现第 2 部分所讲述的机器学习各个环节所需的能力，同时把很多成熟的方法论进行沉淀，形成自动的、结构化的解决方案。

下面通过一个实际案例进行具体说明。

“数据智能五步法[1]”是每日互动股份有限公司(以下简称公司)对多年来数据建模和数据应用经验的深刻总结。数据智能五步法中的五步分别是“结果采样”“标注端详”“相似扩量”“实战应用”和“反馈归因”，如图 30-4 所示。通过这五步，公司将数据智能落地到广告投

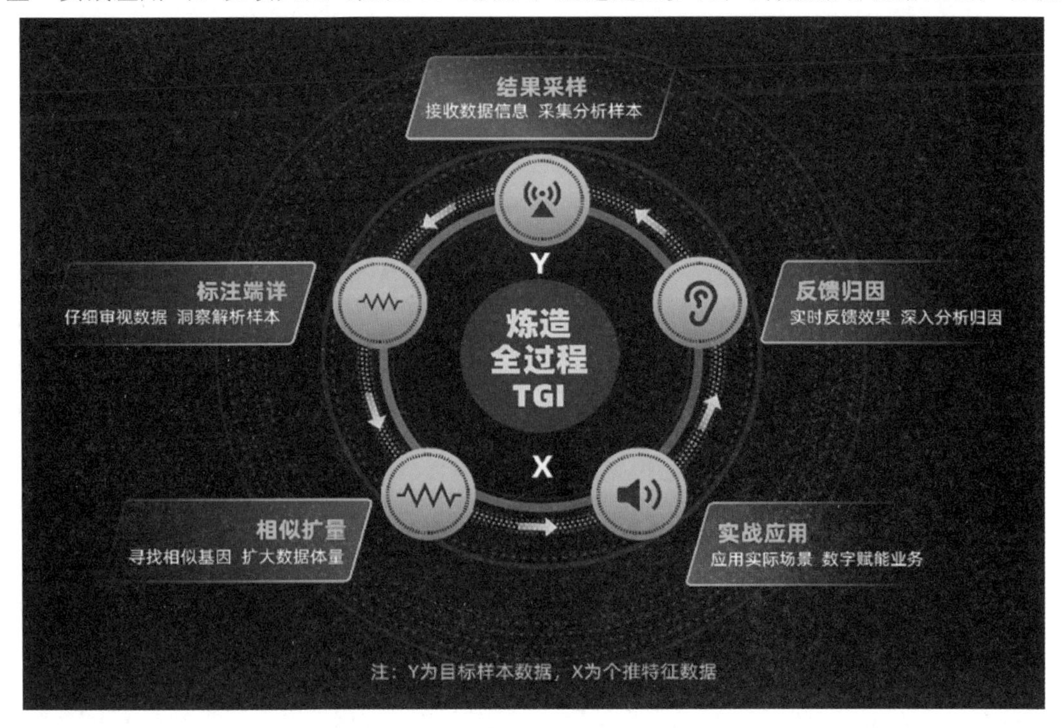

图 30-4

① 引用自个推 Getui 公众号同名文章。

放、用户精细化运营等具体场景中,帮助客户解决实际业务难题。实际上,这个五步法和机器学习方法论是一致的,因此可以用于很多场景。

比如,在品牌营销领域,精准拓客几乎是每一个品牌的营销目标。公司采用"数据智能五步法",同时结合自身深厚的机器学习建模能力,帮助品牌主发掘高价值潜客。我们将来自品牌的一方数据作为样本数据("Y 值"),依托自身丰富的标签和特征数据对样本人群的线上线下兴趣偏好进行端详、洞察,并使用机器学习算法搭建预测购买模型,基于该模型到全网流量池中去做相似性扩量,为品牌主从茫茫人海中找出大规模高潜力购买人群。

可以看出,数据智能五步法利用数据对潜客挖掘、广告投放等整个过程进行了非常清晰的梳理。看似简单的五步,却能帮助客户更快速地找到优化广告投放策略、提升最终购买转化的突破点。

在数据智能五步法中,尤其强调第二步"标注端详"的重要性。结合以往服务品牌等行业客户的经验,我们发现很多客户私域流量的用户数据不一定是真实准确的,其中有很多脏数据和干扰因素。比如很多品牌会通过直播平台卖货,有部分"羊毛党"会参加品牌直播间的低价秒杀活动,成为品牌的购买用户。但是这部分"羊毛党"并非真正喜爱该品牌。因此,这部分用户数据就不能作为建模的消费者样本数据使用。此外,还有一些只是在数据上呈现相关性,但其实相互之间并不存在因果关系的特征,会干扰模型的训练效果。因此还需要人类专家(比如数据分析师、业务专家)对样本特征数据进行深入端详、认真审视,并将其中的脏数据找出来、剔除掉,以免机器被数据误导,直接将无效特征"喂"入模型,影响最终的模型质量。

正是基于以上认知,在进行数据智能五步法的产品化落地时,也是强调要将"人"的价值充分发挥出来,通过人机结合的方式构建和训练模型,实现数据智能的场景落地。

强调人机结合,需要打造低代码"机器学习平台"。

公司的治数平台(Data Intelligence Operating System,DIOS)的设计和研发融入了数据智能五步法的创新理念,以更好地服务行业客户。其中重要的产品模块"机器学习平台",只需简单五步,即可高效完成机器学习作业全流程。

图 30-5 所示是当前已经产品化的治数平台的结构展示。

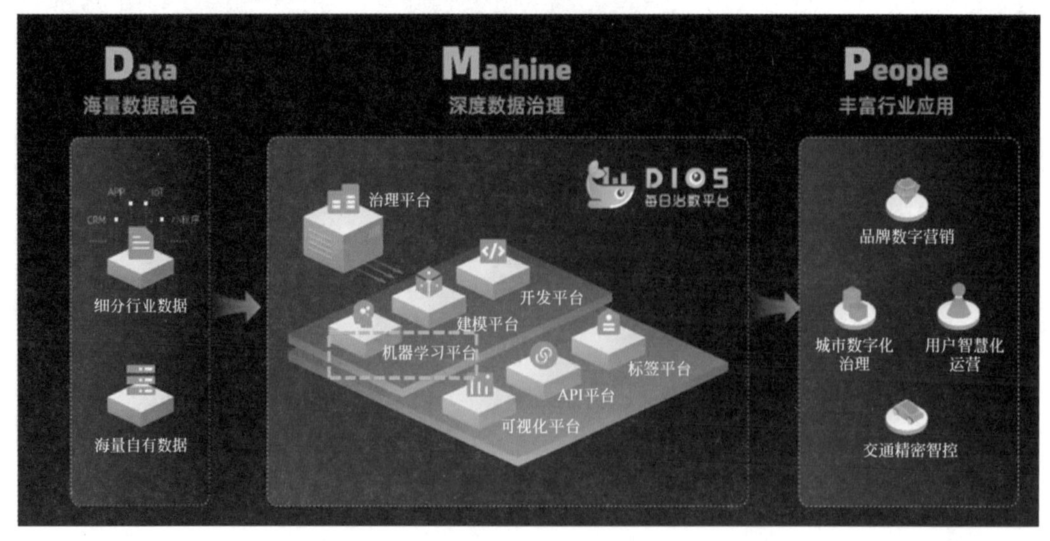

图 30-5

上面所讲的数据智能五步法是通过平台完整实现的，治数平台包括数据治理平台、机器学习平台、建模平台、开发平台、可视化平台、API 平台、标签平台等。当然和本书有关的还是机器学习平台。所以这里围绕机器学习平台结合数据智能五步法进行介绍。

机器学习平台改变了传统机器学习开发流程周期长、成本高、难度大等问题，实现了机器学习过程的标准化、平台化，并内嵌成熟的建模方法论“数据智能五步法”，使零代码基础的业务人员也能简单五步快速上手搭建算法模型，灵活满足业务洞察和分析的复杂需求，如图 30-6 所示。

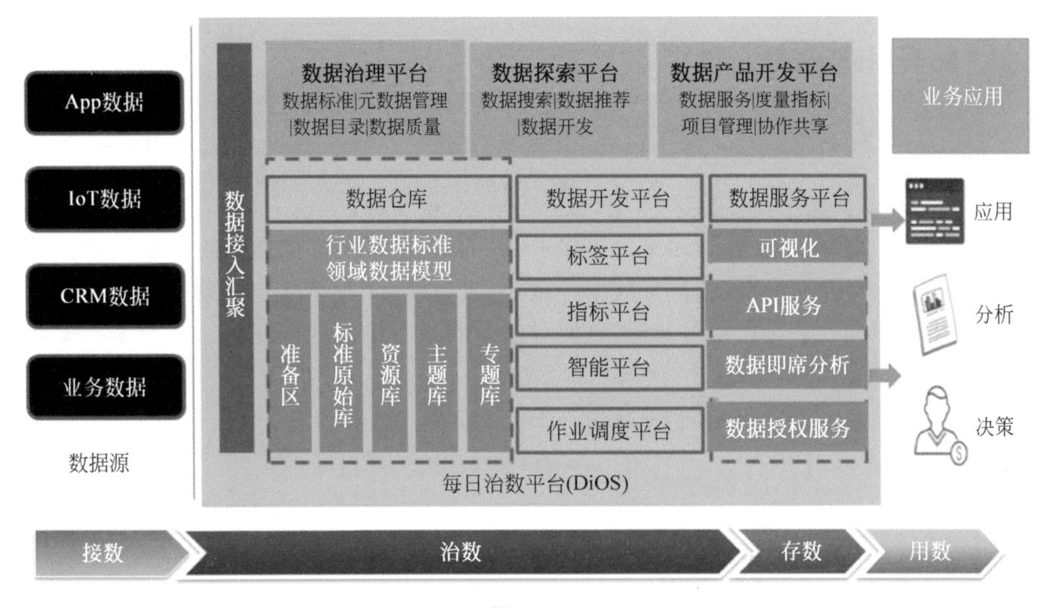

图 30-6

第一步，数据接入，对应数据智能五步法中的“结果采样”。

用户可以将治理后的高质量样本数据一键接入“机器学习平台”，方便后续进行特征提取和数据洞察。

第二步，特征匹配。很多客户由于私域数据规模有限或者维度不够丰富，难以实现较好的模型训练效果。因此，在机器学习平台，融入了自身丰富的标签数据和亿级别的特征数据，帮助客户进一步丰富特征和数据体量。

第三步，数据洞察。机器学习平台的“人机结合”特性，在这一步体现得尤其充分。机器学习平台将数据洞察结果可视化，生成特征词云图(图 30-7)，通过词的大小和颜色的深浅来直观地展现洞察人群某一特征的显著程度，帮助业务人员细致了解特定人群的各维度特征。如此一来，业务人员就可以深度介入到数据分析和模型训练工作中，结合自身对行业和消费者的经验理解，人为剔除无效特征，自主筛选有效的特征进入模型供机器学习和训练。

第四步，模型训练。机器学习平台对 LR、K-means、NLP 等各种算法进行了模块化分装，还可以扩充需要的算法。

这样一来，数据分析师或算法人员在机器学习平台上，通过简单便捷的操作就可以迅速搭建起算法模型，减少了大量繁杂的工程开发、算法开发、参数调优等工作，使用户可以更加专注自身业务需求，更多地将精力放在数据洞察和业务分析上。

图 30-7

第五步，模型预测。机器学习平台提供 ROC 曲线、混淆矩阵等通用的模型质量分析能力。同时，还根据模型预测评分进行数据分箱，生成可视化"五箱图"，使数据分析师和业务人员不需要太多专业的机器学习知识，也能对模型的预测质量进行评估。模型预测效果如图 30-8 所示。

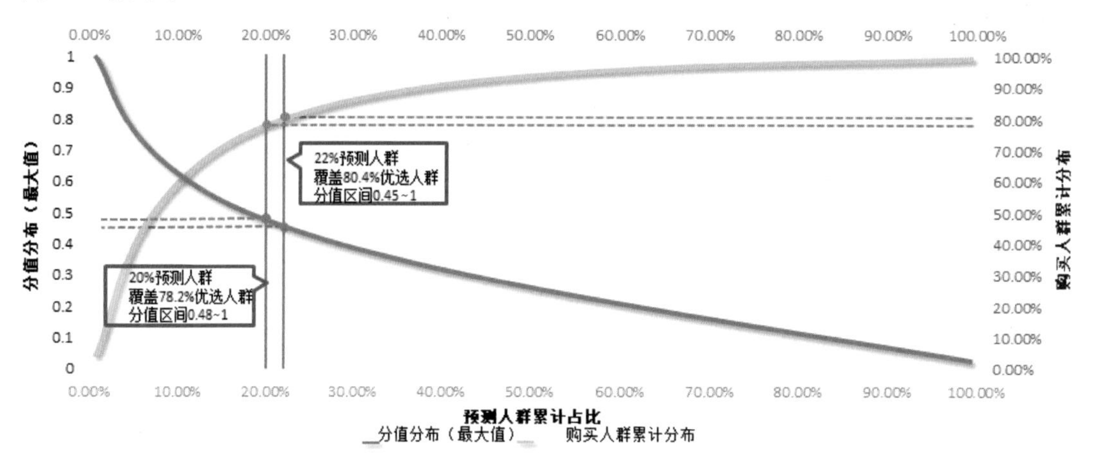

图 30-8

通过以上五步完成模型训练和效果验证后，就可以进入"实战运用"阶段，使用模型进行数据预测和分类。机器学习平台对预测结果进行了可视化的清晰展现，帮助业务人员在数据的指导下实现科学决策。比如，对于品牌主来讲，广告投放人员可以根据模型预测结果对广告曝光、触达 TA 数量进行提前预估，同时结合自身预算，合理地制定触达策略。

目前，公司已与众多品牌主以及移动互联网、智慧高速等多个垂直领域的客户合作，基于数据智能五步法联合建模，解决实际业务中的痛点难题。机器学习平台也以可视化、低代码、高性能的产品特性稳定高效地支撑着公司内外部的数据建模需求。

利用完整的治数平台，可以完成从基础的数据治理、业务主题库及数据仓库的建设，再到特征及标签等构造，完成业务场景的建模，通过数据交换和 API 来进行数据服务，同时提供丰富的可视化来快速展示数据，再结合联邦计算、中立国联合计算等数据安全技术和创新模式,为各行业客户提供可靠、专业的数据智能服务及解决方案。

30.3 本讲小结

机器学习可以从数据中找到价值,但是对于数据智能来说,机器学习只是其中的一部分,要想达到数据智能的目的,需要有完整的技术体系和成熟的平台作为依托。治数平台目前已经在这个方向进行了落地实践,并取得了很好的效果。